GRUPOS ELECTRÓGENOS Y CENTRALES ELÉCTRICAS DE GENERACIÓN DISTRIBUIDA

Autor
Ing. Octavio Casado González, (Doctor en Ingeniería Electrónica).

Prólogo
Ing. Gustavo Villarroel (Ingeniero Electricista)

Colaboradores y Asesores
Ing. Guido Téllez M. (Ingeniero Electricista)
Ing. Julio Ruda, MsC. (Ingeniero Electricista)
Ing. Adolfo Busato (Ingeniero Electrónico)
Ing. Armando Espitia (Ingeniero Civil)
Ing. José Antonio Clavier (Ingeniero Mecánico)

Obra: Grupos Electrógenos y Centrales Eléctricas de Generación Distribuida.

Queda prohibida la reproducción y difusión total o parcial de esta obra en cualquier forma, por medios impresos, radiodifundidos o electrónicos, inclusive fotocopias, grabación magnetofónica y cualquier otro sistema de almacenamiento de información, sin la previa autorización escrita del editor o del autor.

© Autor: Octavio Casado González.

Editado por la FUNDACION COMELECINCA, 2009.
Barcelona, República Bolivariana de Venezuela.

ISBN 978-980-12-3869-0
DEPOSITO LEGAL –lf7832009600899

Segunda edición
ISBN: 978-1490988696

Nota.- Las fotografías utilizadas en esta obra son propiedad de las empresas que producen los equipos en referencia, las mismas se incluyen como referencia didáctica y académica.

Reservados todos los derechos.

Dedicatoria

Dedico esta obra técnica a mi padre, porque él siempre ha sabido aupar esos momentos en los cuales he tenido dudas de qué utilidad darle a esos minutos de sobra en el quehacer cotidiano y me ha ayudado a orientarlos y convertirlos en una de las actividades más importantes de la vida del ser humano, como lo es enseñar a las personas que lo necesiten. Igualmente la dedico a mi esposa, Zonia, a mis hijos Cesar Octavio y Yuraisis Carolina, a mis nietas Ambar Carolina y Vanessa Carolina como un legado del conocimiento adquirido por el estimulo que he tenido de trabajar con mucha perseverancia para verlos crecer y realizarse como personas y profesionales.

También la dedico a todos aquellos técnicos y profesionales del área, que de una u otra forma no han tenido otra oportunidad de aprender o instruirse en los conocimientos en materia de Grupos Electrógenos y Centrales Eléctricas más que en la práctica y que sólo les hace falta esos pequeños refuerzos teóricos para que realicen su trabajo con mayor seguridad y eficiencia.

Agradecimientos

He tenido el privilegio de contar entre mis asesores y colaboradores con un grupo de profesionales éticos y con un alto sentido académico, lo cual hizo que no limitaran su aporte a esta obra, mi mayor agradecimiento a ellos, ya que sin su contribución directa no hubiese sido posible su realización, gracias a Guido, Julio, Adolfo, Armando y José Antonio, además deseo agradecer especialmente al Ing. Gustavo Villarroel por su prólogo. También a mi equipo técnico y de ingeniería: Alexis, Gledio, Delio, Adriana, Miguel, Rosiris, Francisco y William por haber compartido conmigo sin egoísmo o personalismo los conocimientos y la práctica en el área de la generación de la energía eléctrica.

Igualmente debo agradecer a mi asistente Rosa Fuentes y al bachiller Ricardo Téllez, por su gran colaboración en la realización del libro.

Del Autor y sus Colaboradores

Octavio Casado González

Nació en Caracas, Venezuela, es Ingeniero en Electrónica en 1981 y con Doctorado en Ingeniería Electrónica en 1989 de la Universidad Los Angeles City University, Los Angeles, California, USA con especialidad en Control Electrónico de Potencia Eléctrica. Ha realizado especialización profesional en Sistemas de Control Distribuido, Control de Excitación de Máquinas Sincrónicas, Gestión de Centrales Eléctricas, Gestión de la Calidad y Reingeniería en procesos de Negocios, entre otras. Es fundador y actualmente ocupa el cargo de Presidente de la Junta Directiva y Director Gerente General de COMELECINCA POWER SYSTEMS, C.A., empresa especialista en el área de diseño, construcción, operación y mantenimiento de centrales eléctricas de generación distribuida, con más de 27 años de fundada y con su sede principal en Barcelona (Venezuela) y oficinas comerciales y de ingeniería en Caracas y Barquisimeto (Venezuela) y Miami (USA). COMELECINCA POWER SYSTEMS, C.A. es una empresa de base tecnológica con varias patentes registradas en sistemas de control y automatismo de centrales eléctricas y control de excitación de máquinas síncronas, esta certificada ISO 9001:2008 y con reconocimientos y premios nacionales e internacionales de tecnología y calidad como son: "Premio Nacional de Desarrollo Tecnológico" CONICIT 1990 (Caracas, Venezuela), "Cien Empresas mas Innovadoras de Iberoamérica" CYTED-D 1992 (Santiago, Chile), "Medalla de Plata en el Salón de Inventores de EUREKA 1997" (Brúcelas, Bélgica), "Premio Éxito Business Awards 2007" (Buenos Aires) Argentina. El Ingeniero Octavio Casado ha participado como expositor y panelista en conferencias y seminarios nacionales e internacionales, entre otros están: 1er Seminario sobre Generación Eléctrica Distribuida, CODELECTRA 2007, Caracas, Venezuela; Seminario sobre Nuevas Fuentes Energéticas para Producción de Energía Eléctrica 2005, Caracas, Venezuela; 1era y 2da Conferencia sobre Generación de Energía Eléctrica 2003-2004, Miami, USA; Seminario Internacional de Tecnología 1997, Ciudad de México, México; Simposio sobre Actualización Tecnológica de Sistemas de Generación, ULA, 1995; Mérida, Venezuela, Simposio sobre Investigación Tecnológica CINDA 1993, Santiago, Chile; Seminario Internacional de Gestión Tecnológica 1992, Asunción, Paraguay.

Guido Téllez Medina

Nació en Cúcuta, Colombia, es Ingeniero Electricista de la Universidad de Oriente en 1983, Puerto La Cruz, Venezuela, con una especialidad en Gerencia de Mantenimiento de la Universidad Gran Mariscal de Ayacucho en 1995, Barcelona, Venezuela. Ha realizado especialización profesional en Sistemas de Control Integral de Grupos Electrógenos, Gestión y Operación de Centrales Eléctricas de Generación y Mantenimiento de Grupos Electrógenos, entre otras. En la actualidad ocupa el cargo de Gerente de Implantación y Construcción de COMELECINCA POWER SYSTEMS, C.A., donde ha dirigido proyectos de construcción y puesta en operación de Centrales Eléctricas de Generación Distribuida en baja y media tensión. Su trayectoria laboral incluye a Marshall y Asociados y Petróleos de Venezuela S.A. (PDVSA).

Julio R. Ruda Orta

Nació en Caracas, Venezuela, es Ingeniero Electricista de la Universidad Central de Venezuela, en 1970 y Magíster en Ingeniería Industrial y Gerencia (MsC) en la Oklahoma State University, Oklahoma, USA en 1978. Ha realizado especialización profesional en Planificación Estratégica, Sistemas de Control Integral de Grupos Electrógenos, Gestión y Operación de Centrales Eléctricas de Generación y Mantenimiento de Grupos Electrógenos entre otras. En la actualidad ocupa el cargo de Gerente de Tecnología de COMELECINCA POWER SYSTEMS, C.A. donde tiene la responsabilidad de dirigir el diseño y la ingeniería de Centrales Eléctricas de Generación Distribuida, así como de los laboratorios de desarrollo tecnológico. También tiene la responsabilidad de dirigir y auditar el sistema de gestión de calidad de la empresa, el cual esta certificado ISO 9001:2008. En su trayectoria laboral ha ocupado entre otros los siguientes cargos: Gerente Director de PYS Digital, Caracas 1994, Gerente de Proyectos Nacional de CANTV 1983, Gerente de Ingeniería de CANTV 1981.

Adolfo Busato

Nació en Caracas, Venezuela, es Ingeniero en Electrónica de la Universidad Simón Bolívar, en 1976 con estudios de postgrado en Administración de Empresas, mención Mercadeo, Universidad del Zulia, ha realizado especialización profesional en Gerencia de Finanzas en el IESA, Caracas, Venezuela, en Project Management en Honeywell IASD, Phoenix, USA, en Gestión y Operación de Centrales Eléctricas de Generación y Mantenimiento de Grupos Electrógenos, Caracas, Venezuela, entre otros. En la actualidad ocupa el cargo de Gerente de Oficina Caracas de COMELECINCA POWER

SYSTEMS, C.A. donde tiene la responsabilidad de dirigir la comercialización, instalación, operación y mantenimiento de Centrales Eléctricas de Generación Distribuida. En su trayectoria laboral ha ocupado entre otros los siguientes cargos: Ingeniero de Proyectos, MARAVEN, Gerente de Operaciones, Gerente de Infraestructura "Proyecto 2000" y Gerente de Procura INTESA y Gerente General CODESCA.

Armando Espitia Neira

Nació en Bogotá, Colombia, es Ingeniero Civil de la Universidad Nacional de Colombia, Bogotá 1970 con reválida en la Universidad Central de Venezuela, Caracas 1975, con estudios de postgrado en Administración de Empresa, Ingeniería Vial e Ingeniería Estructural de la Universidad Nacional de Colombia, Bogotá 1972. En la actualidad ocupa el cargo de Director Gerente General de ESINCA, empresa especialista en ingeniería civil estructural, así como consultor de obras civiles de COMELECINCA POWER SYSTEMS, C.A. En su trayectoria laboral ha ocupado entre otros los siguientes cargos: Director de Obras de la empresa Inversiones Padilla C.A., Caracas, Venezuela, Gerente de Obra de Construcciones Zigma, Bogotá, Colombia, Gerente de Obra de Construcciones Saab Neiva, Bogotá, Colombia y Gerente de Obra Madrid López y Bencomo, Caracas, Venezuela.

José Antonio Clavier Payares

Nació en Barcelona, Venezuela, es Ingeniero Mecánico de la Universidad de Oriente. Ha realizado especialización profesional en Instalaciones Mecánicas para Centrales Eléctricas con Grupos Electrógenos Reciprocantes, Intercambiadores de Calor y Sistemas de Escape. En la actualidad ocupa el cargo de Director Técnico de VECOIN 2000 C.A., empresa especialista en montajes electromecánicos, así como consultor de obras mecánicas y estructurales de COMELECINCA POWER SYSTEMS, C.A. En su trayectoria laboral ha ocupado entre otros, el cargo de Gerente de Obras Mecánicas de la empresa Allen Group, C.A., Barcelona, Venezuela.

Prólogo

La expansión y adecuación del Sistema de Generación Eléctrica requerida para los próximos años en Venezuela, constituye un desafío excepcional para los actores claves del Sector Eléctrico Nacional. Adicional a la necesidad de ingentes recursos para el desarrollo de proyectos de plantas eléctricas de diversas dimensiones y tecnologías, se requiere de talento humano competente para ejecutar la compleja tarea planteada, sin precedente en el país. En consecuencia, resulta de gran utilidad todo aporte o esfuerzo intelectual que contribuya al establecimiento de marcos de referencia necesarios para el pensamiento y aprendizaje sobre la problemática asociada al desarrollo de generación de electricidad a gran escala, que permita enfocar las perspectivas de los profesionales responsables y facilite todo debate en los niveles estratégicos de las empresas.

En la actualidad, debido a las diferentes características de los sistemas de potencia, condiciones de las instalaciones en servicio, disponibilidad de opciones de tecnología y las perspectivas de crecimiento y localización de la demanda, para la formulación e implantación de estrategias de desarrollo de infraestructura de producción de energía eléctrica, es imprescindible considerar la generación centralizada y **la generación distribuida** *como modalidades de generación eléctrica que podrían satisfacer adecuadamente los requerimientos estratégicos y operativos planteados, en el territorio nacional.*

Generar energía eléctrica lo más cerca posible al lugar del consumo, como se hacía en los inicios de la industria eléctrica, incorporando bondades de tecnologías novedosas para satisfacer requerimientos de provisión de electricidad, constituye la modalidad de generación eléctrica conocida como Generación In-Situ, Generación Dispersa, o Generación Distribuida. Con esta modalidad generación puede lograrse reducción de pérdidas, aumento de confiabilidad, regulación de tensión, modularidad de las inversiones en generación, postergación de inversiones en transmisión, menores requerimientos de inversiones y espacios, menor tiempo de instalación, posibilidad de reubicación física de los generadores y generación cerca de la fuente de combustible.

El desarrollo de la generación distribuida, como paradigma emergente en el sector eléctrico venezolano, genera la necesidad de conocimiento especializado sobre la regulación, planificación, diseño, instalación, operación y mantenimiento de generadores distribuidos, para así alcanzar un mejor desempeño de aquellos profesionales y técnicos que laboran en instituciones publicas y privadas relacionadas con tales proyectos. En este sentido, cabe destacar que un grupo de ingenieros, quienes a través de muchos años de intensa e interesante práctica adquirieron comprobada experiencia, reconocida nacional e internacionalmente por sus proyectos y desarrollos técnicos actualmente en operación en el área de generación de energía eléctrica, han realizado un esfuerzo de excepción produciendo esta obra técnica ilustrada, denominada **"GRUPOS ELECTRÓGENOS Y CENTRALES ELÉCTRICAS DE GENERACIÓN DISTRIBUIDA"** *que con la autoría del Ingeniero Octavio Casado y la colaboración y asesoría de los Ingenieros Guido Téllez, Julio Ruda, Adolfo Busato, Armando Espitia y José Antonio Clavier, sin duda será un referente obligado en el sector eléctrico.*

La obra **"GRUPOS ELECTRÓGENOS Y CENTRALES ELÉCTRICAS DE GENERACIÓN DISTRIBUIDA"** *abarca de forma por demás ilustrativa los temas vinculados con estos equipos de producción de la electricidad y sistemas operativos asociados, enseñando con suficiente detalle todo al respecto de cada dispositivo, sistema o instalación. La obra engloba todos y cada uno de los temas que se relacionan con el novedoso criterio de producción de la energía eléctrica de las Centrales Eléctricas de Generación Distribuida y sus Grupos Electrógenos, así los mismos sean aquellos que utilizan como motor primario el motor reciprocante o de pistones, como aquellos que utilizan las turbinas, tema este último que se describe detalladamente en esta obra. La obra incluye desde la aplicación de los criterios técnicos y financieros para la implantación de la generación continua independiente, hasta su aplicación en centrales de generación de respaldo operativo o de respaldo de emergencia, haciendo mención y referencia de la normas nacionales e internacionales que regularizan y ordenan su selección, instalación, operación y mantenimiento. También contiene la forma y pautas para el cálculo de las instalaciones y la selección de las tecnologías y los equipos de acuerdo con la aplicación deseada. Se describe además y con mucho detalle la tipificación de los grupos electrógenos, una muy clara descripción de la composición y la teoría de funcionamiento de los motores reciprocantes o alternativos y de las turbinas, así como del generador y todos sus sistemas operativos, incluyendo las protecciones eléctricas y los sistemas de puesta a tierra. Del mismo modo se describe con gran claridad los tableros e instalaciones eléctricas vinculadas a* *las Centrales Eléctricas de Generación Distribuida, así como las obras civiles, mecánicas y eléctricas necesarias para su funcionamiento. Adicionalmente, se hace una rigurosa presentación de la puesta a punto y operación de los grupos electrógenos y sus sistemas asociados, y de la conformación, planificación e implantación de los programas para su mantenimiento preventivo y correctivo.*

Con la publicación de esta extraordinaria obra técnica, fruto de la capacidad profesional y del esfuerzo investigativo del Dr. Octavio Casado y sus colaboradores, se logra un aporte de gran calidad a la bibliografía especializada sobre generación distribuida, con un texto que será de mucha utilidad para todo lector interesado en tópicos relacionados con Centrales Eléctricas de Generación Distribuida, Grupos Electrógenos y sus Sistemas Asociados.

Gustavo Villarroel h.
Ingeniero Electricista
Presidente de CODELECTRA
Presidente de CONSELEC INGENIERÍA C.A.

GRUPOS ELECTRÓGENOS Y CENTRALES ELÉCTRICAS DE GENERACIÓN DISTRIBUIDA

Índice de Contenido

Agradecimientos...	2
Del Autor y sus Colaboradores...	4
Prologo...	8
Índice de Contenido...	10
Referencias Bibliográficas...	456
Índice Alfabético...	462

1.- Introducción y Generalidades.

1.1.- Introducción..	15
1.2.- Terminología, Glosario General y Conceptos........................	17
1.3.- La Central de Generación Distribuida....................................	28
1.4.- Criterios para su Implantación, Diseño e Instalación.............	31
1.5.- Criterios para el Uso de Grupos Electrógenos........................	33
1.6.- Criterios de Operación de los Grupos Electrógenos...............	34

2.- Regulaciones Obligatorias y Normas de Referencia.

2.1.- Aplicación de Normas Obligatorias..	39
2.2.- Instituciones de Normalización en Venezuela........................	39
2.3.- Normas COVENIN y FONDONORMA..................................	40
2.4.- Instituciones de Normalización Internacionales.....................	41
2.5.- Normas NFPA..	41
2.6.- Normas NEMA..	43
2.7.- Normas IEEE...	43
2.8.- Normas ISO...	45
2.9.- Normas IEC...	45
2.10.- Normas ANSI..	47

3.- Diseño y Cálculo de las Instalaciones.

3.1.- Premisas para el Diseño y Cálculo de las Instalaciones..........	51
3.2.- Factores para el Diseño de una Central Eléctrica....................	51
3.3.- Tipos de Aplicación...	51
3.4.- Factores para la Ubicación de la Central Eléctrica.................	56
3.5.- Del Proyecto de la Central Eléctrica.......................................	56
3.6.- Transporte y movilización de los equipos...............................	61

4.- Tipificación de los Grupos Electrógenos.

4.1.- Clasificación de los Grupos Electrógenos.............................	65
4.2.- Clasificación de acuerdo a la Tecnología del Motor.................	66
4.3.- Grupo Electrógeno con Motor Reciprocante (Motogenerador)......	66
4.4.- Grupos Electrógenos con Motor Rotativo (Turbogenerador)........	67
4.5.- Comparación entre los Motores Reciprocantes y Rotativos.........	68
4.6.- Clasificación de acuerdo con el Tipo de Combustible utilizado.....	71
4.7.- Clasificación de acuerdo con la Aplicación y Uso....................	74
4.8.- Requerimientos para la selección de los Grupos Electrógenos......	77

5.- El Motor Reciprocante o Alternativo.

5.1.- Glosario de términos específicos del Motor Reciprocante............	82
5.2.- Principio de Funcionamiento del Motor Reciprocante...............	87
5.3.- Motor Reciprocante de combustibles líquidos........................	87
5.4.- Motor Reciprocante de combustibles gaseosos.......................	90
5.5.- Sistemas Operativos de los Motores Reciprocantes..................	91
5.6.- Sistema de Inyección de Combustible.................................	92
5.7.- Sistema Dosificador en Motores de Combustibles Gaseosos........	97
5.8.- Sistema de Combustible Dual (líquido-gaseoso).....................	99
5.9.- Sistema de Ignición en Motores de Combustibles Gaseosos........	101
5.10.- Sistema de Enfriamiento del motor..................................	103
5.11.- Sistemas de Lubricación y Lubricantes..............................	106
5.12.- Turbocargador...	108
5.13.- Sistema de Arranque Eléctrico.......................................	111
5.14.- Baterías y el Cargador de Baterías...................................	112
5.15.- Sistema de Arranque Neumático.....................................	115
5.16.- Control de Velocidad (Gobernador).................................	117
5.17.- Tablero de Control y Supervisión de Parámetros Operativos......	121
5.18.- Marcas de Referencia de Motores Reciprocantes...................	125

6.- El Motor Rotativo o Turbina.

6.1.- Glosario de términos específicos del Motor Rotativo................	129
6.2.- Principio de Funcionamiento del Motor Rotativo....................	132
6.3.- Ciclo de Brayton...	133
6.4.- Clasificación de las Turbinas..	135
6.5.- Turbinas de Eje Simple y Turbinas de Doble Eje.....................	139
6.6.- Sistemas Operativos de las Turbinas..................................	140
6.7.- Sistema de Lubricación..	140
6.8.- Sistema de Arranque...	144
6.9.- Sistema de Combustible...	145

6.10.- Cámara de Combustión... 149
6.11.- Filtros de Aire... 151
6.12.- Caja de Engranajes... 152
6.13.- Sistema de Enfriamiento.. 155
6.14.- Control y Supervisión de Parámetros Operativos.................... 158
6.15.- Monitor de Vibración... 161
6.16.- Ciclo combinado de Turbinas de Combustión Interna y Externa.. 163
6.17.- La Microturbina... 164
6.18.- Marcas de Referencia de Turbinas.. 166

7.- El Generador Eléctrico.

7.1.- Glosario de términos específicos del Generador...................... 170
7.2.- Principio de Funcionamiento.. 176
7.3.- Generador Sincrónico.. 182
7.4.- Generador Asincrónico.. 190
7.5.- Clasificación de los Generadores Sincrónicos.......................... 192
7.6.- Generador con Escobillas.. 194
7.7.- Generador sin Escobillas... 196
7.8.- Conexiones de los devanados de los Generadores.................... 199
7.9.- Regulador Automático de Tensión.. 203
7.10.- Excitatrices Estáticas para Generadores con Escobillas........... 212
7.11.- Los Relés de Protección Eléctrica para Generadores............... 216
7.12.- El Interruptor de Salida de Potencia del Generador................. 233
7.13.- Marcas de referencia de Generadores Eléctricos..................... 236

8.- Tableros Eléctricos de Potencia de la Central de Generación.

8.1.- Glosario de términos específicos del Tablero Eléctrico............ 239
8.2.- Clasificación de los Tableros para Centrales Eléctricas............ 244
8.3.- Tablero de Centro de Distribución de Potencia (CDP)............. 251
8.4.- Tableros de Centro de Fuerza (CDF).. 252
8.5.- Tableros de Centro de Control de Motores (CCM).................. 252
8.6.- Tableros de Transferencia (TT)... 253
8.7.- Tableros de Control (CAC)... 255
8.8.- Tableros de Alumbrado o circuitos auxiliares (TA) 255
8.9.- Tableros de Celdas de Seccionamiento MT (CSEC)................ 256

9.- Instalaciones Eléctricas de la Central de Generación.

9.1.- Glosario de términos específicos de las Instalaciones Eléctricas... 258
9.2.- Acometidas Eléctricas de Potencia.. 263
9.3.- Conductores para Acometidas Eléctricas.................................. 265
9.4.- Electro-Ducto de Barras para Acometidas Eléctricas................ 268

9.5.- Canalizaciones para las Acometidas Eléctricas........................ 270
9.6.- Subestaciones de Transformación (elevadoras y reductoras)........ 272
9.7.- Sistema de Puesta a Tierra (SPAT)..................................... 275
9.8.- Otras instalaciones menores de la Sala de Generación................ 285

10.- Salas y Recintos de la Central de Generación.

10.1.- Glosario de términos específicos de las Salas y Recintos............ 293
10.2.- La Sala de Generación.. 298
10.3.- Ubicación y Orientación de las Salas de Generación................. 300
10.4.- Disposición Física de los Grupos Electrógenos....................... 303
10.5.- Cabinas y Canopias para Grupos Electrógenos....................... 310
10.6.- Sistema de Insonorización.. 310
10.7.- Edificaciones específicas para las Salas de Generación.............. 316

11.- Sistemas Operativos Asociados de la Central de Generación.

11.1.- Glosario de términos específicos de los sistemas asociados......... 320
11.2.- Sistema de Escape de los Gases de la Combustión................... 326
11.3.- Componentes de los Sistemas de Escape 329
11.4.- Dispositivos de control de la Contaminación Ambiental............ 335
11.5.- Sistemas de Suministro de Combustible Líquido.................... 342
11.6.- Sistemas de Suministro de los Combustibles Gaseosos.............. 352
11.7.- Sistemas de Enfriamiento Remoto..................................... 360
11.8.- Sistemas de Cogeneración.. 372

12.- Operación de Grupos Electrógenos y Centrales Eléctricas de Generación Distribuida.

12.1.- Puesta a Punto, Pruebas, Ajustes y Calibración de los Equipos... 379
12.2.- Arranque Inicial y Pruebas en Vacío de los Equipos................ 385
12.3.- Pruebas con Carga de los Equipos..................................... 390
12.4.- Operación de Grupos Electrógenos en Régimen de Respaldo..... 409
12.5.- Operación de Grupos Electrógenos en Régimen Recorte de Picos 411
12.6.- Operación de Grupos Electrógenos en Régimen Continuo......... 413

13.- Mantenimiento y Conservación de los Grupos Electrógenos y las Centrales Eléctricas de Generación Distribuida.

13.1.- Glosario de términos específicos de los Mantenimientos............ 420
13.2.- La Teoría del Mantenimiento.. 426
13.3.- Mantenimiento de Grupos Electrógenos y Centrales Eléctricas..... 433
13.4.- Disponibilidad Operativa... 445
13.5.- Actualización Tecnológica de Grupos Electrógenos................. 446
13.6.- Documentación e Indicadores importantes para Mantenimiento.... 451

CAPÍTULO 1

INTRODUCCIÓN Y GENERALIDADES

1.- INSTRODUCCIÓN Y GENERALIDADES

1.1.- Introducción

Desde que Michael Faraday (1791-1867) físico británico que descubrió la inducción magnética en 1831 (principio que dio paso al desarrollo del generador de energía eléctrica) hasta nuestro días, la tecnología básica para producción de este insumo tan importante en la vida moderna no ha cambiado mucho. Aún los grandes sistemas de generación de electricidad hidroeléctrica, térmica y nuclear operan bajo el principio de Fadaray y aunque actualmente hay novedosos dispositivos para producción de energía eléctrica que hacen predecir que el generador de inducción magnética tiene sus años contados, como por ejemplo las Celdas de Combustible o la Fusión Nuclear (ver nota), a criterio del autor y sus asesores es probable que en esos años tengamos todavía mucha mayor dependencia de la antigua tecnología que la que alguna vez hayamos tenido.

Esta reflexión se debe a que día a día la dependencia de la electricidad en la vida del ser humano moderno es mayor y las debilidades de las grandes y complejas estructuras para producir, transmitir (llevarlas de su sitio de producción a los sitios de consumo) y distribuir (hacerla llegar de forma segura a los hogares, oficinas e industrias) la energía eléctrica igualmente son mayores. Catástrofes naturales, sequías, alta contaminación, obsolescencia tecnológica, altos costos de las inversiones de reposición y falta de mantenimientos oportunos y adecuados, entre otros son factores que hacen que la electricidad no sea 100 % confiable y que tengamos que contar (relativamente hablando) con pequeños dispositivos o sistemas para la producción, en sitio de la electricidad (denominada "Generación Distribuida") en caso de que las redes utilitarias (proveedores comerciales de electricidad) llegasen a fallar, se hagan inseguras o en algunos casos su energía sea muy costosa. Estos dispositivos son los conocidos como grupos electrógenos, motogeneradores o turbogeneradores (comercialmente denominados "Plantas Eléctricas"). El conjunto de Grupos Electrógenos y sus sistemas operativos auxiliares asociados conforman las Centrales de Generación de Electricidad que son clasificadas de acuerdo con su tipo de aplicación y cuando son de utilización continua y de capacidad menor a 50 MVA, son denominadas "Centrales Eléctricas de Generación Distribuida".

Nota.- Las Celdas de Combustible (Fuel Cell por su denominación en inglés) son dispositivos de producción de electricidad por energía química (conversión directa) que operan con gas natural (gas metano CH_4), son totalmente estáticos no tienen elementos móviles y sus desarrollos actualmente llegan a la producción de hasta 20 MVA (20.000

KVA) de potencia eléctrica. Las Celdas de Combustible y el muy novedoso Reactor de Fusión de Hidrógeno (aún en investigación) como fuentes alternas futuras de producción de Energía Eléctrica pueden ser conocidas y estudiadas a través de la Internet y serán motivo de nuevos trabajos bibliográficos del autor y sus asesores y que a nuestro criterio serán los futuros sustitutos del generador de inducción.

El Grupo Electrógeno es el conjunto de un motor (energía primaria) de pistón (motor reciprocante) o turbina (motor rotativo) de combustión interna (ver nota) donde se produce la energía mecánica proveniente de la energía térmica de los combustibles, y un generador de inducción magnética donde se convierte esa energía mecánica en energía eléctrica. Por lo general esta doble conversión de energía térmica a mecánica y de mecánica a eléctrica los hace muy ineficientes, llegándose en la actualidad, a que en los grupos electrógenos de mayor eficiencia con motor reciprocante (a pistón) o turbogeneradores con motor rotativo (turbina), por cada parte de combustible consumido como máximo solo un tercio se convierte en electricidad, el resto se pierde en calor (no aprovechable por el mismo grupo electrógeno en la producción de energía eléctrica), por lo que los investigadores en esta área tienen un reto continuo para lograr mejorar su eficiencia o crear dispositivos de generación que puedan tener una conversión directa entre la energía primaria y la producción de electricidad y lograr un óptimo rendimiento. La principal aplicación de los grupos electrógenos en el presente, es producir energía eléctrica desde la energía química-térmica proveniente de los combustibles fósiles de hidrocarburos como el diesel o gas natural, para servir en sistemas eléctricos dedicados, como fuente principal de energía eléctrica por la no existencia de la red utilitaria, respaldo de energía eléctrica para la continuidad de las operaciones o para emergencias en caso de fallas de la red utilitaria, también en algunos casos como medio de ahorro, donde los costos de la energía eléctrica de la red utilitaria son muy onerosos.

Es importante resaltar como lo indicamos anteriormente que un grupo electrógeno o un conjunto de los mismos, no puede operar de forma segura y confiable sin una serie de sistemas auxiliares asociados necesarios. Esta conjunción de grupo electrógeno y sus sistemas asociados constituyen un sistema más complejo que conforman la "Central Eléctrica", así ésta sólo tenga un único grupo electrógeno. En todo caso siempre nos referiremos a la Central Eléctrica de Respaldo o Central Eléctrica de Generación Distribuida como el sistema alternativo de producción de energía eléctrica.

Nota.- Los sistemas de generación con turbinas de vapor son denominados "de combustión externa" porque la combustión se produce en las calderas donde se genera el vapor que mueve la turbina para producir energía eléctrica y no se clasifican como Grupos Electrógenos, ya que estos son aquellos que tienen motor de combustión interna como los motores a pistón o las turbinas.

1.2.- Terminología y Glosario General

- **Generación Distribuida**

Es el término utilizado para indicar la producción de energía eléctrica en el mismo lugar o muy cerca de donde se consume (en relación a la ubicación física de las cargas eléctricas que sirve).

- **Generación Independiente**

Es el término utilizado para indicar la producción de energía eléctrica en el mismo lugar o muy cerca de donde se consume, pero a diferencia de la generación distribuida este tipo de generación solo suple las cargas eléctricas de su propietario o arrendatario (en caso de ser rentada). Su diseño, potencia y conformación no están normalizadas, sin embargo, algunos países tienen en su legislación sobre la materia, que toda Central Eléctrica de Generación Independiente debe tener obligatoriamente forma de conectarse a la red utilitaria y operar en régimen paralelo con esta en caso de emergencias o catástrofes.

- **Sistema de Energía Eléctrica de Respaldo de Emergencia**

Es aquel sistema de suministro de energía eléctrica específicamente diseñado para suplir la falta temporal de la red utilitaria de suministro externo bien sea por fallas en la misma o en caso de emergencia (incendios, desastres naturales, etc.) en especial para evacuación de edificaciones (iluminación y acondicionamiento de las vías de escape), operación de bombas de incendio, ascensores de uso exclusivo de bomberos y otras cargas eléctricas preferenciales o de emergencia que ayuden con la preservación de la vida de las personas presentes en dichas edificaciones. Son reglamentadas por normas de uso obligatorio como la NFPA-110, Códigos Eléctricos Nacionales y resoluciones oficiales de los países.

- **Sistema de Energía Eléctrica de Respaldo Operativo**

Es aquel sistema de suministro de energía eléctrica específicamente diseñado para suplir la falta temporal de la red de suministro externo y evitar pérdidas económicas causadas por la paralización de las operaciones de una empresa, edificación o centro comercial. Igualmente son reglamentadas por normas como la Norma NFPA-110 (ver punto No. 4 Normas de Referencia), sin embargo no tienen carácter obligatorio y los requerimientos técnicos para su diseño están definidos por la criticidad operacional de las cargas a alimentar. También pueden ser utilizados como Sistema de Energía Eléctrica de

Respaldo de Emergencia pero deberán cumplir con los requisitos de la Norma NFPA 110 y las resoluciones oficiales.

- **Central Eléctrica**

Es todo sistema conformado por uno o varios grupos electrógenos y todos sus sistemas periféricos asociados, que tiene como finalidad el suministro de energía eléctrica como respaldo para la continuidad de las operaciones o para emergencias en caso de fallas de la red utilitaria, o como medio de ahorro en los costos, donde el costo de la energía eléctrica de la red utilitaria es muy oneroso. Las centrales eléctricas están conformada por: Grupos Electrógenos (con motor reciprocante o rotativo), Tableros de Sincronización, Tablero de Transferencia Automática, Sistema de Combustible, Sistema de Escapes de disposición los Gases de Combustión, Acometidas Eléctricas, Sistema de Puesta a Tierra, Casetas de Protección y/o Cabinas de protección de Intemperie o Ruido.

- **Grupo Electrógeno**

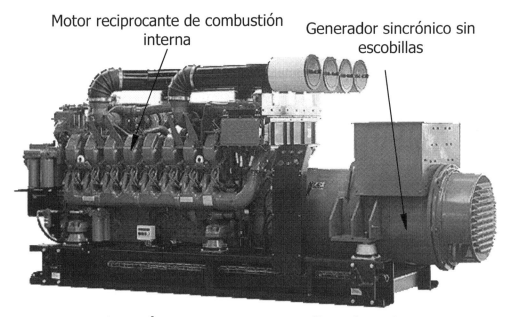

Grupo Electrógeno con motor diesel reciprocante
Fig. 1-1

Es el equipo principal que conforma la central eléctrica. Está compuesto por un motor de combustión interna, también llamado motor primario, generalmente a combustible diesel o gas natural, de pistón (reciprocante) denominado por muchos diseñadores "**Motogenerador**" o turbina (rotativo) denominado "**Turbogenerador**", el cual realiza una conversión de energía térmica a mecánica y un generador de electricidad que realiza la conversión de energía mecánica a eléctrica. También cuenta con equipos periféricos de control (controlador del motor, control de velocidad y regulador de tensión), supervisión (alarma de funciones de motor primario) y de protección como el interruptor de salida y relés de protecciones eléctricas que protegen al generador de sobrecargas, cortocircuitos eléctricos, desbalances de carga, puesta a tierra y potencias inversas.

- **Motor de Combustión Interna**

También denominado motor primario cuando es usado en Grupos Electrógenos, es un dispositivo de conversión de energía térmica en energía mecánica. La energía térmica es producida por la explosión de una mezcla de combustible con aire comprimido en una cámara (cilindro o cámara de combustión). Los motores de combustión interna pueden ser reciprocantes (motores a pistón) o rotativos (turbinas).

- **Motor Reciprocante o Alternativo**

Es aquel motor de pistones, que se desplazan en forma oscilatoria compensando el desplazamiento de uno con el de los otros (en forma recíproca). El movimiento del pistón producto de la explosión produce la rotación del eje del motor (cigüeñal) y con ello el torque de fuerza (ver capítulo No 5).

- **Motor Rotativo o Turbina**

Son aquellos motores de combustión interna que trabajan de forma axial, en donde en el mismo eje de toma de fuerza se encuentra un compresor de aire con alabes. El aire comprimido se mezcla con el combustible en una cámara de combustión y hace explosión por efecto de la ignición de unas bujías. La energía térmica liberada pasa a través de una turbina donde estos los gases se expanden convirtiéndose en energía mecánica (ver capítulo No 6).

- **Control de Velocidad**

También denominado "Gobernador", es un dispositivo (mecánico, hidráulico o eléctrico) de control del grupo electrógeno que actúa sobre la entrada de combustible al motor, con la finalidad de mantener la velocidad del motor constante (ver nota) y por consiguiente, la frecuencia (50 ó 60 Hz) o la potencia de salida del generador en forma controlada (operación en paralelo).

Nota.- Para la explotación eficiente de un grupo electrógeno se debe mantener debidamente controlados y constantes dos parámetros, la velocidad del motor por el control de velocidad (gobernador) ver sección No. 5.16 y 6.14; el cual fija la frecuencia (Hz) y en caso de operación en paralelo la potencia activa (KW) y la magnetización del rotor del generador que fija la tensión de salida de generador (V) ver sección No. 7.9 y en caso de operación en paralelo la potencia reactiva (KVAR), ver sección No 12.3.

- **Controlador-Supervisor de Funcionamiento del Motor**

Es un dispositivo de control electrónico que vigila y supervisa las funciones operativas del motor de combustión interna, enciende automáticamente el motor con una señal manual (operador) o automática del tablero de transferencia o de sincronismo, supervisa (monitorea todos los parámetros de operación, incluyendo vibración en las turbinas) y protege (apaga el motor y da una alarma en caso de una falla u operación fuera de los límites de seguridad de temperatura, presión de aceite, velocidad, niveles de los fluidos y otras protecciones), en algunos modelos guarda todos los registros acontecidos de maniobras, control y alarmas.

- **Sistema de Refrigeración o Enfriamiento del Motor**

Es el conjunto de dispositivos del motor o generador diseñados para desplazar de forma rápida y segura el calor excedente producido por la conversión térmica (combustión) dentro del motor (en las chaquetas del bloque), caja de engranajes o el generador, mediante la transferencia de un fluido refrigerante o del lubricante a un sistema de radiadores enfriados por aire o de intercambiadores de calor enfriados por agua (la cual está debidamente tratada o desmineralizada) los cuales a su vez están conectados por medio de tuberías a torres de enfriamiento externas.

- **Sistema de Escape de los Gases de la Combustión**

Es el conjunto de dispositivos para el desplazamiento, tratamiento y desecho de los gases de la combustión del motor de manera segura y sin afectar el medio ambiente circundante. Está conformado por la tubería principal, unión flexible, silenciador, junta de dilatación y tubería de descarga externa.

- **Generador Eléctrico**

Es un dispositivo electromagnético de conversión de energía mecánica en energía eléctrica que trabaja bajo el principio básico de Faraday, donde un campo magnético rotatorio (rotor) ejerce su inducción sobre un bobinado eléctrico fijo (estator) generando una diferencia de potencial alterno entre sus extremos, dicha alternancia varía de acuerdo con la velocidad de rotación del campo rotor y determina la frecuencia de salida de generador. La tensión de salida del generador es determinada por la magnitud de la inducción magnética producida por el rotor sobre el estator.

- **Generador Eléctrico con Escobillas**

Es aquel generador cuyo campo principal rotor recibe la energía DC para producir el campo magnético, a través de unas escobillas de carbón, de un dispositivo suplidor externo (que puede ser estático en lo generadores mas nuevos o dinámico en los de antigua tecnología). Es denominado en inglés "Brush generator end".

- **Generador Eléctrico sin Escobillas**

Es aquel generador cuyo campo principal recibe la energía DC para producir el campo magnético de un grupo de rectificadores internos que rotan sobre el mismo eje. Estos a su vez están conectados a un generador trifásico que tiene como campo magnético un bobinado estator por donde recibe la energía DC para controlar la inducción magnética del rotor y por consecuencia la tensión de salida, es denominado en inglés 'Brushless generator end".

- **Regulador Automático de Tensión**

Es un dispositivo electrónico que rectifica y controla la energía DC que se inyecta a los campos rotatorios del generador a través de las escobillas (en este caso se denomina "Excitatriz Estática") o el campo excitador en generadores sin escobillas, con la finalidad de mantener la tensión en un valor constante independientemente del porcentaje de carga del generador, dentro de un rango determinado. Es denominado "AVR" por sus siglas en inglés.

- **Interruptor Termomagnético**

Es un dispositivo eléctrico de conmutación de potencia que tiene la finalidad de interrumpir la salida de potencia eléctrica del generador u otro elemento de suministro, por maniobra manual del operador o por actuación automática de un dispositivo de protección eléctrica por sobrecorriente (de forma retardada) o cortocircuito (de forma instantánea).

- **Tablero de Transferencia Automática**

Es un sistema de conmutación de potencia, el cual transfiere la carga eléctrica desde una conexión a la línea externa de suministro a una conexión de potencia con el grupo electrógeno. Está conformado por el conmutador de potencia, el controlador electrónico y el gabinete protector. Se clasifican en tableros de transición abierta cuando en la transferencia o retransferencia hay un corte de unos segundos de fluido eléctrico en las cargas y de transición cerrada cuando en la retransferencia el corte es imperceptible y no afecta las cargas eléctricas conectadas. Se denomina "Transferencia" a la conmutación desde la red utilitaria a la energía suministrada por el generador y "Retransferencia" a la conmutación desde el generador a la energía eléctrica suministrada por la red utilitaria. Las normas vigentes de obligatorio cumplimiento exigen que los tableros de transferencia automáticos puedan ser operados manualmente en caso de falla del sistema motorizado del conmutador.

- **Conmutador de Transferencia**

Es un dispositivo mecánico de conmutación de potencia eléctrica que puede operar manualmente mediante un motor o bobinas de accionamiento electromecánico. Pueden ser tripolares (tres polos para funcionamiento trifásico) o tetrapolares (cuatro polos, para funcionamiento trifásico y también conmutar el neutro).

- **Controlador Automático de Transferencia**

Es un dispositivo electrónico, generalmente digital, que tiene la finalidad de controlar todas las maniobras de un tablero de transferencia automático. Está conformado internamente por un monitor de línea externa, un monitor de parámetros del generador y un sistema de proceso (CPU) que tiene ajustados los tiempos de maniobra para transferencia, retransferencia y apagado por enfriamiento del motor.

- **Cabina del Grupo Electrógeno**

También llamadas "Canopias", son los gabinetes de protección contra la intemperie de los grupos electrógenos, Se llaman canopias insonorizadas o atenuadores del ruido ("Sound attenuated Canopy" por su denominación en inglés) cuando cuentan con los accesorios necesarios para minimizar el ruido producido por los motores de los grupos electrógenos (ver sección No. 10.5).

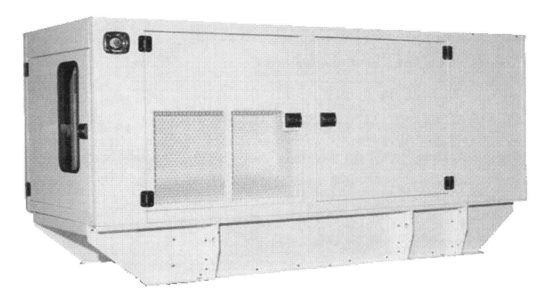

Cabina de Insonorización e Intemperie (Canopia)
Fig. 1-2

- **Gabinete de Protección**

Es un elemento de protección mecánica de los interruptores y conmutadores de potencia, así como de los dispositivos electrónicos y eléctricos de control, monitoreo y protección. Sus diferentes clasificaciones nos indican el tipo de ambiente en los cuales puede ser utilizado, por lo que hay categorizaciones para uso interno (guardapolvo), uso externo (resistentes a la lluvia), para ambientes muy corrosivos y para ambientes con riesgo de explosión.

- **Sistema de Combustible**

Es un conjunto de dispositivos que tienen por finalidad el almacenamiento y suministro de combustible al o los grupos electrógenos de forma continua y segura. Está conformado por un tanque principal, tuberías, válvulas manuales y/o eléctricas, tanque diario, flotantes mecánico y/o eléctricos para dar la autonomía calculada de operación a los grupos electrógenos.

- **Instalación Eléctrica**

Es el conjunto de conductores, canalizaciones, tableros eléctricos y sus accesorios, encargados de llevar en forma segura y constante la potencia eléctrica desde la fuente de suministro (transformador desde la red utilitaria o los grupos electrógenos) y hasta los dispositivos de consumo (carga).

- **Acometida Eléctrica**

Es el conjunto de conductores y su canalización (tubería o bandeja para protección mecánica) con todos sus accesorios (elementos de fijación, cajas de paso, etc.) para llevar la potencia eléctrica entre los diferentes dispositivos de suministro (transformadores y/o grupos electrógenos), los tableros de distribución y los puntos de consumo (cargas).

- **Tablero de Distribución de Potencia**

Es el conjunto de interruptores termomagnéticos de protección, barras de cobre y sus aisladores (para distribución de potencia) y sus gabinetes de protección mecánica, para la distribución segura y confiable de la potencia eléctrica a las diferentes cargas de acuerdo con la magnitud de su consumo eléctrico. Por los niveles de tensión a los que operan se clasifican en "Tableros de Distribución de Baja" o "de Media Tensión".

- **Tablero de Sincronización**

Es el conjunto de interruptores termomagnéticos de maniobra y protección, sistemas de control, relés de protección especiales, barras de cobre y sus aisladores y sus gabinetes de protección mecánica, para la interconexión de dos o más grupos electrógenos en operación compartida de carga (régimen paralelo). Por los niveles de tensión a los que operan se clasifican en "Tableros de Sincronización de Baja" o "de Media Tensión". El tablero de Sincronización se puede clasificar dentro de los tableros de distribución de potencia.

- **Batería y Cargador Automático de Batería**

Es la fuente estática de suministro de energía DC para el arranque de los grupos electrógenos (De acuerdo con la Sección No 480 del CODIGO ELECTRICO NACIONAL Norma FONDONORMA 200:2004). Se clasifican en estacionarias y no estacionarias. Las Baterías estacionarias son aquellas que tienen bajo porcentaje de auto descarga y son las que se utilizan en grupos electrógenos, las no estacionarias son aquellas que necesitan frecuentes ciclo de carga-descarga para mantenerse, como la vehiculares. Los cargadores automáticos de baterías son aquellos dispositivos electrónicos que reponen de forma automática la descarga de las mismas, pueden ser de igualación cuando reponen de forma rápida las descargas profundas de las baterías o de flotabilidad cuando solo reponen de forma lenta las autodescargas de las baterías. Todos los grupos electrógenos y en especial los reciprocantes cuentan con cargadores dinámicos de baterías (alternadores) que sólo operan cuando el grupo electrógeno está encendido.

- **Sistema de Puesta a Tierra (SPAT)**

Es el conjunto de dispositivos eléctricos conectados firmemente a la tierra del terreno circundante a los dispositivos de suministro de energía eléctrica (transformadores, central eléctrica o grupo electrógeno), con la finalidad de drenar de manera segura y rápida cualquier potencial eléctrico que se presente fortuitamente por un cortocircuito, contacto de una línea viva a la carcasa de un grupo electrógeno, tablero o dispositivo de consumo, o por un fenómeno atmosférico (rayo).

- **Red Utilitaria**

Es el sistema de suministro externo de electricidad proveniente de las diferentes fuentes que suplen a las edificaciones. Generalmente está constituido por una o más empresas públicas o privadas propietarias o concesionarias de los medios de generación, transmisión y distribución de la energía eléctrica. En todos los países está regulada por Leyes y Resoluciones Oficiales.

- **Barras de Interconexión Eléctrica**

Denominada solamente "Barra" como término predominantemente técnico, son los puntos eléctricos de conexión entre las fuentes de suministro de energía eléctrica y la distribución a las cargas. Pueden clasificarse como Barra Finita, que es aquella que cualquier modificación de los parámetros de suministro (de una o más de las fuentes, transformadores y/o grupos electrógenos) y/o de las condiciones o naturaleza de las cargas eléctricas de conectada a la misma (de una o más de las cargas) pueden afectar su estabilidad y son físicamente finitas (tienen término) y Barras Infinitas, aquellas que no deberían ser afectadas por la modificación de los parámetros de generación y/o de las condiciones o naturaleza de las cargas, aunque son físicamente mensurables su tamaño es extraordinario y pueden llegar a medir hasta miles de kilómetros.

- **Tensión Eléctrica**

Es la diferencia de potencial eléctrico que existe entre los bornes y/o terminales de salida de un generador, barras o terminales de interruptores termomagnéticos. Su unidad es el Voltio. La tensión eléctrica es producida por los componentes magnetizantes de los generadores. Se denomina tensión directa o continua cuando su polaridad no varía y tensión alterna cuando su polaridad varía de positiva a negativa pasando por cero a la frecuencia de trabajo. Se denomina conductor o línea viva aquella que tiene tensión con respecto a neutro o tierra.

- **Corriente Eléctrica**

Es la fuerza del flujo de electrones que se desplaza por un conductor eléctrico. El flujo de corriente está determinado por un campo vectorial que define no solo la intensidad sino también la dirección de la corriente. Su unidad es el Amperio.

- **Frecuencia Eléctrica**

Es la velocidad de cambio de la polaridad de la tensión y la corriente en la corriente alterna. Su unidad es el Hertz (Hz) y equivale a un ciclo por segundo. Los valores mas frecuentes son 50 Hz. en (Europa, África y algunos países de América Latina), 60 Hz. (Estados Unidos, Asia, Venezuela y algunos países de América Latina) y 400 Hz. para aviación.

- **Velocidad de Rotación**

Es la velocidad con la que rota un motor de combustión interna o el generador eléctrico. En los motores de combustión interna reciprocante viene dada por el tiempo que tarda un pistón en completar dos de los cuatro ciclos de operación, o el tiempo que tarda el eje de una turbina en dar un vuelta completa o en el generador en que su campo magnético gire 360°. Se mide en revoluciones por minuto (RPM). En motores reciprocantes (que pueden ser las mismas de los generadores eléctricos) las velocidades más comunes son 3600; 1800; 900; 720 y 360 rpm para 60 Hz; 1500; 1200; 1000; 600 y 300 rpm para 50 Hz, en turbinas las velocidades de rotación pueden ir desde 7800 a 36000 rpm.

- **Potencia Eléctrica**

Es el producto de la diferencia de potencial aplicada en los extremos de una carga por la corriente que la misma consume. Su unidad es el Vatio, se expresa eléctricamente con la letra W. En el campo de la corriente alterna la potencia eléctrica instantánea varía continuamente y su correlativo mecánico cambia en función del ángulo φ (fi) que forman entre si los vectores representativos de la diferencia de potencial y de la intensidad de la corriente, por lo que se llama potencia eléctrica real y generalmente es expresada en kW.

- **Potencia Aparente (kVA. MVA)**

Es el producto de los valores eficaces representativos de la diferencia de potencial y de la intensidad de la corriente. Su unidad es el Voltio-Amper (VA). Aunque sin relación con la potencia mecánica, proporciona una idea de las condiciones de suministro de transformadores y generadores y establece los límites no superables para garantizar su buen funcionamiento.

- **Potencia Real o Activa (kW, MW)**

Es aquella potencia suministrada por el generador que se convierte en energía mecánica en el motor. Es suministrada por la fuerza mecánica del motor primario del grupo electrógeno. Su vector es la corriente. También es denominada "Potencia Real" o "Potencia Efectiva" ya que su magnitud representa las características especificas de la carga eléctrica como es el factor de potencia con respecto a la corriente consumida y por consiguiente la naturaleza eléctrica de la misma (inductiva, resistiva o capacitiva).

- **Potencia Reactiva (kVAR, MVAR)**

Es la suministrada por los componentes magnetizantes del generador que se convierten en componentes magnetizantes en los motores y cargas inductivas permitiendo la aparición de la fuerza mecánica. Su vector es la tensión.

- **Factor de Potencia**

Es la relación de atraso o adelanto de la corriente con respecto a la tensión aplicada a una carga. Se representa vectorialmente con el coseno del ángulo φ, y fija la relación entre la potencia efectiva y la potencia aparente. El factor de potencia es fijado por las características inductivas o de consumo de corrientes magnetizantes de las cargas (motores, etc.), en el argot técnico es denominado "Coseno".

- **Armónico Eléctrico**

Son corrientes a una frecuencia múltiplo de la frecuencia fundamental, (3era a 180 Hz, 5ta a 300 hz, 7ma a 420 Hz) que aparecen por la presencia de cargas no lineales en el sistema eléctrico. Las cargas no lineales consumen una corriente no sinusoidal así la tensión sea perfectamente sinusoidal. Son generalmente producidos por inversores de potencia electrónicos como UPS, bancos de condensadores para refasamiento (no calculados correctamente) o cargas altamente inductivas. Pueden causar daños a equipos electrónicos porque inducen la aparición de transcientes eléctricos.

- **Transciente Eléctrico**

Es una elevación puntual e inusual de la tensión en magnitudes que puede superar hasta el 1000 % de la tensión nominal de trabajo. Su magnitud se mide en energía por el tiempo, generalmente dura milisegundos. Puede ser producido por altos contenidos de armónicos eléctricos, por suicheo de interruptores o por fenómenos atmosféricos sobre las redes eléctricas.

- **Salida no Forzada del Servicio Eléctrico**

Es lo que se denomina en términos técnicos un corte eléctrico no planificado del suministro de la red utilitaria. Puede suceder por una falla en los dispositivos de suministro, por un cortocircuito en la red o por fenómenos atmosféricos sobre las redes de transmisión o distribución. Se denomina salida forzada cuando la interrupción del servicio se planifica para realizar mantenimientos de líneas y/o subestaciones.

- **Confiabilidad del Suministro Eléctrico**

Confiabilidad de servicio es el porcentaje de horas de servicio ininterrumpido contra las horas promedio del mes. Indica el promedio de fallas de un sistema de suministro eléctrico, los porcentajes permitidos por normas internacionales están sobre el 99,98 % (solo permiten un máximo de dos horas de salidas, forzadas o no, del servicio eléctrico).

- **Calidad de Servicio**

Es el porcentaje de tiempo que el servicio eléctrico permanece dentro de los parámetros óptimos de tensión y frecuencia. Las desviaciones generalmente se manifiestan por bajos niveles de tensión, los porcentajes permitidos de acuerdo con la norma son 5 % por debajo y 10 % por encima de la tensión nominal normalizada de trabajo.

- **Consumo Eléctrico**

Es la cantidad de potencia eléctrica utilizada por una carga en un período de tiempo. Generalmente se denomina en kWH., que representa la potencia real consumida por una carga en una hora. Se utiliza como unidad de facturación por las empresas de suministro de electricidad.

- **Demanda Eléctrica**

Es la potencia instantánea consumida por una carga en cualquier momento. Se denomina en kW y se mide en períodos cortos (promedio de 10 minutos). Las empresas de suministro de electricidad de la Red Utilitaria utilizan como unidad de facturación de demanda eléctrica el kVA, ya que al penalizar un bajo factor de potencia, el suscritor deberá pagar más cantidad de kVA, que su equivalente en kW.

1.3.- La Central de Generación Distribuida

Una Central de Generación Distribuida es aquel sistema de producción continua de energía eléctrica en el mismo lugar o muy cerca de donde se consume (en relación a la ubicación física de las cargas eléctricas que sirve). Por lo que para este tipo de central no aplica la etapa de transmisión del proceso técnico de suministro intensivo de la electricidad, solo las etapas de Generación y Distribución (ver nota). Las Centrales Eléctricas de respaldo y/o recortes de pico de demanda (ver sección No. 1.6) no son consideradas Centrales Eléctricas de Generación Distribuidas, al menos se puedan convertir y aplicar eventualmente en centrales de producción continua.

Nota.- El proceso técnico de suministro intensivo de la electricidad cuenta con tres etapas, que son A.- Generación (producción de la energía eléctrica, mediante grupos electrógenos como motogeneradores o turbogeneradores, grandes centrales hidroeléctricas, térmicas o nucleares o los novedosos sistemas eólicos, solares o de celdas de combustibles), B.- Transmisión (transporte de la energía eléctrica desde el sitio lejano donde se produce, por lo favorable de las condiciones de disposición de la energía primaria hasta el lugar donde se distribuye a los diferentes consumidores, generalmente mediante sistemas de torres y conductores en alta tensión 115; 230; 400 y 765 KV) y C.- Distribución (repartición eléctrica a los diferentes consumidores, mediante sistemas de conductores y tableros eléctricos generalmente en media tensión 4,16; 12,47; 13,8; 21; 34 o 69 KV o baja tensión).

Expertos en la materia fijan la potencia máxima de generación para este tipo de Centrales Eléctricas entre 36 y 50 MVA y una de las condiciones técnicas obligatorias descritas en la mayoría de las legislaciones sobre la materia eléctrica exigen que deberán tener dispositivos para conectarse u operar en régimen paralelo con la red utilitaria (ver nota) aunque no supla potencia (activa o reactiva) al Sistema Eléctrica Central (SEC) y solo podrá suplir potencia al Sistema Eléctrico Local (SEL). Sólo en caso de contingencias podrá suplir potencia a la Sistema Eléctrica Central, todo dentro de las regulaciones y procedimientos de los controles de los sistemas eléctricos interconectados.

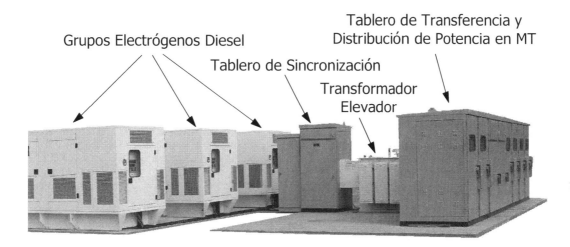

Central Eléctrica de Generación Distribuida
Fig. 1-3

Nota.- La Red Utilitaria constituida por los dispositivos de generación, subestaciones y las redes de transmisión y distribución de suplidor comercial de la energía eléctrica esta conformada por el Sistema Eléctrico Central (SEC), el cual es el conformado por los grandes sistemas de generación interconectados y la redes en alta tensión, algunos expertos en la materia la denominan "Macrogrilla" por lo general estas redes son anulares para garantizar la máxima confiabilidad y el Sistema Eléctrico Local (SEL) que es denominado por algunos expertos "Microgrilla" y esta conformado por las redes y subestaciones de distribución hasta los consumidores y esta constituido sólo por redes radiales.

Tipo de recursos utilizados

Para efectos de la Centrales Eléctrica de Generación Distribuida se denomina "Recursos Distribuidos" a todos los dispositivos de generación de energía eléctrica que suplen potencia a una barra finita (barra de sincronización de la central eléctrica). Estos recursos pueden ser A.- Convencionales como los sistemas electromagnéticos de operación sincrónica (generadores eléctricos convencionales) de los grupos electrógenos (motogeneradores o turbogeneradores) y del tipo B.- No Convencionales, entre los cuales están los sistemas electromagnéticos de operación asincrónica (generadores eléctricos de doble estator utilizados en generación eólica, mareomotriz y undimotriz) (ver nota) y los Electrónicos (sistema de inversión que convierten energía eléctrica directa "DC" proveniente de sistemas fotovoltaicos, celdas de combustible y microturbinas en corriente alterna de 50 ó 60 Hz "AC").

Nota.- Energía Mareomotriz y Undimotriz son aquellas energías primarias provenientes del flujo y reflujo de la mareas y del movimiento de las olas respectivamente.

Tecnología	Motor Diesel Reciprocante	Motor a Gas Reciprocante	Turbina a Gas en Ciclo Simple	Micro-Turbina	Celda de Combustible	Turbina Eólica
Potencia (KVA)	20 a 25.000	50 a 7.000	500 a 450.000+	30 a 300	50 a 1.000+	500 a 5.000
Eficiencia (%)	36 a 42%	28 a 42%	21 a 45%	25 a 30%	35 a 54%	45 a 55%
Costo del Generador ($/KW)	125 a 300	250 a 600	300 a 600	350 a 800	1.500 a 3.000	N/A
Costo Generador e Instalación ($/KW)	200 a 500	600 a 1.000	400 a 700	475 a 900	1.600 a 3.200	700 a 1.300
Costo Adicional para Cogeneración ($/KW)	75 a 100	75 a 100	200 a 400	100 a 250	1.900 a 3.500	N/A
Costo de la Operación y Mantenimiento ($/KWh)	0,007 a 0,015	0,005 a 0,012	0,003 a 0,008	0,006 a 0,010	0,005 a 0,010	0,007 a 0,012

Comparación Económica de Varias Tecnologías de Generación de Energía Eléctrica
Fig. 1-4

Aplicaciones más frecuentes

Es importante aclarar que en todo caso y al menos que el sistema de generación de energía eléctrica sea extremadamente pequeño y de operación temporal, todo conjunto de uno o más grupos electrógenos (motogenerador o turbogenerador) con todos sus sistemas operativos asociados (tableros eléctricos, combustible, puesta a tierra, enfriamiento, gestión, etc.) debe ser considerado una central eléctrica y si el mismo debe cumplir requisitos de operación temporal o continuo con la red utilitaria necesariamente debe ser denominada y operada como un Central de Generación Distribuida, por lo que sus aplicaciones mas frecuentes serán las mismas de toda central eléctrica compleja, como: de respaldo de emergencia o de respaldo operativo, de suministro de recortes de picos de demanda eléctrica, de reserva o de generación continua (carga base).

1.4.- Criterios para su Implantación, Diseño e Instalación

Para el establecimiento de grupos electrógenos y/o centrales eléctricas como sistemas de generación alternos a la red utilitaria, los criterios pueden ser económicos y/o técnicos, a continuación realizamos un breve análisis:

Los elementos para la factibilidad económica descritos a continuación contribuyen a orientar los criterios de la toma de decisiones para la instalación de los sistemas de generación distribuida de energía de eléctrica (continuo o emergencia). El espíritu de los mismos es dar una guía práctica para facilitar el análisis que requiere una óptima y eficiente decisión.

Algunos de estos criterios son:

- En todo ambiente donde se requiera del suministro continuo y confiable de la electricidad, se debe cuantificar el costo de las fallas de suministro y su incidencia sobre el desenvolvimiento normal de las actividades. En especial si en el ambiente se inscribe una actividad productiva o de negocio donde el riesgo energético operativo (pérdidas económicas por fallas en el suministro normal de electricidad) puede ser posible.

- Los costos se pueden calcular sobre la base porcentual de las incidencias de la contingencia en la seguridad, operaciones, ventas comerciales o sobre la suspensión de los flujos de capitales detenidos por la falta del fluido eléctrico. Igualmente aunque es menos cuantificable, sobre la incomodidad y molestias causadas a las personas beneficiadas por ambientes o iluminaciones artificiales, así su función no sea meramente fabril, (hay métodos sencillos para estos cálculos).

- Una medida financieramente aceptable, es que los costos anualizados de las posibles pérdidas producidas por la falta de electricidad puedan amortizar la inversión realizada en el sistema de suministro alterno de energía eléctrico (Central Eléctrica) en un período de entre dos (2) a tres (3) años (óptimo sería 2 años) incluyendo el costo financiero del capital utilizado para realizar la inversión.

- En los casos donde el costo de la energía eléctrica segura y confiable, producida por un sistema de suministro alterno de generación, sea inferior al costo de la electricidad de la red utilitaria, aunque ésta sea altamente confiable, la factibilidad económica y financiera del establecimiento de grupos electrógenos y/o centrales eléctricas para generación distribuida o generación independiente siempre será positiva (ver nota), así sucede en Ingenios Azucareros, Plantas de Producción de Cartón, Industria Petrolera, etc. Obviamente dentro de los costos de esta energía eléctrica se deberán contemplar los mantenimientos preventivos y predictivos adecuados y oportunos, así como las partidas para el reemplazo de los sistemas de generación al finalizar su vida útil.

Nota.- También una medida financieramente aceptable (en economías saludables en cuanto a costos del dinero e inflación), es que el excedente de los costos anualizados de la producción de la electricidad puedan amortizar la inversión realizada en el sistema de suministro alterno de energía eléctrico (Central Eléctrica) en un período de entre tres (3) a cinco (5) años (óptimo sería 3 años) incluyendo debidamente el costo financiero del capital utilizado para realizar la inversión.

Los criterios técnicos de factibilidad para la instalación de un sistema de suministro alterno de energía eléctrica, más que analizarse desde el punto de la ingeniería eléctrica (ya que toda instalación eléctrica permite modificaciones y su ajuste a las normas de seguridad), están basados en los siguientes puntos que deberán estudiarse antes inclusive de realizar el proyecto de instalación:

- Espacio adecuado y capacidad de las estructuras para la instalación del o los grupos electrógenos.

- Niveles aceptables de contaminación sónica y gases producidos por el o los grupos electrógenos o contemplar su adecuación.

- Suministro constante y seguro del combustible a utilizar.

La justificación de la inversión en los sistemas de suministro alterno de energía eléctrica mediante el uso de grupos electrógenos, en el caso de edificaciones residenciales, de salud o corporativas donde pueden existir situaciones de riesgo e inseguridad de las personas y/o los bienes por las contingencias creadas por fallas de servicio normal de electricidad, no ameritan de estudio para su factibilidad ya que la obligación legal de su instalación (de acuerdo a la Legislación Oficial y las Normas de Seguridad Internacionales) y el alto costo que producen las fallas eléctricas justifican suficientemente la inversión.

1.5.- Criterios para el Uso

La selección de un Grupo Electrógeno o de los Grupos Electrógenos de una Central Eléctrica de acuerdo con su uso o aplicación, está determinada por la criticidad e importancia de las cargas eléctricas que suplirán y el tipo de operación a la cual serán sometidos. En este sentido el criterio la selección de un motogenerador (Grupo Electrógeno con motor reciprocante) o de un turbogenerador (Grupo Electrógeno con motor rotativo), serán las siguientes:

- Para uso en aplicaciones de respaldo de emergencia con arranque muy rápido (0-10 seg.), se recomienda el uso de Grupos Electrógenos con motor reciprocante (motogeneradores) con motores de 1800 RPM, con combustible líquido (con accesorios de precalentamiento y sistema de arranque reforzado).

- Para uso en aplicaciones de respaldo operativo con arranque relativamente rápido (15 a 45 seg.) se recomienda el uso de Grupos Electrógenos con motor reciprocante (motogeneradores) con motores de 1800 RPM, con combustible líquido o combustible gaseoso (gas natural) si se tiene disponibilidad del mismo.

- Para uso en aplicaciones de régimen continuo (no permanente) a carga variable (suministro primario o prime) con ciclos de operación a carga constante no mayores de 12 horas continuas, se recomienda el uso de Grupos Electrógenos con motor reciprocante (motogeneradores) con motores de 1800 ó 1200 RPM (60 Hz), con combustible líquido o combustible gaseoso (gas natural) si se tiene disponibilidad del mismo.

- Para uso en aplicaciones de régimen continuo a carga variable (suministro primario o prime), se recomienda el uso de Grupos Electrógenos con motor reciprocante (motogeneradores) con motores de 900 ó 1200 RPM (60 Hz) o Grupos Electrógenos con motor rotativo (turbogeneradores), con combustible líquido o combustible gaseoso (gas natural) si se tiene disponibilidad del mismo.

- Para uso en aplicaciones de régimen continuo a carga constante (suministro de carga base), se recomienda el uso de Grupos Electrógenos con motor rotativo (turbogeneradores), con combustible líquido o combustible gaseoso (gas natural) si se tiene disponibilidad del mismo.

1.6.- Criterios de Operación de los Grupos Electrógenos

Para efectos de tener un conocimiento mas claro de la aplicación de la Central Eléctrica de Generación Distribuida como un sistema alternativo de producción de electricidad y de los criterios de operación de los Grupos Electrógenos, se debe conocer su clasificación:

- Centrales de Base: Destinadas a suministrar permanentemente el 100 % de la energía eléctrica demandada por el consumidor, conformadas por grupos electrógenos con aplicación de régimen continuo.

- Centrales de Recorte de Picos o de Punta: Exclusivamente proyectadas para cubrir las demandas de energía eléctrica en horas pico, las mismas pueden trabajar en paralelo (interconectadas) a las centrales de base o a la red utilitaria (ver nota), están conformadas por grupos electrógenos con aplicación de régimen continuo ó primario ("Prime" por su denominación en inglés).

    Nota.- Para la operación interconectada a la red utilitaria (régimen paralelo), las centrales eléctricas deben cumplir con una permisología especial y requerimientos técnicos impuestos en las regulaciones gubernamentales al respecto.

- Centrales de Reserva o Emergencia: Diseñadas con el objeto de sustituir total o parcialmente la falta de la energía eléctrica (por salidas forzadas o no) de las centrales de base o de la red utilitaria. Las Centrales de Recorte de Picos o de Punta suelen utilizarse como centrales de reserva o emergencia, conformadas por grupos electrógenos con aplicación de régimen primario o emergencia ("Standby" por su traducción en inglés, término del argot técnico muy utilizado).

La aplicación y uso de grupos electrógenos como sistemas de suministro alternativo de electricidad en Centrales Eléctricas (combinación de varios grupos electrógenos) o funcionamiento aislado ("en isla" o "stand alone" traducción del inglés y términos del argot técnico muy utilizados), obligatoriamente deberá cumplir con criterios técnicos para garantizar su continuidad operativa, estos criterios en muchas ocasiones no son mencionados en los manuales de los fabricantes porque solo se relacionan exclusivamente con la aplicación de los grupos electrógenos y son las empresas de ingeniería que diseñan y realizan la integración de los sistemas las responsables de describirlos. A continuación se detallan los más importantes:

- **Régimen Continuo**

Se considera aplicación en régimen continuo y primario ("Prime") cuando la central eléctrica o el grupo electrógeno son utilizados para producir la energía eléctrica que consumen las cargas bases o cargas básicas (cargas operativamente primordiales para el funcionamiento de las industrias y/o edificaciones), durante períodos de tiempo considerados como continuos. La Norma ISO 8528-3 (Ver punto No. 4 Normas de Referencia) las define de la siguiente forma:

- Grupos Electrógenos de funcionamiento en "régimen continuo", son aquellos Grupos Electrógenos diseñados para el suministro permanente de energía eléctrica, pueden operar al 100 % de su potencia nominal indicada en placa (ver nota) con carga constantes de forma permanente y solo se necesita detenerlos para realizar las rutinas de mantenimiento. La potencia indicada en placa no puede ser sobrepasada, ni en períodos muy cortos (Norma ISO 8528-1 aparte 13.3.1). Por los requerimientos de utilización, los motores primarios pueden ser reciprocantes, aunque de baja velocidad 1200; 900; 720 ó 360 rpm (para 60 Hz) o turbinas del tipo pesada. Los grupos electrógenos de operación en régimen continuo requieren de sistemas asociados como refrigeración, escapes y combustible de mayor exigencia que los de otros regimenes de trabajo.

    Nota.- La placa es una etiqueta metálica (imborrable) que tienen los Grupos Electrógenos donde el fabricante describe las características específicas y los limites de potencia, tensión, frecuencia y otros parámetros a que pueden ser sometidos.

- Grupos Electrógenos de funcionamiento en régimen primario "Prime", son aquellos Grupos Electrógenos utilizados para suministrar energía eléctrica de forma continua en aplicaciones de recortes de pico de demanda eléctrica o centrales eléctricas de reserva. Pueden ser utilizados también para generación continua pesada, sin embargo solo pueden trabajar con cargas variables sin sobrepasar su potencia de placa, (Norma ISO 8528-1 aparte 13.3.2). La potencia variable promedio en períodos de 24 horas de operación no deberá sobrepasar el 70 % de la potencia máxima indicada por el fabricante para su aplicación prime. Los fabricantes designan los grupos electrógenos de potencia prime con el 90 % de la potencia otorgada por el mismo grupo electrógeno pero en régimen de emergencia. Por los requerimientos de utilización los motores primarios pueden ser reciprocantes de 1800 o 1200 rpm o turbinas del tipo livianas.

Premisas importantes para la operación de grupos electrógenos (reciprocantes o rotativos) en regímenes primarios o continuos:

- Nunca deberá operarse un grupo electrógeno (rotativo o reciprocante) por debajo del 40 % de su capacidad nominal de placa. Igualmente nunca deberá superarse el máximo indicado en placa de acuerdo al régimen de operación (primario o continuo).

- Para operación en régimen paralelo y de acuerdo con la condición de contingencia diseñada (N-1 ó N-2) (Ver Nota), la carga máxima de operación deberá estar entre 60 y 80 % de la capacidad máxima dentro del régimen de continuidad.

- Para a colocar carga a un grupo electrógeno en vacío, se procederá gradualmente en pasos de no más de 20 % de la capacidad nominal y después del 50 %, se puede colocar toda la carga hasta el 100 %.

Nota.- La condición de contingencia de una Central Eléctrica diseñada para operar con varios Grupos Electrógenos, es de N-1 cuando uno de los grupos electrógenos está fuera de servicio (por mantenimiento o falla) y la misma puede continuar supliendo la potencia de suministro nominal sin afectar las cargas y con una condición es de N-2 (Centrales Eléctricas de alta criticidad) pueden continuar supliendo la potencia de suministro nominal sin afectar las cargas hasta con dos grupos electrógenos fuera de servicio (por mantenimiento o falla). En los dos casos (N-1 y N-2) los otros grupos electrógenos restantes en operación son calculados para poder entregar la potencia de los grupos electrógenos que están fuera de servicio.

- **Régimen de Respaldo**

Como se ha indicado anteriormente se considera un "Grupo Electrógeno" o una "Central Eléctrica" de respaldo, aquellas que son utilizadas para suplir la energía eléctrica cuando falla el suministro normal de la red utilitaria o de las centrales eléctricas de base, generalmente trabajan asociados a tableros de transferencia de carga de forma automática.

Los fabricantes de los grupos electrógenos clasificados para respaldo ("Standby" por su denominación en inglés) o emergencia, exigen para su garantía una utilización menor a 500 horas anuales. Su potencia indicada en placa no debe ser sobrepasada por ningún motivo. Por los requerimientos de utilización los motores primarios son por lo general, reciprocantes de 1.800 RPM (60 Hz) (ver nota). Sus potencias promedios van desde 12 KVA a 2.500 KVA por unidad. Las Centrales Eléctricas de respaldo más comunes, pueden llegar a una potencia total de 10 MVA (10.000 KVA) operando varias unidades en régimen paralelo. Los turbogeneradores por su costo y por la complejidad de su arranque son utilizados en muy bajo porcentaje para centrales eléctricas de emergencia o respaldo.

Los sistemas de respaldo de energía eléctrica son clasificados como sistemas para respaldo operativo y como sistemas de respaldo de emergencia e internacionalmente, su aplicación, selección e instalación están regularizadas por la Norma NFPA-110 (ver capitulo No. 2, Normas de Referencia).

Nota.- 1.800 RPM es la velocidad en motores reciprocantes que por su torque de fuerza hace que la relación costo-potencia sea la más favorable para la aplicación.

CAPÍTULO 2

REGULACIONES OBLIGATORIAS Y NORMAS DE REFERENCIA

2.- Regulaciones Obligatorias y Normas de Referencia

2.1.- Aplicación de Normas Obligatorias

Todos deseamos vivir en un mundo mucho mas seguro y con alta confiabilidad en la operación de los dispositivos que nos suplen los servicios básicos como agua potable, electricidad y comunicaciones. Las amenazas o inevitables consecuencias de muchos accidentes y fallas que suceden por circunstancias naturales o por la imprudencia del hombre se pueden reducir (fuente Notas de FONDONORMA). Las normas nacionales e internacionales de aplicación obligatoria que regulan las instalaciones eléctricas, que reglamentan la instalación de Grupos Electrógenos y que regularizan la aplicación y el uso de Grupos Electrógenos y Centrales Eléctricas de Generación Distribuida ofrecen soluciones ampliamente aceptadas y reconocidas para prevenir y responder a estas amenazas. El rol que las normas pueden jugar para prevenir o mitigar tales pérdidas humanas y materiales es reconocido cada vez más y su uso aumenta de acuerdo con ello, por lo que un sistema de generación de Energía Eléctrica de operación continua, respaldo operativo o respaldo de emergencia del cual dependen la vida y salud de los usuarios de edificaciones o industrias y la robustez de la finanzas de los negocios, debe ser y estar diseñado, calculado, instalado y mantenido acorde con normas nacionales e internacionales de aplicación obligatoria o de referencia, las cuales se describen a continuación.

2.2.- Instituciones de Normalización en Venezuela

En la mayoría de los países donde el uso de la energía eléctrica es la base de su desarrollo y como se indicó en la introducción día a día depende más de la electricidad y la comodidad que esta brinda, es necesario la implantación de normas para el diseño, aplicación, instalación, operación y mantenimiento de los dispositivos que generan la electricidad como lo son los Grupos Electrógenos y la Centrales Eléctricas para que la mismas puedan dispensar la seguridad, disponibilidad y confiabilidad necesaria. En nuestro país Venezuela, los organismos encargados de la elaboración y aplicación de normas de obligatoria o de referencia son: La Comisión Venezolana de Normas COVENIN, con su comité de electricidad CODELECTRA, responsable del análisis y elaboración de las normas del sector eléctrico y el Fondo para la Normalización y Certificación de la Calidad "FONDONORMA", responsable también por la supervisión y auditoria de certificaciones de calidad ISO entre otras.

Logotipos de identificación de las entidades de normalización
Fig. 2-1

2.3.- Normas COVENIN y FONDONORMA

La Comisión Venezolana de Normas Industriales es una institución encargada de reglamentar y normalizar todos los procesos industriales y/o instalaciones en los cuales se pueda contener riesgos para la vida y salud humana. También reglamenta los procesos industriales y comerciales y las instalaciones que son estratégicos e importantes para el desenvolvimiento de las actividades comerciales e industriales y aquellas que sirven para mejorar la calidad de los procesos. COVENIN y FONDONORMA están constituidas por varios comités de expertos en las áreas de competencia. Las normas con respecto a la instalación de Grupos Electrógenos, Centrales Eléctricas y sus sistemas asociados son las siguientes:

- **FONDONORMA 200-2004** Código Eléctrico Nacional, la más importante de aplicar, ya que normaliza los materiales y condiciones de las instalaciones eléctricas (Norma de obligatoria aplicación).

- **COVENIN 734-2004** Código Nacional de Seguridad en instalaciones eléctricas de suministro de energía eléctrica (Norma de obligatoria aplicación).

- **COVENIN 2800-98** Tableros Eléctricos de media y baja tensión. Instalación y puesta en servicio (Norma de obligatoria aplicación).

- **FONDONORMA 3898-06** Calidad de Energía Eléctrica. Fluctuaciones rápidas de tensión, "Flicker" por su denominación en inglés (Norma de Referencia).

- **COVENIN 2239-91** Materiales Inflamables y Combustibles. Almacenamiento y Manipulación (Norma de obligatoria aplicación).

- **COVENIN 2058-83** Motores de Combustión interna. Definiciones Generales (Norma de Referencia).

2.4.- Organismos de Normalización y Certificación Internacionales

En el ámbito internacional hay cinco instituciones de reconocida trayectoria en la regularización y normalización del diseño, fabricación, instalación y mantenimiento de Grupos Electrógenos, Centrales Eléctricas, sus partes, dispositivos e instalaciones y muchas de sus normas son admitidas directamente o se utilizan como referencia para la elaboración de las normas correspondientes por los organismos de normalización de los países donde es obligatoria su aplicación. Estas instituciones son: **NFPA** "National Fire Protection Association" (Asociación Nacional de Protección contra Incendios de USA), **NEMA** "National Electrics Manufacturer Association" (Asociación Nacional de Fabricantes Eléctricos de USA), **IEEE** "Institute of Electrical and Electronics Engineers" (Instituto de Ingenieros Electricistas y Electrónicos de USA), **ISO** "International Organization for Standardization" (Organización Internacional para la Normalización de Suiza), **IEC** "International Electrotechnical Commission" (Comisión Internacional de Electrotecnia, Comunidad Europea) y **ANSI** "American National Standards Institute" (Instituto Nacional de Normas Americanas de USA). También entre las instituciones internacionales de certificación más reconocidas en ámbitos de la seguridad en la aplicación de dispositivos eléctricos y electrónicos están **CSA** "Canadian Standards Association" y **UL** - Underwriters Laboratories Inc. (se mencionan solo como referencia).

Logotipos de identificación de las entidades de normalización

Fig. 2-2

2.5.- NFPA "National Fire Protection Association"

Las Normas NFPA (National Fire Protection Association, USA), son aquellas que regulan los criterios para el suministro de los equipos y materiales, la ejecución de las instalaciones y montajes, así como la operación y mantenimiento de los equipos, para evitar riesgos de incendios, explosiones y accidentes que puedan causar heridas y/o pérdidas de vida (ver nota).

Logotipo de identificación de NFPA
Fig. 2-3

Las normas que aplican a los suministros, instalaciones, montajes, operación y mantenimiento de grupos electrógenos, centrales eléctricas y/o sus sistemas asociados son las siguientes:

- **NFPA 110** "Standard for emergency and Standby Power Systems", Normas para Sistemas de Respaldo de Energía Eléctrica de Emergencia y Operativa (de obligatoria aplicación en muchos países).

- **NFPA 37** "Standard for Installation and Use of Stationary Combustion Engines and Gas Turbines", Normas para la Instalación y Uso de Motores Estacionarios de Combustión Interna y Turbinas de Gas.

- **NFPA 70** "National Electric Code", Código Eléctrico Nacional USA para Instalaciones Eléctricas, equivalente en Venezuela a la Norma COVENIN 200-04 Código Eléctrico Nacional (de obligatoria aplicación en muchos países).

- **NFPA 54** "National Fuel Gas Code", Código Nacional USA para Instalaciones de Gas Natural (de obligatoria aplicación en muchos países).

- **NFPA 30** "Código de Líquidos Inflamables y Combustibles" (de obligatoria aplicación en muchos países).

2.6. - NEMA "National Electrics Manufacturer Association"

Las Normas NEMA (National Electrics Manufacturer Association, USA), son aquellas que estandarizan los requisitos y exigencias en la fabricación de equipos y dispositivos, para evitar riesgos de accidentes que puedan causar heridas y/o pérdidas de vida, así como los desgastes o daños prematuros de esos equipos y dispositivos (ver nota).

Logotipo de identificación de NEMA

Fig. 2-4

Las más importantes que aplican a la instalación de Grupos Electrógenos, Centrales Eléctricas y sus sistemas asociados son:

- **NEMA 250** "Standards for Electrical Use Enclosures" Normas para gabinetes protectores de equipos eléctricos, que los clasifican de acuerdo al uso y ambiente donde se aplican.

- **NEMA MG-1-2003** "Motores y Generadores, Funcionamiento y aplicaciones".

- **NEMA MG-2-2001** "Normas de seguridad y guía de selección, instalación y uso de motores y generadores eléctricos.

2.7. - IEEE "Institute of Electrical and Electronics Engineers", USA

Logotipo de identificación de IEEE

Fig. 2-5

Las normas IEEE (Institute of Electrical and Electronics Engineers, USA o Instituto de Ingenieros Electricistas y Electrónicos de Estados Unidos de America) son normas internacionalmente aceptadas que sirven de guía preferencial para definir los parámetros de operación, prueba y medición para determinar el correcto y seguro funcionamiento de los sistemas de respaldo de energía eléctrica, grupos electrógenos y sus equipos eléctricos y electrónicos asociados, así como las prácticas mas adecuadas para su instalación y protección (ver nota).

Las normas más importantes que aplican a la instalación de Grupos Electrógenos, Centrales Eléctricas y sus sistemas asociados son las siguientes:

- **IEEE Std 446-1995** "IEEE Recommended Practice for Emergency and Standby Power Systems for Industrial and Commercial Applications", Prácticas recomendadas para aplicaciones de sistemas de respaldo de Energía Eléctrica de emergencia y operativas.

- **IEEE Std C37-101-1993** "IEEE Guide for Generator Ground Protection", Guía sobre sistema de protección de puesta a tierra para Generadores.

- **IEEE Std 142-1991** "IEEE Recommended practice for grounding of industrial and comercial Power Systems" Prácticas recomendadas para la puesta a tierra de sistemas eléctricos de potencia en industrial y comercios.

- **IEEE Std 242-2001** " IEEE Recommended practice for Protection and Coodination of Industrial Power Systems". Practicas recomendadas para la coordinación de protecciones eléctricas en sistemas eléctricos de potencia industriales.

- **IEEE Std 1100-1999** "IEEE Recommended practice for Powering and Grounding Electronic Equipment". Prácticas recomendadas para el suministro de potencia y la puesta a tierra de equipos electrónicos.

- **IEEE Std 1547-2003:** Standard for Interconnecting Distributed Resources with Electric Power Systems" Norma para la Interconexión de Recursos Distribuidos en Sistemas Eléctricos de Potencia.

2.8.- ISO "International Organization for Standardization"

Las Normas ISO (International Organization for Standardization) fueron desarrolladas para estandarizar o igualar la aplicación de procesos, pruebas y parámetros (Cuantitativos y Cualitativos) de los productos, equipos, empresas y hasta del ambiente y la influencia que tienen sobre el mismo las industrias, para así poder, internacionalmente, hacer comparaciones reales de sus especificaciones y desempeños (ver nota).

Logotipo de identificación de ISO
Fig. 2-6

Entre las normas ISO aplicadas al ámbito de la generación de energía eléctrica y más conocidas, tenemos:

- **ISO 8528 -(partes 1 al 12)** Normaliza los motores reciprocantes de combustión interna que mueven generadores eléctricos.

- **ISO 3977 (Partes 1 al 9)** Turbinas de Gas Natural, procesos de procura y sus aplicaciones.

- **ISO 10494** Turbinas de gas natural y arreglos con turbinas de gas natural, métodos de inspección.
- **ISO 2314** Turbinas de Gas Natural, ciclo simple y combinado, pruebas de aprobación.

2.9.- IEC "International Electrotechnical Commission"

La IEC "Comisión Internacional de Electrotecnia" es reconocida como la institución más importante de los países de la Comunidad Europea en cuanto a elaboración de normas y la certificación de su aplicación en ámbito de la Ingeniería Eléctrica y de los fabricantes de equipos y materiales para instalaciones eléctricas. En sus comienzos fue conformada por Inglaterra, Francia y Alemania, en la actualidad se han sumado muchos otros países de la Comunidad Europea.

Logotipo de identificación de IEC
Fig. 2-7

La IEC, en cuanto a la Generación Eléctrica y de Grupos Electrógenos se ha orientado mayormente a los requerimientos y regulaciones de las equipos e instalaciones, las normas de referencia mas utilizadas son:

- **IEC 60034-22** "Rotating Electrical Machine Part. 22 AC generators for reciprocating internal combustion engine" Sección No. 22 de la Norma IEC 60034 de Máquinas Eléctrica Rotativas, Generadores AC para motores de combustión interna, requerimientos de aplicación, uso e instalación.

- **IEC 60034-3** "Rotating Electrical Machine Part 3: Specific requirements for synchronous generators driven by steam turbines or combustion gas turbines" Sección No. 3 de la Norma IEC 60034 de Máquinas Eléctrica Rotativas, Requerimientos específicos para los generadores sincrónicos para su uso con turbinas de vapor o en turbogeneradores de gas"

- **IEC 60364-5-55** "Electrical Installations of Building" Part 5-55 Additional requirements for installations where are generating set application. Sección 5-55 de la Norma 60364 de Instalaciones Eléctricas en Edificaciones, parte de Requerimientos adicionales para instalaciones de Grupos Electrógenos.

- **IEC 88528-11** "Reciprocating internal combustion engine driven alternating current generating sets - Part 11: Rotary uninterruptible power systems - Performance requirements and test methods". Sección No. 11 de la Norma IEC 88528 Generadores AC de Grupos Electrógenos con motores de combustión interna, parte de Requerimientos de funcionamiento y métodos de prueba en los sistemas rotativos de potencia continua.

2.10.- ANSI "American National Standards Institute"

El Instituto Nacional de Normas Americanas, ANSI "American National Standards Institute" por su denominación en inglés es un instituto que más que elaborar normas ha dedicado su esfuerzo por el ordenamiento y la coordinación de la mayoría de las instituciones de elaboración, estandarización y certificación de normas en USA, sin embargo muchas normas de aplicación llevan su sello.

Logotipo de identificación de ANSI

Fig. 2-8

En el ámbito de la generación eléctrica las Normas ANSI más aplicadas tiene especial énfasis en el diseño, desempeño y funcionamiento de dispositivo que la controlan, supervisan y monitorean, algunas son las siguientes:

- **ANSI-BSI BS 4999 PART 140** "General Requirements for Rotating Electrical Machines Part 140: Voltage Regulation and Parallel Operation of A.C. Synchronous Generators" Norma **ANSI-BSI BS 4999** de Requerimientos Generales de Máquinas Rotativas, parte 140 sobre Regulación de Tensión y Operación en Paralelo de Generadores Sincrónicos AC.

- **ANSI-CNIS GB/T 7409.3-97** "Excitation system for synchronous electrical machines--Technical requirements of excitation system for large and medium synchronous generators" "Sistemas de Excitación de Máquinas Eléctricas Sincrónicas" requerimientos técnicos para los sistemas de excitación de medianos y grandes generadores AC.

- **ANSI-IEEE 421** "Standard criteria and definitions for excitation systems for synchronous machines" Criterios Estándar y Definiciones de los Sistemas de Excitación de Máquinas Sincrónicas.

- **ANSI-IEEE 421A** "Guide for identification, testing, and evaluation of the dynamic performance of excitation control systems", Guía para identificación, prueba y evaluación del funcionamiento dinámico de los sistema de control de excitación de máquinas sincrónicas.

Nota.- Para el uso y divulgación de algunas de las normas anteriormente indicadas, recomendamos la suscripción al o los organismos o instituciones que las emiten y las publican. Todas las normas anteriormente descritas tienen derechos de autor, su divulgación y/o reproducción están prohibidas sin la autorización de ente propietario de los derechos de autor.

CAPÍTULO 3

DISEÑO Y CÁLCULO DE LAS INSTALACIONES

3.- Diseño y Cálculo de las Instalaciones

Estadísticamente está comprobado que el porcentaje de confiabilidad (seguridad de operación sin falla) de un sistema complejo, como lo puede ser una Central Eléctrica de Generación de Respaldo o Generación Continua, nunca será mayor que la confiabilidad que tenga individualmente cualquiera de sus componentes. Por lo que si usamos Grupos Electrógenos de calidad comprobada, así como Tableros Eléctricos certificados (Tableros de Transferencia Automática, Tableros de Sincronismo, Tableros de Distribución de Potencia) y no realizamos las instalaciones con las normas y pautas adecuadas el resultado final de la confiabilidad integral del sistema será bajo. Por esta razón, tan importante como la calidad y certificación de los componentes de una Central Eléctrica está la calidad de sus instalaciones, por lo que será necesario la elaboración de un proyecto de ingeniería básica y de detalle (ver nota) por especialistas en el área, sea cual sea la magnitud de potencia de la Central Eléctrica.

Central Eléctrica de Respaldo y sus sistemas asociados
Fig. 3-1

Nota.- La Ingeniería Básica es la que define la idea fundamental de proyecto, como tecnología a utilizar, tipo de combustible, ubicación, características de los equipos, rutas de las acometidas y las normas a aplicar. La Ingeniería de Detalle es la que define la implantación de las instalaciones y montajes, así como los cálculos específicos de cada uno de los componentes y sistemas.

3.1.- Premisas importantes para el diseño y cálculo de las instalaciones

- Por muy pequeña que sea la potencia del grupo electrógeno, para su instalación y montaje se deben considerar las normas vigentes de ingeniería eléctrica, electrónica (instrumentación), mecánica y civil, por lo que será necesario en todo caso y sin excepción la elaboración de un proyecto de ingeniería básica y de detalle (así sea breve) que contemple: planificación de la ubicación, facilidades para el transporte y la puesta en sitio, diseño y cálculo de obras civiles (caseta de protección, si aplicase), diseño y cálculo de instalaciones eléctricas, sistemas de control y de puesta a tierra, diseño y cálculo de instalaciones mecánicas para el manejo del aire de enfriamiento, disposición de los gases de escape y manejo de combustible.

- El desarrollo del proyecto por personal profesional de la ingeniería, competente, legalmente habilitado y con experiencia en las diferentes disciplinas a aplicar, será la clave para que el diseño y cálculo de las instalaciones pueda cumplir con las expectativas del sistema.

- En todo caso de instalación y montaje de grupos electrógenos y sus sistemas asociados será necesario la utilización de normas de aplicación y referencia, elaboradas por instituciones reconocidas (ver capítulo No. 2). Las normas que primero prevalecerán serán aquellas que den seguridad integral a las personas que intervendrán en las actividades de instalación, montaje, operación y mantenimiento y además, las que habitarán y/o trabajarán cerca de la Central Eléctrica a instalarse, en segundo lugar, aquellas normas de protección del ambiente que asegurarán el no ocasionar daños a los componentes a instalar, los equipos y herramientas de instalación y por último se aplicaran las normas que mantendrán la operatividad del sistema una vez instalado.

3.2.- Factores para el diseño de una Central Eléctrica

Los factores más importantes que deberán tomarse para el diseño de una central eléctrica de generación de electricidad (sea de generación de respaldo o generación continua) son: el tipo de aplicación, la ubicación, el suministro de combustible, la distancia de los centros de distribución de potencia y el impacto sobre la contaminación ambiental.

3.3.- Tipo de aplicación

El tipo de aplicación será el principal factor para el diseño y la selección de los componentes de la Central Eléctrica y su disposición, en especial los Grupos Electrógenos deberán ser seleccionados de acuerdo con el tipo de régimen de aplicación, por lo que se deberán tomar en cuenta los siguientes factores:

- Para aplicación en régimen de respaldo operativo, los Grupos Electrógenos deberán ser del tipo en espera ("Standby" por su denominación en inglés), la configuración del diseño y la potencia de cálculo deberá ser para respaldar la potencia total del sistema eléctrico y se deberá contar con un factor de reserva equivalente a la posible falla de un Grupo Electrógeno. Se estima que una central eléctrica de respaldo operativo deberá ser en extremo confiable ya que su operación evitará pérdidas económicas importantes para el propietario de las instalaciones a la cual la misma está supliendo electricidad. En este tipo de sistema se deberá prever que el mismo pueda operar (suplir toda la carga eléctrica para la cual fue diseñado) con por lo menos un (1) Grupo Electrógeno indisponible (N-1), por lo que la Central Eléctrica tendrá más de un Grupo Electrógeno. Si se calcula un Grupo Electrógeno con la capacidad total, deberá haber otro de la misma capacidad que lo respalde o se divide la carga de la central en varios Grupos Electrógenos de manera tal que la falla de uno de ellos pueda ser reemplazada por la suma de los otros Grupos Electrógenos operando en régimen paralelo. En sistemas donde se requiera muy alta confiabilidad deberá tomarse en cuenta para el cálculo la indisponibilidad de al menos dos Grupos Electrógenos (N-2). Se recomienda en su diseño el cumplimiento de la Norma NFPA-110 y lo previsto en la norma COVENIN 200-2004; sección 705.

- Para aplicación en régimen de respaldo de emergencia o sistemas de respaldo legalmente requeridos, los Grupos Electrógenos deberán ser del tipo en espera (Standby), la configuración del diseño y la potencia de cálculo del Grupo Electrógeno deberá ser la potencia de los circuitos eléctricos preferenciales del sistema (circuitos eléctricos de áreas que puedan garantizar la vida de los usuarios y/o bienes en caso de una contingencia por fallas del servicio eléctrico externo), se deberá contar con un factor de confiabilidad alto, por lo tanto será de obligatorio cumplimiento en su diseño y cálculo indicado en las Normas como la NFPA 110 y en la norma FONDONORMA 200-2004; sección 701.

- Para aplicación en régimen de operación continua con cargas no constantes (picos de demanda eléctrica), los Grupos Electrógenos deberán ser del tipo de funcionamiento primario (prime). Este tipo de

Grupo Electrógeno admite sobrecargas referentes a su potencia nominal de placa, permitiendo que los picos de demanda que sobrepasen la potencia nominal no causen perturbaciones en la estabilidad de la Central Eléctrica. En este tipo de sistema se deberá prever que el mismo puede operar con por lo menos un Grupo Electrógeno indisponible (N-1). El diseño amerita mayor dedicación hacia la capacidad estructural del edificio que soportará y/o contendrá los componentes de la Central Eléctrica (ver capítulo No. 10), igualmente ameritará un mejor estudio sobre capacidad de manejo de aire para el enfriamiento, mejor disposición de los gases de combustión y el cumplimiento estricto de Normas sobre contaminación ambiental (Ruido, Calor y Polución), así como de manejo y almacenaje de combustible Se recomienda en su diseño el cumplimiento de la Norma NFPA-37.

- Para aplicación en régimen de operación continua con cargas constantes (carga o demanda base), los Grupos Electrógenos deberán ser del tipo de funcionamiento continuo. Este tipo de Grupo Electrógeno no admite sobrecargas referentes a su potencia nominal de placa por lo que su cálculo deberá contemplar el uso de otros Grupos Electrógenos para suplir picos de demanda en caso de aplicarse. Por el tipo de confiabilidad exigido a este sistema, se deberá prever que el mismo puede operar con por lo menos dos (2) Grupos Electrógenos indisponibles (N-2). Igualmente el diseño amerita mayor dedicación hacia la capacidad estructural del edificio que soportará y/o contendrá los componentes de la Central Eléctrica (ver capítulo No. 10), igualmente ameritará un mejor estudio sobre capacidad de manejo de aire para el enfriamiento, mejor disposición de los gases de combustión y el cumplimiento estricto de Normas sobre contaminación ambiental (Ruido, Calor y Polución), así como de manejo y almacenaje de combustible. Se recomienda en su diseño el cumplimiento de la Norma NFPA-37.

Aplicaciones Especiales

Aplicaciones de Centrales Eléctricas en Centro de Datos e Informática

Una de las aplicaciones más utilizadas en la actualidad para centrales de generación de respaldo operativo es en Centros de Datos e Informática ("Data Center" por su denominación en inglés) y Telecomunicaciones. El diseño para el uso y aplicación de grupos electrógenos de respaldo en centrales eléctricas de emergencia en Centros de Datos e Informática está regulado por la norma de referencia de la infraestructura de las telecomunicaciones para Centros de

Datos No. TIA/EIA-942 (Telecommunications Infrastructure Standard for Data Centres por su denominación en inglés) (ver nota).

Nota.- "TIA" (por sus siglas en inglés), es la Asociación de la Industria de la Telecomunicaciones (Telecommunications Industry Association) cuya sede principal está ubicada en Arlington, Virginia, USA.

Esta norma fija cuatro (4) niveles de complejidad en los Centros de Datos (ver nota) y por consiguiente fija exigencias mínimas para los sistemas de respaldo de energía eléctrica necesarios.

Nota.- Grupo 1 (Tier 1), Básico: El centro de datos es susceptible a interrupciones causadas por actividades planificadas como imprevistos. Debe bajarse por completo para la ejecución de mantenimiento preventivo y reparaciones. Puede tener un UPS (sistema ininterrumpible de potencia) y/o un grupo electrógeno como alimentación de respaldo eléctrico pero siempre serán sencillos. **Grupo 2 (Tier 2),** Componentes Redundantes: El centro de datos, debido a la redundancia en algunos componentes es ligeramente menos susceptible a interrupciones que los centros de datos básicos. UPS y grupos electrógenos normalmente están presentes incluso en configuración N+1 (desde el punto de vista de requerimientos) pero con paso simple de distribución. **Grupo 3 (Tier 3),** Mantenimiento Concurrente: En estos centros de datos se pueden ejecutar actividades de mantenimiento planificadas sin interrumpir su operación normal, estas actividades incluyen mantenimiento preventivo y programado, reparación, reemplazo, adición, remoción y pruebas de componentes, pruebas de sistemas, entre otros. Poseen sistemas de distribución redundantes. Los imprevistos todavía pueden causar interrupciones. UPS y grupos electrógenos deben tener como mínimo configuración N + 1. **Grupo 4 (Tier 4),** Tolerancia a Fallas: El centro de datos tiene capacidad integral en su infraestructura que permite la ejecución de cualquier trabajo planificada sin interrumpir la carga crítica. También provee tolerancia a fallas que permiten mantener su operatividad ante la ocurrencia de al menos una situación de "peor caso" de falla ó evento no planificado sin impactar la carga crítica. Los UPS y la central eléctrica de respaldo están presentes en configuración redundante 1 a 1. "Tier" representa el grupo o nivel de criticidad de acuerdo con lo expresado en la Norma TIA/EIA-942.

La Norma No. TIA/EIA-942 en su aparte G.5.1.2 indica algunas premisas importantes para el cálculo, aplicación e instalación de centrales eléctricas de respaldo y grupos electrógenos para centros de datos:

- Los grupos electrógenos deberán ser de combustible líquido diesel.

- Si la central eléctrica de respaldo y/o los grupos electrógenos están dentro del mismo edificio y/o local del Centro de Datos, se requiere que la sala de generación y/o compartimiento del tanque de combustible tenga paredes de separación que soporten el fuego al menos por 2 horas. No obstante, en cuanto a combustible se deberá cumplir con lo indicado en las normas NFPA-110; NFPA-30 y NFPA-37. En caso de que los grupos electrógenos estén ubicados en la parte exterior del edificio y/o

Diseño y Cálculo de las Instalaciones

local del Centro de Datos, los mismos deberán contar con gabinetes de protección de intemperie clasificación NEMA 3R.

- El generador del grupo electrógeno deberá ser capaz de suministrar las corrientes armónicas requeridas por los UPS, al igual que deben contener sistema de alimentación del regulador de voltaje tipo PMG.

- En la central eléctrica de respaldo, de utilizarse más de un grupo electrógeno en operación en paralelo con sincronización automática, para caso en que pueda fallar el sistema automático se deberá suplir un sistema manual para la sincronización con su lógica de control e instrumentación separada del sistema automático.

- En todo caso las regulaciones de protección de ambiente en cuanto a ruido y polución se deberán cumplir.

- El o los tableros de transferencia automática (ATS) utilizados en los sistemas de respaldo de centro de datos de cualquier nivel de criticidad deberán contener un interruptor de interconexión (bypass) para efectos de no interrumpir el suministro de energía eléctrica a las cargas críticas cuando se realizan los mantenimientos del sistema.

- En los casos que la central eléctrica de respaldo y/o los grupos electrógenos tengan capacidad suficiente, se pueden utilizar los mismos como soporte de energía eléctrica del Centro de Datos y del sistema de emergencia de la edificación, conservando las normativas de los códigos eléctricos NEC-NFPA-70 o FONDONORMA 200 a efectos de que las instalaciones eléctricas sean con acometidas, tableros de distribución de fuerza y tableros de transferencia automática separados.

- La autonomía mínima del sistema de combustible para la central eléctrica y/o los grupos electrógenos de respaldo de acuerdo con los niveles de complejidad. Grupo 1: 8 horas. Grupo 2: 24 horas. Grupo 3: 72 horas y Grupo 4: 96 horas. Los tanques remotos de combustible (si aplicase) deberán tener sistema de monitoreo de nivel.

- En los Centros de Datos de alta criticidad, la central eléctrica de generación se diseña y calcula como sistema principal de suministro de energía eléctrica y la red utilitaria (red de suministro externo) se deja como sistema complementario. Por lo que a estos sistemas habrá que darle un régimen especial de potencia, de mantenimiento y de disponibilidad con diseños de confiabilidad N-1, N-2 y hasta N - N/2 (que significa que requiere no solo respaldo de contingencia por grupo electrógeno sino del sistema completo).

3.4.- Factores para la ubicación de la Central Eléctrica

Para efectos del diseño, en la ubicación de la Central Eléctrica y los Grupos Electrógenos se deberán contemplar dos factores muy importantes:

- **Resistencia de las estructuras**

  Cuando la Central Eléctrica se diseña en espacios abiertos y sobre terreno disponible, sólo habrá que limitarse a la conformación del mismo y el cálculo de la losa de piso de acuerdo con el peso de los Grupos Electrógenos, tableros, transformadores y tanques de combustible que constituyen el sistema. Sin embargo, cuando la Central Eléctrica se ubicará en espacios no destinados o proyectados para la misma, sobre estructuras metálicas o de concreto, se deberá obligatoriamente hacer un estudio y recálculo de la estructura para certificar que la misma soportará las cargas (peso y vibración de los diferentes equipos que conforman la Central Eléctrica) a las cuales se someterá. Después del análisis se deberá plantear las modificaciones y adecuaciones a la estructura si aplicasen.

- **Descarga y puesta en sitio de los componentes**

  Otro factor importante que se deberá tomar en cuenta cuando se diseña la ubicación de una Central Eléctrica de Generación, son las facilidades para la descarga y puesta en sitio de los componentes de la misma, en especial los Grupos Electrógenos y transformadores que por su peso ameritan manejo con maquinarias especiales. En este caso se deberá contemplar los siguientes puntos:

    - Maniobrabilidad de los camiones en las vías de acceso y en el sitio de descarga.
    - Resistencia de las vías acceso de los camiones de carga.
    - Resistencia del sitio donde se ubicará la maquinaria (grúa o montacargas) para la descarga de los equipos.
    - Espacio de maniobrabilidad segura de la maquinaria de descarga (ubicación de líneas de alta o media tensión, espacios reducidos de maniobra, otros equipos, etc.).

- **Suministro de Combustible**

  El suministro seguro y constante de combustible líquido (Diesel – fuel oil No. 2) o gaseoso (Gas Natural) a los Grupos Electrógenos es un factor de alta importancia operativa para el diseño de la Central Eléctrica. Será necesario el estudio de riesgo (incendio o contaminación ambiental) de acuerdo con el tipo de aplicación y la autonomía de funcionamiento sin recarga de combustible que se desea tener en el sistema de generación. Para efectos de un diseño aceptable y por razones de los riesgos que se pueden asumir, se deben tomar en cuenta los siguientes factores:

- Tamaño, ubicación y tipo de sistema de almacenamiento en caso de combustible líquido. Se deberá aplicar lo indicado en las Normas NFPA-30 (Código de Líquidos Inflamables y Combustibles) y COVENIN No. 2239-91 Materiales Inflamables y Combustibles. Almacenamiento y Manipulación y la Norma NFPA-110 (ver sección No. 11.5).

- Disponibilidad y periodicidad del suministro del combustible líquido (gasoil o fuel oil No. 2) por parte de suplidor externo.

- Acceso y descarga de combustible líquido al tanque de almacenamiento. Se deberá estudiar también la resistencia de la vía de acceso y maniobrabilidad de los camiones transportadores.

- En el caso de combustible gaseoso (Gas Natural) se contemplará la ubicación de subestaciones de gas natural (ver sección No. 11.6), tubería de aducción de gas hasta la Central Eléctrica y sistemas de seguridad para evitar fugas de gas en las áreas adyacentes. Se deberá aplicar lo indicado en las Normas PDVSA para el uso industrial de gas natural o gas metano y la Norma NFPA-54 "National Fuel Gas Code" (Código Nacional USA para Instalaciones de Gas Natural).

- **Distancia de los centros de distribución de potencia**

Uno de los factores que pueden hacer muy compleja y costosa el establecimiento de una Central Eléctrica en una edificación o industria en funcionamiento es el criterio para la conexión eléctrica entre la Central Eléctrica y los centros de distribución de potencia eléctrica en el interior de la edificación, por lo que para el diseño de una Central Eléctrica de Generación, en especial de respaldo, se deberán tomar en cuenta los siguientes factores:

- Ubicación de la Central Eléctrica lo más cerca técnicamente permisible de los centros de distribución de potencia eléctrica o en caso de instalaciones nuevas ubicar los centros de potencia lo más cerca posible de la Central Eléctrica (ya que su ubicación prevalecerá sobre el centro de distribución de potencia eléctrica). Para estos casos lo más recomendable es utilizar acometidas en baja tensión en canalización metálica (tubería HG, bandejas o ductos-barras) o bancadas subterráneas.

- En caso de no haber posibilidad técnica de ubicación cercana de la Central Eléctrica de los centros de distribución de potencia eléctrica se deberá diseñar un sistema de transmisión (interconexión eléctrica) en media tensión (Ver nota) desde la Central Eléctrica para su conexión con la red utilitaria y en este caso se deberán utilizar tableros de transferencia adecuados.

Nota.- Los valores normalizados más utilizados en media tensión para la generación distribuida son: 4,16 kV; 12,47 kV; 13,8 kV; 21 kV ó 34 kV).

- **Contaminación ambiental**

Los Grupos Electrógenos (con motores reciprocantes o rotativos) de la Central Eléctrica son fuentes de contaminación ambiental (ver sección No. 10.6 y 11.4); el ruido y la polución (humo y gases de combustión) son los factores de contaminación ambiental que se deberán controlar en el diseño del sistema de generación, los criterios para su control son los siguientes:

- Para el caso del ruido se debe contemplar la utilización de cabinas (canopias) de insonorización (ver sección No. 10.5), las cuales también brindarán protección contra la intemperie a los Grupos Electrógenos y sus sistemas asociados. Por otra parte, en caso de utilizar casetas o salas de generación se deberá prever la adecuación con atenuadores de ruido en las entradas y salidas de aire de enfriamiento y las paredes del espacio destinado para la ubicación de los Grupos Electrógenos y para este efecto será necesario incluir el estudio y proyecto de insonorización al diseño de la Central Eléctrica (ver sección No. 10.6). Igualmente será necesario el uso de silenciadores de alta atenuación, denominados críticos o supercríticos que pueden dar una atenuación de los ruidos producidos por el escape de gases de combustión de los Grupos Electrógenos de 25 y 35 dB(A) respectivamente.

- Para el control de la contaminación producida por los gases de escape, será necesario estudiar la disposición segura de los mismos, incluyendo la ubicación de tubería de escape o descarga de gases los mas alto y lejana posible de edificaciones habitables (residenciales, oficinas o industrias), así como contemplando también la dirección de los vientos predominantes. La utilización de trampas de humo y/o convertidores catalíticos se deberá estudiar con detenimiento por sus altos costos (ver sección No. 11.4).

3.5.- Del Proyecto de la Central Eléctrica

El Proyecto es la documentación, diagramas y planos que describen los cálculos, alcances, disposición, ubicación y cómputos por los cuales se realizarán los suministros, las construcciones e instalaciones de los sistemas de generación de energía eléctrica. Toda instalación de un sistema de generación de energía eléctrica siempre deberá estar respaldada por un proyecto de ingeniería de la obra a ejecutarse.

Los cálculos deberán ser suscritos y avalados por un profesional de la ingeniería eléctrica inscrito en el COLEGIO DE INGENIEROS DE VENEZUELA (o legalmente habilitado por una organización pertinente en el país donde se instalará la central eléctrica) en la especialidad pertinente especialmente en los casos de cálculos específicos de estructuras, salas de generación, sistemas de combustible, sistemas de enfriamiento y refrigeración, sistemas de escape o insonorización.

Todo proyecto deberá estar diseñado y elaborado de acuerdo con las Normas de aplicación obligatoria o recomendadas para Instalaciones Eléctricas, Centrales Eléctricas, Sistemas de Generación de Respaldo y Emergencia entre otras (ver capítulo No. 2).

Los proyectos deberán incluir una memoria descriptiva conformada por:

- Las características técnicas de la instalación eléctrica a la cual se suplirá la energía eléctrica, con un razonamiento teórico por el cual se realiza la selección de la tecnología, tipo de combustible, ubicación, características de los equipos, rutas de las acometidas y las normas a aplicar.

- La descripción de las cargas totales (discriminadas en cargas generales y preferenciales o de emergencia) en potencia real, aparente y su factor de potencia (mediciones realizadas en sitio, si la estructura eléctrica está operativa y no es una obra nueva).

- La descripción de las cargas preferenciales que serán alimentadas en especial por los sistemas de generación.

- Diseño, cálculo y descripción del nuevo sistema de distribución eléctrica incluyendo: tableros de potencia modificados, Grupos Electrógenos, subestaciones eléctricas (si aplicase), tableros de transferencia (si aplicase) y acometidas eléctricas.

- Diseño y cálculo de los nuevos sistemas asociados a los grupos electrógenos y tablero de transferencia como son:
  - Caseta de Protección o Sala de Generación del o los grupos electrógenos o la Central Eléctrica, tableros de sincronismo, de distribución eléctrica, de transferencia, incluyendo cálculo de la estructura de las obras civiles que soportarán dichos equipos.
  - Sistema de almacenamiento y tuberías de combustible, incluyendo los sistemas de seguridad y control (si aplicasen).
  - Sistema de escape de los gases de combustión (si aplicase).
  - Sistemas de control especiales, de sincronización, de operación en paralelo, de despacho de cargas (si aplicasen).
  - Sistema de insonorización (si aplicase).
  - Sistema de puesta a tierra.
  - Sistema de manejo de aire de enfriamiento (si aplicase).
- Cómputos métricos de los equipos, materiales y obras a realizarse, incluyendo costos de referencia (los mismos deberán realizarse en hojas de cálculos de programas aceptados generalmente para ese fin).
- Descripción de las condiciones especiales para las instalaciones (si aplicase) como: manejo de carga y descarga, vías de accesos, permisologías y uso de equipos especiales (grúas, montacargas, etc.).
- Los siguientes diagramas y planos se deberán incluir en los documentos del proyecto:
  - Diagrama unifilar de las instalaciones eléctricas a modificarse (antes de las instalaciones de generación).
  - Diagrama unifilar de las instalaciones eléctricas modificadas.
  - Diagramas y planos de acometidas, canalizaciones, ubicación de Grupos Electrógenos y ubicación de tableros, incluyendo los detalles de la interconexión eléctrica entre ellos.
  - Planos de construcción y/o estructura (si aplica) y de ubicación de la caseta de generación, del o los Grupos Electrógenos y tableros eléctricos (de distribución, sincronización y transferencia), incluyendo manejo de aire de enfriamiento, sistema de insonorización y otros sistemas asociados (si aplicasen).
  - Diagrama de detalle de los sistemas de combustible.

- Diagrama de detalle de los sistemas de escape de los gases (si aplicasen).
- Diagramas de detalle de las instalaciones de control y/o monitoreo (si aplicasen).

Nota.- Todos los proyectos deberán presentarse en original y dos copias, acompañados de los diagramas y planos requeridos, así como un dispositivo de almacenamiento electrónico con todos los archivos electrónicos del proyecto.

3.6.- Del transporte y movilización de los equipos

Al igual de otros factores que analizaremos para la instalación y puesta en operación de una Central Eléctrica y de Grupos Electrógenos, la seguridad y eficiencia en los procesos de transporte y movilización de los equipos (cargas y descargas) son factores de los cuales dependerá en buena parte el cumplimiento de los objetivos de tiempo pautados, por lo que se deberán cumplir con criterios de selección de las empresas y personas involucradas, así como la aplicación de procedimientos preestablecidos para asegurar que las instalaciones se realizarán dentro de los parámetros de costos y tiempo previstos. A continuación se indican algunas premisas al respecto:

- **Transporte**
    - Elegir a una empresa responsable y con experiencia en el transporte de carga pesada y especialmente delicada y hacer seguimiento durante todas las etapas del transporte: A.- Del almacén del suplidor o fabricante al puerto de salida, B.- Del puerto de embarque al de destino y C.- Del puerto de destino al sitio de almacenaje o de instalación.
    - Si el grupo electrógeno es de dimensiones extraordinarias, evitar las rutas por ciudades y poblaciones y si esto no es posible se deberán estudiar las alturas y espacios disponibles de puentes y pasarelas, para tomar acciones que prevengan daños a los equipos o demoras al transporte.
    - Cuando se traslade (transporte) el o los grupos electrógenos y sus equipos asociados (así no sean nuevos o desde el fabricante) se deberá acompañar con toda la documentación de importación y origen, facturas, notas de entrega, etc.

- **Elevación y puesta en sitio con Grúa**
    - Elegir a una empresa responsable y con experiencia en la carga, descarga y manejo de equipos pesados y especialmente delicados.

La seguridad de la operación es un punto muy importante a prever (ver nota).

- Estudiar y planificar cuidadosamente la ruta de acceso y el sitio de estabilización de la grúa que cargará el equipo, así como la ubicación del transporte que lo trasladará. Es muy importante revisar si el suelo, piso o placa de concreto soportan el peso conjunto de la grúa, transporte y equipo. En caso de no ser así buscar alternativas o el refuerzo bien calculado de las superficies donde se trabajará.

- Estar pendiente de la presencia y cercanía de conductores eléctricos aéreos de media o alta tensión al área de descarga y advertirlos al operador de la grúa. Igualmente solicitar la interrupción del servicio eléctrico en caso de que la grúa deba estar cerca o pasar la carga cerca de las líneas aéreas de media o alta tensión.

- En el sitio de descarga y puesta en sitio no deberá permanecer ninguna otra persona diferente a las responsables de poner el equipo en su sitio.

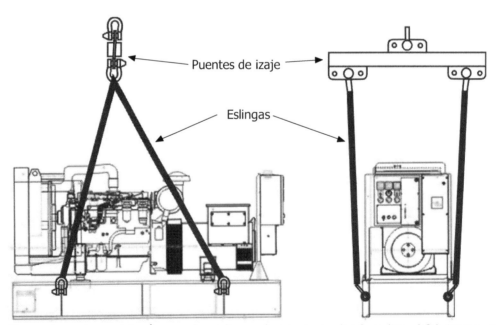

Necesariamente se deberá poner las eslingas de izamiento donde indica el fabricante, esto con la finalidad de respetar el centro de gravedad del equipo y evitar accidentes por volcamiento de la carga (el uso del puente de izaje y de grilletes es obligatorio).

Procedimiento para el izaje de Grupos Electrógenos

Fig. 3-2

Nota.- Puntos importantes de seguridad en las labores de izaje y carga son: A.- Nunca retuerza o doble las eslingas, B.- Nunca coloque los dedos, manos o alguna parte del cuerpo entre las eslingas, el equipo de elevación y/o la carga. C.- Nunca permita la elevación de la carga suspendida sobre personas. D.- Nunca deje la carga suspendida por mucho tiempo y/o sobre superficies de trabajo. E.- Nunca deje las eslingas en áreas donde puedan resultar dañadas por el calor, productos químicos corrosivos, objetos cortantes, maquinarias o vehículos. F.- El uso del puente de elevación y de los grilletes es obligatorio para evitar accidentes por volcamiento o daños en los equipos.

Procedimiento básico para la puesta en sitio del equipo.

- Colocar las eslingas y cadenas en los sitios indicados por los fabricantes, para que el equipo quede balanceado por su centro de gravedad.

- La operación deberá realizarse lentamente y solo el responsable de la actividad podrá dar órdenes e instrucciones al operador de la grúa, no deberá haber presencia de curiosos en las cercanías.

- La puesta en el sitio o en la estructura de permanencia definitiva del equipo, se deberá realizar cuidadosamente, observando siempre la estructura o piso. Si se nota algo extraño, se deberá paralizar la operación sin descargar el peso.

- Si la instalación tiene más de un equipo, los equipos que deberán instalarse o ponerse primero en sitio, serán los más lejanos al punto de la descarga del camión de transporte.

- **Elevación y puesta en sitio con Montacargas**

    - Elegir a una empresa responsable y con experiencia en la carga, descarga y manejo de equipos pesados y especialmente delicados.

    - Estudiar y planificar cuidadosamente la ruta de acceso y el área de maniobra del montacargas que instalará el equipo, así como la ubicación del transporte que lo trasladará. Es muy importante revisar si el suelo, piso o placa de concreto soportan el peso conjunto de los equipos (montacargas, transporte y equipo). En caso de no ser así buscar alternativas o el refuerzo bien calculado de las superficies donde se trabajará.

    - No deberá permanecer ninguna persona sobre las paletas del montacargas con o sin carga cuando este esté en operación. Igualmente cuando la paleta del montacargas esté elevada, debajo de la misma no deberá permanecer ninguna persona.

    - Esté pendiente de la marcha atrás (retroceso) del montacargas.

CAPÍTULO 4

TIPIFICACIÓN DE LOS GRUPOS ELECTRÓGENOS

4.- Tipificación de los Grupos Electrógenos

Como se ha descrito el Grupo Electrógeno es el componente más importante de una Central Eléctrica de Generación, ya que es el dispositivo donde se convierte la energía térmica del combustible en energía eléctrica. El principio de funcionamiento del motor de combustión interna califica a las centrales eléctricas con Grupos Electrógenos en Centrales Térmicas.

Dispositivos importantes de un Grupo Electrógeno
Fig. 4-1

Los dispositivos principales y más importantes de un Grupo Electrógeno son: el motor primario, reciprocante o rotativo (donde se realiza la conversión de energía química-térmica en energía mecánica) y el generador eléctrico (donde se realiza la conversión de energía mecánica en energía eléctrica). Los dispositivos periféricos o dispositivos de control, protección y supervisión son: el control de velocidad del motor (que mantiene la frecuencia y/o la potencia activa constante), el regulador de tensión del generador (que mantiene la tensión y/o la potencia reactiva constante), el controlador-supervisor del motor (que controla, monitorea y protege todas la funciones del motor primario) y por último el interruptor eléctrico de salida del generador (que protege al conjunto motor-generador de sobrecargas y al generador de cortocircuitos) .

4.1.- Clasificación de los Grupos Electrógenos

Esencialmente los Grupos Electrógenos se clasifican de acuerdo a los siguientes criterios:

- Por el tipo de tecnología del motor, en Grupos Electrógenos con motor reciprocante o alternativos (a pistón) denominados "Motogeneradores" y Grupos Electrógenos con motor rotativo (a turbina) denominados "Turbogeneradores".

- Por el tipo de combustible que utilizan, se clasifican en Grupos Electrógenos de combustible líquido, generalmente Diesel (Fuel Oil No. 2 ó pesado No. 6) y de combustible gaseoso (gas natural o gas metano).

- Por el tipo de aplicación y por el requerimiento de operación del motor primario se clasifican en: Grupos Electrógenos de régimen de operación continua ("Base load" por su denominación en inglés), Grupos Electrógenos de régimen de operación primaria ("Prime" por su denominación en inglés) o Grupos Electrógenos de régimen de respaldo ("Standby" por su denominación en inglés).

Nota.- Los Grupos Electrógenos pueden también clasificarse de acuerdo con los niveles de tensión (en baja o media tensión), tipo de protección de intemperie o insonorización (abierto o cerrado) y tipo de sistema de control para operación en régimen individual o régimen paralelo, no obstante, estas clasificaciones únicamente son parte de los requerimientos de la instalación por lo que sólo se contemplarán como clasificación secundaria en cada uno de los criterios anteriores.

4.2.- Clasificación según la tecnología del motor primario

De acuerdo con la tecnología del motor los Grupos Electrógenos se clasifican en Grupos Electrógenos con motor reciprocante, los cuales son llamados "Motogeneradores", con motor de combustión interna a pistones, los cuales se desplazan de forma oscilatoria (alternativa) compensando el desplazamiento de uno con los otros (en forma recíproca) y en Grupos Electrógenos con motor rotativo, denominados "Turbogeneradores", con motor de combustión interna que trabajan de forma axial, en los que la energía mecánica producida es transmitida a través de una caja de engranajes (reductora de velocidad) al generador eléctrico.

4.3.- Grupo Electrógeno con Motor Reciprocante "Motogenerador"

La característica más importante del Motogenerador o Grupo Electrógeno con motor reciprocante, es que el motor está acoplado directamente al generador, por lo tanto los motores reciprocantes deberán operar a su torque (par) nominal de producción de fuerza con la velocidad de rotación que requiere el generador para producir la frecuencia de operación de las cargas (50 ó 60 Hz), esto establece el gran tamaño, volumen y peso de los motores reciprocantes utilizados, ya que para lograr altas potencias eléctricas requieren de gran volumen de desplazamiento en cada cilindro. Su uso es mas frecuente en aplicaciones de respaldo en el cual los rangos de potencia comerciales están entre 20 y 3.000 KVA), sin embargo por la madurez de las tecnologías del motor reciprocante, menor costo del recurso humano especialista y los requerimientos menos exigentes de los materiales para su fabricación para aplicaciones de continuidad (carga base) se han construido motores reciprocantes para Grupos Electrógenos de hasta 45.000 KVA. Igualmente en algunos casos y por su confiabilidad se están utilizando motores reciprocantes de grandes potencias diseñados para aplicaciones navales como Grupos Electrógenos de operación en régimen continuo.

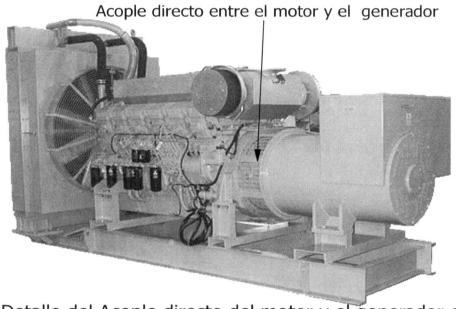

Detalle del Acople directo del motor y el generador en Motogeneradores
Fig. 4-2

4.4.- Grupo Electrógeno con Motor Rotativo "Turbogenerador"

En los turbogeneradores el motor rotativo o turbina está conectado al generador a través de una caja de engranajes reductora de velocidad, ya que por el principio de operación de la turbina (Fundamento Termodinámico), la velocidad mínima de producción del torque (par) nominal de fuerza es el resultado de la variación de la cantidad de movimiento del fluido que pasa a través de la turbina, por lo tanto para la obtención de mayor potencia, el fluido deberá recorrerla a alta velocidad. La velocidad de operación de una turbina para aplicación en Grupos Electrógenos estará de acuerdo con su tecnología y potencia, pudiendo ir de 7.000 a 40.000 RPM (ver nota), siendo reducida por la caja de engranaje a 3.600 ó 1.800 RPM para generadores de 60 Hz y 3.000 ó 1.500 RPM para 50 Hz. Por esta razón el Turbogenerador cómo Grupo Electrógeno resulta ser más compacto y de mucho menor peso por KVA de producción de Energía Eléctrica que los Grupos Electrógenos con motores reciprocantes. Las potencias más comerciales van desde 1.000 (1 MVA) a 20.000 KVA (20 MVA) en los rangos menores, desde 21.000 (21 MVA) a 36.000 KVA (36 MVA) en los rangos medios y desde 40 MVA a 500 MVA en los rangos altos.

Nota.- Hay Turbogeneradores de mediana y gran capacidad de generación que su velocidad es de 3.000 a 3.600 RPM y no requieren de caja de engranajes, por sus potencias los mismos no serán motivo del presente estudio.

Foto Cortesía de Gas Turbine Systems Inc.

Detalle del Acople del motor y el generador en Turbogeneradores
Fig. 4-3

Una de la mayores ventajas de los turbogeneradores (además de su menor peso y volumen) sobre los motogeneradores, es que la turbina puede operar con combustible líquido ó gaseoso sin cambios estructurales, inclusive en los turbogeneradores se puede cambiar de tipo de combustible en plena operación, en cambio la estructura operativa el motor reciprocante se aplica sólo para combustible líquido o solo para combustible gaseoso, únicamente en la aplicación de motores reciprocantes para combustible dual el predominio de la operación con combustible líquido permite la operación simultánea con combustible gaseoso como un medio para ahorrar consumo del combustible líquido y por consecuencia ahorro en su operación.

4.5.- Comparación entre los Motores Reciprocantes y Rotativos

Por su criterio de operación rotativa la turbina de combustión interna se ha consolidado como uno de los motores (producción de energía mecánica) más seguros y confiables que existen, por lo que es mayormente utilizada comercialmente para la generación de electricidad con potencias que van desde 1 MVA hasta 480 MVA.

Sus ventajas sobre los motores reciprocantes son:

- Mayor confiabilidad y menos vibración como motor rotativo.
- Mayores capacidades de potencia.
- Menor peso por KW(b).
- Bajo costo de generación (en combustible gas natural).
- Más largos períodos entre reconstrucciones.
- Capacidad de trabajar con varios combustibles sin cambios estructurales y el cambio de los mismos en plena operación.
- No requiere de sistemas de enfriamiento especiales para el desplazamiento del calor de la combustión.

Las desventajas sobre los motores reciprocantes:

- Mayor costo de inversión por kW.
- Tecnología especializada, poco difundida.
- Mayor cantidad de sistemas asociados para la operación.
- Baja eficiencia por mayor producción de calor.

El diseño de centrales eléctricas de generación distribuida con la selección de grupos electrógenos con motor reciprocante o rotativo, lo determinará específicamente los siguientes factores:

- La potencia total a generarse (mayor potencia mejor es rotativo).
- La necesidad de una alta confiabilidad (mejor es rotativo).
- La posibilidad de utilización del calor desplazado en otros procesos (mejoramiento de la eficiencia, mejor es rotativo en ciclo combinado).
- La inversión a utilizarse en bajas potencias (menor inversión mejor es reciprocante).
- Aplicaciones de respaldo en bajas potencias (hasta 10 MVA) (mejores y más rápidas respuestas en el arranque, mejor es reciprocante).
- La disponibilidad en términos de tiempo de entrega de los grupos electrógenos en los suplidores y/o fabricantes (para bajas potencias, mejor disponibilidad de equipos nuevos para los reciprocantes).

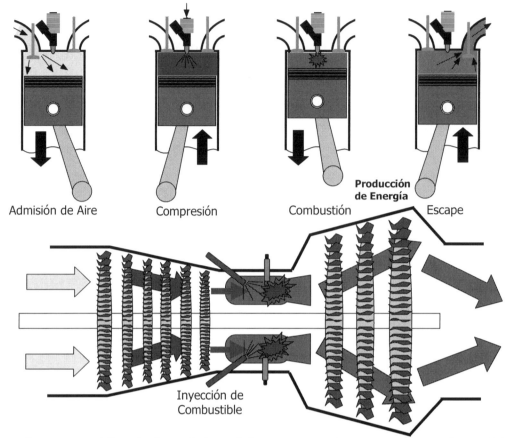

Comparación de los ciclos del motor reciprocante con la turbina

Fig. 4-4

Las ventajas del uso de los motores reciprocantes en Grupos Electrógenos en baja y media potencia (hasta 10.000 KVA) en comparación con los de motor rotativo, pueden detallarse en que por su tecnología muy madura y altamente difundida, los hace mas económicos de aplicar y de mantener, por otra parte las desventajas de su mayor peso, complejidad (engranajes, válvulas, árboles de leva, etc.) y alto desgaste por la vibraciones causadas por la forma de operación oscilante (reciprocante) no lo hacen aplicables en Grupos Electrógenos de alta potencia. La potencia máximas comerciales más usadas en Grupos Electrógenos con motores reciprocantes son:

- Para motores reciprocantes de cuatro ciclos con uso de combustible líquido liviano diesel No. 2 es de 2,500 KVA (ver nota).

- Para motores reciprocantes de cuatro ciclos con uso de combustible gaseoso gas natural es de 3,500 KVA (ver nota).

- Para motores reciprocantes de dos ciclos con uso de combustible líquido liviano o pesado es de 10,000 KVA (ver nota).

Nota.- Como se indicó las potencias descritas son las más comercialmente usadas, sin embargo los grandes fabricantes de motores reciprocantes tienen motores de mayores potencias, en cuatro ciclos pueden llegar a 15,000 kW(b) en combustible líquido liviano, 5.000 kW(b) en combustible gaseoso y en dos ciclos se fabrican motores de hasta 50.000 kW(b) (ver sección 5.18).

4.6.- Clasificación de acuerdo al tipo de combustible utilizado

El combustible es toda aquella sustancia capaz de liberar energía cuando se cambia o transforma su estructura química, lo que supone la liberación de una energía de su forma potencial a una forma utilizable. Es importante indicar que los combustibles en los motores de los Grupos Electrógenos requieren de un componente llamado "Comburente" que participa en la combustión oxidando al combustible para que en presencia de una ignición (chispa de una bujía o auto-ignición como el caso del gasoil) libere energía que en este caso es energía química produciendo calor (exotérmica), que posteriormente se transforma en energía mecánica. Al proceso anterior se denomina "Combustión" el cual es considerado una reacción química donde el combustible se combina con el comburente que generalmente es el oxígeno del aire que se comprime en la cámara de combustión de los motores de combustión interna.

La principal característica de un combustible es su poder calorífico, que es el calor desprendido por la combustión completa de una unidad de masa (kilogramo) de combustible. Este calor o poder calorífico, también llamado capacidad calorífica, se mide en Joule o julio, caloría o BTU por unidad de peso o volumen, dependiendo del sistema de unidades.

Los combustibles mas utilizados en la generación de Energía Eléctrica mediante el uso de Grupos Electrógenos se pueden clasificar en tres grandes tipos:

- Combustibles líquidos livianos. En esta clasificación se encuentra el Gasoil o Fuel Oil No 2 (por su denominación según el sistema americano de clasificación), el poder calórico del Gasoil es de 42,7 MJ/Kg. ó 10,200 Kcal/Kg.

- Combustibles líquidos pesados. En esta clasificación tenemos al Bunker o Fuel Oil No. 6 (por su denominación según el sistema americano de clasificación), el poder calórico del Bunker es de 40,2 MJ/Kg. ó 9,600 Kcal/Kg.

- Combustibles Gaseosos. En esta clasificación tenemos al Gas Natural (con una conformación mayoritaria de gas metano CH4), el poder calórico del Gas Natural es de 53,6 MJ/Kg. ó 12,800 Kcal/Kg. En el gas natural, el gas metano también está asociado con Etano, Propano y Butano en menor porcentaje.

Por sus ventajas calóricas y por su menor impacto ambiental, el Gas Natural (Gas Metano) es el combustible mas utilizado en la actualidad para la producción comercial de energía eléctrica con Grupos Electrógenos (en Centrales Eléctricas Térmicas, con grandes turbogeneradores). El gas natural se transporta por tuberías desde los yacimientos hasta los sitios de consumo. Por su bajo costo el combustible líquido pesado (bunker o Fuel Oil No. 6) es utilizado donde por su ubicación no es posible utilizar gas natural y el combustible líquido liviano (Gasoil o Fuel Oil No. 2) es utilizado generalmente en Centrales Eléctricas de respaldo, reserva o de generación de punta.

Nota.- Para la generación de energía eléctrica en muy pequeña escala, también se utilizan otros combustibles como la gasolina y los gases liquificados de petróleo (LPG por sus siglas en Inglés) como butano y propano cuyos poderes calóricos son muy similares al de la gasolina 46,0 MJ/Kg ó 11,000 Kcal/Kg, sin embargo por su volatilidad y riesgos de manejo solo se utilizan en Grupos Electrógenos de pequeña capacidad (< 100 kVA).

Los grupos electrógenos se clasifican de acuerdo al combustible que utilizan en cuatro categorías:

- Grupos Electrógenos a combustible líquido liviano (Diesel o Fuel Oil No. 2). En este grupo están todos los Grupos Electrógenos con motor reciprocante y/o rotativo utilizados para "Centrales Eléctricas de Respaldo" y pequeñas "Centrales Eléctricas de Operación Continua" (carga base) donde por su ubicación no es factible el uso de Gas Natural. Para el caso de Grupos Electrógenos con motor reciprocante y de cuatro ciclos, con velocidad de rotación entre 1,200 y 1,800 RPM, las potencias comercialmente utilizadas están entre 12 kVA y 3,000 kVA (3 MVA) y para Grupos Electrógenos con motor rotativo (turbinas), las potencias comercialmente utilizadas están entre 1,000 kVA y 20,000 kVA (20 MVA), aunque hay fabricantes que utilizando doble sistema de combustible (diesel y gas natural, no con operación simultánea), pueden suministrar turbogeneradores hasta de 75,000 kVA (75 MVA), sin embargo por su alto consumo de combustible y por el almacenamiento en caso del combustible líquido, son poco utilizados.

- Grupos Electrógenos a combustible líquido pesado (Petróleo Bunker o Fuel Oil No. 6). En este grupo se encuentran los grandes Grupos Electrógenos con motores reciprocantes de dos ciclos, utilizados comercialmente para la generación en régimen continuo de carga base, generalmente utilizados por la imposibilidad de tener gas natural. Los Grupos Electrógenos con motor reciprocante de combustible líquido pesado (Bunker o Fuel Oil No. 6), inclusive pueden operar con petróleo denominado ligero (Grado API 31 a 39), ya que cuentan con sistemas de tratamiento para calentar, gasificar y hacer más volátil el combustible. Los motores de los Grupos Electrógenos que operan con combustibles líquidos pesados son extraordinariamente robustos, ya que su operación es de continuidad absoluta para poder justificar su alta inversión, su velocidad de rotación está entre 320 y 900 RPM. Las potencias de Grupos Electrógenos en este renglón van desde 2,000 kVA (2 MVA) hasta 25,000 kVA (25 MVA). En este renglón no existen Grupos Electrógenos con motores rotativos.

- Grupos Electrógenos a combustible gaseoso (Gas Natural o Gas Metano). En este grupo se encuentran la mayoría de los Grupos Electrógenos utilizados comercialmente para la generación de Energía Eléctrica en régimen de continuidad para carga base o carga variable. Pueden ser Grupos Electrógenos con motor reciprocantes en cuatro ciclos, con velocidades de rotación entre 900 y 1800 RPM, con potencias comercialmente utilizadas que van desde 100 kVA a 4,000 kVA (4 MVA) o Grupos Electrógenos con motor rotativo turbogeneradores con potencias comercialmente utilizadas desde 3,000 kVA (3 MVA) a 400 MVA. Una de las mayores ventajas del uso del gas natural en Grupos Electrógenos es que por su alto poder calórico y mediante la cogeneración (el uso del calor derivado de la combustión para otros procesos, inclusive para generar nuevamente Energía Eléctrica) se puede aumentar la eficiencia térmica de los mismos, haciendo que el costo del combustible sea favorable.

- Grupos Electrógenos a combustible dual (uso simultáneo o seleccionado). Con el objetivo de tener redundancia y mayor seguridad en la operación, aumentando la disponibilidad del uso de los Grupos Electrógenos en caso de fallar una de las fuentes de combustible o por la reducción de los costos de operación reduciendo el costo del combustible utilizado, tenemos un renglón de Grupos Electrógenos que pueden operar con combustibles líquidos y gaseosos, con solo una simple selección de la maniobra. Para el caso del uso seleccionado (o combustible líquido en este caso Gasoil-Fuel Oil No 2, ó gas natural) los turbogeneradores de uso en régimen de continuidad tienen la ventaja (si así fueron suplidos) de operar con un tipo de combustible o con el otro, inclusive se puede cambiar de un combustible a otro en plena operación, para esto la turbina cuenta con un doble sistema de combustible que opera de acuerdo a la selección tomada. Este tipo de Grupos Electrógenos tiene la ventaja de asegurar su operación continua en caso de la falla de una de las fuentes de combustible, generalmente el combustible principal es el gas natural y el combustible de reserva es el Gasoil. Los Grupos Electrógenos con motores reciprocantes no pueden tener esta opción, o trabajan a gas natural o trabajan con combustibles líquidos. Para el otro caso de operación simultánea con los dos combustibles (líquido y gaseoso) tenemos grandes Grupos Electrógenos con motor reciprocante de baja revolución cuyo combustible principal es el combustible líquido pero para aumentar su potencia y bajar el consumo del combustible líquido, se inyecta por la admisión de aire gas natural el cual se mezcla con el oxígeno haciendo una mezcla de mayor poder calorífico, aumentando o manteniendo constante la potencia del motor, pero consumiendo menos combustible líquido. Para esta aplicación los motores deben tener sistemas de seguridad especiales, así como el reforzamiento de los sistemas de enfriamiento, ya que al aumentar el poder calórico del combustible se requiere de un mayor desplazamiento seguro del calor en el motor.

4.7.- Clasificación de acuerdo a la aplicación

La robustez de un grupo electrógeno en cuanto a su porcentaje de uso y cargas aplicadas está vinculada a la fortaleza, materiales de construcción y sistemas del motor primario. La operación el 100 % del tiempo a carga máxima constante implica que el motor deberá estar construido con materiales de mayor resistencia y contar con sistemas de lubricación y enfriamiento diferentes a los un grupo electrógeno de respaldo; los cuales sólo operan cuando se tiene una falla en el servicio de la red utilitaria, dentro de tiempos limitados, pero sin embargo estos deben tener sistemas especiales que los mantengan siempre listos para un arranque seguro. Bajo estas premisas y como un guía para la selección del proyectista de las centrales eléctricas, así como una referencia para el usuario final, instituciones de normalización y homologación nacionales e internacionales como la Organización Internacional para la Estandarización (ISO por sus siglas en Inglés), el Fondo para Normalización de Venezuela (FONDONORMA) la Comisión Venezolana de Normas (COVENIN), la Asociación Nacional de Protección contra Incendios (NFPA por sus siglas en Inglés) han elaborado clasificaciones de los Grupos Electrógenos de acuerdo a su aplicación, las cuales están descritas y referenciadas en las normas ISO 8528-1; ISO 3977-2; NFPA-37 y la COVENIN 2058-83.

- **Grupos Electrógenos de Respaldo**

    Son aquellos Grupos Electrógenos utilizados para suministrar energía eléctrica de respaldo por las fallas de la red utilitaria, generalmente trabajan asociados a un tablero de transferencia automática. Los fabricantes exigen para su garantía una utilización menor a 500 horas anuales. Su potencia indicada en placa no debe ser sobrepasada por ningún motivo.

    Por los requerimientos de utilización los motores primarios son en general, reciprocantes de 1,800 RPM. Sus potencias promedios van desde 12 kVA a 3,000 kVA por unidad. Las Centrales Eléctricas de respaldo mas comunes, pueden llegar a una potencia total de 10 MVA (10,000 kVA) operando varias unidades en régimen paralelo. Por lo general todos los Grupos Electrógenos de Respaldo operan con combustible líquido liviano (Gasoil Fuel Oil No. 2), debido a que su almacenaje cerca del Grupo Electrógeno garantiza la autonomía del sistema. El uso de Grupos Electrógenos para Respaldo a combustible gaseoso (gas natural) es limitado, ya que en ningún momento se puede garantizar el almacenaje del combustible y se depende de una red utilitaria de suministro de gas (tubería externa) que podría fallar cuando mas se requiera, inclusive la Norma NFPA 110 no permite el uso de Gas Natural en sistemas de respaldo de emergencia, porque cuando hay contingencias graves como movimientos sísmicos o incendios se debe interrumpir por razones de seguridad el suministro de gas a las edificaciones.

    Nota.- La utilización de turbogeneradores con turbinas a combustible líquido o gaseoso para aplicación de respaldo, solo se justifica cuando la potencia requerida para las cargas es muy grande y se desea el uso de un solo grupo electrógeno, sin embargo la complejidad operativa y de los mantenimientos, así como el prolongado período de arranque de la turbina, obliga a tomar medidas especiales para el uso de este tipo de equipo, preferentemente se utiliza para esta aplicación Grupos Electrógenos con motores reciprocantes.

    El uso más frecuente de esta aplicación es en edificaciones que requieren continuidad de energía eléctrica para casos de emergencia (requerimientos legales obligatorios) como hospitales, escuelas, grandes torres de oficinas y/o edificaciones o industrias que requieren continuidad de Energía Eléctrica para no interrumpir sus operaciones.

    En los requerimientos de mantenimiento de los Grupos Electrógenos de Respaldo se deberá obligar a realizar pruebas periódicas y constantes, cumplir con los requerimientos de mantenimiento de los fabricantes y mantener especial atención sobre los sistemas de arranque (baterías, motor de arranque, cargadores de baterías).

- **Grupos Electrógenos de operación primaria (prime) o recortes de picos de demanda**

    Son aquellos Grupos Electrógenos utilizados para suministrar energía eléctrica de forma continua a cargas no constantes ("Prime" por su siglas en Inglés) en aplicaciones de recortes de pico de demanda eléctrica o centrales eléctricas de reserva que requieran trabajar por períodos medianamente largos pero sin el compromiso de generar cargas bases. Pueden ser utilizados también para generación continua pesada, sin embargo solo pueden trabajar con cargas variables sin sobrepasar su potencia de placa. La potencia indicada en placa puede ser sobrepasada en períodos cortos hasta en un 10 %. Los fabricantes designan los grupos electrógenos de potencia prime con el 90 % de la potencia otorgada por el mismo grupo electrógeno pero en régimen de emergencia. Por los requerimientos de utilización los motores primarios pueden ser reciprocantes de 900, 1200 o 1800 RPM con potencias entre 1,000 a 5,000 kVA o turbogeneradores del tipo livianos con potencias de 2,000 a 20,000 kVA.

    El tipo de combustible a utilizar por los Grupos Electrógenos para este tipo de aplicación de trabajo primario (prime) puede ser combustible líquido Liviano (Gasoil Fuel Oil No. 2) o Combustible Gaseoso (Gas Natural). El combustible líquido pesado (bunker Fuel Oil No. 6) no es usado con frecuencia en este tipo de aplicación, ya que los costos de los Grupos Electrógenos para operar con este tipo de combustible no podrían ser justificados financieramente sin una operación continua.

    El uso más frecuente de los Grupos Electrógenos de esta aplicación es en industrias donde se requiere reducir los costos de la electricidad (si aplicase) o reducir la dependencia de la energía eléctrica provenientes de redes utilitarias (suministradores externos) por su baja confiabilidad.

- **Grupos Electrógenos de operación continua para suministros de cargas bases**

    Son aquellos Grupos Electrógenos diseñados para el suministro permanente de energía eléctrica, pueden operar al 100 % de su potencia nominal indicada en placa con cargas constantes de forma permanente y solo se necesita detenerlos para realizar las rutinas de mantenimiento y en algunos casos sólo para los mantenimiento predictivos, ya que los cambios de lubricantes se pueden realizar en operación, ya que utilizan sistemas de lubricación redundantes. La potencia indicada en placa puede ser sobrepasada en períodos muy cortos hasta en un 10 % (Norma ISO 8528-1). Por los requerimientos de utilización, los motores primarios pueden ser reciprocantes, de baja velocidad 900; 720 ó 360 RPM con potencias entre 5,000 kVA (5 MVA) a 20,000 kVA (20 MVA) utilizando grandes motores de dos ciclos o turbogeneradores del tipo pesada con potencias desde 20,000 kVA (20 MVA) a 400 MVA, siendo estos los mas utilizados en esta aplicación. Los grupos electrógenos de operación en régimen continuo requieren de sistemas asociados como refrigeración, escapes y combustible de mayor exigencia que los de otros regímenes de trabajo.

El tipo de combustible de mayor utilización en este tipo de aplicación de los Grupos Electrógenos de trabajo continuo es el Combustible Gaseoso (Gas Natural), ya que por su transporte y disposición es mas fácil de manejar que el combustible líquido liviano (Gasoil Fuel Oil No. 2) o el pesado (bunker Fuel Oil No. 6). En algunos casos por la imposibilidad de no tener disponibilidad de combustible gaseoso (gas natural) en el área o región donde se ubica la Central Eléctrica también se utilizan este tipo de aplicación de Grupos Electrógenos con combustible líquido liviano (Gasoil Fuel Oil No. 2) o el pesado (bunker Fuel Oil No. 6).

Nota.- La condición de facilidad en el transporte y disposición del gas natural hace preferente el uso de este tipo de combustible, sin embargo los costos de las instalaciones y tuberías de gas natural, hacen que los diseñadores conceptuales de centrales eléctricas las ubiquen cercanas a la tuberías matrices del gas natural y luego trasmitir la Energía Eléctrica vía conductores aéreos hasta el lugar de consumo.

La aplicación más común de los Grupos Electrógenos de este tipo de aplicación, es en Centrales Eléctricas comerciales que suministran Energía Eléctrica en gran escala a la red utilitaria.

4.8.- Requerimientos para la selección de los Grupos Electrógenos

- Los grupos electrógenos a utilizarse en las instalaciones de sistema de suministro de energía eléctrica deberán ser clasificados para dicho uso y dimensionados de acuerdo a lo estipulado en la sección 701 del Código Eléctrico Nacional (FONDONORMA 200:2004). Su potencia nominal en carga deberá regirse de acuerdo con la aplicación y lo indicado en la norma ISO-8528-1 de las disposiciones de pérdida de potencia de grupos electrógenos de acuerdo a la altitud y/o temperatura del lugar de instalación.

- Los motores primarios de los mismos, serán de marcas reconocidas con garantías y tener inventario de repuestos de al menos por un período de 5 años después de la compra.

- El proveedor de los grupos electrógenos garantizará que los materiales consumibles, de recambio periódico en los procesos de mantenimiento como: Filtros de Combustible (para combustible líquido como para combustible gaseoso), Filtros de Lubricantes, Filtros de Aire (filtros y pre-filtros de aire para los turbogeneradores) y Lubricantes (con sus especificaciones), serán de consecución inmediata en proveedores locales. Igualmente se hace necesario el suministro anticipado de los repuestos de mayor uso en caso de fallas.

- Los catálogos técnicos de descripción de los grupos electrógenos deberán incluir los siguientes datos:

  - Potencia nominal en espera (carga de emergencia) ISO-8528 (a 152 mts sobre el nivel del mar y 27°C de temperatura ambiente.)

  - Curva de pérdida de potencia en base a la altura y temperatura (de acuerdo a la norma ISO-8528).

  - Definición del fabricante del término "Potencia nominal" de acuerdo al tipo de aplicación.

  - Descripción de las especificaciones mas importantes de motor primario:

    - Desplazamiento lineal de los pistones (reciprocantes).

    - Marca, modelo y serial del motor (reciprocante o turbina).

    - Desplazamiento cúbico en los cilindros (reciprocantes).

    - Tipo de Aspiración (para motores reciprocantes).

    - Velocidad del motor (en RPM).

    - Potencia del Motor en HP o KW(B) potencia mecánica.

    - Consumo de combustible al 100, 75, 50 de la carga nominal.

    - Desplazamiento calórico del escape (Btu/min ó kCal/min)

    - Desplazamiento calórico del sistema de enfriamiento en Btu/min.

- Flujo de aire para la combustión en CFM (reciprocante o turbina).
- Flujo de aire para el enfriamiento en CFM (motores reciprocantes).
- Flujo de salida del escape en CFM (reciprocante o turbina).
- Temperatura de los gases del escape (reciprocante o turbina).
- Marca, modelo y tecnología del control de Velocidad
- Marca, modelo y tecnología de controlador-supervisor de motor.
- Descripción de las especificaciones más importantes del Generador:
  - Marca, modelo, tipo y serial del generador.
  - Tensión de Salida u opciones de salida (si es reconectable).
  - Velocidad de trabajo y frecuencia (Hz)
  - Corriente máxima de salida a las opciones de tensión.
  - Marca, modelo y tecnología del regulador de tensión.
  - Marca y modelo del interruptor de protección de salida (si aplica).
  - Dimensiones del grupo electrógeno en milímetros (ver Fig. No. 4-5).
  - Peso en Kg. (seco y con los fluidos si aplicase).
- Los grupos electrógenos deberán estar provistos de equipos de control, seguridad y supervisión y la documentación, como a continuación se describen:
  - Base de montaje (Skid o patín metálico) y sujeción para carga y descarga.
  - Protección de todos los elementos rotativos y exotérmicos (que desprendan calor, si aplicase).
  - Tanque de combustible diario o de retorno con medidor de nivel (si aplicase)

- Instrumentación completa analógica o digital (voltímetro por fase, amperímetro por fase, frecuencímetro, horímetro, indicadores de: velocidad, presión de aceite, temperatura y tensión de los sistemas DC del motor (si aplicase)

- Sistemas o bases Antivibratorias (si aplicase).

- Medidor de flujo de aspiración en admisión de aire (determina el estado de los filtros de aire muy importante en las turbinas y reciprocantes).

- Manual del propietario con todas las características técnicas del grupo Electrógeno.

- Manual de mantenimiento.

- Manual de partes y repuestos.

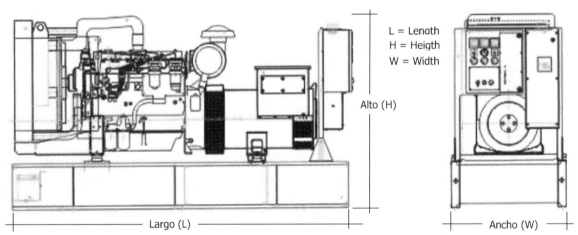

Presentación de las Dimensiones de los Grupos Electrógenos
Fig. 4-5

CAPÍTULO 5

EL MOTOR RECIPROCANTE O ALTERNATIVO

5.- El Motor Reciprocante o Alternativo

5.1.- Glosario de términos específicos del Motor Reciprocante

- **Ciclos de Operación**

    Se denominan ciclos de operación de un motor de combustión interna reciprocante o alternativo a las diferentes etapas que debe desempeñar para producir la potencia mecánica utilizable. Los ciclos de un motor reciprocante son cuatro (4): Admisión, Compresión, Explosión y Escape, también hay motores de sólo dos (2) de estos ciclos: Compresión y Explosión.

- **Torque o Momento de Fuerza**

    Se denomina "Torque", "Momento de fuerza" o "Par" a la magnitud que viene dada por el producto vectorial de una fuerza por un vector director. En el caso del motor reciprocante es el equivalente a la fuerza que se tiene que hacer para mover el cigüeñal (producida por la biela por efecto del ciclo de explosión sobre el pistón) respecto a un punto fijo, que en este caso es el centro axial del cigüeñal. Se expresa en unidades de fuerza por unidades de distancia.

- **Cilindro**

    El cilindro de un motor reciprocante es el espacio por donde se desplaza un pistón, su nombre proviene de su forma similar a un cilindro geométrico. De su capacidad o volumen interno, denominado cilindrada del motor (expresada en centímetros cúbicos o litros) depende la potencia transferida al pistón, la biela y al cigüeñal (torque de fuerza) por efectos del ciclo de explosión y por consiguiente la potencia mecánica del motor.

- **Cámara de Combustión**

    Es el espacio interno del motor, entre la parte superior del cilindro y la culata o tapa de los cilindros, donde se realiza la combustión (explosión) del combustible.

- **Pistón**

    Es un embolo metálico que se ajusta perfectamente a la paredes del cilindro mediante unos aros metálicos flexibles llamados "Anillos". El pistón efectúa el movimiento alternativo, comprimiendo la mezcla de aire (comburente) y combustible hasta la parte superior del cilindro o cámara de combustión donde se produce la explosión desplazándose hacia abajo por efecto de ésta y transmitiendo el torque de fuerza al cigüeñal a través de la biela.

- **Anillos del pistón**

    Aros flexibles que están insertados en unos canales alrededor del pistón con la finalidad de hacer unos sellos metálicos con las paredes del cilindro, facilitando la compresión de la mezcla combustible-comburente y la distribución del lubricante en las paredes del cilindro.

- **Cigüeñal**

    Es el eje de toma de fuerza de los pistones a través de las bielas, los puntos donde se conectan las bielas no son concéntricos y cada uno tiene un contrapeso. Utilizando el principio de la manivela hace que se convierta el movimiento de las bielas en rotatorio, llevando la potencia de los pistones hacia su parte posterior donde se conecta al generador. El cigüeñal se soporta al bloque del motor por unos rodamientos o cojinetes lisos lubricados denominados por los fabricantes "Casquillos o Conchas", sujetos a sustentáculos ubicados en el bloque del motor denominados "Bancadas". El cigüeñal tiene conductos internos para facilitar la lubricación de las bancadas, bielas y de los cilindros a través de las bielas.

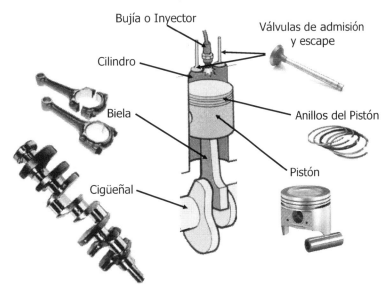

Componentes internos importantes del motor reciprocante

Fig. 5-1

- **Biela**

    Es una barra metálica que conecta al pistón a través de un pasador de acero con el cigüeñal (ver Fig. No. 5-1). En la conexión al cigüeñal tiene unos rodamientos lisos lubricados denominados por los fabricantes "Casquillos o Conchas" similares a los de las bancadas. Al igual que el cigüeñal las bielas tienen conductos internos para facilitar la lubricación del pasador, pistón, anillos y cilindro.

- **Bloque del motor**

  El bloque del motor o bloque de cilindros es una pieza fundida en hierro o aluminio que aloja los cilindros así como los soportes de apoyo del cigüeñal. Tiene una doble pared o conductos internos denominados "chaquetas" por donde circula el líquido refrigerante para el enfriamiento del motor. En la actualidad los cilindros son piezas intercambiables cuando presentan desgastes, a esta pieza se le denomina "Camisa del Cilindro".

- **Culata o Cámara del motor**

  La culata (tapa de cilindros) es la parte superior de un motor de combustión interna que permite el cierre de las cámaras de combustión. Constituye el cierre superior del bloque del motor y sobre ella se asientan las válvulas, teniendo orificios para tal fin. La culata presenta internamente una doble pared para permitir la circulación del líquido refrigerante. Tiene orificios roscados donde se sitúan los inyectores en motores reciprocantes de combustible líquido y las bujías en motores reciprocantes de combustible gaseoso.

- **Árbol de Levas**

  Es un eje con levas, las cuales a través de unos balancines abren y cierran las válvulas. El árbol de levas está conectado a través de engranajes al cigüeñal para estar en tiempo con los diferentes ciclos del motor. En los motores modernos también el árbol de levas mueve los inyectores de combustible.

- **Válvula de Admisión**

  La válvula de admisión es un dispositivo de control de paso del aire (comburente) o de la mezcla Comburente-Combustible (en motores de combustible gaseoso), para permitir llenar el cilindro que luego será comprimido para producir la explosión.

- **Válvula de Escape**

  Es el dispositivo que permite la salida de los gases de escape desde el cilindro una vez ocurrida la explosión.

- **Bujía**

  Una bujía es un dispositivo eléctrico para la producción de chispas provenientes de una fuente de poder de alta tensión. Está compuesta por un electrodo central y una cubierta aislante de porcelana (aislante eléctrico) y su diseño le permite soportar altas temperaturas y presiones.

- **Bobina de encendido**

  Es un transformador de pulsos de alta tensión que opera al recibir una señal de un dispositivo de distribución (electrónico o electromecánico) que envía el pulso que genera la chispa en tiempo (coincidente) con el final del ciclo de compresión.

- **Inyector**

  Un inyector es un dispositivo utilizado para bombear el combustible dentro de la cámara de combustión utilizando el efecto Venturi. El combustible que esta a alta presión sale por una boquilla a gran velocidad y baja presión, gasificando el combustible que mezclado con el aire (comburente) produce la explosión por efecto de la compresión.

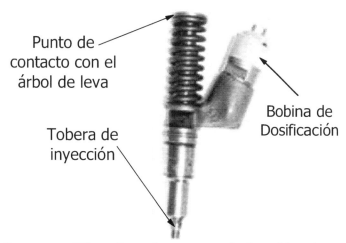

Inyector Tipo Bomba controlado eléctricamente
Fig. 5-2

- **Bomba de Inyección**

  Es un mecanismo que transforma energía mecánica en energía hidráulica de alta presión para que el combustible pueda llegar a los inyectores y ser dosificado en la cámara de combustión de los cilindros. Las bombas de inyección trabajan sincronizadas con los ciclos del motor y toman su fuerza mecánica de engranajes conectados al cigüeñal.

- **Dosificador de Gas**

  Es un actuador eléctrico con una compuerta metálica que controla el flujo de combustible gaseoso que se mezcla con el aire y pasa a los cilindros a través de las válvulas de admisión.

- **Radiador**

  El radiador es un dispositivo intercambiador de calor por el cual se hace pasar un flujo de aire fresco para desplazar el calor removido por el líquido refrigerante desde el bloque del motor. Por lo general el aire proviene de un gran ventilador que obtiene su fuerza mecánica del mismo cigüeñal del motor. En algunas aplicaciones se instala remotamente donde el ventilador está conectado a un motor eléctrico que obtiene su energía del mismo generador del Grupo Electrógeno.

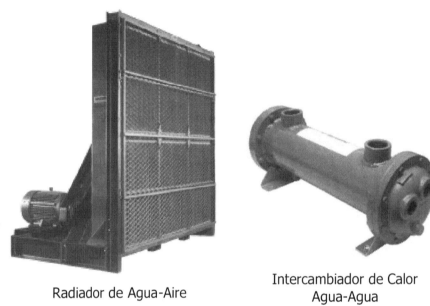

Radiador de Agua-Aire   Intercambiador de Calor Agua-Agua

Tipos de dispositivos para enfriamiento de motores reciprocantes.
Fig. 5-3

- **Intercambiador de calor**

  Un intercambiador de calor es un dispositivo diseñado para transferir calor de un fluido a otro, sea que estos estén separados por una barrera sólida o que se encuentren en contacto. Son parte esencial de los dispositivos de refrigeración, en motores de grupos electrógenos que por su aplicación o ubicación no puedan usar radiador.

- **Termostato**

  Son válvulas operadas mecánicamente por la temperatura del líquido refrigerante, las cuales lo mantienen en circuito cerrado en el bloque del motor y cuando éste se calienta a unos 70° se abren para permitirle la circulación hacia el radiador para el intercambio y liberación del calor.

- **Bomba de Refrigerante**

  Es la encargada de reciclar el líquido refrigerante a través de las chaquetas del bloque del motor y llevarlo al radiador donde se desplaza el calor, para llevarlo de nuevo a las chaquetas del bloque del motor. Recibe su potencia mecánica de una polea con correas conectadas mecánicamente al cigüeñal del motor.

- **Bomba de Lubricante**

  Es la encargada de reciclar el lubricante desde un recipiente inferior del bloque denominado "Carter" por todos los conductos específicos del motor para lubricar todos los elementos que tienen fricción mecánica como: cigüeñal, bancadas, bielas, cilindros, pistones, culata, válvulas, etc, haciéndolo pasar a través de unos filtros que limpian los residuos metálicos y de la combustión.

- **Bomba de Combustible**

  Es la encargada de hacer circular el combustible desde el tanque de retorno o tanque diario del Grupo Electrógeno hasta la bomba de inyección

Nota.- Algunos de los conceptos anteriores se amplían en el contenido del presente capítulo, también hay otros términos y conceptos relativos al motor reciprocante que se describen en el mismo.

5.2.- Principio de Funcionamiento del Motor Reciprocante

Como se ha indicado anteriormente el motor Reciprocante es aquel motor de combustión interna a pistones, los cuales se desplazan de forma oscilatoria (alternativa) compensando el desplazamiento de uno con los otros (en forma recíproca). El movimiento del pistón producto de la explosión origina la rotación del eje del motor (cigüeñal) y produce el torque de fuerza mecánica que se transfiere al generador eléctrico.

5.3.- Motor Reciprocante de combustibles líquidos

Los Motores Reciprocantes de combustión interna más utilizados en Grupos Electrógenos son los de combustible líquido que tienen cuatro ciclos de funcionamiento, los cuales completan el proceso de potencia, cada dos (2) vueltas o giros que da el eje o cigüeñal. El motor diesel por las características del combustible (Gasoil o Fuel Oil No. 2) lo hace el más robusto, seguro y confiable para aplicaciones en grupos electrógenos (ver sección No. 4-6).

El principio de funcionamiento y los ciclos del motor reciprocante de combustible líquido son (ver Fig. No. 5-4): **A.- Ciclo de admisión**, el aire (oxígeno) entra al cilindro y se mezclará con el combustible. **B.-**

Ciclo de Compresión, el aire se comprime a muy alta presión y se le inyecta el combustible igualmente a muy alta presión. **C.- Ciclo de Explosión,** la mezcla de combustible y aire explota, por efecto de una ignición autoinducida por el combustible líquido (condición específica del diesel que a altas presiones genera mucho calor), este ciclo es donde se produce la fuerza, ya que el desplazamiento producido por la explosión hace rotar el cigüeñal produciendo la energía mecánica, **D.- Ciclo de Escape,** se expulsan todos los gases producidos por la combustión para comenzar nuevamente con el ciclo de admisión.

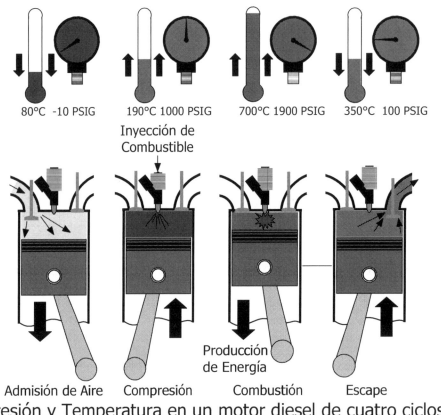

Presión y Temperatura en un motor diesel de cuatro ciclos
Fig. 5-4

También en lo que respecta a motores reciprocantes de combustible líquidos, hay motores de dos ciclos. A diferencia de los motores de cuatro ciclos que completan el proceso de producción de energía en dos giros del eje o cigüeñal, los motores de dos ciclos completan el proceso de producción de energía solo en un giro del eje o cigüeñal. Este caso dos ciclos son: ciclo de compresión y ciclo de explosión (producción de la energía mecánica) y se realizan entre los ciclos los procesos de admisión de aire y escape de los gases de la combustión. Aunque para bajas potencias (hasta 2000 kW(b) potencia mecánica) comercialmente se han dejado de utilizar los motores de dos ciclos, para más grandes potencias, entre 3000 kW(b) y 20,000 kW(b), esta tecnología se ha mejorado y se utiliza en grandes motores para Grupos Electrógenos de combustible líquido diesel o líquido pesado y también se utiliza en el sector naviero pesado (barcos).

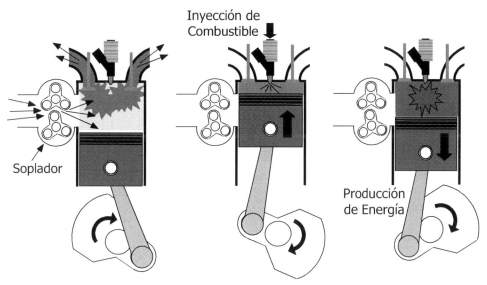

Admisión y Escape Ciclo 1: Compresión Ciclo 2: Explosión

Motor Reciprocante diesel de dos (2) ciclos
Fig. 5-5

El motor de dos ciclos se diferencia en su construcción del motor de cuatro ciclos en las siguientes características:

- Ambas caras del pistón realizan una función simultáneamente, a diferencia del motor de cuatro ciclos en que únicamente es activa la cara superior.

- El motor tiene un soplador de aire de alta presión conectado mecánicamente al cigüeñal, que cumple la función de inyectar aire al cilindro y a la vez desplazar los gases de escape. Este soplador en algunos diseños de motores de dos ciclos se alimenta del turbocargador.

- La entrada y salida de gases al motor se realiza a través de las lumbreras (orificios situados en las paredes laterales del cilindro). Algunos modelos de este tipo de motor de combustión interna carecen de las válvulas que abren y cierran el paso de los gases como en los motores de cuatro ciclos, no obstante en algunos motores si utilizan únicamente las válvulas de escape. El pistón dependiendo de la posición que ocupa en el cilindro en cada momento abre o cierra el paso de gases a través de las lumbreras.

- El cárter del cigüeñal debe estar sellado y cumple la función de cámara de precomprensión. En el motor de cuatro ciclos, por el contrario, el cárter sirve de depósito de lubricante.

5.4.- Motor Reciprocante de combustible gaseoso

El principio de funcionamiento del motor reciprocante de combustión interna de combustible gaseoso en muy similar al del motor a combustible diesel, sin embargo como el gas (específicamente el gas natural o metano) sólo hace ignición (explosión) con presencia de una chispa y no como en los motores diesel por la misma compresión, estos motores están dotados de un sistema de ignición, el cual distribuye en tiempo (al final del ciclo de compresión) el pulso para que el disparo de un transformador de alta tensión (bobina) produzca en una bujía una chispa que provoca la explosión.

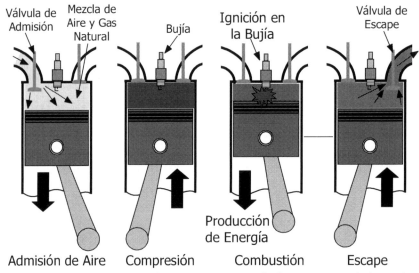

Motor Reciprocante de Gas Natural de cuatro (4) ciclos

Fig. 5-6

El combustible es mezclado con el aire (comburente) antes de entrar en el cilindro en un dosificador. Para el caso de los motores reciprocantes de combustible gaseoso (gas natural o metano) los ciclos son: **A.- Ciclo de admisión**, entra al cilindro el aire (oxígeno, comburente) mezclado con el combustible desde el dosificador, **B.- Ciclo de Compresión**, la mezcla de aire y combustible se comprime a muy alta presión **C.- Ciclo de Explosión,** por efecto de la chispa producida por la bujía, la mezcla de aire y combustible comprimida hace explosión, y al igual que en lo motores reciprocantes de combustible líquido es el ciclo de toma de fuerza, ya que el desplazamiento producido por la explosión hace rotar el cigüeñal produciendo la energía mecánica, **D.- Ciclo de Escape**, se expulsan todos los gases producidos por la combustión para comenzar nuevamente con el ciclo de admisión.

En cuanto al mantenimiento preventivo de los motores reciprocantes los puntos más importantes de observación son (ver capitulo sobre el mantenimiento):

- Sistema de lubricación (bombas, lubricantes y filtros) ya que por su característica oscilatoria (reciprocante) los materiales tienden a tener mayor desgaste que se minimiza con el uso de lubricantes adecuados, con buena irrigación, buen filtraje y reemplazos oportunamente (ver sección No. 5.11).

- Sistema de enfriamiento (radiador, bomba, mangueras, correas y refrigerante), el desplazamiento del calor generado por la combustión del combustible deberá ser rápido y eficiente, por lo que un sistema de enfriamiento en buenas condiciones ayuda a mantener en las mejores condiciones al motor, ya que no permite dilataciones excesivas de los materiales produciendo su desgaste prematuro (ver sección No. 5.10).

- Sistema de combustión, compuesto por los dispositivos de disposición del combustible (inyectores, bomba de inyección, filtros, etc.), filtros de aire, turbocargador, dispositivos de escape (tuberías y silenciador), así como lo componentes intrínsecos del motor (pistones, anillos, válvulas de admisión y escape, etc.), todos deberán estar en perfecto estado y acoplados para poder obtener la potencia máxima indicada por el diseño (ver sección No. 5.6).

- Sistema de ignición para el caso de los motores reciprocantes de combustible gaseoso conformado por el modulo electrónico de distribución, las bobinas, los cables de las bujías y las bujías (ver sección No. 5.9).

- Sistema de arranque, compuesto por las baterías, motor de arranque y controlador electrónico, el cual garantizará la operación del Grupo Electrógeno en el momento requerido (ver sección No. 5.13).

5.5.- Sistemas Operativos del motor de los Grupos Electrógenos Reciprocantes

El motor reciprocante como dispositivo dinámico para producción de energía mecánica, está conformado por varios sistemas operativos periféricos a los componentes principales del motor (bloque, cámaras, cigüeñal, válvulas, pistones entre otros), que garantizan la operación confiable, continua y dentro de los parámetros de capacidad, velocidad, protección y resistencia de los materiales utilizados. Estos sistemas se catalogan conforme con su función y criticidad dentro de la operación del motor y se clasifican de acuerdo con el tipo de combustible utilizado por el motor. Para los motores reciprocantes con combustible líquidos tenemos: Sistema de Inyección de Combustible, Sistema de Enfriamiento del Motor, Sistemas de Lubricación y Lubricantes, Control de Velocidad y Controlador-Supervisor de Parámetros y para los motores reciprocantes con combustible gaseoso: Sistema de Dosificación, Sistema de Ignición y se repiten el Sistema de Enfriamiento del Motor, el Sistema de Lubricación y Lubricantes, el Control de Velocidad y Controlador-Supervisor de Parámetros como sistemas comunes a los dos tipos de motor, por lo que se describirán solamente un vez.

5.6.- Sistema de Inyección de Combustible

En un motor reciprocante de combustible líquido el sistema de inyección es el encargado de vaporizar (volatilizar) y dosificar el combustible con la presión necesaria para introducirlo a alta presión en la cámara de combustión del cilindro donde, por el ciclo de compresión y la acción del pistón, ya se cuenta con alta presión en la misma.

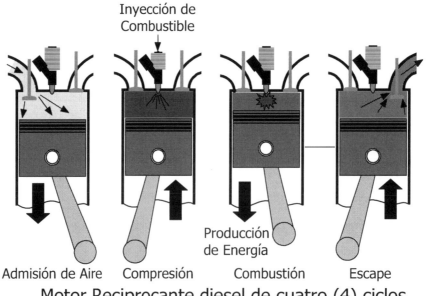

Motor Reciprocante diesel de cuatro (4) ciclos

Fig. 5-7

El combustible líquido liviano, Diesel o Gasoil (Gasoleo o fuel oil No. 2) tiene la característica de aumentar en forma significante la temperatura cuando se aumenta su presión, por lo que este aumento de temperatura lo lleva a condiciones de auto-ignición y se produce la combustión (explosión) y por consecuencia la producción de fuerza (energía mecánica) (ver Fig. No. 5-4).

Nota.- Para el caso de los motores reciprocantes a combustible líquido pesado como el Bunker o Fuel Oil No. 6, generalmente de dos ciclos, al igual que para motores reciprocantes que operan con combustibles aún más pesados como Orimulsión y Petróleo Liviano (> 30 º API), el principio de funcionamiento es el mismo aunque antes de que el combustible pase al sistema de inyección, deberá ser tratado y calentado para mejorar su viscosidad y fluidez.

En la actualidad los dos sistemas de inyección de combustible más utilizados en motores reciprocantes estacionarios a combustible diesel para grupos electrógenos, son: el sistema de inyección directa y el sistema de inyector-bomba controlado electrónicamente. Este último distingue a los motores diesel como motores electrónicos, que utilizando un controlador central de proceso (CPU) determinado y sensores especiales le otorga al motor características de estequiometría o sea de combustión altamente eficiente (ver nota 1). El control de velocidad o gobernador del motor (dispositivo para mantener la velocidad del motor constante sea cual sea su condición de carga) actúa directamente sobre el sistema de inyección en forma mecánica en los motores con sistemas de "Inyección Directa" y en forma eléctrica en los motores con sistemas "Inyector-Bomba". Una nueva versión de sistema de inyección, denominada "Common Rail" utiliza una sola bomba que envía el combustible a cada inyector a una presión entre 700 y 1.350 bares (10.000 a 19.500 PSI, ver nota 2) de presión a través de una sola tubería, en tanto que el tiempo de inyección y la dosificación del combustible se realizan eléctricamente en cada inyector mediante la actuación de una solenoide controlada electrónicamente desde la unidad central de proceso (CPU) del motor, denominado por sus siglas en inglés "ECM" (Engine Control Module). También algunos fabricantes han utilizado la tecnología denominada "HUEI" por sus siglas en inglés "Hydraulically Actuated, Electronically Controlled, Unit Injector" donde el inyector es actuado hidráulicamente a través de una bomba de aceite de alta presión, el tiempo de inyección y la dosificación del combustible proveniente de una bomba de combustible se realiza por la operación electrónica del solenoide controlada por el ECM (de forma similar al controlador del sistema "Common Rail").

Nota 1.- La estequiometría es la ciencia que mide las proporciones cuantitativas o relaciones de masa de los elementos que están implicados en una reacción química. Para el caso de los motores de combustión estequiométricos aplica cuando los componentes de la combustión (el oxígeno comburente en aire y el combustible) están en cantidades proporcionalmente ajustadas para que la combustión sea muy eficiente y baje la presencia de desechos gaseosos contaminantes. Esto se logra por el control de proceso que realiza el modulo electrónico de control del motor (ECM) y las entradas de los diferentes sensores. En una relación estequiométrica óptima el volumen de aire comprimido deberá estar en una relación de 15 a 1 con respecto al combustible.

Nota 2.- "PSI" por sus siglas en inglés es "Pound Square Inches", libras por pulgada cuadrada, es la unidad inglesa de presión y la más utilizada en muchos países. Un bar (unidad de presión europea) es equivalente a 14,5 PSI.

Además del sistema de inyección en los motores reciprocantes de combustión interna de combustible líquido, el cual es el componente más importante del sistema integral de combustible, también tenemos otros dispositivos no menos importante como lo son: A.- El tanque diario (ver nota) o de retorno el cual es un reservorio de combustible muy cercano al motor o formando parte integral del mismo montado en el patín del Grupo Electrógeno el cual tiene la función de recoger el excedente de combustible proveniente de los inyectores, así como proveer un reservorio complementario al tanque principal. B.- La bomba primaria de combustible cuya función es extraer el combustible del tanque diario o de retorno y enviarlo a los filtros y bomba de inyección. C.- Los filtros, los cuales tienen la función de limpiar el combustible de partículas de sucio, carbono y residuos de agua, por lo general el sistema de filtraje de combustible de un motor reciprocante de combustión interna está conformado por dos filtros, uno primario con la función de separar agua y partículas grandes de sucio y residuos y el secundario muy fino para purificar el combustible. Siempre es recomendable instalar otro filtro (incluyendo separador de agua) de alta calidad en el conducto de entrada de combustible desde el tanque principal al tanque diario o de retorno.

Nota.- Se denomina tanque diario (ver sección No. 11-5) debido a que el mismo puede suministrar autonomía adicional entre 8 y 24 horas a los grupos electrógenos.

A continuación se detallan las dos versiones más utilizadas en la actualidad en motores reciprocantes estacionarios de combustible líquido, el Sistema de Inyección Directa y el Sistema Inyector-Bomba electrónicamente dosificado.

- **Sistema de Inyección Directa**

    En este sistema se utiliza una bomba de inyección clásica que contiene unos pistones que impulsan el combustible a alta presión (entre 200 y 1.000 bares; 3.000 a 14.500 PSI) a cada cilindro (ver nota), este sale de la bomba de inyección por tuberías separadas para cada uno de los cilindros, donde entra al inyector y luego se pulveriza el combustible directamente en el cilindro (cámara de combustión). El combustible deberá entrar al inyector con alta presión porque tiene que vencer la alta presión de la compresión del pistón y se debe vaporizar (volatilizar) completamente. El inyector tiene un dispositivo mecánico especial en su cabezal que favorece la mezcla del aire-combustible. Esta bomba de inyección de alta presión opera sincronizada mecánicamente con los ciclos del motor y produce la inyección a alta presión exactamente en el momento que el pistón está ascendiendo en su ciclo de compresión.

Nota.- La presión aplicada depende de la potencia del motor a mayor potencia, mayor presión.

- **Sistema de Inyector-Bomba**

  En este sistema cada cilindro tiene su propia bomba integrada en el inyector (inyector-bomba) (ver Fig. No. 5-2). La presión de operación del inyector-bomba actúa mecánicamente desde levas adicionales incorporadas en el árbol de leva de motor (el mismo que mueve las válvulas de admisión y escape) lo que permite que una muy alta presión de inyección entre 1.500 y 2.000 bares (21.750 a 29.000 PSI) sea dirigida sin pérdidas de energía al orificio de salida de cada inyector, a diferencia de los 1.000 bar (14.500 PSI) que es la presión normal de los sistemas de inyección directa con las bombas de inyección convencionales. Este tipo de sistema de inyección tiene la ventaja que proporciona gases de escape más limpios y más rendimiento, siendo dosificada por la válvula eléctrica en el inyector (solenoide) conectada al controlador central de proceso del motor (ECM). El sistema también mejora la atomización de diesel, que optimiza la ignición, inhibiendo la combustión rápida al comienzo del ciclo de combustión y reduciendo las emisiones de Óxidos Nitrosos (NOx) y Óxidos sulfurosos (SOx).

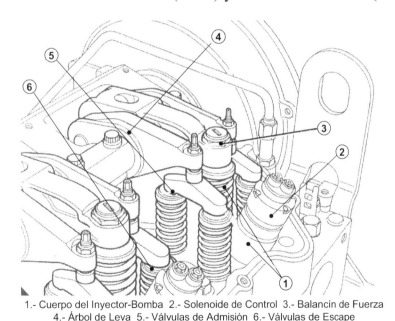

1.- Cuerpo del Inyector-Bomba 2.- Solenoide de Control 3.- Balancín de Fuerza
4.- Árbol de Leva 5.- Válvulas de Admisión 6.- Válvulas de Escape

Diferentes accesorios en el montaje del Inyección-Bomba
Fig. 5-8

Tanto en los motores con sistema de inyección de Inyector-Bomba como en los denominados "Common Rail", el controlador central de proceso (CPU) del motor, denominado por sus siglas en Inglés "ECM" (Engine Control Module) (ver Fig. No. 5-9) está conformado por una tarjeta electrónica procesadora de datos de alta resistencia y trabajo pesado, con un programa residente de automatismo, el cual tiene integrado los procesos de arranque y encendido del motor, combustión eficiente (controlada por sensores especiales), monitoreo de los diferentes escenarios de operación del motor (maniobras, fallas, mantenimiento preventivo), control de velocidad (con un sensor magnético de velocidad).

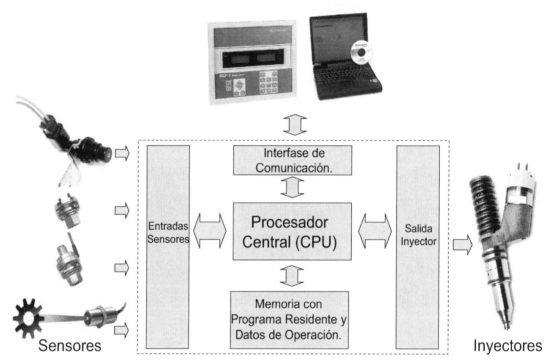

Diagrama de bloques de la Unidad Central de Proceso del motor (ECM)
Fig. 5-9

Todos los procesos controlados, supervisados y monitoreados por ECM tienen una respuesta eléctrica directa sobre la válvula solenoide ubicada en inyector, para dosificar el combustible en cantidad (en el caso de los sistemas de Inyector-bomba) y en cantidad y tiempo (para los motores con sistema "Common Rail" y "HUEI"), con la finalidad de lograr que la operación del motor tenga la mayor eficiente y bajos porcentajes de contaminación del ambiente.

Ya que los inyectores están ubicados en la culata del motor (tapa superior de la cámara de combustión) y su temperatura es muy alta, parte del combustible no consumido por la combustión se hace circular por el mismo inyector para ayudar a la disipación de las altas temperaturas, transfiriendo calor al combustible no utilizado y luego se recoge por una tubería de retorno común y se lleva al tanque de retorno o tanque diario de combustible donde se disipa el calor de combustible. En algunos tipos de motor de alta eficiencia donde la temperatura de operación es mucho más alta, se tiene un dispositivo de enfriamiento posterior del combustible, por el cual se hace pasar la tubería de retorno por una serpentín de enfriamiento cercano al radiador haciéndole pasar aire fresco del ventilador para enfriar el combustible antes de llevarlo al tanque de retorno o tanque diario de combustible (ver sección No. 11.7). El enfriamiento del combustible se hace necesario ya que no se debe hacer circular combustible muy caliente por la bomba primaria, bomba de inyección o los inyectores porque se produce mayor dilatación y desgaste prematuro de sus componentes.

Nota.- Es importante indicar que el sistema de inyección (bomba e inyectores o en el caso de los inyectores-bomba) deben ser mantenidos y calibrados periódicamente para evitar daños o ineficiencia en la operación del motor (ver capitulo sobre el mantenimiento).

5.7.- El Dosificador en motores de combustible gaseoso

En los motores reciprocantes diseñados para combustible gaseoso, el gas natural (metano) u otros combustibles gaseosos (como butano o propano) entran en la cámara de combustión del motor conjuntamente con el aire a través de un dispositivo de control de flujo denominado "Dosificador".

Dosificador de Gas Natural (Metano)
Fig. 5-10

Como se mencionó en los capítulos iniciales el motor primario (sea reciprocante o rotativo) necesita de la combinación de combustible (en este caso el gas natural o metano) y de comburente el oxígeno del aire para obtener una mezcla que en la cámara de combustión del cilindro produce una explosión por la chispa inducida en la bujía y se genera la potencia mecánica que mueve al motor, esta mezcla de aire-combustible (en motores reciprocantes) se realiza en el dosificador. El dosificador recibe su nombre porque a través de una lengüeta metálica que se abre o cierra en forma proporcional, controla la cantidad de flujo o dosis de la mezcla de Aire-Combustible que entra en el cilindro, esta lengüeta metálica es accionada mecánica o eléctricamente por el control de velocidad del motor.

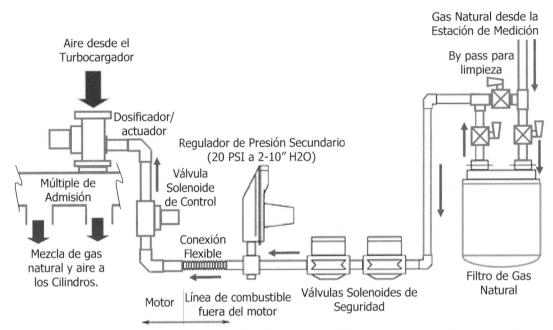

Dosificador y sistema de conexión de combustible en un motor de gas natural
Fig. 5-11

El sistema de combustible en los motores de combustible gaseoso que en el caso más utilizado para la generación de energía eléctrica en grupos electrógenos de motor reciprocante o rotativo es el gas natural o metano (CH4), está conformado por los siguientes dispositivos que hacen que el gas sea dispuesto en el motor de forma controlada, segura, limpia y con la presión necesaria para su uso en el dosificador: A.- Tubería desde la subestación de gas (instalada por el suplidor externo desde la red utilitaria), B.- Filtro (el cual debe contar con un bypass para cuando sea necesario el recambio de los elementos internos de filtraje o limpieza del mismo sin inhabilitar el sistema), C.- Regulador primario de presión (el cual reduce la presión del gas natural desde la presión entregada por la subestación de gas de 50-100 PSI a un máximo de 20 PSI, presión normalizada para tuberías dentro de edificaciones habitables sean industriales, comerciales o residenciales), D.- Una o dos válvulas solenoides de seguridad (las cuales cortan el suministro de gas en caso de algún problema de seguridad o fuga de gas en el motor). E.- Regulador de presión secundario (que baja la presión de gas desde 20 PSI a 2-

10 pulgadas de agua para que pueda ser lograda la mezcla aire-combustible en el dosificador) y F.- Válvula solenoide de control (que opera para encender y apagar el motor permitiendo el paso del gas cuando el controlador le da una señal).

Nota.- La instalación de la aducción de gas se expresa con más detalles en el capítulo 11, sección No. 11.6.

5.8.- Sistema de combustible Dual (líquido-gaseoso)

Cierto tipo de grandes motores reciprocantes (con el principio de funcionamiento del motor diesel) específicamente para Grupos Electrógenos, que por su alto consumo de combustible líquido (gasoil o fuel oil No. 2), han sido diseñados para trabajar con combustible gaseoso (gas metano) conjuntamente con el combustible líquido y así lograr un equilibrio en los costos del consumo de combustible para la producción de electricidad, esto indiscutiblemente en casos en que el combustible líquido sea más costoso que el combustible gaseoso. El principio de funcionamiento del motor reciprocante de combustible dual (líquido-gaseoso) es el mismo de combustible líquido, en el cual por la compresión del combustible vaporizado aumenta su temperatura a niveles de auto-ignición y produce la potencia mecánica, este tipo de motor puede trabajar normalmente sin el combustible gaseoso, pero cuando se requiere la operación con dos combustibles simultáneamente (dual fuel), en lugar del aire solamente como comburente, se utiliza una mezcla de aire-gas natural aumentando así el poder calórico del comburente y bajando el consumo del combustible líquido y dejando para producir la explosión que produce la fuerza en el pistón. Este tipo de motor utiliza la ignición producida por la compresión del diesel para también hacer que el gas natural mezclado con el aire tenga ignición, aumentado así la potencia en el ciclo de explosión.

Sin embargo como el poder calórico del combustible gaseoso (en el gas natural es de 44.000 KJoule/Kg) es mayor que el del combustible líquido (diesel 41.860 KJoule/Kg), el sistema de enfriamiento (desplazamiento del calor de la combustión) de estos motores es siempre de mayores dimensiones que en motores de igual capacidad pero de un solo tipo de combustible. Si se realizan modificaciones a un motor convencional (de solo combustible líquido) para instalarle un sistema de combustible dual a menos que el sistema de enfriamiento del motor este diseñado para mayor poder calórico en la combustión que el liberado normalmente por la operación solamente con combustible líquido, el porcentaje de consumo de éste con respecto al combustible gaseoso no deberá exceder nunca al 50 % - 50 %, es obvio que si el motor puede trabajar normalmente con sólo combustible líquido el porcentaje de diesel puede ser hasta el 100 %, por lo que en este caso el motor sólo estaría consumiendo combustible líquido.

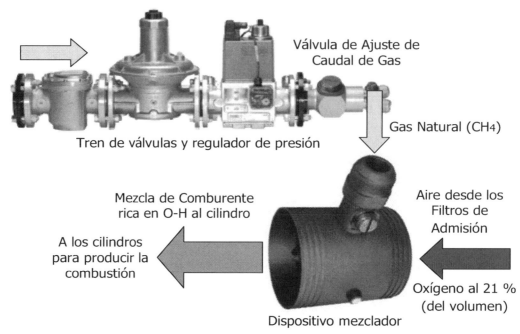

Componentes básicos del Sistema de Combustible Dual
Fig. 5-12

Como se explicó anteriormente, el principio básico de funcionamiento del motor a combustible dual es que por el efecto de la auto-ignición del combustible líquido se produce la explosión y como el comburente tiene mayor poder calorífico se necesita menos combustible líquido para producir la misma fuerza. El motor puede funcionar con combustible líquido solamente, pero no puede funcionar con combustible gaseoso únicamente porque no tiene un sistema de ignición, como bujías que puedan producir la chispa para la combustión. El gas natural se inyecta a través de un mezclador aire-gas con un dispositivo venturi, instalado de tal forma que todo el aire (normalmente admitido para la combustión) que pasa desde el filtro hacia las válvulas de admisión o el turbocargador (ver sección No. 5.12), arrastra con su velocidad al gas natural que entra haciendo una mezcla de comburente muy rica en oxígeno e hidrógeno, aumentando de esta forma su poder calórico.

La entrada del gas al dispositivo venturi viene desde una válvula especial de caudal de gas que se ajusta en un caudal fijo sea cual sea la carga del motor (ver sección No. 5.12), la presión de operación del gas en esta válvula está entre 0,1 a 1 PSI. A su vez, esta válvula está conectada a un tren de válvulas y reguladores de presión de gas, diseñado de acuerdo con las regulaciones de seguridad. Es de hacer notar que la operación recomendable de un motor con sistema dual de combustible es arrancarlo con combustible líquido y después que toma su carga nominal se abre paulatinamente el sistema de combustible gaseoso hasta su estabilización. Los bloques intermitentes de entrada o salida de carga o potencia del motor durante toda su operación son absorbidos por el sistema de combustible líquido por la acción del regulador de velocidad (ver sección No. 5-16).

5.9- Sistema de Ignición en motores de combustible gaseoso

A diferencia de los motores de combustión interna reciprocantes de combustible líquido (diesel o fuel oil No. 2) en los cuales el combustible es pulverizado dentro de la cámara de combustión y por efectos de la alta presión el combustible aumenta su temperatura hasta niveles de auto-ignición produciendo la explosión que hace aparecer la energía mecánica, en los motores de combustible gaseoso (gas natural o LPG), el combustible es mezclado con el aire (comburente) en el dosificador y luego esta mezcla es introducida dentro de la cámara de combustión del cilindro por efecto del vacío del ciclo de admisión y la compresión del turbocargador (o turbocompresor). En los motores de aspiración natural la mezcla sólo es introducida por efecto del vacío del ciclo de admisión (ver sección sobre El Turbocargador).

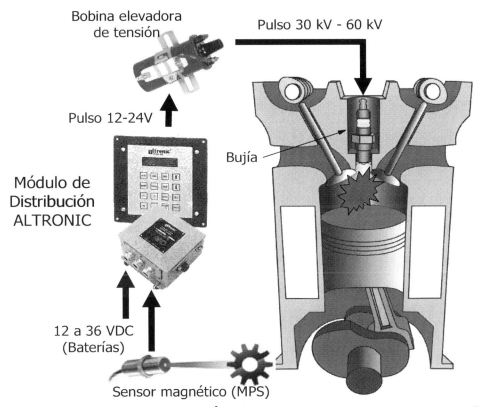

Sistema de Ignición de motores Reciprocantes a Gas
Fig. 5-13

Una vez que la mezcla de aire y combustible es introducida en la cámara de combustión del cilindro y es comprimida por el pistón (ciclo de compresión), la explosión se origina por efecto de una chispa producida (en tiempo) por una o varias bujías. La chispa originada en la bujía se genera de una alta tensión producida por un auto-transformador de pulsos de alta tensión (30 a 60 kV) conocido con el nombre de "bobina". Los motores estacionarios de gas para grupos electrógenos, en su mayoría tienen una o varias bujías y cada bujía es alimentada por una bobina que a su vez recibe un pulso eléctrico de un sistema electrónico o electromecanico de distribución. El pulso es enviado a las bobinas de cada cilindro específico, en secuencia con el ciclo de compresión de cada pistón y esta coincidencia se logra porque el sistema de distribución está en tiempo con los ciclos de compresión en cada cilindro por la señal que recibe de un sensor magnético que opera sobre unas levas especialmente diseñadas para producir esas señales en secuencia con el final del ciclo de compresión.

Fotos cortesía de Altronic Inc.
Sistema de distribución electrónica

Sistema de distribución Electromecánico

Sistema de distribución de ignición ALTRONIC.
Fig. 5-14

El sistema de distribución para ignición en motores de combustión interna reciprocante a gas (natural o LPG) más conocido y utilizado, es el producido por la empresa ALTRONIC. Aunque esta empresa por su trayectoria, calidad y experiencia tiene muchos modelos de sistema de distribución para la ignición de motores reciprocantes a combustibles gaseosos, básicamente las series más utilizadas por los diseñadores y fabricantes de los motores son las electromecánicas. Estas consisten en un magneto que está conectado mecánicamente (por engranajes) al cigüeñal o al árbol de levas del motor y produce un pulso que es enviado a las bobinas y de éstas a las bujías, la secuencia de tiempo la obtiene de los engranajes. La otra serie que actualmente está siendo también muy utilizada y más avanzada es el sistema electrónico con microprocesador, el cual está basado en el criterio de operación de la mezcla aire-combustible que abarcan controles para procesos de operación estequiométricos y de motores carburados, así como combustible inyectado a través del sistema de admisión de aire (filtro de aire) y del turbocompresor (combustible dual). Los dispositivos tienen una aplicación universal a su clase de motores de gas y son programables desde la unidad de teclado (interfase hombre-maquina) o desde un PC común. Puede mostrar a través de su pantalla los parámetros funcionales del motor e información de diagnóstico en caso de falla del motor.

Nota.- Es importante indicar que el sistema de ignición de los motores a gas (bujías y sus cables, bobinas y modulo distribuidor) deben ser mantenidos y reemplazados periódicamente para evitar daños o ineficiencia en la operación del motor (ver capitulo sobre el mantenimiento).

5.10.- Sistema de Enfriamiento del motor

Las altas temperaturas necesariamente producidas por la combustión en los cilindros de los motores reciprocantes deben ser desplazadas rápidamente. Alrededor de un 22 % de la energía térmica producida es desplazada en los gases producto de la combustión y son expulsados por la válvulas de escape y sus tuberías asociadas, no obstante otro 40 % de esa energía térmica se disipa a través del bloque del motor, por lo tanto y dado que dicha temperatura supera los 400 °C hay que desplazarla de manera rápida y eficaz para evitar el deterioro y desgaste prematuro de los materiales con que está construido internamente el motor. El bloque de motor reciprocante no es totalmente macizo, tiene una serie de conductos internos donde su parte externa se le denomina "chaqueta del motor" ("Engine Jacket" por su denominación en inglés), por estos conductos se hace circular un líquido refrigerante con características especiales de alta absorción de calor y alto punto de ebullición. Este líquido refrigerante es movido en un circuito cerrado por una bomba y pasa por un radiador (intercambiador líquido-aire) donde se le desplaza el calor mediante un flujo constante de aire producido por un gran ventilador es cual es movido por la propia fuerza mecánica del motor o por un motor eléctrico ubicado en su parte posterior (radiador remoto) y luego el líquido refrigerante con mucha menos temperatura regresa a la chaquetas del motor para comenzar nuevamente con el ciclo de enfriamiento.

Este sistema de desplazamiento de calor (por radiador líquido-aire) es el más utilizado en todo tipo de motores reciprocantes de combustión interna estacionarios, también es utilizado en los motores reciprocantes no estacionarios (vehiculares). El aire caliente producido en el radiador por la transferencia de calor entre el líquido refrigerante (ver nota) y el aire fresco enviado por el ventilador deberá ser desplazado eficazmente fuera del área de ubicación del grupo electrógeno, ya que si es reciclado y comienza a entrar aire caliente al radiador por aire fresco, se corre el riesgo de calentamiento excesivo del motor en especial cuando se le aumenta a su potencia nominal. El sistema de enfriamiento del motor reciprocante aplica por igual para motores de combustible líquido como para gaseoso, aunque en motores de combustible gaseoso por el poder calórico del gas natural, el sistema de enfriamiento es de mayores dimensiones.

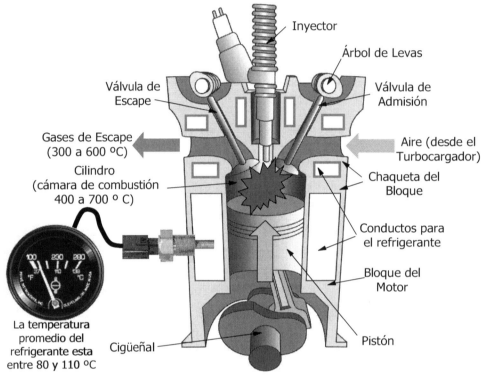

Monitoreo de la Temperatura del motor reciprocante
Fig. 5-15

En el proceso de calentamiento de los diferentes componentes del motor por efectos de la combustión, es importante que la temperatura esté dentro los rangos indicados por el fabricante (mínimo 80° C máximo 110° C), ya que por efectos de la temperatura, los diferentes componentes metálicos se dilatan y si la temperatura no es suficiente o es excesiva el proceso de dilatación es insuficiente o desproporcionado, provocando desgaste y pérdida prematura de la resistencia de los materiales que se degeneran ocasionando fallas en el motor. En todos los motores reciprocantes de combustión interna de grupos electrógenos, para efectos de ayudar al calentamiento rápido de los materiales de motor, más específicamente en aquellos que operan en regímenes de espera o respaldo, el sistema de enfriamiento en el bloque del motor tiene unas válvulas operadas mecánicamente por temperatura denominadas "Termostatos", las cuales mantienen en circuito cerrado el refrigerante en el bloque del motor y cuando éste se calienta a unos 70° C los mismos abren el circuito enviando el refrigerante al radiador para que comience el ciclo de enfriamiento del mismo, esto ayuda al arranque rápido de los grupos electrógenos de respaldo, en zonas donde la temperatura es baja por las estaciones frías del año o por la altura sobre el nivel del mar.

Nota.- El uso de solamente agua en el circuito cerrado de enfriamiento de los motores reciprocantes modernos de grupos electrógenos está totalmente restringido, inclusive también la mezcla de agua con el refrigerante (si aplicase) deberá ser la indicada por el fabricante del motor, ya que el agua tiene su punto de ebullición a los 100 ºC. y a la temperatura de trabajo del motor el agua se convierte en vapor bajando su capacidad de transferencia de calor y aumentando la presión dentro de los elementos del sistema de enfriamiento, además, la gran cantidad de minerales y su contaminación producen oxidación, contaminación e incrustaciones en la partes internas del sistema de enfriamiento.

El flujo de aire para el enfriamiento del refrigerante que pasa a través del radiador puede ser de 5.000 CFM (pies cúbicos por minutos) en motores muy pequeños hasta unos 100.000 CFM en motores de grupos electrógenos de 2.500 kVA o más potencia. En todos los motores estacionarios reciprocantes de grupos electrógeno la dirección de este flujo de aire es desde el motor hacia el radiador (como se muestra en la Fig. No. 5-16), esto con la finalidad de también absorber y desplazar rápidamente el calor irradiado por los componentes externos del motor vinculados con la combustión y el escape de sus gases (que es aproximadamente un 7 % de la energía térmica producida) así como no exponer al generador eléctrico al flujo de aire caliente proveniente del enfriamiento del motor.

Dirección del Flujo de Aire en el sistema de enfriamiento (refrigerante-aire) en motores reciprocantes de combustón interna

Fig. 5-16

Aunque básicamente el sistema de enfriamiento de todos los tipos de motores reciprocantes de combustión interna es similar, hay otros tipos de sistemas de enfriamiento para casos donde no se puede disponer de aire fresco en la sala de generación o el desplazamiento del aire caliente proveniente del proceso de enfriamiento no se puede expulsar en el exterior de la sala de generación de manera segura o de acuerdo con regulaciones ambientales. En estos casos se utilizan sistemas con el radiador instalado remotamente y no en el soporte integral o patín del grupo electrógeno ("Skid" por su denominación en inglés). En este caso el ventilador no es movido por la fuerza mecánica del mismo motor del grupo electrógeno, sino por un motor eléctrico que se suple de la energía eléctrica producida por el generador del grupo electrógeno (ver sección 11.7), en el caso de que el radiador esté ubicado a más de 5 mts. del motor del grupo electrógeno habrá que incluir una bomba de refrigerante complementaria calculada para el flujo y la velocidad del proceso de transferencia de calor. En los sistemas donde por el tamaño de los grupos electrógenos o por regulaciones de ruido no se pueda utilizar radiadores remotos, se utilizan grupos electrógenos donde su circuito de refrigerante pasa por un intercambiador de calor (líquido-líquido). Este a su vez hace la transferencia de calor mediante agua suavizada (ver nota) que luego de absorber el calor es transportada por bombas hasta unas torres de enfriamiento donde el agua es rociada y se le hace pasar un flujo de aire para desplazarle el calor. Luego esta agua es reciclada y vuelve al intercambiador de calor de los grupos electrógeno (ver sección 11.7). Es importante indicar que para el uso de torres de enfriamiento la reposición del nivel del agua utilizada es necesaria ya que parte de la misma se evapora en el proceso de transferencia de calor. Es importante indicar que el sistema de refrigeración (radiador, intercambiadores de calor, bomba de agua, termostatos y refrigerante) deben ser mantenidos periódicamente para evitar ineficiencia o daños en la operación del motor (ver capítulo No. 13 sobre el mantenimiento).

Nota.- Agua Suavizada es aquella a la cual se le ha extraído mediante aditivos químicos los minerales normales del agua corriente, ya que los mismos, en los procesos de transferencia de calor, se incrustan en los intercambiadores de calor y radiadores obstruyéndolos y bajando su eficiencia. Igualmente sólo se debe utilizar agua suavizada o desmineralizada para preparar las mezclas de refrigerante para motores con radiador cuando el mismo es concentrado.

5.11.- Sistemas de Lubricación y Lubricantes

En el motor reciprocante de un grupo electrógeno como mecanismo dinámico, todas sus partes en movimiento están sometidas a extremos rozamientos mecánicos y altas temperaturas los cuales sin un sistema de lubricación adecuado harían imposible el funcionamiento del mismo. Todos los componentes dinámicos del motor como son cigüeñal, bielas, pistones, árbol de levas, válvulas y balancines tienen conductos internos para la circulación del lubricante, para que este llegue específicamente a los puntos de roce mecánico como son: cilindros, pistones, bancadas (del cigüeñal y árbol de levas), bielas (en el cigüeñal, pasadores, anillos), etc. y forme una capa protectora micrométrica que evite el contacto directo de entre las partes y piezas de acero, evitando su recalentamiento y la abrasión entre los materiales.

El sistema de lubricación del motor reciprocante de un grupo electrógeno está conformado principalmente por la bomba de lubricante ubicada dentro de recipiente inferior del motor denominado "Carter" donde por gravedad cae el lubricante una vez ha pasado por las partes móviles del motor. La bomba de lubricante movida por la misma potencia mecánica del motor, opera sumergida en el lubricante. Otro componente del sistema de lubricación son los filtros de lubricantes los cuales cumplen con la función de limpiar y purificar el lubricante de partículas de hierro y otros componentes químicos antes de volver a las partes móviles del motor. El componente más importante del sistema es el mismo lubricante, el cual tiene la finalidad de evitar la fricción y desgaste prematuros entre las partes internas del motor que se encuentran en movimiento. A tal efecto, los lubricantes deben poseer la viscosidad adecuada que permita la lubricación tanto en frío (arranque) o a elevadas temperaturas. Otras funciones de los lubricantes son las de refrigerar el motor, evitar la formación de depósitos o productos de la combustión (que evitan que se peguen los anillos), neutralizar los ácidos que se forman por la combustión y proteger el motor contra la corrosión y al herrumbre. El sistema de lubricación aplica tanto para motores reciprocantes de combustible líquido como de combustible gaseoso.

El sistema de lubricación de los motores reciprocantes de combustión interna cuenta con uno o varios filtros de acuerdo al volumen de lubricante requerido. Todos los filtros cuentan con la misma característica de filtraje y una de sus funciones más importante es separar y retener las partículas metálicas producidas por la fricción y el desgaste normal de los componentes móviles del motor.

Clasificación de los lubricantes

Internacionalmente todos los lubricantes se clasifican de dos formas: 1.- Nivel de Servicio (Nivel API, "Instituto Americano del Petróleo") que es la capacidad de cumplir con las funciones anteriormente descritas y 2.- La Viscosidad (Grado SAE, "Sociedad de Ingenieros Automotrices") que es la capacidad de sostener la viscosidad a altas temperaturas (propiedad por la cual ofrece resistencia al movimiento y pueda permanecer mas tiempo en las superficies donde existe rozamiento).

Algunas recomendaciones sobre lubricantes

A.- Los lubricantes se deben utilizar de acuerdo con la recomendación del fabricante del motor reciprocante. B.- Los lubricantes se deben cambiar o reemplazar según las recomendaciones del fabricante del motor. C.- Cuando se realicen los cambios de lubricantes se deben cambiar siempre los filtros de lubricación. D.- Los aceites lubricantes usados en motores Diesel (de alto desempeño) de grupos electrógenos son los clasificados "API" CG-4; CH-4 o CI-4. E.- Los aceites usados en motores de Gas Natural (de alto desempeño) de grupos electrógenos son los clasificados específicamente, no obstante, algunos fabricantes permiten el uso de aceites tipo CH-4 en su motores de gas. F.- Los lubricantes multigrados son más recomendados porque tiene buenas características de lubricación a baja y alta temperatura. G.- Un aceite negro (usado) no significa baja calidad del mismo, al contrario indica que está cumpliendo con su función de mantenimiento del motor, sin embargo, es importante revisar el motor y su combustión si se pone negro después de un cambio reciente. H.- Hay lubricantes para trabajar específicamente en motores diesel de dos ciclos. I.- En caso que el combustible tenga alto contenido de azufre es recomendable utilizar un lubricante especial. J.- Los lubricantes clasificados API CH-4 y SAE 15W40 son los más recomendados para motores diesel estacionarios de alta velocidad, tanto en aspiración natural como sobrealimentados con turbocargadores. K.- En grupos electrógenos de operación en régimen continuo o prime, periódicamente se deben realizar análisis del aceite en operación, para determinar si contienen porcentajes de metales más altos de lo debido, ya que esto indica desgastes prematuros internos, así como de los niveles de azufre que determinan la eficiencia de la combustión.

Nota.- Es importante indicar que el sistema de lubricación (Filtros y lubricantes) deben ser mantenidos y reemplazados periódicamente para evitar daños o ineficiencia en la operación del motor (ver capítulo No. 13 sobre el mantenimiento).

5.12.- El Turbocargador

El gran reto de los diseñadores de motores de combustión interna reciprocantes es obtener la mayor potencia con el menor consumo de combustible, inclusive reduciendo el tamaño de los mismos y por ende su costo. La eficiencia térmica y el costo de suministro, han hecho que muchos investigadores hayan trabajado y estén trabajando en optimizar esto. Uno de estos logros fue la incorporación del "Turbocargador", también denominado "Turbocompresor o Sobrealimentador", el cual logra inyectar mayor concentración de comburente (oxígeno del aire) al cilindro en el ciclo de admisión a diferencia de la aspiración natural (sin el uso del turbocompresor), del aire succionado por el simple vacío producido por el pistón después del ciclo de escape. Con esto se logra obtener alto porcentaje de potencia y mejor eficiencia térmica por litro o por metro cúbico de combustible utilizado y aun porcentajes mucho mayores en lo nuevos motores controlados electrónicamente y los estequiométricos.

El principio de funcionamiento del turbocargador es que al aumentar la concentración por volumen de aire del oxígeno, el cual está en el aire en porcentaje del 21 % combinado con nitrógeno en un 78 % y otros gases, para así mejorar altamente la calidad de la combustión en el cilindro, aumentando la potencia de la combustión, produciendo mayor potencia en el motor con las mismas dimensiones del cilindro (ver nota) y utilizando la misma cantidad de combustible. También produce mayor cantidad de gases de escapes, los cuales a su vez cuando son expulsados mueven una turbina que con un eje común acciona el turbocompresor aprovechando esta fuerza para nuevamente inyectar más aire al cilindro.

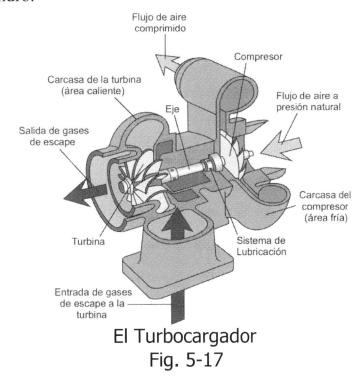

El Turbocargador
Fig. 5-17

El turbocargador está compuesto por una turbina (ubicada en la llamada "Zona o Área Caliente") que es activada por los gases de escape a una velocidad entre 50.000 y 80.000 RPM, unida a un compresor (ubicado en la zona llamada "Zona o Área Fría") por un eje cuyos cojinetes están debidamente lubricados por el sistema de lubricación del motor.

Otro punto importante de indicar es que en los nuevos motores de alta eficiencia, donde también han sido reducido sus tamaños ofreciendo mayor potencia, el volumen de la compresión de aire es tan alto que por la misma compresión se produce calor, dilatando su volumen y por consecuencia, disminuyendo la cantidad de oxígeno, por lo que en los motores de muy alta compresión, se instala un dispositivo radiador posterior a la salida del aire del turbocargador al múltiple de admisión, este tipo de motor se denomina "Motores de Post-enfriamiento de Baja Temperatura" ("LTA Low Temperature Aftercooling" por sus siglas y denominación en inglés) además que se ha comprobado que este procedimiento reduce la emisiones contaminantes en los gases de escape. Este dispositivo radiador está instalado delante (dirección del flujo de aire de enfriamiento) del radiador de enfriamiento del motor haciendo pasar primero el flujo de aire producido por el ventilador del motor y después va al radiador de enfriamiento del motor.

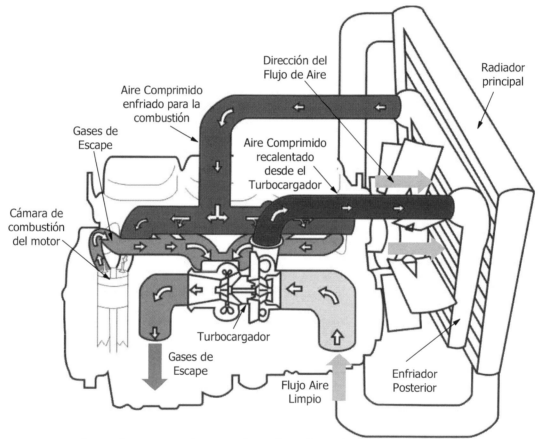

El Turbocargador y el Enfriador de Aire posterior
Fig. 5-18

El turbocargador de los motores estacionarios es muy susceptible a sufrir fallas por la realización de malas maniobras manuales realizadas por los operadores, específicamente al apagarlo o al acelerarlo para pruebas (en la operación automática no sucede), en especial en aquellos motores reciprocantes utilizados en los Grupos Electrógenos, unos de los puntos más importantes de atención es el de mantener el motor encendido sin carga (entre

5 y 10 minutos) después de su operación con carga ("Cool down time" por su denominación en inglés), para que se enfríe el turbocargador, ya que si el motor se apaga caliente, la lubricación al turbocargador no funciona, haciendo que el aceite se carbonice por las altas temperaturas, acortando la vida de sus cojinetes y por ende del mismo turbocargador.

Nota.- Es importante indicar que el turbocargador (compresor, turbina y cojinetes) deben ser mantenidos periódicamente para evitar daños o ineficiencia en la operación del motor (ver capítulo No. 13 sobre el mantenimiento).

5.13.- Sistema de Arranque Eléctrico

Para arrancar un motor de combustión interna reciprocante desde su estado estático y lograr su encendido hay que hacerlo girar a mas de 100 revoluciones por minuto (R.P.M.) y luego abrir el sistema de inyección de combustible (para combustibles líquidos) o la entrada del dosificador (para combustibles gaseosos). Eso se puede lograr de dos formas: la eléctrica y la neumática (por aire). En ambos casos siempre hay que contemplar la necesidad de arranque sin ninguna otra energía externa de apoyo (arranque denominado en el argot técnico "Arranque en Negro"). Para el caso del arranque eléctrico la energía que se utilizará se guarda en unas baterías y en el caso del arranque neumático será necesaria la utilización de un tanque con alta presión de aire que garantice el flujo y presión del aire para varios intentos de arranque sin recargarlo.

Para el caso del sistema de arranque con estructura eléctrica, la energía inicial de arranque, como se indicó anteriormente, se obtiene de unas baterías (que es un conjunto de acumuladores de energía eléctrica DC, (ver sección No. 5-14), las baterías deberán tener suficiente capacidad de suministro de potencia para hacer mover el motor reciprocante a través de uno o varios motores de arranque, que son motores eléctricos de alta potencia pero para trabajo de muy corto período (sólo minutos) y que están conectados mecánicamente al motor reciprocante mediante un engranaje movido centrífugamente. Al activarse el motor de arranque es desplazado por un leva conectada a una bobina eléctrica y ataca un engranaje más grande denominado "volante" (coloquialmente llamado "cremallera") ubicado en la parte posterior del motor y conectado en su centro con el cigüeñal. El volante también sirve de conexión mecánica con el generador del grupo electrógeno, a través de unas láminas metálicas (Flanches) que sirven como fusibles de seguridad mecánica que en caso de sobrecarga exageradamente del generador se rompen, desconectando mecánicamente al generador y el motor evitando el daño de este último (ver sección No. 7-1). La relación de fuerza entre el engranaje de ataque del motor de arranque y el volante es aproximadamente 50:1 por lo tanto por cada 50 vueltas que da el engranaje del motor de arranque, el cigüeñal del motor da solo una vuelta, pero con cincuenta veces mas fuerza que la aplicada por el motor de arranque al volante. El motor de arranque debe llegar casi a las 6.000 RPM para lograr que el motor de combustión llegue entre 100 a 120 RPM que es la velocidad mínima para que se produzca su arranque. Al arrancar el motor principal y desconectarse eléctricamente el motor de arranque el engranaje o piñón de ataque se retrae automáticamente. El o los motores de arranque eléctrico de un Grupo Electrógeno están conectados a las baterías a través de un réle de potencia con contactos que pueden soportar puntualmente hasta 1000 amperios DC. Este relé de potencia puede formar parte integral del motor de arranque (ver Fig. No. 5-19) o puede estar separado y sólo actúa eléctricamente sobre el motor de arranque.

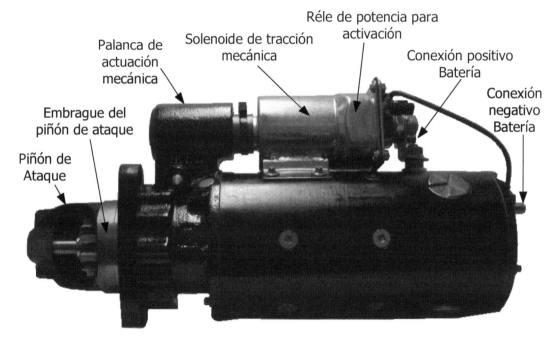

Detalles de un motor de arranque eléctrico de motor reciprocante

Fig. 5-19

5.14.- Las Baterías y el Cargador de Baterías

Se le llama batería eléctrica, acumulador eléctrico o simplemente acumulador, al dispositivo que almacena energía eléctrica DC (carga), usando procedimientos electroquímicos y que posteriormente la devuelve casi en su totalidad (descarga); este ciclo de Carga-Descarga puede repetirse por un determinado número de veces. Se trata de un generador eléctrico secundario; es decir, un generador que no puede funcionar sin que se le haya suministrado electricidad DC previamente mediante lo que se denomina proceso de carga. (fuente: Wikipedia). La Tensión nominal de las baterías estándar es de 12 VDC (en descarga) y 13,5 VDC cuando esta totalmente cargada.

Las baterías se clasifican de acuerdo con su capacidad de entrega de corriente, por lo que comercialmente se pueden obtener baterías desde 400 hasta 1200 amperios/horas (que es la capacidad de entrega puntual de corriente DC en un período de tiempo) y también por su capacidad de autodescarga (ver nota) se clasifican en baterías vehiculares (no estacionarias) de uso de automóviles y camiones, y en baterías estacionarias, o de uso pesado, específicamente para maquinarias y Grupos Electrógenos.

La batería o baterías de arranque de un grupo electrógeno con motor reciprocante deben estar calculadas para garantizar el funcionamiento del motor o los motores de arranque, en al menos cuatro (4) o cinco (5) intentos de arranque de un (1) minuto cada uno (período máximo de funcionamiento continuo del motor de arranque), aunque este período es en extremo largo, ya que un motor de combustión interna reciprocante en buenas condiciones operativas debe arrancar en los primeros 10 segundos sometido a la rotación de 100 a 120 R.P.M. producida por el motor de arranque.

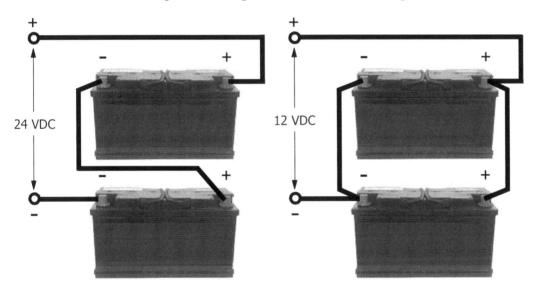

Conexión en Serie, se duplica la tensión, se mantiene la capacidad en Amperios/hora   Conexión en Paralelo, se mantiene la tensión y se duplica la capacidad en Amperios/hora

Tipo de Conexión para las baterías estacionarias.
Fig. 5-20

Las baterías utilizadas en los motores reciprocantes de grupos electrógenos de acuerdo con las Normas NFPA y otras normas que aplican como NEMA e IEC, deben ser baterías del tipo estacionaria, esto significativa que las mismas deben tener un porcentaje de auto-descarga menor al 5 % (ver nota). Las baterías más comunes que se utilizan en motores reciprocantes de Grupos Electrógenos son de 12 VDC y 1000 Amperios/hora de capacidad. Para lograr que la capacidad de suministro de las baterías sea suficiente para garantizar la corriente y capacidad de suministro indicada al comienzo y para los grandes motores reciprocantes de los grupos electrógenos, se deben hacer arreglos serie-paralelo de baterías en especial del modelo estacionario 12 VDC-1000 Amperios/hora.

Como ejemplo (ver Fig. 5-20) indicamos que dos (2) baterías de 12 VDC capacidad 1000 amperios/hora conectadas en serie (positivo de la primera al motor de arranque, negativo de esa al positivo de la segunda y el negativo de la segunda al negativo del motor de arranque o carcasa de motor principal) entregará 24 VDC pero con la misma capacidad de un sola de las baterías de 1000 amperios/hora. Por el contrario si esas mismas baterías son conectadas en paralelo (positivo de ambas unidos y al motor de arranque y negativo de ambas unidos al negativo del motor de arranque o carcasa de motor principal), solo entregaría 12 VDC pero con una capacidad de 2000 amperios/hora. Es importante reseñar que en el caso de conexión de baterías en paralelo hay que tener especial precaución en su mantenimiento y condición de las baterías, ya que si una de las baterías tiene daño interno y comienza a auto-descargarse con mayor velocidad de la normal, descargará a la otra batería.

Nota.- Toda batería o acumulador en condición desconectada o conectada pero sin entrega de energía presenta un porcentaje de autodescarga (exclusivo de su diseño) que de acuerdo con la magnitud (porcentaje en tiempo) de la misma, la clasifican como estacionarias (que son las utilizadas industrialmente y en grupos electrógenos) de muy poco (≤ 5 %) o casi cero porcentaje de autodescarga y no estacionarias (de uso vehicular), que tiene un porcentaje de autodescarga entre 5 % y 20 % (que varía de acuerdo con la calidad y especificación de la batería). Como ejemplo podemos mencionar que muchos han tenido la experiencia de haber dejado su vehículo por un período largo sin encenderlo y la batería se ha descargado totalmente, esto indica que el porcentaje de autodescarga de una batería vehicular es alto, por lo que requiere de ciclos de carga-descarga frecuentes para prolongar su vida útil. En cambio una batería estacionaria puede estar un período largo sin recibir carga o con un ciclo de carga solo de flotabilidad y estar en capacidad de entregar su potencia nominal cuando se le requiera.

Para mantener la carga de una batería en su capacidad nominal de entrega de corriente, que por el proceso de arranque, utilización de su energía para la lógica de control o supervisión de los diferentes dispositivos asociados con el Grupo Electrógeno o por la misma autodescarga (implícita en su diseño) que reduce o hace perder capacidad de entrega de su potencia nominal, es necesario incorporar al sistema un dispositivo que reponga la carga pérdida, este dispositivo es denominado "Cargador de Baterías". En todo Grupo Electrógeno tanto de régimen de operación continuo o de respaldo ("Standby" por su denominación en inglés), debe contener dos tipos de cargadores uno estático que se alimenta de la energía externa o de la misma energía producida por el Grupo Electrógeno que suministra la carga de las baterías cuando en motor está apagado y otro dinámico que obtiene su energía mecánica para producir energía eléctrica del mismo motor cuando está encendido a través de un arreglo de correas y poleas, este cargador es denominado "Alternador".

Alternador (cargador dinámico) Cargador Automático de Batería (cargador estático)

Tipo de Cargadores de Baterías
Fig. 5-21

El cargador estático de baterías es un dispositivo electrónico que contiene un transformador, rectificador y controlador automático para mantener las baterías a su carga nominal. Pueden ser clasificados como cargadores de flotabilidad cuando solo reponen el porcentaje de autodescarga de las baterías o de igualación cuando pueden inyectar una alta corriente que haga que las baterías recuperen la carga pérdida en los arranques de forma rápida, en estos últimos hay un dispositivo automático que después que reponen la descarga producida por los arranque (proceso de igualación) pasa a condición de flotabilidad para solo reponer las pérdidas de carga por la autodescarga implícita en la batería. Los cargadores dinámicos o alternadores son un generador de corriente alterna (a eso deben su nombre) que contiene internamente un juego de rectificadores (para producir corriente DC) y un regulador automático para llevar la carga de la batería de igualación a flotabilidad una vez que la batería llegue a la capacidad nominal de carga, la cual perdió por los arranques. El alternador solo entrega carga a la batería cuando el motor está encendido.

Nota.- Es importante indicar que el sistema de arranque eléctrico (baterías, cargador automático, alternador, cables, bornes y relé) deben ser mantenidos periódicamente para evitar daños o ineficiencia en el arranque del motor (ver capítulo No.13 sobre el mantenimiento).

5.15.- Sistema de Arranque Neumático

El sistema de arranque neumático (actuado por aire a presión) para motores de combustión interna de Grupos Electrógenos (con motores reciprocantes y turbinas) se utiliza especialmente en los motores que por su ubicación, ambiente o aplicación, el riesgo de explosión o incendio por chispa eléctrica es muy alto, como en plataformas y pozos petroleros, locomotoras, compresores de gas natural, entre otras. También es usado aunque en menor proporción en Centrales Eléctricas de varios Grupos Electrógenos operando en paralelo, donde el peso total es muy importante, ya que la combinación de arranque eléctrico y baterías tiene mucho mayor peso, que un solo compresor de aire (que también se utiliza para otros fines), tuberías y los motores de arranques neumáticos, como en barcos. Igualmente se utiliza el sistema de arranque neumático (actuado por aire a presión) en motores de combustión interna en ambientes marinos o muy húmedos donde los sistemas de arranque eléctricos se afectan con más frecuencia.

Nota.- En aplicaciones muy especiales donde se tiene gas natural a presiones de hasta 500 PSI y con las protecciones debidas, se puede utilizar el flujo y presión del gas para actuar el motor de arranque neumático.

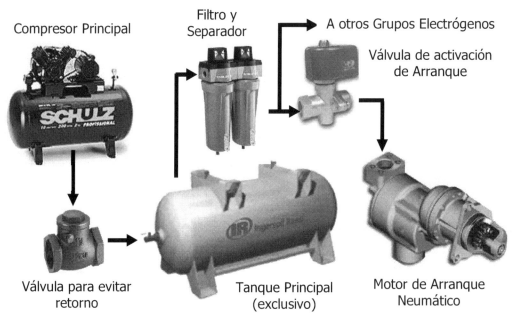

Sistema de Arranque neumático del motor de un grupo electrógeno.
Fig. 5-22

Los sistemas de arranque neumáticos (ver Fig. 5-22) están conformados por un compresor de aire con capacidad entre 200 y 500 PSI (no necesariamente exclusivo para el sistema de arranque), la tubería de conexión entre los componentes, una válvula check para evitar el retorno de aire al sistema neumático de otros equipos, un tanque o pulmón de aire (exclusivo para el sistema de arranque, se puede utilizar para uno o varios Grupos Electrógenos), un filtro y separador de agua (para evitar que pasen impurezas y humedad al sistema), una válvula solenoide actuada eléctricamente y el motor de arranque neumático.

Los motores de arranque neumáticos, también denominados "actuadores neumáticos" se caracterizan por su elevado par de arrastre, alta velocidad del piñón de ataque, gran potencia en proporción a su peso y volumen, reducido consumo y bajo mantenimiento, operan con presiones de aire entre 100 y 500 PSI.

Nota.- Es importante indicar que el sistema de arranque neumático (válvulas check, tanques, filtros, válvulas solenoides, actuador neumático) deben ser mantenidos periódicamente para evitar daños o ineficiencia en el arranque del motor (ver capitulo sobre el mantenimiento).

5.16.- Control de Velocidad (Gobernador)

Para la explotación eficaz de un Grupo Electrógeno (con motor reciprocante o motor rotativo, turbina) o una Central Eléctrica con varios Grupos Electrógenos es necesario mantener el control sobre dos parámetros importantes, por un lado la frecuencia (expresada en Hertz.) que tiene relación directa con la velocidad de rotación del generador, la cual es suministrada por el motor primario, también este parámetro tiene relación con la potencia activa (kW) o potencia que se convertirá en trabajo en la cargas, que entrega el grupo electrógeno cuando opera en paralelo con otras fuentes de potencia (otros grupos electrógeno o red utilitaria). El otro parámetro es la tensión de salida del generador (expresada en Voltios) que tiene relación directa con la magnitud del campo magnético del rotor del generador (ver sección No. 7.9), también este parámetro tiene relación con la potencia reactiva (kVAR) o potencia de magnetización para las cargas inductivas, que entrega el grupo electrógeno cuando opera en paralelo con otras fuentes de potencia.

Nota.- El control de velocidad del motor primario es denominado "Gobernador" ("Governor" o "Speed Control" por sus denominaciones en inglés) porque lo gobierna manteniendo constante la velocidad del motor, sea cual sea su carga.

En el caso del control de la velocidad de rotación de motor primario que por efecto directo es la velocidad de rotación del generador y que fija la frecuencia de salida del mismo, se controla ajustando el flujo de entrada de combustible al sistema de inyección (motores de combustible líquido) o dosificador (motores de combustible gaseoso), esto se logra por medio de un actuador impulsado mecánica o eléctricamente y el cual aplica directamente sobre la dosificación del combustible en el motor (más combustible mas velocidad, menos combustible menos velocidad). El actuador recibe una señal mecánica (hidráulica o puramente mecánica) o eléctrica proveniente de dispositivos que tienen como función sensar la velocidad del motor y luego compararla con una velocidad patrón (ajuste de velocidad constante) en un dispositivo denominado "Detector de Error" y compensar el error de lectura enviando la señal al actuador para que este ajuste la velocidad y se logre un error "0" y así se mantenga la velocidad del motor de forma constante para producir que la frecuencia de salida del generador se ajuste al requerimiento de la carga.

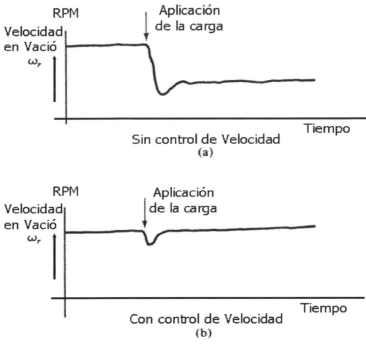

Respuesta de la velocidad del motor de combustión
al aplicar carga
Fig. 5-23

Cuando el generador requiere suplir un bloque de potencia más grande (ver sección No. 7-3), al aplicársele, tiende a frenarse (bajar la velocidad de rotación) y el sensor de velocidad del motor compara la velocidad y compensa el error inyectando mayor flujo de combustible (ver Fig. 5-23), igualmente sucede cuando se le desconecta un bloque de carga al generador, como el motor viene trabajando con un porcentaje de combustible ajustado a la carga, cuando la misma se quita tiende a acelerarse (aumentar la velocidad de rotación) y entonces el sensor de velocidad del motor compara la velocidad y compensa el error reduciendo el flujo de combustible inyectado o dosificado al motor y así mantiene la velocidad constante del motor y directamente la frecuencia de salida del generador. Las frecuencias internacionalmente normalizadas de la energía eléctrica son 50 y 60 Herzt (Hz) para cargas residenciales, comerciales, industriales y navales (barcos) y 400 Hz para la aviación.

En los controles de velocidad del tipo mecánico (con actuación puramente mecánica) la velocidad es monitoreada por un dispositivo centrífugo que a mayor velocidad aplica fuerza sobre unos resortes que tienen el ajuste del patrón de velocidad (mediante un tornillo que los aprieta o afloja) y cuando vence la fuerza del resorte este actúa sobre el control de combustible determinando la cantidad de combustible utilizado por el motor. Este tipo de control de velocidad por su bajo costo es muy utilizado en motores primarios de baja potencia (Grupos Electrógenos hasta 100 kVA). El control de velocidad del tipo mecánico con actuación hidráulica opera con una bomba de aceite de alta presión que cuando varía la velocidad del motor baja o sube la presión de la misma y por medio de unos conductos en los cuales el caudal es ajustado por una válvula que es el patrón de velocidad, opera de forma hidráulica sobre el actuador que ajusta a su vez el flujo de combustible utilizado por el motor y mantiene la velocidad constante. Los controles de velocidad hidráulicos se utilizaron mucho en motores de mediana y gran potencia (500 a 5.000 kVA) y de operación continua, los más conocidos son los modelos UG8 (8 libras/pulgada² de torque aplicado sobre el control de combustible) y UG40 (40 libras/pulgada² de torque aplicado sobre el control de combustible) de la empresa fabricante WOODWARD®, sin embargo, en la actualidad solo se utiliza el actuador hidráulico (que obtiene su potencia de un engranaje dentro del motor o de una bomba hidráulica externa). Este actuador es activado eléctricamente y se utiliza en grandes motores reciprocantes y turbinas. El sensor velocidad es magnético y envía una señal eléctrica al dispositivo de ajuste de error, patrón de velocidad y control del actuador que son totalmente electrónicos.

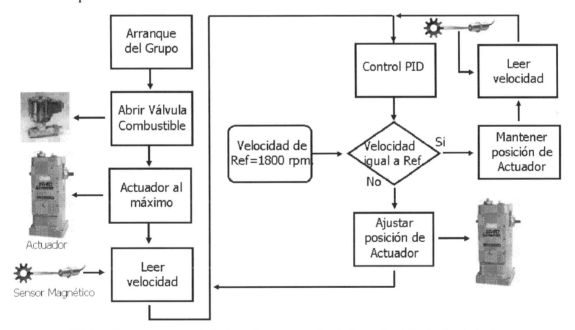

Flujo de procesos básico de un control de velocidad electrónico

Fig. 5-24

El control de velocidad más utilizado en la actualidad es el control de velocidad electrónico con actuador eléctrico o hidráulico (activado eléctricamente), el mismo está conformado básicamente por una tarjeta electrónica que recibe la energía del sistema DC del motor reciprocante o turbina (baterías, cargador o UBS), un sensor o captador magnético ("MPS"

"Magnetic Pickup Sensor" por su siglas y denominación en inglés) que trabaja bajo criterio de variación de su reluctancia magnética (ver nota). Este sensor magnético está ubicado captando el movimiento de uno de los engranajes del motor primario (generalmente en los dientes del volante de arranque), produciendo una señal sinusoidal de frecuencia variable que es monitoreada por el dispositivo electrónico que a su vez recibe una señal de patrón de un potenciómetro de ajuste de velocidad y las compara en el detector de error y una salida de potencia conectada eléctricamente al actuador.

Nota.- La reluctancia magnética de un material, es la resistencia que éste posee al verse influenciado por un campo magnético. Se define como la relación entre la fuerza magnetomotriz (*f.m.m*) y el flujo magnético (ver capítulo No. 7)

En los motores primarios de nueva tecnología (motores electrónicos o estequiométricos) con inyectores controlados eléctricamente (inyector-bomba "common rail" y el "HUEI" "Hydraulically Actuated, Electronically Controlled) el control de velocidad está contenido en el módulo de control integral del motor (Engine Control Module "ECM"), y ajusta la velocidad dosificando el combustible en el mismo inyector a través de la actuación de una solenoide que abre y cierra una válvula de forma proporcional.

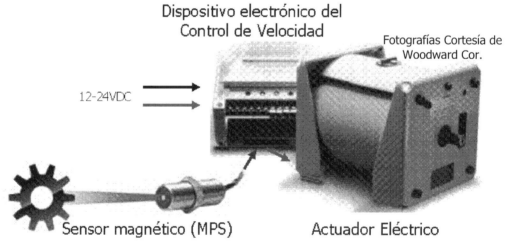

Control de Velocidad Tipo "EPG"
Fig. 5-25

El control de velocidad electrónico más utilizado actualmente en motores de Grupos Electrógenos de pequeña y mediana magnitud (20 a 2.000 kVA), es el control de velocidad con actuador eléctrico denominado "EPG" ("Electrically Powered Governor", por su siglas y denominación en inglés), en el cual el dispositivo electrónico de control de velocidad tiene su salida eléctricamente reforzada al actuador para manejo de alta corriente y no de baja corriente o señal, como en el caso de los actuadores hidráulicos eléctricamente operados.

Nota.- El ajuste y calibración del actuador (eléctrico, mecánico o hidráulico), la limpieza, ajuste y calibración del sensor o captador magnético "MPS" y la calibración periódica del dispositivo electrónico del control de velocidad son necesarios para mejorar la respuesta a la toma o salida de bloques de potencia en el motor primario y así lograr una frecuencia (Hz) más constante en el Grupo Electrógeno (ver capítulo sobre el mantenimiento).

5.17.- Supervisor de Parámetros Operativos

La condición de operación normal del motor primario del Grupo Electrógeno con los valores de los parámetros operativos debe ser permanentemente supervisada de forma automática, ya que por algún factor de perturbación o falla en uno de los componentes de los sistemas operativos asociados al motor, algún valor de parámetro operativo puede variar de forma que, de continuar la operación del motor bajo esa condición, puede presentarse un daño crítico y en algunos casos irreversible en el mismo. Los tres parámetros operativos más importantes en el motor reciprocante de un grupo electrógeno son: la presión de aceite, la temperatura del motor y la velocidad de rotación máxima, ya que si alguno de estos tres parámetros se desvía de sus valores límites normales, puede causar, como lo indicamos anteriormente, daños críticos y en algunos casos irreversibles en el motor del grupo electrógeno. La presión de aceite en su valor normal (entre 50 y 90 PSI) es indicativo que el sistema de lubricación del motor (incluyendo el lubricante) está cumpliendo con su función de evitar los desgastes prematuros y el excesivo roce entre la partes en movimiento; una baja presión de aceite ($\leq$ 50 PSI) podría ser indicativo de un problema en la bomba de lubricación, un filtro tapado ó dañado o lubricante contaminado con combustible o refrigerante, por lo que el motor deberá detener su operación inmediatamente para evitar que las partes y piezas en movimiento se rocen sin una lubricación correcta y aumente su temperatura a condiciones de modificación de las características de los materiales y se fundan unos con otros.

Con el sistema de enfriamiento puede suceder igual porque al no desplazar efectivamente el calor de la combustión del bloque del motor a través del refrigerante puede ser motivo de un sobrecalentamiento que puede ocasionar daños en empacaduras, sellos e inclusive, en los mismos materiales del motor. Esta condición también puede producir evaporación del lubricante pudiendo ocasionar una falla de lubricación complicando aun más la operación del motor, por lo que a una temperatura de refrigerante mayor a 110 °C se deberá también detener inmediatamente la operación del motor. Los valores normales de la temperatura en un motor de combustión interna de combustible líquido (diesel) están entre 80 °C y 100 °C y para un motor de combustión interna de combustible gaseoso (gas natural o metano) están entre 85 °C y 110 °C. Los rangos de valores indicados varían de acuerdo con la carga aplicada al Grupo Electrógeno, a la temperatura y humedad del ambiente.

El aumento a límites críticos de la velocidad de rotación máxima (también denominada "Sobrevelocidad") a valores en los cuales el motor puede sufrir desajustes graves y llegar a roturas de sus componentes, puede producirse por fallas en el sistema de inyección de combustible o en el módulo electrónico y/o actuador de control de velocidad. El límite de velocidad de rotación máxima de un motor reciprocante es fijada de acuerdo con los fabricantes en el 120 % de su velocidad nominal de rotación, por lo que para un motor de 1.800 RPM, la sobrevelocidad máxima de rotación permitida por el fabricante antes de un daño al motor será 2.200 RPM, aunque se recomienda ajustar la protección de sobrevelocidad entre 1900 y 2000 RPM.

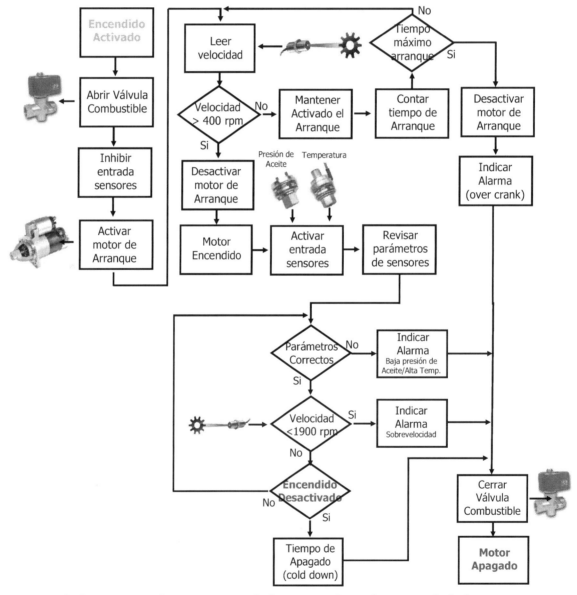

Flujograma de proceso del supervisor integral del motor
Fig. 5-26

Para evitar los daños indicados en los motores de los Grupos Electrógenos, ya que una falla fortuita en el sistema de lubricación, en el sistema de enfriamiento o por sobrevelocidad puede hacer que los valores de estos tres importantes parámetros operativos del motor se desvíen de sus valores límites normales en un período relativamente corto, hay que mantenerlos supervisados y monitoreados todo el tiempo que se mantenga en operación el motor de manera tal que si alguno se sale de su valor límite el motor se apague automáticamente de forma rápida.

La forma más eficaz de hacerlo es utilizando sensores de presión en la línea de lubricación, de temperatura del refrigerante en la chaquetas del bloque del motor y de velocidad, estos sensores envían sus señales a un dispositivo integral de monitoreo y supervisión que en su versión básica además de supervisar y monitorear la presión de aceite, temperatura del refrigerante y velocidad, también controla el encendido, arranque y apagado retardado (para enfriamiento) del motor y en sus versiones más complejas supervisan los niveles de refrigerante en el radiador del sistema de enfriamiento, de combustible en el tanque de almacenamiento, sincronizan el Grupo Electrógeno y controlan la operación en paralelo repartiendo las cargas activas (kW) y reactivas (kVAR), así como registran y archivan las fallas presentadas, el período de operación del motor (vida útil) y hasta el número de arranques y paradas del motor.

Supervisor de Parámetros Operativos "Tipo Básico"

Fotos Cortesía de Murphy, Deep Sea y Woodward

Supervisor de Parámetros Operativos con dispositivo de sincronización y operación en paralelo. Woodward EGCP-2

Tipos de Controladores para Grupos Electrógenos con Motor Reciprocante.
Fig. 5-27

Es importante indicar que por razones de confiabilidad y eficacia en la operación del dispositivo de supervisión y monitoreo del motor, éste siempre será un equipo tanto física como eléctricamente separado del módulo de control de proceso del motor "ECM" (Engine Control Module), así como del control de velocidad, sólo las conexiones de comunicación y control entre un dispositivo y los otros serán las permitidas. Inclusive no se deberán utilizar los mismos sensores (temperatura, presión de aceite o velocidad) si fuese el caso.

Fotos Cortesía de Woodward Corp.

Control Integral de Gerencia de Energía, Supervisión, Protección y Monitoreo Woodward EasyGen® 3000.
Fig. 5-28

Cuando se utilice un dispositivo de supervisión de parámetros operativos del tipo básico, será necesaria la instalación de medidores de los parámetros de operación del motor y del generador como: medidor de presión de aceite, medidor de temperatura del refrigerante, medidor de la tensión de las baterías, odómetro (medidor de tiempo de uso), voltímetro (tipo fase a fase y fase a neutro), amperímetro (por fase) y frecuencímetro. El dispositivo integral de sincronización, supervisión y monitoreo como el indicado en la figura 5.27 marca Woodward® modelo EGCP-2®, pueden mostrar y registrar (inclusive bajo protocolo de comunicación enviarlos remotamente) todos los parámetros anteriores, además de potencia activa, potencia reactiva, factor de potencia, ángulo entre fase (para sincronización), registro de alarmas y registro de fallas y cuentan con réles de protección eléctrica del generador como: Sobrecarga, Potencia inversa, baja y alta tensión, baja y alta frecuencia (ver sección 7-11 sobre protecciones eléctricas del generador). Los nuevos diseños de la empresa Woodward® como el modelo "EASYGEN®", tienen incorporados además de estas características, nuevos réles de protección como desbalance de carga, desbalance de tensión, falla a tierra, inversión de fases, entre otras y además, se puede programar para realizar despachos de carga y otros procesos inherentes a la operación de la Central Eléctrica donde están instalados los Grupos Electrógenos (Gerencia de energía) y cuenta con posibilidades múltiples de comunicación para control y monitoreo remoto.

Las empresas fabricantes y ensambladoras de Grupos Electrógenos con los nuevos motores con módulo de control de proceso del motor "ECM" (Engine Control Module), como CATERPILLAR®, CUMMINS® y FG WILSON® entre otras, han diseñado sus propios dispositivos de control, supervisor y monitoreo con arquitectura cerrada en los procesos de revisión de la programación o monitoreo interno, lo que sólo permite que operadores de servicio de mantenimiento autorizados (por el mismo fabricante) puedan acceder a los ajustes, calibración y cambios en los parámetros y procesos de operación de los motores y generadores de los Grupos Electrógenos.

Nota.- La prueba, ajuste y calibración periódica de todos los sensores (sensor de temperatura, de presión de aceite, sensor magnético de velocidad, sensores de nivel y otros de acuerdo al tipo de motor y dispositivo) y del dispositivo de control, supervisión y monitoreo del motor y los módulos de protección eléctrica del generador son necesarios para certificar la confiabilidad del dispositivo como sistema de seguridad del motor y del generador (ver capítulo No. 13 sobre el mantenimiento).

Las marcas CATERPILLAR, CUMMINS, WOODWARD, FG WILSON, MURPHY, DEEP SEP, ALTRONIC son marcas registradas ® y propiedad exclusiva de las empresas nombradas.

5.18.- Marcas de referencia de motores reciprocantes para Grupos Electrógenos

Nota.- En orden alfabético. "Potencia" indica la potencia máxima comercialmente conocida. "Combustible" indica el más comercialmente utilizado por esa marca, no debe descartarse que pueda usar otro tipo de combustible. (1) indica que también tienen motores dual fuel. (2) indica que también tienen motores comerciales a gas natural. (*) indica que son motores de dos ciclos.

CATERPILLAR®	**Origen:** USA **Combustibles:** Fuel Oil No. 2 Gas Natural **Potencia hasta:** 10,500 KW(e)
Cummins	**Origen:** USA, INGLATERRA **Combustibles:** Fuel Oil No. 2 Gas Natural **Potencia hasta:** 2,700 KW(e)

	Origen: ALEMANIA **Combustibles:** Fuel Oil No. 2 **Potencia hasta:** 413 KW(e)
	**Origen:** USA **Combustibles:** Gas Natural **Potencia hasta:** 3,250 KW(e)
	**Origen:** ITALIA **Combustibles:** Fuel Oil No. 2 **Potencia hasta:** 1,400 KW(e)
	**Origen:** AUSTRIA **Combustibles:** Gas Natural **Potencia hasta:** 4,000 KW(e)
	Origen: USA **Combustibles:** Fuel Oil No. 2 **Potencia hasta:** 400 KW(e)
	**Origen:** USA **Combustibles:** Fuel Oil No. 2 Dual Fuel. **Mayor potencia:** 15,000 KW(e)
	**Origen:** ALEMANIA **Combustibles:** Fuel Oil No. 2 (2) Fuel Oil No. 6 **Potencia hasta:** 42,000 KW(e)*
	Origen: JAPON **Combustibles:** Fuel Oil No. 2 **Potencia hasta:** 15,400 KW(e)

	**Origen:** ALEMANIA **Combustibles:** Fuel Oil No. 2 **Potencia hasta:** 8,100 KW(e)
	**Origen:** INGLATERRA **Combustibles:** Fuel Oil No. 2 **Potencia hasta:** 1,300 KW(e)
	**Origen:** SUECIA **Combustibles:** Fuel Oil No. 2 **Potencia hasta:** 500 KW(e)
	**Origen:** SUECIA **Combustibles:** Fuel Oil No. 2 **Potencia hasta:** 550 KW(e)
	**Origen:** FINLANDIA **Combustibles:** Fuel Oil No. 2 (1) Fuel Oil No. 6 **Potencia hasta:** 22,000 KW(e)*

CAPÍTULO 6

EL MOTOR ROTATIVO (TURBINA)

6. – El Motor Rotativo (Turbina)

6.1.- Glosario de términos específicos de los Motores Rotativos.

Ciclo Termodinámico

Es el conjunto de procesos realizados en un sistema en el que intervienen energía térmica (calor) y energía cinética (trabajo), en el que cualquiera de ellas produce la otra, con la cualidad que al final del proceso todo vuelve a su estado inicial. La aplicación de la primera Ley de la Termodinámica es la regla básica para la producción de energía mecánica a partir de la térmica y la cual indica: la suma del calor y trabajo recibidos por el sistema debe de ser igual a la suma del calor y trabajo entregados por el sistema.

Turbina

Es una máquina motriz para la producción de energía mecánica a partir de otro tipo de energía primaria en forma de fluido (energía térmica, hídrica, eólica, etc.). Para efectos de su clasificación como motor de un grupo electrógeno, la energía primaria es la energía térmica proveniente de la combustión de combustibles líquidos o gaseosos. Su característica más importante es que opera en forma axial (eje) y rotativa donde el fluido térmico (gas de combustión en expansión) pasa en forma continúa por unas paletas (álabes) pegada a un rotor (rodete), produciendo la energía mecánica, que luego es transferida al generador por el mismo eje para producir la energía eléctrica. La turbina también tiene como partes importantes el compresor y la cámara de combustión.

Compresor

Para efectos de provocar una combustión en la cual la mezcla combustible-comburente sea de alta producción térmica, el comburente (oxígeno del aire) debe estar en proporciones apropiadas, por lo que sobre el mismo eje de la turbina opera un compresor compuesto por varios discos giratorios con paletas (álabes) los cuales aumentan la densidad de oxígeno antes de pasar a la cámara de combustión en una relación que puede llegar de 1 a 50 (significa que 50 volúmenes de aire se convierten en 1 volumen). El compresor puede ser del tipo axial (el flujo de aire sale en el sentido del eje) o centrífugo (el flujo de aire sale en forma radial).

Relación de compresión

Es el término con el que se denomina a la fracción matemática que define la proporción entre el volumen de admisión y el volumen de compresión. En general, la eficiencia térmica (capacidad para transformar calor en movimiento) y la potencia, dependen de la relación de compresión. Una turbina gasta energía para comprimir el aire y aporta energía al quemar los gases, su eficiencia dependerá en forma representativa de la relación de compresión. La eficiencia se comprueba en que el aporte de energía al quemar los gases debe ser mucho mayor que el gasto de energía que utiliza para comprimir el aire.

Cámara de combustión

Es el dispositivo donde se efectúa la mezcla del comburente (oxígeno del aire comprimido) y el combustible (líquido o gaseoso), y se produce la ignición de la combustión. La combustión en la cámara de una turbina es un proceso continuo y en condiciones de alta presión y temperatura.

Difusor

Es un conducto de construcción especial que tiene como función cambiar la velocidad y dirección del aire o de los gases de la combustión en el compresor o la turbina.

Álabe

Especie de pala que tiene como función aumentar la velocidad de la corriente del aire (en el compresor) o del gas caliente que sale de la cámara de combustión (en la turbina) y dirigirla con el ángulo apropiado para producir el intercambio de energía térmica a mecánica. Los álabes están montados sobre el rodete de la turbina (parte rotativa) y constituyen uno de sus principales elementos, en la mayoría de las turbinas los álabes son elementos separados y pueden desmontarse del rodete para su mantenimiento o reemplazo.

Álabes de la Turbina   Álabes del Compresor
Tipos de Álabes
Fig. 6-1

Por lo general los álabes del compresor son construidos en aleaciones de aluminio y tienen internamente conductos por donde circula parte del aire a presión producido por el mismo compresor para ayudar a la disipación del calor y enfriamiento de los mismos. Los álabes de la turbina, por las altas temperaturas a la que son sometidos (950 a 1.100 °C) están construidos en aleaciones de níquel-cromo y cobalto-níquel-cromo, lo que los hace muy resistente a la oxidación producida por la altas temperaturas en los materiales ferrosos y alarga la vida de los mismos.

Tobera

Son unos conductos cónicos alargados, fijados a la carcasa de la turbina (parte estática) con la finalidad de redirigir el flujo de los gases provenientes de la cámara de combustión o de una etapa de la turbina para que incidan perpendicularmente sobre los álabes de la turbina y obtener la mejor eficiencia en el intercambio de energía térmica a mecánica.

Rodete

Es un eje rotatorio de acero macizo con aleaciones especiales, donde están fuertemente fijados los álabes del compresor y la turbina. Es el componente más importante de la turbina. Se soporta a la carcasa de la turbina a través de los cojinetes.

Zona caliente

Es el área de la carcasa de la turbina que se extiende desde el sitio donde están instaladas las cámaras de combustión hasta el difusor de salida de escape de los gases calientes de la turbina. Por lo general, siempre está protegida con aislamiento térmico de alta temperatura para que la irradiación de calor no afecte a otras partes de la turbina o del turbogenerador.

Caja de Engranajes

Es un conjunto de piñones o engranajes mecánicos en una carcasa, que tienen por finalidad reducir la velocidad de trabajo de la turbina a la velocidad utilizable por los generadores para producir la frecuencia deseada para la energía eléctrica. Las cajas de engranajes, al reducir la velocidad de rotación, aumentan el torque o trabajo (energía mecánica entregada por la turbina) y esto es inversamente proporcional a la relación de reducción de velocidad.

Cojinete

Es un dispositivo mecánico para evitar la fricción entre un eje en rotación y una base estática que sirve de apoyo. Los hay de fricción (utilizados en los motores reciprocantes) construidos de materiales especiales resistentes a la fricción y de rodamiento (utilizados en las turbinas por su alta velocidad) construidos con rodillos y esferas de aleaciones especiales de acero. La lubricación es un factor muy importante en la vida útil de los cojinetes.

Fotos cortesía de SKF Bearings

Cojinete de Fricción para motores reciprocantes

Cojinete de Rodamiento para motores rotativos

Tipo de Rodamientos

Fig. 6-2

6.2.- Principios de funcionamiento del Motor Rotativo

Motor rotativo o turbina, es aquel motor de combustión interna que trabaja de forma axial, donde en el mismo eje de toma de fuerza, se encuentra un compresor de aire con álabes. El aire comprimido se mezcla con el combustible en una cámara de combustión y hace explosión por efecto de la ignición inicial de unas bujías que producen chispas de alta tensión (ver nota). La energía térmica liberada por la combustión pasa a través de una turbina donde los gases se expanden impulsándose hacia sus álabes, convirtiéndose en energía mecánica que es llevada a través de una caja de engranajes (reductora de velocidad) al generador eléctrico. El uso de una caja de engranajes es necesario ya que la mayoría de las turbinas operan a velocidades de rotación que puede variar, de acuerdo al tipo de turbina, entre 7.000 a 36.000 RPM (para modelos de hasta potencia media) y los generadores más utilizados en aplicaciones con turbinas operan en 1.800 RPM para 60 Hz (1.500 RPM para 50 Hz) y 3.600 RPM (3.000 RPM para 50 Hz), (ver capítulo No. 7 sobre El Generador).

Nota.- A diferencia del motor reciprocante de combustible gaseoso, donde la bujía debe producir la chispa en el tiempo exacto del final del ciclo de compresión, en las turbinas, las chispas producidas por las bujías están presentes sólo en el arranque, aunque su función real luego del arranque de la turbina es solo sostener el proceso de la combustión, no obstante, la explosión inicial ya hace que la mezcla del combustible (gas o diesel) mezclado al comburente (oxígeno del aire) del compresor de la turbina continúe haciendo ignición automáticamente sin necesidad de chispas.

El funcionamiento de la turbina de combustión interna opera bajo el principio del Ciclo de Brayton. Se denomina Ciclo de Brayton a un ciclo termodinámico de compresión, combustión y expansión de un fluido compresible, generalmente aire, que se emplea para producir trabajo neto y su posterior aprovechamiento como energía mecánica o eléctrica.

6.3.- Ciclo de Brayton

En la mayoría de los casos el ciclo Brayton (ver nota) opera con fluido atmosférico (aire), en ciclo abierto, lo que significa que toma el fluido directamente de la atmósfera para someterlo primero a un ciclo de compresión (1-2), después este aire comprimido se mezcla con el combustible y van a un ciclo de combustión (2-3) y por último, a una expansión (3-4). Este ciclo de expansión produce en la turbina mucha más energía de la consumida en el compresor de la misma turbina y se encuentra presente en las turbinas de gas o gasoil, utilizadas en la mayoría de los grupos electrógenos rotativos de las centrales termoeléctricas, entre otras aplicaciones (ver Fig. 6-3).

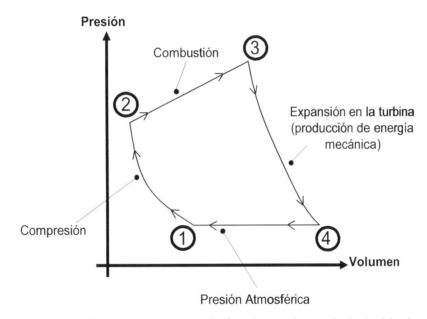

Ciclo de Brayton (principio de funcionamiento de la turbina).

Fig. 6-3

En la gráfica se explica en dos vectores el principio de funcionamiento, en el que el vector vertical expresa la magnitud de la presión dentro del compresor y la turbina, en el cual el aumento de la presión va desde la presión atmosférica, a una presión de hasta 20 veces mayor. El vector horizontal expresa el volumen del aire comprimido, donde en el primer paso, el volumen baja (compresión) y luego de la combustión (ya mezclado con el combustible) el volumen aumenta velozmente (expansión), para luego al pasar por los álabes y toberas, volver a su volumen inicial, completando el ciclo (Ver Fig. 6-4).

El principio de producción de energía mecánica en la turbina, está en el efecto de acción-reacción de la expansión de los gases de la combustión entre los álabes del rodete (sección rotativa de la turbina) y las toberas de la carcasa (sección estática de la turbina), la cual está robustamente fijada a la base integral o patín del turbogenerador, la fuerza rotativa producida en la turbina se contrarrestará con la fuerza contra-electromotriz que produce el generador y por la cual se produce la energía eléctrica (ver capítulo No. 7 sobre El Generador). Las toberas causan una desviación angular en los gases que vienen de la cámara de combustión para que su incidencia sea de manera perpendicular sobre los álabes del rotor, obteniendo así la mayor producción de potencia derivada de la expansión de los gases provenientes de la cámara de combustión. El número de combinaciones de juegos de álabes y toberas indica el número de etapas de una turbina, mientras más etapas más eficiencia térmica se puede obtener (más potencia por unidad de combustible).

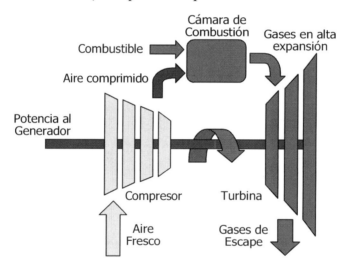

Etapas de una Turbina (motor rotativo)
Fig. 6-4

Nota.- George Brayton (1830-1892) fue un ingeniero norteamericano que diseño el primer motor rotativo de encendido continuo, el cual era un motor básico de dos ciclos que podía operar con combustible liquido pesado (diesel o kerosén) o liviano (gasolina), donde aplicó su ciclo de termodinámica que se conoce como el Ciclo de Brayton, que constituyó el basamento para el desarrollo de la turbina de gas, que posteriormente le sirvió al ingeniero aeronáutico británico Frank Whittle (1907-1996) para inventar el motor a reacción para la aviación que derivó en la turbina de combustión interna que se utiliza en los Grupos Electrógenos.

Inicialmente las turbinas de combustión interna fueron diseñadas como motores para la aviación y no fue sino a mitad del siglo XX (años 1950) cuando comenzó su uso industrial en la generación de energía eléctrica, por lo que en muchos casos se encontrará el término "Turbina Aeroderivada", lo cual expresa que para ese tipo de turbina se utilizó el mismo diseño de una turbina diseñada para la aviación. Luego comenzaron los desarrollos y diseños de turbinas exclusivamente para uso industrial, aunque algunos fabricantes de turbinas para aviación como Rolls Royce®, Pratt & Whitney® y General Electric® aún utilizan sus modelos con diseños aeroderivados para aplicaciones industriales.

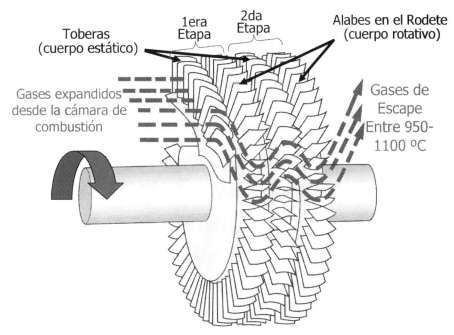

Principio de acción-reacción en un turbina de doble etapa
Fig. 6-5

6.4.- Clasificación de las Turbinas

Las turbinas se pueden clasificar de acuerdo con: A.- Su criterio de producción de la energía cinética (del movimiento) que luego se convierte en energía mecánica aprovechable; B.- En función a la dirección de aplicación del flujo de energía térmica o hidráulica; C.- El estado de la etapa final deL proceso del ciclo termodinámico de Brayton; y D.- La proveniencia tecnológica de su diseño.

A.- En cuanto a su criterio de producción de la energía cinética que luego se convierte en energía mecánica aprovechable, se pueden subclasificar en:

- **Turbinas de Acción**, donde la energía térmica se transforma en energía mecánica en los componentes fijos anteriores al rodete como inyectores y toberas. Este tipo de turbina es aquel donde la energía se produce o se obtiene exteriormente como la energía térmica del vapor y la energía hidráulica (hídrica).

- **Turbinas de Reacción**, donde la energía potencialmente transformable en energía mecánica se produce completamente en el rodete de la turbina (en las cámaras de combustión), y luego por el principio de acción-reacción de la expansión de los gases sobre la partes móviles (álabes del rodete) y fijas (toberas), se produce la energía mecánica aprovechable. En ésta clasificación entran las turbinas utilizadas industrialmente como motores rotativos de combustión interna para generación de energía eléctrica.

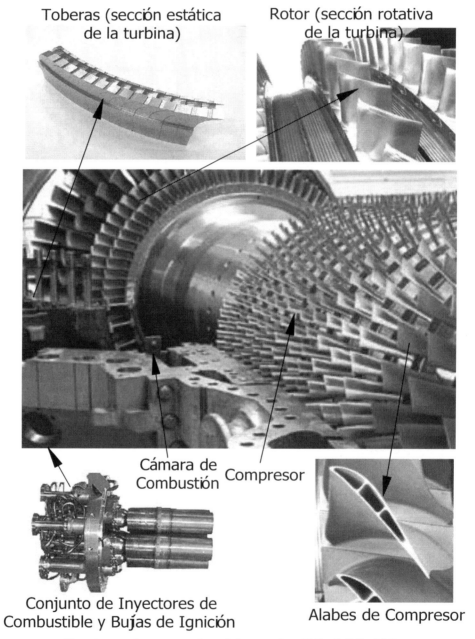

Partes de una turbina de 50.000 HP para un turbogenerador de 45 MVA
Fig. 6-6

B.- En función a la dirección de aplicación del flujo de energía térmica o hidráulica (combustión interna, combustión externa o hídrica) sobre el rodete en, se pueden subclasificar en:

- **Turbinas Axiales** donde el flujo de energía térmica o hidráulica se aplica en forma paralela al eje del rodete. Aquí encontramos todas las turbinas de combustión interna aplicables en generación de Energía Eléctrica.

- **Turbinas Radiales** donde el flujo de energía térmica o hidráulica se aplica de forma perpendicular al eje del rodete, en esta clasificación encontramos a la mayoría de las turbinas hidráulicas, de vapor y las microturbinas de combustión interna con creciente aplicación en la generación de energía eléctrica en pequeñas potencias (ver sección No. 6.17 de las Microturbinas).

- **Turbinas Mixtas**, donde mezclan componentes de las turbinas axiales con turbinas radiales, mayormente utilizadas en aplicaciones hidráulicas.

C.- En cuanto al estado de la etapa final de proceso del ciclo termodinámico de Brayton, se pueden subclasificar en:

- **Turbinas de ciclo abierto,** ciclo simple, donde el flujo de calor proveniente del difusor de la turbina son expulsados directamente a la atmósfera. Es la aplicación más utilizada en turbinas de combustión interna.

- **Turbinas de ciclo cerrado**, en la cual el flujo de calor proveniente de la turbina se recircula nuevamente por los diferentes componentes y etapas de la turbina, aunque mucho menos utilizada que la de ciclo simple, su mayor ventaja es que utilizan un proceso de transferencia para agregar o remover calor del fluido de trabajo

- **Turbina regenerativa** es aquella en la cual en el difusor de escape de los gases se coloca un intercambiador de calor por el cual pasa el aire comprimido por el compresor de la turbina antes de entrar en la cámara de combustión con la finalidad mejorar la eficiencia de la combustión.

D.- En cuanto al origen de la tecnológica de su diseño, se pueden subclasificar en:

- **Turbinas Industriales** son aquellas diseñadas específicamente para su uso en generación de energía eléctrica. La ventaja más representativa es que no tienen limitación de potencia y pueden llegar a 500 MVA de producción de potencia eléctrica. Su diferencia con las aeroderivadas es que los diseñadores cambian velocidad por peso, menor velocidad mayor masa del rodete para la obtención de mayor potencia. Entre estas se encuentra las producidas por Mitsubishi®, Solar-Caterpillar®, Toshiba®, ABB®, Alstom®, Hitachi®, Siemens®, entre otras.

- **Turbinas Aeroderivadas** son aquellas que aunque están aplicadas para su uso en generación en la producción de energía eléctrica, su diseño original es para uso en aeronáutica y su potencia hasta hace poco tiempo estaba limitada a las mayores potencias utilizadas en aviación, su potencia pueden llegar a 55 MVA de producción de potencia eléctrica, aunque actualmente, utilizando los mismos criterios tecnológicos, se ha aumentado representativamente su potencia, no obstante su característica más importante es que su velocidad sigue siendo alta para conseguir la potencia. Entre estas se encuentra la producidas por General Electric® (modelos Aeroderivados), Rolls Royce® y Pratt & Whitney® entre otras.

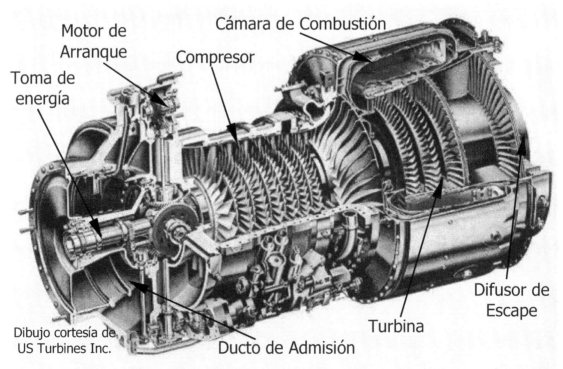

Ejemplo de turbina Aeroderivada, Mod. T55 del fabricante Allison
Fig. 6-7

6.5.- Turbinas de Eje Simple y de Eje Doble

En el diseño de las turbinas industriales, el mayor reto de los investigadores y diseñadores es el mejoramiento de la eficiencia térmica de la turbina (de cada litro de combustible o metro cúbico de gas, en promedio sólo un máximo del 30 % se convierte en energía mecánica aprovechable, el resto se pierde en el calor de los gases de escape), no obstante, ya algunos fabricantes como General Electric® tienen modelos de turbinas con eficiencias cercanas al 40 %. Para esto, se ha aumentado el número de etapas (álabes del rodete contra toberas), se han colocado post calentadores en el compresor donde parte de los gases calientes del escape precalientan el aire comprimido antes de entrar en la cámaras de combustión, en otros casos se han instalado enfriadores posteriores del aire del compresor para mejorar la densidad del comburente (aire comprimido) para la combustión. Otras mejoras han sido la de combinar giros inversos en las diferentes etapas con turbinas con dos ejes separados mecánicamente, donde la primera turbina solo produce energía mecánica para mover el compresor y la segunda turbina de mayor tamaño y cantidad de etapas es la que produce la energía mecánica que mueve el generador, con este tipo de diseño, además de mejorar la eficiencia, el requerimiento de velocidad y torque (entrega de fuerza) de la caja de engranaje se puede reducir bajando tamaño, peso y costos en el ensamblaje final del conjunto.

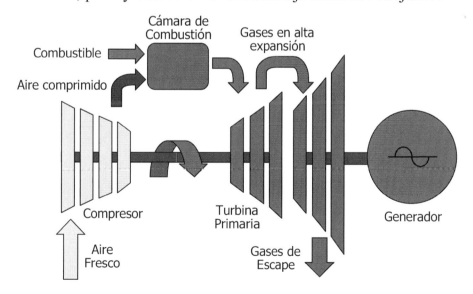

Etapas de una Turbina de doble eje
Fig. 6-8

Otro reto importante de los investigadores y diseñadores de turbinas es la reducción de la producción de emisiones nocivas al ambiente (ver nota) en los gases de escape, como los óxidos de nitrógeno (NOx) y óxidos sulfurosos (SOx), para lo que se han añadidos dispositivos de ionización dentro de la cámaras de combustión, denominados "Combustores" y también se ha utilizado la pulverización de agua en la admisión de aire para humedecer el aire que ingresa en el compresor.

Nota.- Un derivado de la ignición de combustibles fósiles en los motores (reciprocantes y rotativos) expulsado en los gases del escape son los óxidos de nitrógenos (NOx) y óxidos sulfurosos (SOx), los cuales son los responsables de las alteraciones en las condiciones atmosféricas con mucha influencia en el calentamiento global. Muchos países tienen legislaciones específicas sobre el control y reducción de las emisiones de NOx y SOx, en especial en las grandes plantas térmicas de generación de energía eléctrica.

6.6.- Sistemas operativos de las turbinas

Por su importancia, en la operatividad de la turbina los principales sistemas que la conforman son los siguientes: **A.-** Sistema de Lubricación, garantiza que en la fricción entre los materiales en movimiento y los rotativos (rodete, ejes y caja de engranaje) no tengan desgastes prematuros. **B.-** Sistema de Arranque, encargado de dar la primera energía cinética y poner en movimiento la turbina para su puesta en operación. **C.-** Sistema de Combustible, encargado de distribuir y/o intercambiar (si aplicase) el tipo de combustible líquido o gaseoso a las cámaras de combustión, **D.-** Cámara de Combustión (ver nota), donde ocurre la ignición y la expansión de los gases que pasarán posteriormente por los álabes de la turbina produciendo la energía mecánica. **E.-** Filtros de Aire, son los encargados de mantener limpio todo el aire que se utiliza para producir la combustión al ser comprimido y mezclarse con el combustible, **F.-** Caja de Engranajes o Caja de Reducción (que reduce la velocidad de rotación de la turbina de entre 9.000 y 36.000 RPM a 1.800 ó 3.600 RPM para que puede ser usada por el generador, **G.-** Sistema de Enfriamiento, encargado de la transferencia del exceso de calor dentro de la turbina, **H.-** Sistema de Control, Supervisión, Protección y Monitoreo de los parámetros operativos de la turbina. **I.-** Monitor de Vibración, encargado de la supervisión y alarma de los disturbios ocasionados por la alteración de los límites de vibración en el eje y el rodete de la turbina.

Nota.- Aunque la cámara de combustión es unos de los componentes importantes de la turbina, su combinación con otros dispositivos (como los dispositivos para control de contaminación) la convierte en un sistema operativo que también describiremos en detalle.

A continuación describimos a detalle cada unos de ellos:

6.7.- Sistema de Lubricación

Debido a las altas velocidades de rotación a la cual opera una turbina que van desde 7.000 RPM hasta las 36.000 RPM, los cojinetes o rodamientos donde se apoya el eje del rodete a la carcasa de la turbina deben contar con un sistema de lubricación de alta confiabilidad el cual, además de la función de evitar los desgastes prematuros de los materiales con los cuales están construidos, también tiene la función de ayudar a disipar el calor del eje y la carcasa de la turbina en esos puntos. Del mismo modo el sistema de lubricación de la turbina lubrica la caja de engranaje reductora de velocidad de rotación para el acople mecánico de la turbina al generador.

El sistema de lubricación de la turbina está conformado por tres subsistemas, el de presión, encargado de suministrar el lubricante limpio y con la cantidad suficiente a los cojinetes y engranajes; el de recuperación, encargado de recoger el aceite después de cumplida su función desde el cárter (en la carcasa de la turbina o en la caja de engranaje) o sumideros en la carcasa de la turbina y lo devuelve al depósito del subsistema de presión; y el subsistema de ventilación, encargado de evitar que en el deposito de lubricante o cárter de la turbina se presente un vacío (presión negativa) que pueda provocar la cavitación de la bomba.

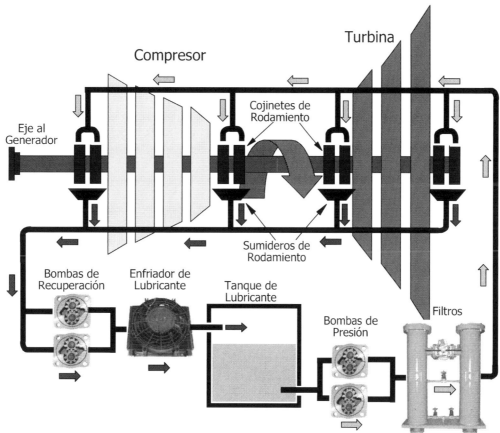

Sistema de Lubricación de una Turbina de Cárter Seco

Fig. 6-9

Normalmente, el sistema de lubricación de una turbina, sea cual sea su potencia mecánica, necesariamente está compuesto por dos o tres bombas de engranajes de desplazamiento positivo de aceite con accionamiento redundante para el subsistema de presión, dos bombas igualmente de engranajes de desplazamiento positivo para el subsistema de recuperación. La operación de las bombas es continua, desde un período de tiempo antes de encender la turbina y si alguna llegase a fallar dará una alarma. Si la presión de aceite llegase a fallar en cualquiera de los subsistemas de presión o recuperación, la turbina se detendrá entrando en el ciclo de enfriamiento.

Los sistemas de lubricación de las turbinas se clasifican en dos grandes grupos: Sistema de Lubricación de Cárter Húmedo y Sistema de Lubricación de Cárter Seco.

- En el Sistema de Lubricación de Cárter Húmedo el lubricante una vez cumplida su función de lubricar y ayudar a enfriar los cojinetes, gotea a un gran sumidero único (cárter) en la parte inferior de la carcasa de la turbina, desde ahí es recuperado y llevado al intercambiador de calor, los filtros y nuevamente las bombas de presión lo llevan a los cojinetes. Este sistema es utilizado solo en turbinas de pequeña potencia.

- El Sistema de Lubricación de Cárter Seco es el más utilizado en turbinas de todas las potencia, y como su nombre lo indica, el lubricante no cae en el cárter de la turbina, sino que es recuperado por pequeños sumideros en cada uno de los cojinetes, es succionado por las bombas de recuperación, pasado a través del intercambiador de calor y enviado a un tanque de almacenamiento de lubricante donde luego es enviado nuevamente por las bombas de presión a los cojinetes.

El intercambiador de calor es un componente importante del sistema de lubricación de la turbina, el cual desplaza el calor recogido por el lubricante proveniente de los cojinetes del eje de la turbina. Hay tres tipos de intercambiadores de calor usados en los sistemas de lubricación de las turbinas, el de Aire-Aceite, el de Agua-Aceite y el de Combustible-Aceite. El de Aire-Aceite es un radiador semejante al usado en motores reciprocantes donde el lubricante es pasado por los conductos del radiador y un flujo de aire producido por un ventilador movido por un motor eléctrico desplaza el calor de las aletas disipadoras del radiador. En el caso del Agua-Aceite es un intercambiador de calor por el cual se hace pasar el lubricante y un flujo de agua desplaza el calor, esa agua posteriormente es llevada por bombas a una torre de enfriamiento para desplazarle el calor y volver al intercambiador de calor y el de Combustible-Aceite que solamente aplica cuando se usan combustibles líquidos, es un intercambiador de calor por el cual se hace pasar el lubricante, pero el calor del mismo es desplazado por el combustible que va a la cámaras de combustión aprovechando así el precalentamiento del mismo para garantizar una excelente combustión y evitar la formación de cristales de hielo por la pulverización del combustible, ya que por su composición química intentará absorber calor del aire al pasar del estado liquido al gaseoso por la expansión rápida.

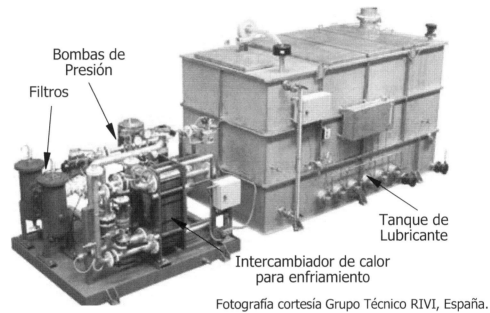

Fotografía cortesía Grupo Técnico RIVI, España.

Sistema de Lubricación de una turbina de carter seco

Fig. 6-10

Las bombas de recuperación y de presión, así como los ventiladores de los intercambiadores de calor del lubricante son accionados por motores eléctricos los cuales son alimentados con energía AC proveniente de los sistemas de energía auxiliar o complementaria de la turbina o central eléctrica, es decir, se alimentan de la misma energía eléctrica producida por el turbogenerador. Para efectos del arranque de la turbina, se utilizan grupos electrógenos reciprocantes de respaldo con arranque por baterías para suministrar momentáneamente la energía eléctrica requerida.

El lubricante utilizado en las turbinas debe cumplir con unas propiedades muy específicas por lo crítico de su función dentro del sistema de lubricación, las mismas son: Viscosidad adecuada, según la

Norma ASTM-D 445, resistencia a la oxidación y degradación térmica, prevención de la herrumbre y oxidación, resistencia a la formación de espuma y la rápida separación del aire y/o agua. Los lubricantes más recomendados son aquellos que tienen grados de viscosidad ISO VG 32; 46; 68 y 100 (ver nota). Un lubricante de buena calidad tipo mineral o sintético podrá cambiarse cada 2.500 horas de funcionamiento de la turbina (ver nota). La temperatura de trabajo está entre los 50 y 75 ° C.

Nota.- El tipo de aceite lubricante a utilizarse en una turbina y el período de reemplazo del mismo deberán ser obligatoriamente aquellos que indique el fabricante.

6.8.- Sistema de Arranque

La función del sistema de arranque de una turbina industrial es la de llevar la velocidad de rotación del eje del compresor y la turbina, a una velocidad en la cual el compresor ya pueda proveer un flujo de aire suficiente a las cámaras de combustión y en ésta a su vez, se produzca la ignición inicial por las bujías para que posteriormente la expansión de los gases muevan, por sí sola la turbina acelerándola hasta su velocidad nominal de trabajo. Los tres métodos más utilizados para lograr esto son:

- **Motor eléctrico externo** conectado directamente al eje de la turbina o mediante engranajes. Este motor eléctrico a su vez, tiene un dispositivo de desconexión mecánica ("Clutch" por su denominación en inglés) para evitar que la velocidad del eje lo arrastre una vez encendida la turbina. Este motor por lo general es de baja tensión (480 VAC) y de acuerdo con el tamaño de la turbina puede variar su potencia entre los 50 a 1.000 HP (ver nota).

- **Impulsor neumático** accionado por un motor eléctrico o por otra pequeña turbina (arrancada por un pequeño motor eléctrico DC) en cual inyecta un flujo de aire a presión a la turbina para que comience el movimiento y cuando la misma llegue a su velocidad de arranque, activar el sistema de ignición por la bujía.

- **Arranque por generador**, este sistema utiliza el mismo generador de potencia de la turbina para convertirlo momentáneamente en un gran motor que hace que la misma llegue a su velocidad de rotación de arranque rápidamente. Este sistema desconecta la salida del generador normal del generador (en baja o media tensión) y conmuta a un sistema de variación de frecuencia inyectándole al generador una tensión y frecuencia reducidas, y luego aumentándola gradualmente hasta lograr la velocidad de arranque de la turbina, una vez logrado el arranque el sistema, se conmuta a la salida normal del generador dejando el variador de frecuencia totalmente aislado. Por ser un método seguro y no contener equipos mecánicos complicados es el más utilizado en turbinas de mediano y gran tamaño (ver nota).

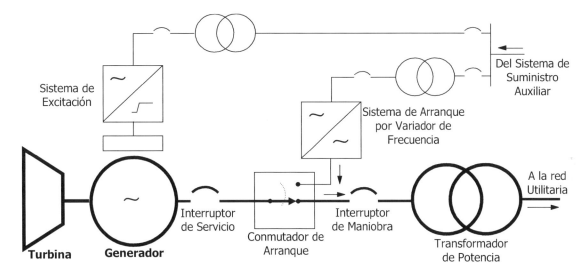

Diagrama Unifilar de un Sistema de Arranque por Generador
Fig. 6-11

Nota.- Es importante indicar que la energía eléctrica requerida por el motor de arranque o por el variador de frecuencia en cada caso, deberá ser suministrada por un sistema de suministro de energía auxiliar de la turbina o central eléctrica, generalmente constituido por uno o más Grupos Electrógenos reciprocantes con arranque a batería, los cuales una vez arrancada la turbina son apagados.

6.9.- Sistema de Combustible

Una turbina puede trabajar indiferentemente con combustibles líquidos como Gasoil (Fuel Oil No. 2 ASTM D396) o Kerosén (ASTM D1655) o combustible gaseoso como el Gas Natural (Gas Metano CH_4) sin cambios o modificaciones internas, solamente deben ser cambiados los sistemas de inyección (atomización o gasificación) o tener doble sistema de inyección para poder trabajar con ambos combustibles (obviamente que uno a la vez). Estos sistemas permiten el cambio de combustible en plena operación.

- **Sistema de Combustible Líquido.** Está conformado por dos o más bombas principales de combustible ubicadas sobre la misma unidad de la turbina. Estas bombas son de desplazamiento positivo generalmente de engranajes que suministran una presión de 800 a 900 PSIG suficiente para que en las boquillas inyectoras o atomizadores, ubicadas en las cámaras de combustión, el Gasoil se vaporice y produzca la combustión inducida por la chispa de una bujía (en el arranque) o por las altas temperaturas de la cámara de combustión una vez en operación la turbina. Estas bombas son impulsadas por motores eléctricos que se alimentan de la fuente de suministro auxiliar de la turbina.

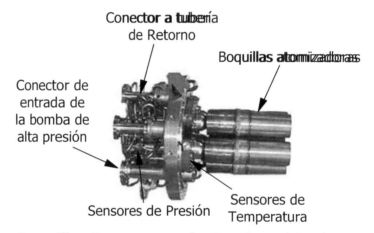

Boquillas Inyectoras de Combustible de una
Turbina de 20 MVA
Fig. 6-12

El sistema de combustible de la turbina también posee una válvula de control de flujo en alta presión, la cual está conectada con el actuador del control de velocidad (gobernador), el cual, en sus características operativas trabaja de la misma forma que para el motor reciprocante (ver sección No. 5.16), además, posee una serie de válvulas check o válvulas de retención de un solo sentido para evitar que las altas presiones generadas en la cámaras de combustión se regresen a la línea de combustible. Tiene además un sistema de retorno del combustible no utilizado que se regresa desde las boquillas inyectoras al tanque operativo, igualmente cuenta con válvulas solenoides de control para abrir y cerrar el sistema (cuando se enciende o apaga la turbina), y sensores de presión y flujo conectados eléctricamente al módulo electrónico de control para monitorear y supervisar la operación del sistema. Los filtros de combustible están colocados en la succión de la bomba de alta presión (ver sección No 11.5).

El sistema de combustible de una turbina que opera con combustible líquido cuenta con bombas secundarias o auxiliar es de combustible para trasegar el combustible del tanque principal al tanque operativo ubicado en la misma unidad de la turbina y así mismo posee un precalentador del combustible que por lo general, es el intercambiador de calor del sistema de lubricación, para que la temperatura del combustible antes de llegar a la bomba de alta presión tenga un promedio de 70 ° C, y así mejorar el proceso de atomización e ignición.

- **Sistema de Combustible Gaseoso.** En las turbinas que operan con combustible gaseoso específicamente Gas Natural (Gas Metano), la presión del mismo debe superar necesariamente la presión en la cámara de combustión para permitir la inyección en la misma, por lo que la presiones del gas natural deberán estar entre los 90 PSIG para turbinas de baja potencia y 250 PSIG para la turbinas de alta potencia, por lo que el sistema de combustible gaseoso deberá ser de operación segura y sus componentes de alta calidad.

Fotografía cortesía de Woodward Corp.
Válvula eléctrica de control del gas de alta presión para Turbina de 20 MVA
Fig. 6-13

En los casos donde la red externa de suministro de gas natural es de baja presión es preciso el uso de compresores de gas natural accionados por motores eléctricos alimentados desde el sistema auxiliar de suministro de energía eléctrica de la Central Eléctrica (ver sección No 11.6). El sistema de combustible gaseoso de una turbina está conformado básicamente por dos válvulas de control especiales que tienen la función de cierre y apertura del gas natural a alta presión para el encendido-apagado de la turbina en su operación normal y el apagado inmediato en caso de emergencia.

Fotografía cortesía de Woodward Corp.

Válvula de control de flujo de gas de alta presión para Turbina de 20 MVA
Fig. 6-14

Otro de los componentes importantes del sistema de combustible es la válvula de control de flujo que tiene la función de controlar la velocidad de la turbina y por consiguiente la frecuencia o la potencia activa (KW) entregada por la misma, también cuenta con varios sensores de presión y flujo conectados eléctricamente al módulo electrónico de control para monitorear y supervisar la operación del sistema. Otro componente importante del sistema, son las boquillas inyectoras encargadas de la distribución uniforme del gas natural a alta presión dentro de la cámara de combustión. Es importante indicar que cuando una turbina puede operar con los dos tipos de combustible (siempre uno a la vez) los sistemas de combustible son paralelos, aunque las boquillas de inyección pueden ser únicas, para la operación con los dos combustibles o tener boquillas de inyección separadas para cada combustible. Aunque en la mayoría de los sistemas de combustible gaseoso de una turbina, no se cuenta con los filtros especiales para gas natural, siempre es obligatoria su instalación en la líneas o aducciones de entrada, ya que el gas natural por su alta presión, arrastra partículas metálicas que dañan los asientos de las válvulas de control y actuadora, así como pueden obstruir la boquillas inyectoras.

6.10.- Cámara de Combustión

La cámara de combustión de la turbina es el lugar donde se inyecta el combustible se mezcla con el aire proveniente del compresor y se provoca la combustión. La combustión en la cámara de una turbina es un proceso continuo y en condiciones de alta presión y temperatura. La ignición inicial en la cámara de combustión es producida por la chispa continua de una bujía, luego la ignición es autoinducida por las altas temperaturas en la misma cámara y concluye la acción de la bujía. La cámara de combustión está compuesta por dos zonas: la primaria, donde entran separadamente el combustible y el aire comprimido y se realiza la combustión, y la zona secundaria, donde los gases resultantes de la combustión se expanden y pasan a la turbina. La cámara de combustión es denominada por algunos fabricantes "Combustor®", aunque sólo se refiere a un tipo especial de cámara de combustión (ver sección No. 11.4).

En las turbinas nunca se espera que ocurra una combustión ideal, ya que el compresor produce mucho más volumen de aire comprimido que el requerido para una combustión ideal, parte de ese aire comprimido sobrante sirve para enfriar los gases de la combustión y que no se tengan muy altas temperaturas que desgastarían rápidamente los componentes de la turbina. El interior de la cámara de combustión tiene doble pared en la zona primaría, el aire proveniente del compresor se separa, una porción del caudal de aire pasa a la cámara propiamente dicha y se mezcla con el combustible para que por efecto inicial de la chispa de una bujía se produzca la combustión la que después continua por efecto de los gases calientes dentro de la cámara. La otra porción de aire pasa por un espacio entre las paredes internas de la cámara de combustión para ayudar al enfriamiento del cuerpo metálico y posteriormente sale por unos orificios en la zona secundaria para mezclarse con los gases expandidos de la combustión y bajar su temperatura y así no someter a los componentes internos de la turbinas (álabes, toberas y rodete) a muy altas temperaturas (mayores a 1.200 °C). Las cámaras de combustible de las turbinas se construyen en aleaciones de níquel-molibdeno-cromo lo cual hace que el cuerpo metálico de la misma sea muy resistente a las altas temperaturas.

Los inyectores de combustible en la cámara de combustión son diseñados como atomizadores para efectos del uso del combustible líquido (fuel oil No. 2 ó gasoil) y como toberas con difusores para efectos de su aplicación con combustible gaseoso (Gas Metano). Cuando una turbina está diseñada para trabajar con ambos combustibles (uno a la vez), debe tener los dos tipos de sistemas con válvulas especiales que permitan el cambio de uno o al otro combustible, inclusive este cambio puede realizarse en operación con carga de la turbina.

Las cámaras de combustión se clasifican de acuerdo con su disposición dentro del cuerpo de la turbina en: Tipo Tubular, tipo Anular y Tubo-Anular.

> **Tipo Tubular**: El aire proveniente del compresor es separado por unos conductos que se encuentran en la carcasa de la turbina y es dirigido directamente a las varias cámaras de combustión, que son similares a un cilindro. Cuando se generan los gases expandidos por la combustión estos salen por otros conductos directo a las toberas de la turbina.

> **Tipo Anular**: Este tipo es similar a un anillo donde no hay varias cámaras de combustión sino que el cuerpo completo del anillo es una sola cámara con varios juegos de inyectores de combustible a su alrededor, los cuales en su área central, tienen la bujía para la ignición inicial.

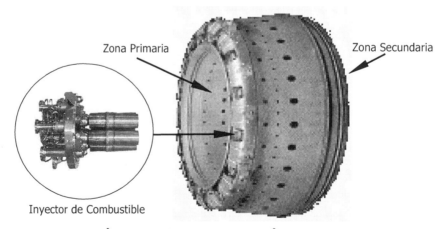

Cámara de Combustión Anular
Fig. 6-15

Tipo Tubo-Anular: Que es un arreglo de las dos anteriores donde la zona primaria es una cámara tipo anular y la zona secundaria tiene los tubos que dirigen los gases en expansión a las toberas de la turbina.

6.11.- Filtros de Aire

El aire que contiene el oxígeno que es utilizado en grandes volúmenes como comburente en el proceso de combustión de la turbina está mezclado con partículas que producen erosión y corrosión en el interior de la misma; estas partículas al acumularse reducen las secciones transversales de los canales internos, causando que la máquina pierda potencia al reducirse el flujo de aire debido a los cambios aerodinámicos. Para evitar este tipo de inconvenientes que pueden causar desgastes prematuros, reducción de la eficiencia y fallas en la turbina, los grandes volúmenes de aire requeridos para la combustión se deben filtrar con dispositivos especiales.

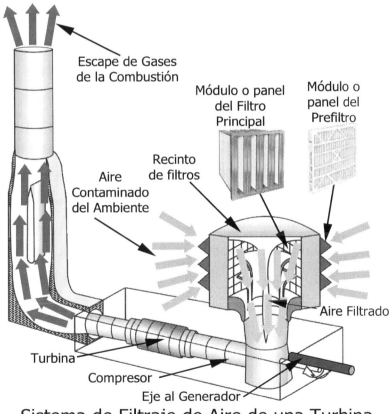

Sistema de Filtraje de Aire de una Turbina
Fig. 6-16

Por las grandes cantidades de flujo de aire de succión que necesita una turbina, el sistema de filtraje de aire requiere de grandes áreas de filtraje conformadas generalmente por una casa o recinto de filtros, el cual en la mayoría de las aplicaciones es tan grande como el mismo gabinete de la turbina. En este recinto se encuentran los filtros en secciones o etapas de filtraje. Los tipos de filtro para turbinas más utilizados son los filtros por separador inercial y los filtros de superficie o un arreglo de ambos. En el filtro por separador inercial las partículas son decantadas por efectos de la fuerza centrífuga producida por el flujo de aire circular, donde las partículas más pesadas se precipitan al fondo del separador donde son desechadas. En lo filtros de superficie, el aire se succiona desde la entrada principal de la casa de filtros donde se encuentra la primera sección llamada "prefiltración", la cual evita el paso de fracciones de gran tamaño provenientes del exterior, como semillas, insectos o pájaros. La etapa de prefiltración incluye mallas y paneles para extender la vida útil de la sección o filtro principal, sus dispositivos de filtraje protegen la turbina contra partículas contaminantes arrastradas por el aire.

La segunda etapa o sección es conocida como filtro principal, se localiza en el interior de la casa de filtros y su función es retener la mayoría de las partículas suspendidas en el aire.

Las etapas de filtraje pueden ser de autolimpieza (con dispositivos automáticos) o estáticos, ambas consisten en una técnica de empaquetado de filtros con diferentes materiales para disminuir la pérdida de presión en el paso del aire y a su vez, conservar la misma eficiencia de filtración y prolongar los períodos de reemplazo. Las innovaciones en materiales de fibras han mejorado el rendimiento de los filtros en más de 90%, logrando una filtración poderosa de partículas muy pequeñas. Si el aire está mezclado con partículas corrosivas de tamaño muy fino como sal, vapores o gases químicos, es necesario una tercera etapa con filtros especiales de alta eficiencia. Esta etapa se conforma con filtros y paneles estáticos activados por sistemas de ionización.

Nota.- El fabricante de la turbina fijará necesariamente el requerimiento de filtraje en cuanto a la densidad y porosidad del material utilizado, así como por la ubicación geográfica del turbogenerador.

6.12.- Caja de Engranajes

La caja de engranajes del conjunto turbogenerador es el dispositivo operativo por el cual se ha logrado que la relación peso-potencia sea las más favorable en la comparación de los diferentes tipos de Grupos Electrógenos, inclusive, marca una diferencia entre los fabricantes de turbogeneradores, ya que aquellos que tienen mejor tecnología en caja de engranajes, pueden utilizar mayor velocidad en las turbinas y lograr que con menores tamaños y pesos, se logren mayores potencias eléctricas.

La caja de engranaje tiene como función reducir la velocidad de rotación de la turbina para que puede ser utilizable por un generador sincrónico de 1.800 ó 3.600 RPM para 60 Hz. ó 1.500 ó 3.000 RPM para 50 Hz. y en la misma proporción, aumentar el torque (energía cinética) de aplicación al mismo, por lo que al reducir la velocidad, en la misma proporción se aumenta la potencia eléctrica a entregar por el conjunto turbogenerador. Las cajas reductoras de engranajes de mayor aplicación en turbogeneradores se pueden clasificar en dos tipos: Las cajas de engranajes helicoidales y las cajas de engranajes planetarios.

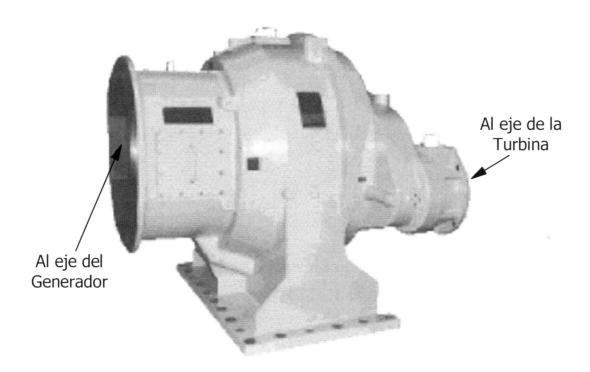

Caja de Engranajes reductora tipo "Helicoidal" para un turbogenerador de 10 MVA (relación 9.000 a 1.800 RPM)
Fig. 6-17

Las cajas de engranajes helicoidales (Fig. 6-17) son aquellas donde los engranajes son cilíndricos de dentado helicoidal y están caracterizados por su dentado oblicuo con relación al eje de rotación, con la característica que la dirección del eje de entrada de la turbina no es la del eje de salida al generador. Son utilizadas en turbinas de vapor y su relación de conversión de velocidad son mayores que las cajas de engranaje tipo planetaria. En la mayoría de los casos están soportadas a la carcasa por cuatro cojinetes de rodamientos cilíndricos de aleación de acero y níquel, unos de los ejes es diseñado hueco con una resistencia suficiente para operar como un dispositivo de seguridad por rotura que en caso de un frenado accidental del generador por problemas eléctricos o mecánicos, se fragmenta evitando daños en la turbina.

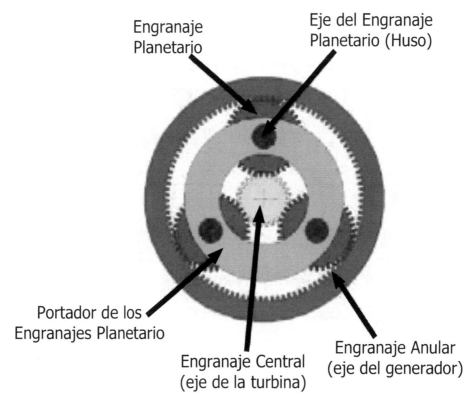

Corte de una Caja Reductora Epiáclica o de Engranajes Planetarios
Fig. 6-18

En las cajas de engranajes planetarios o epicíclicas, los engranajes trabajan en forma circular alrededor del engranaje principal, son perfectamente axiales ya que el eje de entrada de la turbina está en la misma línea del eje o acople de salida al generador, su relación de conversión de velocidad es menor que las cajas de engranajes tipo helicoidal. Son las más utilizadas para aplicaciones en turbogeneradores por su reducido tamaño y peso en comparación con las cajas de engranajes tipo helicoidal.

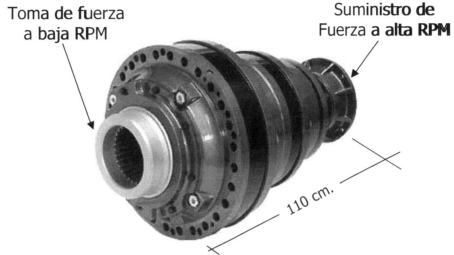

Caja de engranajes reductora tipo Planetaria marca BREVINI
(relación 6.500 a 1.800 RPM)
Fig. 6-19

El sistema de lubricación de las cajas de engranaje de los turbogeneradores por lo general es el mismo sistema de lubricación de la turbina, aunque en algunos casos tienen su sistema individual de lubricación.

6.13.- Sistema de Enfriamiento

Las altas temperaturas a la cuales operan las turbinas (150-400 °C en la última etapa del compresor, 650-1.200 °C en la cámara de combustión y 500-800 °C en la tobera de escape) hacen necesario el uso de sistemas de enfriamiento eficientes para disipar esas altas temperaturas y evitar el desgaste prematuro de los materiales. Estos sistemas de enfriamiento se pueden clasificar en: A.- Aquellos obligatorios para la operatividad segura de la turbina y B.- Los que mejoran el rendimiento de la misma.

- **Sistemas de enfriamientos operativos**

Como se indica en el párrafo anterior, las altas temperatura producidas por la compresión del aire o por la combustión, si no se disipan oportunamente pueden hacer que los materiales de construcción de las partes y accesorios de la turbinas se desgasten prematuramente, pierdan resistencia e inclusive, produzcan fallas estructurales en el rodete, los álabes y el mismo cuerpo (carcasa) de la turbina. En el caso de pequeñas turbinas (1 a 50 MVA) la relación y volumen de compresión no eleva las temperaturas a niveles extremos, los álabes del compresor son construidos con materiales livianos pero resistentes a dichas temperaturas, y aunque afectan en cierta forma el peso de la turbina, no es representativo en el conjunto turbogenerador, por lo que esta etapa (compresor) no requiere de sistema de enfriamiento. En el caso de las grandes turbinas (50 a 400 MVA), la gran cantidad de etapas que constituyen el compresor así como su diámetro, hacen que la relación y volumen de compresión produzca temperaturas extremas, que hacen que la construcción de los álabes del mismo tengan que ser de materiales aun más livianos pero sea necesaria la disipación de ese calor, por lo que son construidos generalmente con aleaciones especiales de aluminio para hacerlos livianos y resistentes. Se utiliza una fracción del aire comprimido en el mismo compresor, reciclarlo a través de unos orificios que al final de la etapa compresora están en el rodete, que se conectan con unos conductos (dentro de la estructura del rodete) y hacen que este aire salga por los álabes produciendo así la disipación del calor.

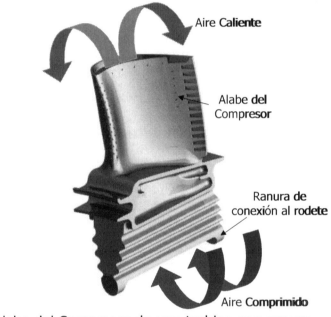

Alabe del Compresor de una turbina con ranura para enfriamiento

Fig. 6-20

Este aire caliente que proviene de la disipación del calor de los álabes del compresor se mezcla son el aire fresco que está entrando en la turbina y también ayuda a aumentar un poco la temperatura antes de ser inyectado a la cámara de combustión.

En la cámara de combustión, el enfriamiento de los gases de la combustión se hace necesario para efectos de que su temperatura (entre 650-1.200 °C) no afecte la resistencia de los álabes y las toberas de la turbina (etapa de producción de energía mecánica), para esto, en la misma cámara de combustión, parte del aire comprimido que viene del compresor se deriva alrededor del cuerpo de la cámara y es inyectado a los gases en expansión por unos orificios en la parte posterior de la cámara haciendo que su temperatura se reduzca, más no el volumen y presión de su expansión que es lo que se convierte en energía mecánica en la turbina (ver sección No. 6.10 de la cámara de combustión).

También el enfriamiento del lubricante contribuye con la disipación del calor en el rodete y los cojinetes de la turbina. El enfriamiento del lubricante se realiza mediante tres tipo de métodos de intercambio de calor: A.- Tipo aire-líquido (aire-lubricante) donde el aire es el medio de desplazamiento mediante el uso de ventiladores actuados eléctricamente, B.- Tipo líquido-líquido (agua-lubricante), en los que el agua proveniente de una torre de enfriamiento (que incluye bombas hidráulicas y ventiladores) es el medio de desplazamiento de calor o C.- Tipo líquido-líquido (combustible-lubricante) donde el precalentamiento del combustible es el medio de desplazamiento de calor, aunque en este tipo de sistema siempre es necesario el uso conjunto con intercambiadores aire-lubricante (ver sección No. 6.7 del sistema de lubricante).

- **Enfriamiento del aire para mejorar la eficiencia**

Se ha comprobado que reducir la temperatura del aire de admisión de la turbina unos cuantos grados en la entrada del compresor incrementa la producción de energía mecánica por litro de combustible (eficiencia térmica), ya que el aire es menos denso y el compresor puede comprimir más aire. Se ha demostrado que por cada grado que disminuye la temperatura de entrada del aire la eficiencia de la turbina aumenta 0.7%. Existen dos métodos de enfriamiento para esta aplicación: serpentines de enfriamiento y enfriamiento por evaporación (inyección de neblina). Ambos sistemas se usan actualmente en muchas turbinas de gas en todo el mundo y la aplicación de cada sistema depende de las condiciones ambientales (clima cálido-seco o cálido-húmedo). El sistema de inyección de neblina está diseñado para turbinas con compresores de múltiples etapas que operan en lugares cálidos y secos. La neblina se genera antes de la primera etapa de compresión, produciendo una humedad que se evaporará dentro del compresor. Esto hace que la temperatura disminuya y favorece la compresión del aire. En turbinas de gran tamaño con varias etapas de compresión, este proceso puede continuar hasta la octava etapa. El sistema permite que 10% del agua se evapore antes de la compresión y que el residuo lo haga dentro del compresor. Mientras estas acciones mejoran considerablemente la producción, la energía producida con estos sistemas se refleja en el incremento de eficiencia de la turbina y a su vez en la reducción de emisiones de óxidos de nitrógeno (NOx), con ello se disminuyen los costos de operación al tiempo que se cumple con las regulaciones ambientales. Por ejemplo, enfriar el aire de una turbina de 100 MW a tal punto de reducir la temperatura del aire de admisión en 7° C, puede producir un incremento aproximado de 10 MW de potencia, de tal modo que la eficiencia general de la turbina aumenta entre un 7 y 10 %.

6.14.- Control y Supervisión de Parámetros Operativos

Los sistemas de control y supervisión de los parámetros operativos de las turbinas se clasifican de acuerdo con: A.- El tipo y/o dualidad de combustibles con la cual opere. B.- Ciclo simple o ciclo combinado de calor y potencia ó C.- Simple eje o multi-eje (dos o más ejes). En la actualidad todos los controladores de turbinas son autómatas programables (PLC) o computadoras industriales con programas específicos para las aplicaciones arriba descritas. Los controladores para turbinas marca Woodward® modelo GTC-190®, GTC-250®, MICRONET® ó ATLAS® entre otros, cuentan con todas las opciones anteriores y las mismas pueden ser activadas o desactivadas vía programación a través de la interfase hombre-máquina y permanecen como programación de operación de la turbina.

Nota.- Woodward modelo GTC-190, GTC-250, MICRONET ó ATLAS son marcas registradas ® de Woodward Corp. USA.

Los controladores para turbinas tienen las siguientes funciones principales:

- Control de la Entrada de Combustible a través de la válvula principal de apertura-cierre, los controladores más complejos pueden controlar hasta cinco válvulas. El control de estas válvulas tienen la finalidad de encendido y apagado de la turbina, así como la actuación en caso de una parada de emergencia.

- Controlar y supervisar el cambio de combustible Líquido a Gaseoso o inversamente (si aplicase) y realizar los ajustes programados.

- Control de Velocidad / Control de Potencia Activa (MW) a través de la acción del controlador sobre la válvula actuador. El

El Motor Rotativo (Turbina)

controlador recibe la señal de velocidad de dos (2) o tres (3) (ver nota) sensores de velocidad ("MPS Magnetic Pickup Sensor" por sus siglas y denominación en inglés), fijados en el eje de la admisión del compresor de la turbina. Permite una eficiente operación y aprovechamiento de la turbina en todos los criterios de aplicación: carga base, recorte de picos y respaldo.

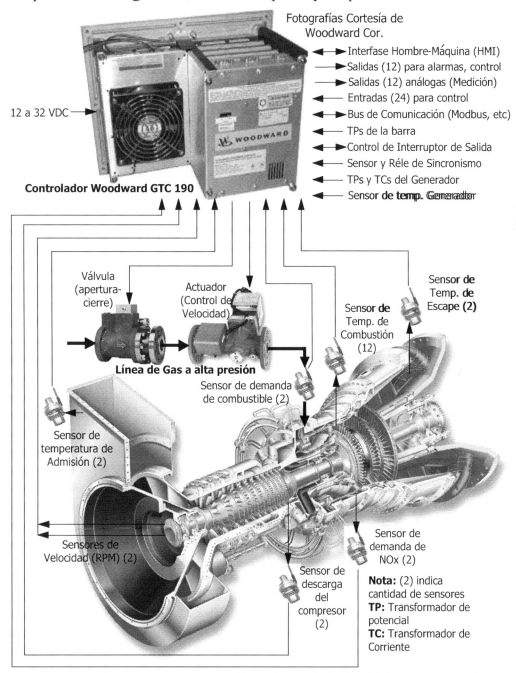

Esquema del Controlador Woodward GTC190 para turbina
Fig. 6-21

También están diseñados para el control de velocidad en turbinas de dos ejes, donde el eje común del compresor-turbina (1re eje) y el eje de toma de fuerza turbina-generador (2do eje) pueden ser controlados en velocidad de forma separada (ver sección No. 6.5). En el caso del control de la velocidad del eje turbina-compresor (1er eje) este se realiza para mantener una eficiente presión de aire en el compresor y además para el mejoramiento de la combustión y el control de la producción de NOx (para esto utiliza los sensores de demanda de combustible, sensores de temperatura de aire de admisión, sensor de presión de descarga del compresor, sensores de temperatura en las cámaras de combustión y los sensores de demanda de NOx fijados cerca de las cámaras de combustión) y en el caso del control de velocidad sobre el eje turbina-generador (2do eje) la función es la de controlar la velocidad para mantener la frecuencia constante o un eficiente compartimiento de cargas activas (control de MW).

Nota.- Dado la alta velocidad de rotación de las turbinas, el control de velocidad y sus límites son de mucha criticidad, por lo que siempre se instalan dos o más sensores (captadores) de velocidad, ya que si llegase a fallar uno, el otro continua enviando la señal al sistema de control y además el controlador emite una señal de alarma de sensor defectuoso.

- Supervisión de todos los parámetros operativos de la turbina, igualmente actúa para corregir diferencias de acuerdo a modificación de algún parámetro fuera de los límites preajustados o dar alarmas en caso de estar sobre o bajo los límites. Los parámetros supervisados son: temperatura de aire de admisión, presión de descarga del compresor, temperatura en cada una de la cámaras de combustión, temperatura de gases de escape, velocidad de rotación, potencia eléctrica suministrada (MW y MVAR), ángulo entre las líneas del generador y barra para sincronización, demanda de combustible (líquido o gaseoso), demanda o producción de NOx. (para control de contaminación ambiental), contador horario de uso (horas de operación, promedio de potencia entregado, número de arranques y paradas), entre las más importantes.

- Compartimiento de cargas activas y reactivas mediante la comunicación (modbus u otro protocolo) con los sensores de potencia del turbogenerador y comunicación con otros sistemas de suministro de potencia.

Nota.- Es importante acotar que los nuevos controladores electrónicos programables de última tecnología para turbinas han colaborado en el mejoramiento de la eficiencia de la misma, así como en el grado de aplicabilidad en especial de turbinas de diseño industrial, por lo que se deben considerar como una parte muy importante dentro del conjunto de sistemas operativos de la turbina.

6.15.- Monitoreo de la Vibración

Las altas velocidades de rotación (7.000 a 40.000 RPM) y las grandes masas de los rodetes (de hasta 100 toneladas o más) de las turbinas exponen a los rodamientos a condiciones críticas de funcionamiento, tal es así que si uno solo de ellos llegase a fallar es muy probable que de no detenerse rápidamente la rotación de la turbina, el rodete se puede dislocar o salirse de su centro de gravedad y producir daños irreversibles en el conjunto de la turbina. Para ello se hace necesario monitorear los niveles de vibración en cada uno de los cojinetes y de estar esos niveles fuera de los límites permisibles hay que detener inmediatamente la turbina y hacerlo revisar o reemplazarlos. El sistema de monitoreo de vibración en los cojinetes y en el eje del rodete de las turbinas se hace necesario cualquiera que sea su tamaño y el mismo opera por la combinación de sensores (transductores de aceleración o vibración a pulsos eléctricos) ubicados en contacto mecánico con cada uno de los cojinetes y en sitios específicos de la carcasa, los sensores están conectados eléctricamente a dispositivos de análisis de frecuencia que procesan en tiempo real las perturbaciones de dichas frecuencias normales y de acuerdo con sus magnitudes y los límites preestablecidos en el programa, toman decisiones de dar alarmas o parar la turbina.

- **Principio de funcionamiento**

    Para entender mejor el principio de funcionamiento del monitor de vibración debemos definir "Vibración" como el movimiento repetitivo desordenado periódico o cuasiperiódico de un objeto (para nuestro caso el eje del rodete) alrededor de una posición de equilibrio (ver nota). La posición de equilibrio es a la que llegará cuando la fuerza que actúa sobre él sea cero. El movimiento vibratorio de un cuerpo entero se puede describir completamente como una combinación de movimientos individuales de 6 tipos diferentes. Esos son traslaciones en las tres direcciones ortogonales "x" "y" y "z" y rotaciones alrededor de esos mismos ejes. Cualquier movimiento complejo que el cuerpo presente se puede descomponer en una combinación de esos seis movimientos y el monitor los analizará y podrá sensar cualquier perturbación en unas de las 6 direcciones arriba descritas. Esto hace que el monitor pueda enviar una alarma o parar la turbina con minutos de antelación del aumento de la magnitud de la vibración o la probable rotura del cojinete.

Nota.- Es importante indicar que hay que separar el concepto de vibración del concepto de oscilación, en el caso de las oscilaciones se afectan las fuerzas gravitatorias y en las vibraciones se afecta la elasticidad de los materiales, causando rápida fatiga en los mismos.

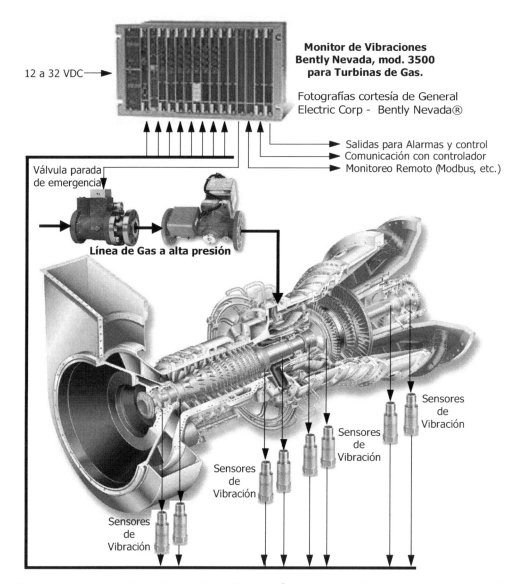

Esquema del Monitor de Vibración Bently Nevada mod. 3500
Fig. 6-22

Aunque las oscilaciones también son monitoreadas por estos dispositivos, éstas son perturbaciones de mayor magnitud que las vibraciones y se ha determinado que las vibraciones, aunque de mucha menor magnitud pero de mayor frecuencia, producen ondas sonoras que pueden disipar mayor energía cinética produciendo más rápidamente desgaste y daños en los materiales que las oscilaciones. Los sensores traducen esos movimientos en pulsos eléctricos y están construidos con materiales piezoeléctricos que por compresión producen diferencia de potencial entre sus extremos, los más comunes son los acelerómetros, los sensores de velocidad y los traductores de presión.

6.16.- Ciclos Combinado de Turbinas de Combustión Interna y Combustión Externa

Con el objetivo de mejorar la eficiencia térmica del combustible los diseñadores han combinado turbogeneradores de combustión interna con turbogeneradores de vapor, donde en el turbogenerador de combustión interna además, de producir energía eléctrica, el calor de los gases de escape es llevado a una caldera recuperadora de calor, que produce vapor a alta presión el cual mueve un turbogenerador de vapor que también produce energía eléctrica.

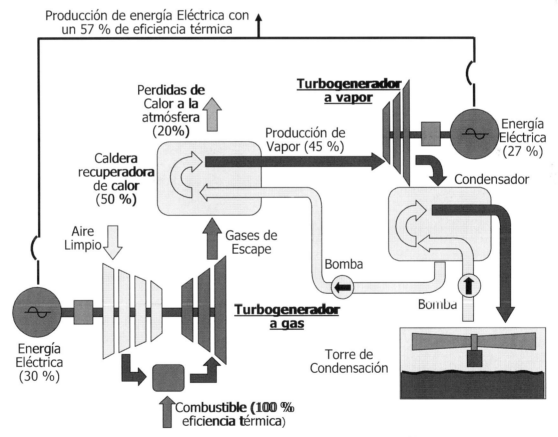

Ciclo Combinado de Turbogeneradores de Gas y Vapor
Fig. 6-23

La potencia eléctrica obtenida del turbogenerador de vapor (por el vapor producido por la caldera conectada a la salida de los gases de escape del turbogenerador de gas) sumada a la del turbogenerador de combustión interna con la misma cantidad de combustible se traduce en una eficiencia térmica que puede llegar hasta un 57 %. Esta composición de turbogeneradores (combustión interna y vapor) se denomina "Ciclo Combinado" y representa el principio de la "Cogeneración" en sistemas eléctricos (ver capítulo 11 aparte 11.8), donde el calor producido por los Grupos Electrógenos de la central eléctrica es utilizado para otros procesos, en este caso la producción de energía eléctrica con alta eficiencia térmica. Este proceso es muy conocido en el argot de la generación térmica como "CHP" "Combinated Heat and Power" por su siglas y denominación en inglés.

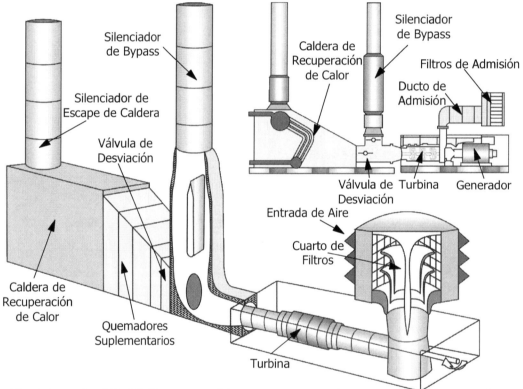

Turbina de 70 MVA con caldera recuperadora para ciclo combinado
Fig. 6-24

6.17.- La Microturbina

Volviendo al criterio varias veces mencionado que en los turbogeneradores se ha reducido sustancialmente el peso versus la potencia porque al operar a alta velocidad el torque producido hace que el motor primario sea de menor tamaño y peso en relación con los Grupos Electrógenos de motor reciprocante, se puede aumentar de manera significativa la velocidad de una turbina hasta las 80.000 RPM y poder obtener de ella un torque favorable a la obtención de unos 400 HP (para un modelo micro) con la consecuencia de la reducción drástica de su tamaño, no obstante la explotación favorable para la obtención de energía eléctrica no sería posible utilizando una caja reductora de engranajes con una relación que permitiera obtener desde esas 80.000 RPM unas 1.800 RPM para conectar mecánicamente a un generador sincrónico por de 60 Hz (por ejemplo), porque no habría materiales para la caja reductora de velocidad que soportaran la fricción causada por tal velocidad de rotación. A tal efecto, los investigadores en esta área decidieron conectar esta pequeña turbina de 300 KW, directamente en su eje un generador de imán permanente y corriente alterna de alta frecuencia, rectificar esa corriente para la obtención de corriente directa y luego, a través del uso de un inversor electrónico, obtener nuevamente corriente alterna de 60 Hz pero con la ventaja de una extremada confiabilidad y la posibilidad de conexión en paralelo de varios de estos dispositivos para la producción de hasta 10 MVA de energía eléctrica. Con esto, se hizo factible la explotación de la microturbina para la producción comercial de la energía eléctrica en centrales de generación distribuida.

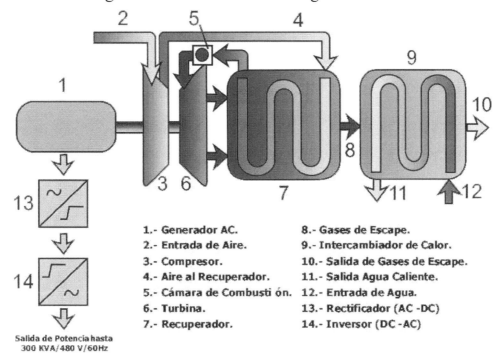

Esquema de bloques de una Microturbina
Fig. 6-25

En el funcionamiento de la microturbina se aplica perfectamente el ciclo termodinámico de Brayton, unas de las cualidades más importantes de éstas es que se ha podido reducir su peso a una décima parte de su equivalente en grupos electrógenos reciprocantes, por lo que su aplicación para generación continua a baja escala se ha desarrollado altamente.

La microturbina aspira el aire fresco y lo hace pasar por dentro del pequeño generador AC (de hasta 300 kVA), el compresor lo comprime y lo hace pasar por un recuperador regenerativo que lo calienta y lo envía a la cámara de combustión donde se mezcla con el combustible y se produce la explosión, para luego los gases en expansión producir la potencia en la turbina propiamente dicha y hacer pasar los gases del escape por un recuperador de calor para calentar agua o producir vapor para otros procesos industriales. Unos de los aspectos más interesantes de las microturbinas es que su rodete no utiliza cojinetes mecánicos para evitar la fricción entre el eje y la carcasa, los cojinetes son neumáticos formados por el mismo aire a alta presión proveniente del compresor. Las marcas más conocidas de Microturbinas son Capstone®, Turbec® y Elliot Energy Ssytems®.

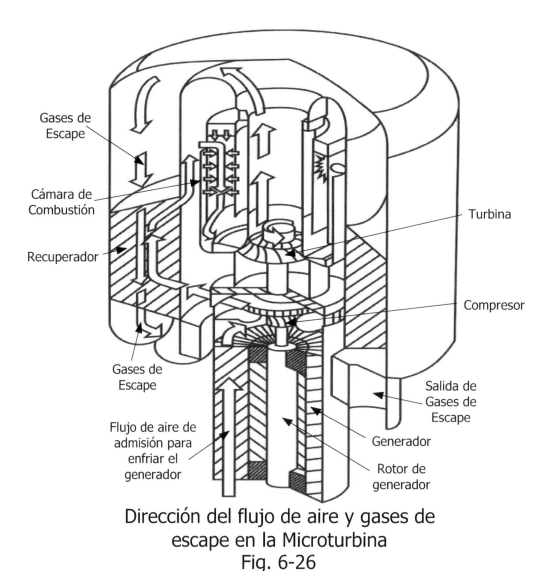

Dirección del flujo de aire y gases de escape en la Microturbina
Fig. 6-26

6.18.- Marcas de referencias de turbinas para Grupos Electrógenos (turbogeneradores)

Nota.- En orden Alfabético. La potencia indicada es la máxima comercialmente conocida.

Origen: Suiza
Combustibles: Fuel Oil No. 2
  Gas Natural
Potencia hasta: 270 MVA

Origen: Suiza
Combustibles: Fuel Oil No. 2
  Gas Natural
Potencia hasta: 288 MVA

Origen: Italia
Combustibles: Fuel Oil No. 2
  Gas Natural
Potencia hasta: 285 MVA

Origen: Noruega
Combustibles: Fuel Oil No. 2
  Gas Natural
Potencia hasta: 3 MVA

Origen: USA
Combustibles: Fuel Oil No. 2
  Gas Natural
Potencia hasta: 480 MVA

Origen: Japón
Combustibles: Fuel Oil No. 2
  Gas Natural
Potencia hasta: 25 MVA

Origen: Japón
Combustibles: Fuel Oil No. 2
  Gas Natural
Potencia hasta: 20 MVA

Origen: Japón
Combustibles: Fuel Oil No. 2
　　　　　　　　Gas Natural
Potencia hasta: 330 MVA

Origen: USA
Combustibles: Fuel Oil No. 2
　　　　　　　　Gas Natural
Potencia hasta: 70 MVA

Origen: Inglaterra
Combustibles: Fuel Oil No. 2
　　　　　　　　Gas Natural
Potencia hasta: 55 MVA

Origen: Alemania / USA
Combustibles: Fuel Oil No. 2
　　　　　　　　Gas Natural
Potencia hasta: 290 MVA

Origen: USA
Combustibles: Fuel Oil No. 2
　　　　　　　　Gas Natural
Potencia hasta: 23 MVA

Origen: Japón
Combustibles: Fuel Oil No. 2
　　　　　　　　Gas Natural
Potencia hasta: 400 MVA

Origen: Suiza
Combustibles: Fuel Oil No. 2
　　　　　　　　Gas Natural
Potencia hasta: 35 MVA

CAPÍTULO 7

EL GENERADOR ELÉCTRICO

7.- El Generador Eléctrico

7.1.- Glosario de términos específicos del Generador

- **Generador Eléctrico**

Es un dispositivo electromagnético de conversión de energía mecánica en energía eléctrica que trabaja bajo el principio básico de la "Ley de Inducción Magnética de Faraday", donde un campo magnético en movimiento rotatorio (rotor) ejerce su inducción sobre un bobinado eléctrico fijo (estator) induciendo (generando) una diferencia de potencial alterno entre sus extremos, dicha alternancia varía de acuerdo con la velocidad de rotación del campo rotor y determina la frecuencia de salida de generador. La tensión de salida del generador es determinada por la magnitud de la inducción magnética producida por el rotor sobre el estator. Básicamente los componentes de un generador son devanados de conductor de cobre, núcleos de ferro-silicio diamagnético, una carcasa de protección y uno o dos rodamientos.

- **Magnetismo**

Es el fenómeno natural por el cual materiales mayormente ferrosos ejercen entre si fuerzas de atracción y repulsión, esta atracción y repulsión está constituida por líneas de fuerza denominadas campo magnético que salen de un extremo del cuerpo del material y entran por el otro extremo, estos extremos se denominan polos magnéticos (ver Fig. 7-1). Se ha confirmado que para la existencia de campos magnéticos es necesaria la presencia de dipolos (dos polos) que se denominan polo norte y polo sur. Las líneas de campo magnético salen del polo norte y entran por el polo sur y circulan internamente por el material, a todo el recorrido del campo magnético se denomina "Circuito Magnético". El magnetismo puede ser natural o logrado artificialmente. El físico Danés Hans Christian Orsted (1777-1851) descubrió la relación entre la electricidad y el magnetismo y logró la producción artificial del magnetismo haciendo circular una corriente eléctrica por un devanado (bobina de conductor) alrededor de un material ferroso (no magnético) que denominó "Núcleo Magnético".

- **Núcleo Magnético**

Es parte del circuito magnético, generalmente conformado por láminas de acero, rodeada por devanados (bobinas de conductor de cobre) para inducir por la circulación de una corriente eléctrica un campo magnético. Los núcleos magnéticos son conformados por muchas láminas, muy delgadas y fuertemente prensadas, de una aleación especial de acero-silicio y aisladas entre si por un barniz dieléctrico resistente al calor para evitar la aparición de corrientes eléctricas parásitas producidas por el mismo campo magnético que se denominan "Corrientes de Foucualt", lo que hace que se calienten, pierdan eficiencia y presenten resistencia al paso del campo magnético, la cual se denominada "Reluctancia".

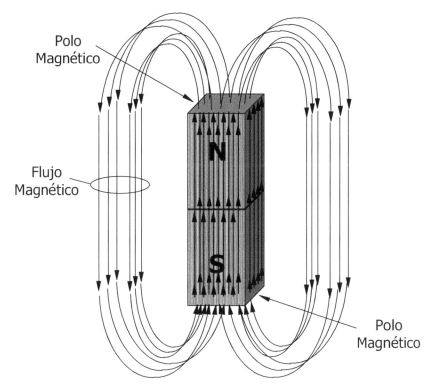

Circuito Magnético en un elemento imantado
Fig. 7-1

Los núcleos magnéticos pueden ser catalogados como "Diamagnéticos" que son aquellos que se magnetizan sólo cuando se hace circular una corriente eléctrica por los devanados y desmagnetizan rápidamente cuando se detiene la circulación de dicha corriente y los núcleos "Paramagnéticos" que son aquellos que permanecen ligeramente magnetizados, después de detiene la circulación de la corriente eléctrica.

- **Devanado**

Es una bobina de conductor eléctrico con una función inductora o inducida, que se construye alrededor de un núcleo magnético (armadura), y que al aplicarle una corriente eléctrica puede producir un campo magnético (devanado inductor) en el núcleo o que por la aplicación de un campo magnético sobre el núcleo donde está bobinado puede producir una corriente eléctrica (devanado inducido).

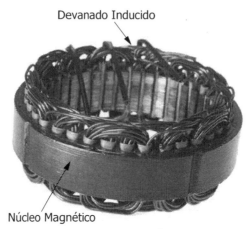

Componentes electromagnéticos de un generador
Fig. 7-2

- **Flujo Magnético**

El flujo magnético es la cantidad y fuerza de las líneas de un campo magnético, su unidad es el Maxwell que se representa con la letra griega "Φ". El Gauss es la unidad de densidad de flujo magnético que es la relación entre el flujo magnético y el área que influencia que afecta (1 Gauss = 1 Maxwell x cm^2).

- **Ley de Faraday**

La ley de Faraday o Ley de la Inducción Electromagnética define que si se hace pasar un elemento conductor de electricidad en movimiento por un campo magnético uniforme, en los extremos de este se induce una diferencia de potencial (corriente eléctrica). Con una reglamentación que se denominó la "Regla de la Mano Izquierda" (ver Fig. No. 7-3) y se definió que si el campo magnético tiene la dirección del pulgar, el movimiento se ejerce en la dirección del dedo índice, la corriente eléctrica inducida en el conductor tendrá la dirección del dedo medio. El principio descubierto por Faraday dio los fundamentos para el diseño de los generadores de electricidad por inducción electromagnética que en la actualidad son los responsables por toda la electricidad consumida en el mundo. La aplicación de forma inversa de la Ley de Faraday es el principio de funcionamiento del motor eléctrico.

- **Fuerza Electromotriz**

Es la energía producida en los bornes de los devanados de un generador eléctrico. Cuando el generador no tiene conectado ninguna carga esta se manifiesta mediante la diferencia de potencial entre los bornes y su unidad es el Voltio (al igual que la tensión o potencial eléctrico). Cuando se conecta a una carga (resistencia) la **FEM** (siglas con que se expresa la Fuerza

Electromotriz), es la encargada de hacer que aparezca una corriente eléctrica que produce trabajo en forma de energía mecánica, térmica o química en las cargas.

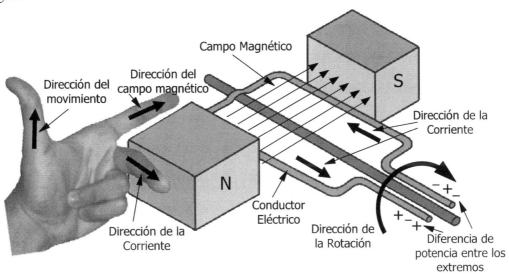

Regla de la "Mano Izquierda" para la inducción Electromagnética
Fig. 7-3

- **Fuerza Contra-Electromotriz**

Es la fuerza electromotriz inversa que aparece en los devanados del circuito magnético de cualquier receptor inductivo de energía eléctrica cuando en el rotor se forma un campo magnético que a su vez atraviesa el devanado estator, induciendo en el mismo una tensión un poco mayor que la tensión que se aplica, este campo magnético intenta frenar el rotor, se expresa con las siglas "FCEM". Es importante indicar que no se debe confundir la Fuerza Contra-Electromotriz con la inducción inversa que aparece en los generadores que tiende a frenar el rotor, la cual aparece como resultado de la Ley de Lenz, ya que FCEM es solo una característica exclusiva de los receptores de Energía Eléctrica como motores y transformadores (aunque en estos últimos sólo aparece cuando se desenergizan).

- **Excitación Magnética**

Es la fuerza o campo magnetizante producido por un flujo magnético inductor para producir una fuerza electromotriz en un devanado inducido.

- **Inducido**

Es aquel devanado o bobinado que conjuntamente con su núcleo magnético produce una Fuerza Electromotriz por la inducción producida por un campo magnético que lo atraviesa.

- **Campo o Devanado Inductor**

Es aquel devanado o bobinado que conjuntamente con su núcleo magnético, que al aplicarle una diferencia de potencial entre sus bornes la corriente que circula por él produce un campo magnético que al hacerlo pasar en movimiento por el inducido produce una Fuerza Electromotriz.

- **Conductor Eléctrico**

Es el componente de un circuito eléctrico, generalmente metálico que por sus características de poseer muchos electrones libres en su constitución molecular es capaz de permitir la transmisión de potencial y corriente eléctrica sin mucha resistencia. Los metales más utilizados en la fabricación de conductores eléctricos son el cobre y el aluminio. Cuando un material opone extremada resistencia al paso de la corriente eléctrica se convierte en un aislador, como el vidrio, la mica y la porcelana entre otros.

- **Rodamiento**

Denominado también cojinete de rodamientos, es un dispositivo mecánico utilizado para evitar la fricción entre el eje del generador (campo rotor) y la carcasa estática que sirve de apoyo. Son construidos con rodillos y esferas de aleaciones especiales de acero. La lubricación es un factor muy importante en la vida útil de los cojinetes de rodamientos (ver Fig. No. 7-5)

- **Carcasa del Generador**

Es el envolvente metálico del generador, sobre la cual están fijados los núcleos magnéticos del estator y sobre sus tapas frontales están fijados los rodamientos.

- **Escobillas**

Es un dispositivo de conexión eléctrica entre una parte fija y otra rotativa, la escobilla es la parte fija y presiona con un resorte sobre un colector rotativo. Son utilizadas para llevar potencia eléctrica a los devanados de los campos giratorios de un generador, generalmente las escobillas son de carbón endurecido o de alguna mezcla de carbón con cobre. El colector rotativo fijado sobre el eje del generador se denomina anillo rozante y está conectado eléctricamente con los devanados del campo rotor.

- **Generador Eléctrico con Escobillas**

Es aquel generador cuyo campo principal rotor recibe a través de unas escobillas de carbón la energía DC para producir el campo para la excitación magnética del inducido, esta energía DC proviene de un dispositivo suplidor externo, que puede ser estático en los generadores de diseño moderno o dinámico (Generador DC o Dínamo) en los generadores de antigua tecnología. Es denominado en inglés "Brush generator end".

- **Generador Eléctrico sin Escobillas**

Es aquel generador donde el campo principal recibe la energía DC para producir el campo magnético de un grupo de rectificadores internos (disco de diodos) que rotan sobre el mismo eje, estos a su vez están conectados a un generador trifásico que tiene como campo magnético un bobinado estator por donde recibe la energía DC para controlar la inducción magnética del rotor y por consecuencia la tensión de salida. Es denominado en inglés 'Brushless generator end".

- **Disco de diodos**

Es un arreglo rectificador de onda completa con entrada trifásica, por lo general de seis diodos (tres de ánodos a carcasa y tres de cátodos a carcasa), que está fijado en el eje rotativo del generador, y tiene como función la rectificación de la corriente AC producida en el generador de excitación en corriente continua para aplicarla al campo rotor y producir un campo magnético uniforme.

- **Regulador Automático de Tensión (AVR)**

Es un dispositivo electrónico que rectifica y controla la energía DC que se inyecta a los campos rotatorios del generador a través de las escobillas (en este caso se denomina "Excitatriz Estática") o al campo excitador en generadores sin escobillas, con la finalidad de mantener la tensión en un valor constante independientemente del porcentaje de carga del generador, dentro de un rango determinado. Es denominado "AVR" "Automatic Voltage Regulator" por sus siglas y denominación en inglés.

- **Interruptor Termomagnético**

Es un dispositivo eléctrico de conexión y desconexión de potencia que tiene la finalidad de interrumpir la salida de potencia eléctrica del generador u otro elemento de suministro (transformador o barra) a una carga, esto lo puede hacer por maniobra manual del operador o por actuación motorizada, la apertura puede ser automática y muy rápida por la actuación de un dispositivo de protección eléctrica que opera por sobrecorriente (de forma retardada) o cortocircuito (de forma instantánea) o por otro tipo de protecciones. Ver sección No. 7.11.

- **Flanche de unión del generador**

Es un diafragma metálico separador, que tiene como función el acople mecánico entre el eje del generador y el motor primario que, específicamente se utiliza con motores reciprocantes con generadores de rodamiento simple. Está fabricado en aleaciones de acero con una resistencia especialmente calculada para romperse en caso de sobrecarga mecánica producida por una sobrecarga eléctrica extrema del generador, por lo que operan como una especie de fusible mecánico para evitar daños en el motor primario. Para generadores de mayor potencia se utilizan varios superpuestos.

Acople entre el Generador y el Motor Primario
Fig. 7-4

7.2.- Principio de Funcionamiento del Generador

En la actualidad no solamente se puede hablar de generadores eléctricos de potencia refiriéndose a los generadores de inducción magnética tradicionales que funcionan bajo los criterios de la Ley de Inducción Electromagnética de Fadaray, ya que día a día crece el uso de generadores eléctricos de potencia mediante el uso de inversores electrónicos (convertidores de corriente directa DC a corriente alterna AC), los cuales obtienen su energía primaria de fuentes químicas que producen corriente directa, lo que está cambiando totalmente el concepto de producción de energía eléctrica. Entre estos nuevos productores de energía eléctrica tenemos las celdas de combustible (de hasta 20 MVA), las células fotovoltaicas (de hasta 100 KVA) y el muy moderno y actualmente en desarrollo reactor de fusión del hidrógeno, que mediante la aplicación del antiguo principio de la magnetohidrodinámica podrá generar hasta de 500 MVA. Sin embargo y como se expuso en el capítulo No. 1 de introducción aún nos quedan algunos años más del uso intensivo de la tecnología de inducción magnética para la producción de la energía eléctrica, por lo que sólo nos referiremos en adelante, al estudio y conocimiento de los generadores de inducción magnética sincrónicos y asincrónicos (sólo para referencia) como dispositivos de producción industrial de la energía eléctrica, por su aplicación generalizada en la paquetización (ver nota) o ensamblaje de grupos electrógenos (motogeneradores o turbogeneradores) para Centrales de Generación Distribuida.

Nota.- "Paquetización" se refiere a un término comercial utilizado por los ensambladores de grupos electrógenos comerciales para expresar las actividades que se desarrollan para ensamblar el conjunto de dispositivos como el motor primario, generador eléctrico, los sistemas de control y protección, cabinas de protección e insonorización, tanque de combustible, base (patín) y otros dispositivos que se integran para la fabricación de los Grupos Electrógenos, tanto motogeneradores o turbogeneradores.

La Ley de Inducción Magnética de Faraday es el fundamento por el cual funciona el generador eléctrico de corriente alterna. Inicialmente se diseñaron generadores de baja potencia con el campo inductor fijado a la carcasa y el inducido rotativo en el que y a través de unas escobillas y anillos rozantes se obtenía la energía eléctrica AC.

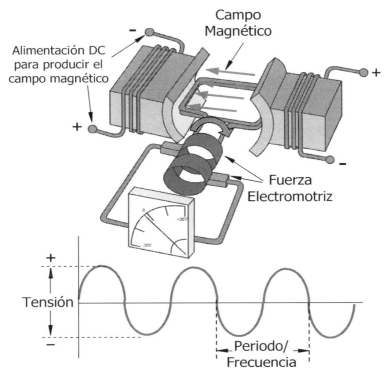

Diseño del primer generador de corriente alterna
Fig. 7-5

Podemos precisar que el primer diseño de un generador de corriente alterna fue un devanado inducido que gira dentro de un campo magnético uniforme, el cual a su giro (en un solo sentido) va produciendo una fuerza electromotriz que se manifiesta en forma de una diferencia de potencial entre los extremos del devanado (ver Fig. No. 7-5), de manera tal que de acuerdo a la incidencia del campo magnético sobre el devanado gira de 0 a 180 ° se produce la diferencia de potencia que va desde un mínimo a un máximo y nuevamente a un mínimo de tensión con una polaridad positiva, y cuando el devanado completa su giro de 180 a 360 ° y cruza de forma inversa el mismo campo magnético, igualmente la tensión va desde un mínimo a un máximo y nuevamente a un mínimo pero ahora con una polaridad negativa porque se invierte según la Regla de la Mano Izquierda. Esto se repite cada vez que el devanado gira 360 °, por lo que cada giro se convierte en un ciclo de la corriente alterna, que debe su nombre a la alternancia de polaridad durante una cantidad de veces por segundo.

Como segundo diseño, el cual con muy pocos cambios estructurales se aplica hasta el presente, se invirtió la posición de campo inductor y el mismo se hizo rotatorio por lo que son las líneas de fuerza del campo magnético de excitación las que en su movimiento de 360 ° cruzan el devanado inducido, teniendo el mismo efecto y resultado que el primer diseño, pero sin tener que someter a las escobillas a alta corrientes consumidas por las cargas, solo las escobillas se limitan a las corrientes que consume el campo magnético excitador (ver Fig. No. 7-6).

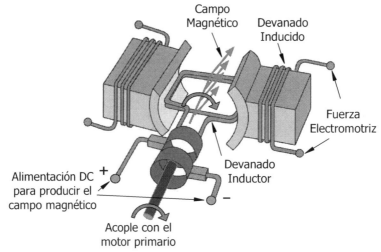

Diseño del primer generador de corriente alterna
con campo rotatorio
Fig. 7-6

No obstante los diseñadores enfrentaron otro reto, hacer que la producción de electricidad en el generador fuese con parámetros de frecuencia y tensión constantes para poder ser utilizada por las cargas de forma eficiente y segura, para lo cual se establecieron algunos factores que necesariamente deben cumplirse. Para el caso de que la frecuencia fuese constante se debe mantener constante la velocidad del giro de campo magnético excitador y además que todas la líneas de fuerza magnética producidas por el mismo tenga una coincidencia precisa con el núcleo del devanado inducido (de donde se obtiene la potencia eléctrica), esto se llama "Sincronismo o Acoplamiento Magnético" y el tipo de generador que lo utiliza se llamó "Generador Sincrónico". Se denomina "Generador Asincrónico" aquel que para generar energía eléctrica su velocidad de giro deberá ser mayor a la velocidad de sincronismo de sus polos magnéticos (campo-inducido). Es importante indicar que fuerza electromotriz (FEM) se manifiesta en forma de diferencia de potencial en los bornes de generador cuando el mismo no tiene conectado una carga, sin embargo cuando se conecta una carga se manifiesta en forma de tensión y corriente que es potencia eléctrica. Esta corriente que circula por la carga y a su vez por el devanado inducido produce un campo magnético inducido inverso al campo magnético excitador y aparece una fuerza contra-electromotriz (FCEM), que en aplicación de la Leyes del Magnetismo (polos iguales se repelen) hace oposición al flujo del campo magnético excitador. Igualmente para efectos de mantener la tensión de salida del generador de manera constante hay que hacer que el flujo de campo magnético excitador tenga una magnitud suficiente para contrarrestar la oposición de la fuerza contraelectromotriz, esto se logra aumentando la corriente y tensión DC aplicada para producir el campo magnético excitador.

- **La Corriente Alterna**

La corriente alterna bajo las premisas de la utilización del electromagnetismo, tiene otras ventajas, específicamente sobre la corriente continua (aquella que no varía de polaridad), esto se debe que al igual que la aplicación de la Leyes de Faraday las leyes descubiertas por otros físicos de la época como Maxwell y Orsted, también demostraron que la aplicación del magnetismo podría servir para elevar los niveles de tensión de la salida de un generador de corriente alterna al aplicarla a un transformador (que es un dispositivo electromagnético en el que, por efectos de la corriente alterna aplicada a través de un devanado primario enrollado en un núcleo magnético cerrado, dispersa un flujo magnético que induce una fuerza electromotriz en otro devanado de mayor cantidad de espiras denominado devanado secundario, produciendo en sus bornes una tensión mayor a la de entrada). Con estos altos niveles de tensión, se pudo lograr la transmisión de la corriente alterna a lugares muy distantes (cientos de kilómetros) de donde se producía sin el problema de las perdidas de tensión (caídas de tensión) ocasionadas por las resistencia de los conductores eléctricos que las transportaban, en el sitio del consumo igualmente se conecta un transformador para reducir el nivel de tensión y hacer la energía eléctrica utilizable por las cargas. El transformador eléctrico fue inventado por varios científicos dirigidos por Nikola Tesla, en los laboratorios Westinghouse en la Nueva York, Estados Unidos.

Otra dificultad que se presentó también fue que al aplicar la energía eléctrica alterna en motores eléctricos (dispositivos electromagnéticos de producción de energía mecánica rotativa) y poder mantener el par de fuerza constante en el eje de salida, ya que el mismo variaba en la misma magnitud que la frecuencia aplicada, se aumentó el número de devanados inducidos haciendo que la influencia del campo magnético excitador dentro de su giro de 360 ° los influenciara cada cierta cantidad de grados (más constantemente), logrando que los mismos produjeran varias fuerzas electromotrices con diferencias angulares consecutivas y a cada una se denominó "Fase".

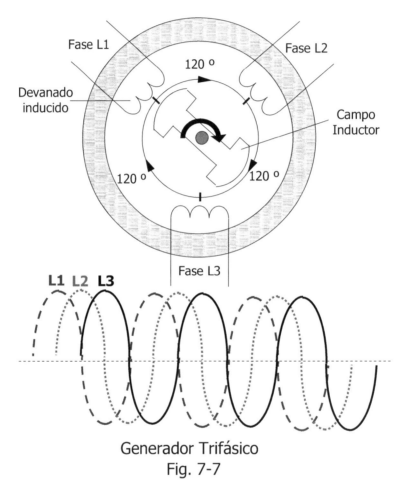

Generador Trifásico
Fig. 7-7

Así se creó el generador polifásico, del cual es más utilizado y difundido es el trifásico (tres fases), donde la diferencia angular entre las fases es de 120 ° logrando así que el par de fuerza en los motores eléctricos fuese constante. Como ejemplo podemos poner que en un motor monofásico de 60 Hz, el par de fuerza (potencia mecánica) se aplica cada 16 mseg., en un motor trifásico se aplica cada 6 mseg, por lo que el par de fuerza es más constante en el motor trifásico, casi tres veces más que el motor monofásico. La mayor ventaja de la corriente alterna trifásica sobre la monofásica, es que la corriente aplicada a los conductores en un circuito trifásico por fase es menor en aproximadamente un 50 % en comparación un circuito monofásico con la misma carga en kW. También se debe a Nikola Tesla la invención de la corriente alterna polifásica, donde la trifásica es la mayormente utilizada en la actualidad.

- **Reseña biográfica de los científicos involucrados**

Michael Faraday (1791-1867) nacido en Newington, Inglaterra, fue un brillante físico y químico, por sus estudios del electromagnetismo descubrió la inducción electromagnética, lo que hoy es el fundamento para el diseño y construcción de generadores y motores eléctricos. La Ley de inducción electromagnética de Faraday (o simplemente Ley de Faraday) se basa en sus experimentos realizados en 1831 y establece que la tensión inducida en un circuito eléctrico cerrado es directamente proporcional a la velocidad con que cambia en el tiempo el flujo magnético que atraviesa a la superficie que se desea influenciar. También fue el inventor del condensador eléctrico.

Nikola Tesla (1856-1943) nacido en Smilian, Croacia, fue físico e ingeniero electricista, inventó la corriente alterna como medio para hacer factible la transmisión de la energía eléctrica a largas distancias. Inicialmente trabajó en Francia y los Estados Unidos para una compañía de Thomás Alva Edison (Fundador de General Electric) donde realizó sus mayores desarrollos en el área de la aplicación de la corriente alterna, luego se separó de la empresa de Edison y fundó su propia empresa, la cual fue contratada por la empresa de George Westinghouse precursor del uso de la corriente alterna, Tesla en la empresa de Westinghouse pudo desarrollar a plenitud todas las aplicaciones de la corriente alterna, inventó la corriente alterna polifásica y el transformador.

James C. Maxwell (1831-1879) nacido en Cambridge, Inglaterra, fue el físico responsable del desarrollo de la teoría del electromagnetismo, sus estudios y experimentos sobre electricidad, magnetismo y óptica dieron como resultado una serie de ecuaciones matemáticas, denominadas la "Ecuaciones de Maxwell" que son el fundamento de muchos cálculos modernos para el diseño de dispositivos electromagnéticos como el motor eléctrico, el generador eléctrico y el transformador.

Hans Christian Orsted (1777-1851), nacido en Rudkobing, Dinamarca, fue físico y químico, trabajó con Ampere en la demostración de muchos fenómenos electromagnéticos. Descubrió la relación entre la electricidad y el magnetismo y logró la producción artificial del magnetismo, descubrimiento fundamental para el desarrollo del generador eléctrico y la producción de la electricidad. Igualmente puso en evidencia que muchos materiales por su composición molecular presentan cierta resistencia al verse afectados por un campo magnético lo que llamo "Reluctancia Magnética", la unidad de reluctancia magnética es el "Orsted".

André Marie Ampere (1775-1836), nacido en Paris, Francia, fue un matemático y físico, hizo importantes contribuciones al estudio de la corriente eléctrica y el magnetismo, trabajó conjuntamente con Oesterd en el desarrollo del electromagnetismo. La unidad de intensidad de corriente eléctrica, el amperio, recibe este nombre en su honor.

7.3.- El Generador Sincrónico

Como se indicó en la sección 7.2 la coincidencia (acoplamiento magnético) exacta entre el núcleo magnético del campo excitador que gira a una velocidad constante y el núcleo magnético de los devanados inducidos, es el factor por el cual se puede lograr la utilización eficiente y segura (frecuencia y tensión constantes) de la energía eléctrica producida por un generador eléctrico.

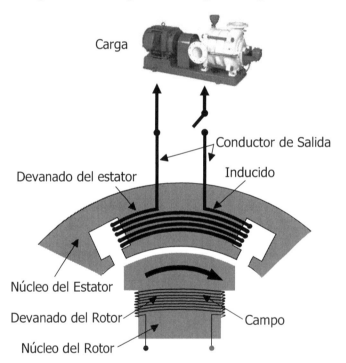

Corte de Generador Sincrónico de Campo Rotor
Fig. 7-8

El acoplamiento entre el circuito magnético del campo y del inducido debe ser preciso y será producto de la sincronización de los flujos magnéticos del campo inductor en vacío y de los devanados inducidos cuando se aplica una carga eléctrica al generador, esto sólo se logra a la velocidad de giro del campo para la cual fue diseñado y asignado el número de pares polares que producen el electromagnetismo, por ejemplo dos pares de polos (cuatro polos) para que a 1.800 RPM de velocidad de giro, se produzca una frecuencia de salida del generador de 60 Hz, por esta razón todas la máquinas eléctricas que operan bajo el principio de la sincronización magnética (motores o generadores eléctricos) se denominan máquinas síncronas o sincrónicas. La coincidencia de los núcleos magnéticos para que la influencia del campo sobre el inducido produzca la fuerza electromotriz nominal debe ser total, cuando tiende a desviarse por la variación de la velocidad del campo rotor, la influencia del campo magnético sobre el inducido no es total y se reducen los niveles de los parámetros de utilización del generador (frecuencia y tensión) los cuales deben compensarse inmediatamente aumentando un poco la velocidad de giro para la frecuencia y el flujo magnético del campo para la tensión (fuerza electromotriz).

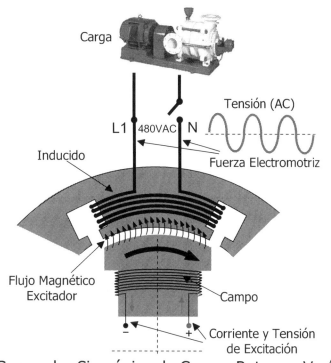

Generador Sincrónico de Campo Rotor en Vacío
Fig. 7-9

La velocidad de giro del rotor es fijada por el tipo de motor primario y el régimen de utilización, por lo que para un grupo electrógeno con motor reciprocante de operación continua, donde el motor primario debe operar durante largos periodos de tiempo, la velocidad de rotación (velocidad de sincronismo) es baja entre 300 y 1.200 RPM (por la reducción del desgaste mecánico) y para un grupo electrógeno de operación de emergencia o espera, la velocidad se ha fijado entre los 1.200 y 1.800 RPM, por lo que el campo magnético rotatorio para obtener una frecuencia de 60 Hz en un grupo electrógeno de 900 RPM debe tener más polos magnéticos que el campo magnético rotatorio de un grupo electrógeno de 1.800 RPM para producir la misma frecuencia.

La frecuencia de salida de un generador sincrónico en Hertz o Hercios (Hz) es igual a la velocidad de rotación en RPS (revoluciones por segundo) por el número de pares de polos del campo inductor rotor, y está determinada por la siguiente formula:

$$F = \frac{P}{2} \times \frac{N}{60} = \frac{P \times N}{120} \text{ Hz}$$

Donde "F" es la frecuencia en Hz (un Hertz o Hercio es igual a un ciclo de corriente alterna por segundo), "N" es la velocidad de rotación del rotor en RPM y "P" el número de polos magnéticos del campo excitador rotórico.

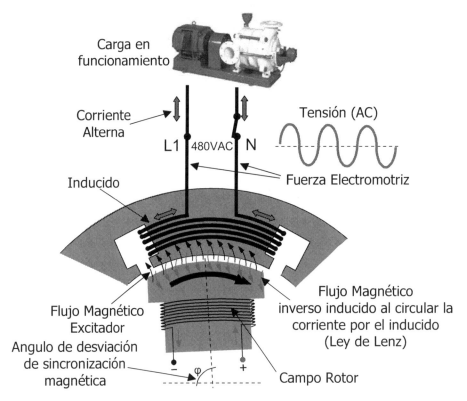

Generador Sincrónico de Campo Rotor con Carga
Fig. 7-10

Cuando un generador sincrónico opera en vacío (ver Fig. No. 7-9) a la velocidad de sincronismo, la coincidencia magnética de los núcleos magnéticos del campo y de los devanados inducidos no presentan ningún factor de oposición magnética y los parámetros de utilización del generador se mantendrán constantes y dentro de sus valores nominales. No obstante si la velocidad de rotación se reduce la coincidencia entre los núcleos magnéticos no será completa por lo que la influencia del campo magnético excitador no será total sobre el inducido y la fuerza electromotriz producida en el inducido se reduce, entonces la velocidad de rotación deja de ser la "Velocidad de Sincronismo". Esta premisa marca la necesidad de que bajo cualquier condición de carga según el diseño del conjunto motor-generador (Grupo Electrógeno), la velocidad de rotación debe mantenerse constante y esto justifica la utilización de control de velocidad del motor primario, también denominado "Gobernador" (ver secciones No. 5.16 y 6.14) .

Ahora cuando se aplica una carga eléctrica al generador (ver Fig. No. 7-10) la corriente producida por la fuerza electromotriz, igualmente produce un campo magnético en el núcleo magnético del inducido, este flujo magnético inducido (ver nota) es de igual magnitud y polaridad al campo magnético excitador por lo que se contrarrestan y tiende a frenar al rotor. Esta desviación hace que la coincidencia entre los núcleos no sea total y baje la fuerza electromotriz (tensión de salida del generador), por lo que al igual que compensar la velocidad (con el control de velocidad) para evitar que se salga de sincronismo, habrá que compensar el flujo del campo magnético excitador que por el campo magnético opuesto que aparece en el inducido y tiende frenar la velocidad de giro y a restar influencia magnética sobre el inducido. Esta compensación se debe realizar sobre dos parámetros de funcionamiento del generador A.- La velocidad de sincronismo que es responsabilidad del motor primario y de su control de velocidad (ver secciones No. 5.16 y No. 6.14) el cual debe mantener la velocidad de giro constante, dentro de los límites máximos para no desacoplar magnéticamente el núcleo del campo con el núcleo del inducido. B.- El flujo magnético excitador para evitar que se reduzca la fuerza electromotriz del generador, lo que es responsabilidad del "Regulador Automático de Tensión" ("Automatic Voltage Regulator"por su denominación en inglés) que monitorea la tensión de salida del generador y automáticamente ajusta la corriente DC aplicada al campo magnético excitador para compensar su flujo magnético, reducido por efectos de campo magnético opuesto y la desviación angular de incidencia entre los dos núcleos magnéticos (ver sección No. 7.9).

Nota.- El flujo magnético opuesto formado por las corrientes que circular por el devanado inducido al conectarse la carga, fue descubierto por **Heinrich Friedrich Emil Lenz** (1804-1865) físico Alemán, con el cual realizó los fundamentos de su "Ley de Lenz" por la que se calcula la influencia de dicho flujo magnético opuesto sobre el rotor de un generador.

En las máquinas sincrónicas tanto motores como generadores, la coincidencia entre los núcleos magnéticos del campo y del inducido tiene un ángulo radial máximo de desviación para que se pierda el sincronismo, de acuerdo al diseño y construcción de la máquina este ángulo radial máximo puede estar entre los

3 y 6 grados que en porcentaje está entre el 1 al 2 % de la velocidad de sincronismos. La diferencia entre la velocidad de sincronismo y la nueva velocidad desviada se denomina "Resbalamiento o Deslizamiento" del generador, después que se excede esta desviación máxima la máquina eléctrica pierde su capacidad de producir potencia eléctrica (generador) o mecánica (motor). En todo caso en las máquinas sincrónicas bajo condiciones de operación con carga una desviación angular mayor a la permitida para estar en sincronismo y esto marca el límite máximo de su potencia.

Si el campo magnético opuesto (Ley de Lenz) al par que produce el campo magnético excitador producido por la velocidad de sincronismo, se anula sin la intervención de los dispositivos de compensación (Control de Velocidad del Motor Primario y Regulador Automático de Tensión), la velocidad aumenta hasta un valor máximo denominado "Velocidad de Embalamiento" o "Velocidad de Fuga". Se denomina "Coeficiente de Embalamiento" a la relación entre la velocidad de fuga y la velocidad nominal (velocidad de sincronismo) y es importante conocerlo para determinar la potencia máxima admisible del generador, esto para efectos de la selección y cálculo de las protecciones necesarias para evitar daños en caso de perturbaciones graves en la operación del generador.

Otra magnitud importante de conocer en los generadores es la "Constante de Aceleración" o "Tiempo de Lanzamiento", que es tiempo necesario para que el Grupo Electrógeno (conjunto motor primario-generador) partiendo del reposo (velocidad de giro = 0), alcance la velocidad de sincronismo y el motor primario acepte el par de carga del generador a su capacidad máxima sin perder la capacidad de compensación de su velocidad de giro dentro de los límites máximos permisibles. Esta magnitud permite apreciar la estabilidad de los dispositivos de compensación de velocidad y tensión del grupo electrógeno.

- **Régimen Transitorio de Operación**

El generador en un grupo electrógeno puede funcionar en dos tipos de regímenes diferentes, A.- El "Régimen Estable" que es aquel durante los periodos en que la carga es constante y B.- El "Régimen Transitorio" que es cuando los bloques de carga entran o salen proporcionalmente, de forma lenta o instantánea. El comportamiento del generador en régimen transitorio depende de los compensadores (reguladores) de Velocidad y Tensión y de sus dispositivos de estabilidad (amortiguación) donde la compensación deberá ser eficaz y en el tiempo exacto, no permitiendo oscilaciones (ver Fig. No. 7-11), por lo que los criterios de estabilidad aplicados tanto en el diseño del generador como en los ajustes de los dispositivos externos de control son muy importantes.

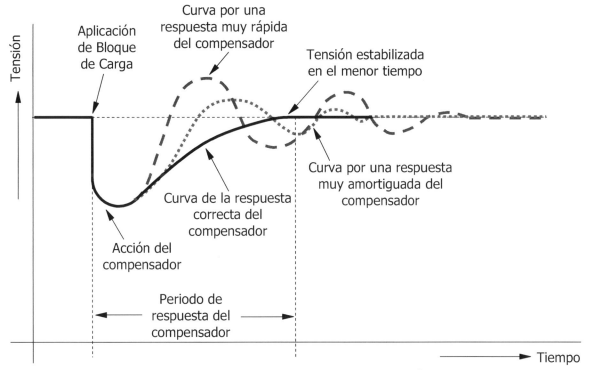

Curvas de funcionamiento de un Generador en "Régimen Transitorio"
Fig. 7-11

- **Estabilidad**

Con la finalidad de conocer el comportamiento del generador en régimen transitorio por la presencia de una falla por cortocircuito, la cual desestabilizará el sistema por la respuesta inercial del rotor, es necesario aplicar criterios matemáticos de estabilidad. Uno de los más utilizados es el de "Áreas Iguales" el cual expresa que si una falla produce una pérdida instantánea de potencia cinética (potencia mecánica del rotor), este por efectos de la potencia inercial del rotor intentará recuperar su velocidad, pero una vez recuperada se acelerará llegando a suministrar la potencia máxima y luego se frenará tendiendo a salirse de la velocidad de sincronismo (ver Fig. No. 7-12), por lo que para lograr la estabilidad del sistema será necesario la aplicación de un bloque de compensación de potencia al bloque de potencia afectado por la falla (ver nota) y esto se logra mejorando la masa inercial del rotor en el diseño.

Por lo tanto, el criterio de aplicar áreas iguales, nos indica que la energía cinética añadida al rotor durante una falla, debe ser eliminada después de ocurrida, en un tiempo prudencial con el fin de restaurar la velocidad sincrónica del rotor. Debe considerarse que bajo el efecto de la potencia de aceleración positiva, el ángulo φ se incrementará y podría resultar en una inestabilidad y pérdida de sincronismo del rotor. En ángulo crítico de libramiento (φ_2) se corresponde con un tiempo crítico de libramiento (t_2), en cuyo tiempo se debe eliminar la falla (ver Fig. No. 7-12). Este concepto de tiempo crítico es de gran ayuda para el diseño de los esquemas y coordinación de los dispositivos de protección eléctrica para el despeje oportuno de la falla.

Nota.- Aunque la intención del presente texto es hacer lo más practico posible el conocimiento de este tema, si se desea conocer la demostración matemática de lo indicado se puede obtener la información en textos sobre estabilidad de sistemas y flujo de cargas.

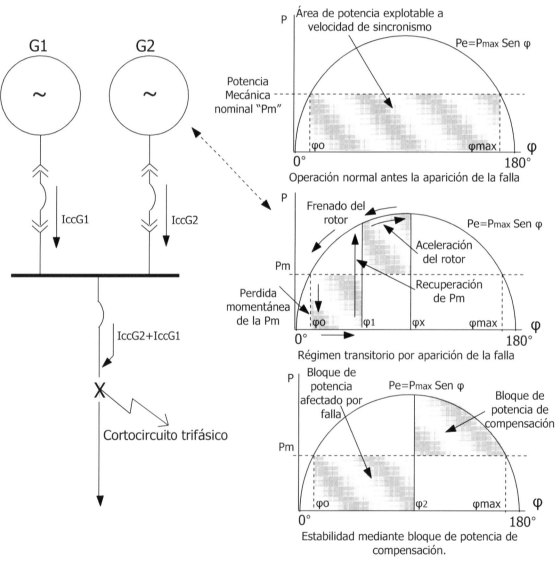

Demostración de los Criterios de Estabilidad
Fig. 7-12

- **Flujos de Dispersión.**

Otro tema importante de describir es el de los "Flujos de Dispersión", el cual indica que de la acción magnética sobre el inducido depende la producción de la fuerza electromotriz. Esta obedece proporcionalmente al flujo magnético útil que es aquel que atraviesa las espiras de los devanados del inducido para producir la fuerza electromotriz. No obstante en los generadores sincrónicos hay un flujo magnético no útil o disperso, denominado "Flujo Magnético de Dispersión" que se presenta tanto en los núcleos del campo como en el inducido estator.

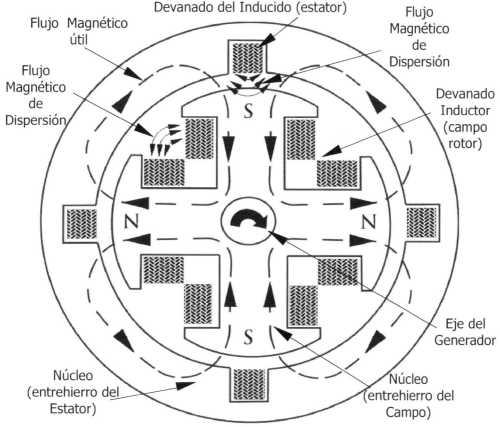

Flujos Magnéticos en un Generador Sincrónico de Cuatro Polos
Fig. 7-13

Estos flujos de dispersión y específicamente en el inducido estator aparecen también con la formación del campo magnético inducido contrario por efectos de la Ley de Lenz y su reacción se suma al efecto de disminución del campo magnético excitador por el campo magnético inducido en el estator. Por tanto una mayor cantidad de devanados y ranuras y la calidad de los núcleos (entrehierros) hacen que el generador tenga menores pérdidas, no presente alta temperaturas y sea más eficiente en términos de la utilización del flujo magnético.

- **El Generador y la producción de Armónicos Eléctricos**

De acuerdo con el diseño de los devanados y las armaduras (núcleos magnéticos) del generador no sólo se obtiene mejor eficiencia (relación de potencia mecánica aplicada vs. potencia eléctrica obtenida) o mejor respuesta a las funciones de transferencia magnética (velocidad de respuesta a la compensación de tensión), sino la reducción significativa de la aparición de armónicos. Los devanados del inducido de un generador pueden ser del tipo "Devanado Concentrado" donde todas las espiras de una fase se concentran en una ranura del núcleo magnético o del tipo "Devanado Distribuido" donde las espiras de una fase están distribuidas en varias ranuras de la armadura. El devanado concentrado es desventajoso en cuanto a mejorar la onda de salida de las corrientes y tensiones del generador y favorece la aparición de armónicos impares de la frecuencia original. En la producción comercial, los generadores de devanado concentrado están siendo desplazados por los generadores de devanados distribuidos aunque complica un poco el diseño de los grandes generadores y los de baja velocidad. En los grandes generadores de devanados distribuidos las corrientes armónicas denominadas "triplen" o múltiplos de tres (de tercera, novena, décima quinta, vigésima primera, etc.) producen sobrecalentamiento de las espiras y se puede comprobar su aparición en los devanados, sin embargo no afectan las corrientes de salida debido a que siempre por diseño estos generadores se conectan en delta (ver sección No. 7.8), por lo que la secuencia vectorial (suma-resta vectorial de las corrientes y tensiones de salida en los 360° de giro del rotor y las producidas por las armónicas de tercera) se neutralizan, eliminándolos totalmente.

7.4.- El Generador Asincrónico

También denominado "Generador de Inducción", este tipo de generador no es aplicado frecuentemente en grupos electrógenos, pero se describe como referencia de los diferentes tipos de generadores de energía eléctrica, ya que en la actualidad su aplicación está muy difundida en los generadores con turbinas eólicas. Su operación específicamente se fundamenta en la inducción magnética provocada desde un campo inductor estator especial o una fuente externa al rotor y a su vez se produce una nueva inducción magnética del rotor al inducido principal del generador produciendo la fuerza electromotriz de salida. Esto sucede cuando la velocidad de giro del motor primario, se aumenta levemente sobre la velocidad de sincronismo magnético (de acuerdo al número de polos magnéticos para la cual fue calculado el rotor del generador), en ese momento el generador comienza a producir la fuerza electromotriz y esta es directamente proporcional al deslizamiento de la velocidad.

Los Generadores de Inducción se dividen en dos tipos: los de "Rotor Jaula de Ardilla" y los de "Rotor Devanado". Los generadores asincrónicos de rotor "Jaula de Ardilla" (ver Fig. No. 7-14), llamados a si por su similitud con una jaula, son aquellos en que el rotor está constituido por una serie de pequeños pero fuertes devanados de conductores de aluminio y cobre conectados en cortocircuito eléctrico, donde por efectos del campo magnético excitador se induce una fuerza electromotriz y por las corriente circulantes en las bobinas se produce en el rotor un nuevo campo magnético excitador y este afecta al inducido principal, produciendo la fuerza electromotriz de salida. En el de "Rotor Devanado", el rotor recibe a través de unas escobillas la energía AC para que se produzca el campo magnético excitador. Es importante indicar que en ambos casos el campo magnético excitador es un campo magnético donde la polaridad es alterna (varia de norte-sur y sur-norte) y donde la combinación de la velocidad de giro y la alternancia de la polaridad del campo magnético son los encargados de inducir la energía eléctrica de salida del generador. Por esta razón en los generadores asincrónicos no se específica el números de polos, ya que el mismo adapta de forma automática el número de polos de acuerdo a la frecuencia de la energía AC utilizada para producir el campo magnético excitador y así producir la frecuencia y entrega de potencia activa (kW) de acuerdo con la velocidad de giro (siempre que ésta sea superior a la velocidad de sincronismo).

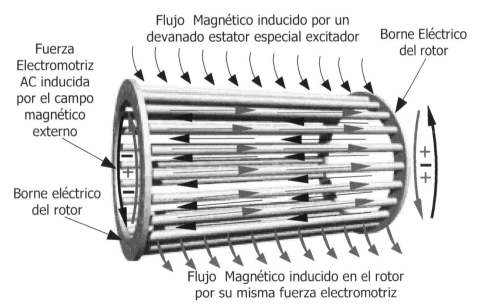

Rotor de Jaula de Ardilla de un Generador Asincrónico

Fig. 7-14

La aplicación eficaz de los generadores asincrónicos en los turbogeneradores eólicos debido a lo variable de la velocidad de los vientos depende de los dispositivos periféricos de control del sistema, ya que hasta tanto el conjunto "turbina eólica-caja de engranaje-generador" no sobrepase la velocidad de sincronismo magnético del generador, el turbogenerador eólico no se conectará a la red utilitaria. Cuando aumenta la velocidad del viento y luego que sobrepase la velocidad de sincronismo comenzará a operar en paralelo con la red utilitaria y a entregar potencia a la misma, pero su deslizamiento (diferencial positivo entre la velocidad de giro y la velocidad de sincronismo por el cual se genera la fuerza electromotriz en el generador), no será mayor al 2% para alcanzar su potencia nominal, sin embargo no deberá exceder este porcentaje, porque sobrecargará al generador al sobrepasar su potencia máxima. Las paletas de la turbina eólica se moverán automáticamente para que la influencia del viento sobre ellas sea menor, en caso de que la velocidad del viento baje, volverán nuevamente a la posición de mayor influencia y si la velocidad de viento sigue disminuyendo y la velocidad de giro del generador se reduce por debajo de la velocidad de sincronismo, el generador deja de producir energía eléctrica (por su condición de generador asincrónico) y se desconectará automáticamente de la red utilitaria, aunque la turbina seguirá rotando, hasta que el viento vuelva a incrementar su velocidad y comenzará de nuevo el ciclo.

A diferencia de los Generadores Sincrónicos cuyas potencias pueden sobrepasar los 800 MVA (800.000 kVA), los Generadores Asincrónicos son relativamente pequeños, en la actualidad la mayor potencia utilizada para la aplicación de generadores asincrónicos en turbogeneradores eólicos es de 5 MVA (5.000 kVA).

Uno de los principales problemas presentados por lo generadores asincrónicos es el control de la tensión de salida (producción de corrientes magnetizantes o potencia reactiva), por lo que su explotación óptima es haciendo una combinación con condensadores eléctricos para la compensación de energía reactiva o tomando potencia reactiva de la red utilitaria donde se puede combinar con otras fuentes de suministro (centrales térmicas o hidroeléctricas) que suplan la energía reactiva al sistema.

7.5.- Clasificación de los Generadores Sincrónicos

Los generadores sincrónicos se clasifican de acuerdo con: A.- El número y disposición de los polos magnéticos, B.- Por su posición en el conjunto motor primario-generador C.- El número y disposición de los rodamientos y D.- La conexión eléctrica del sistema de excitación magnética. No obstante el nivel de tensión, baja tensión (de 208 a 600 VAC) o media tensión (de 2,4 a 21 kVAC) de los generadores aunque es un factor importante para su especificación, no los clasifican.

- A.- Según el número y disposición de los polos magnéticos se clasifican en generador de rotor cilíndrico y generador de rotor de polos salientes. El generador de rotor cilíndrico se caracteriza porque tiene sólo dos polos y su velocidad de giro es de 3.600 RPM para 60 Hz y 3.000 RPM para 50 Hz. (la más alta aplicada en generadores sincrónicos). El resto de los generadores sincrónicos son los de rotor de polos salientes. Esto por la configuración del núcleo magnético con los devanados del campo excitador y pueden clasificarse por su velocidad de giro de 1.800; 1.200; 900; 720 y 360 RPM para 60 Hz con 4; 6; 8; 10 y 20 polos respectivamente y con una velocidad de giro de 1.500; 1.000; 750; 600 y 300 RPM para 50 Hz con igualmente 4; 6; 8; 10 y 20 polos respectivamente.

- B.- De acuerdo con su posición en el conjunto motor-generador, se pueden clasificar en "Generadores de Operación Horizontal" que son aquellos utilizados en grupos electrógenos (turbogeneradores y motogeneradores) y en turbogeneradores de vapor (combustión externa), y "Generadores de Operación Vertical", que son aquellos utilizados en turbogeneradores con turbinas hidráulicas (Centrales Hidroeléctricas).

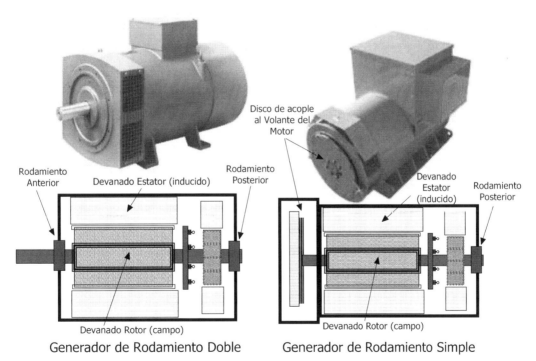

Clasificación de los Generadores según los Rodamientos

Fig. 7-15

- C.- Según el número de rodamientos, se clasifican en generadores de rodamiento simple y de rodamiento doble (ver Fig. No. 7-15). Los de rodamiento simple utilizados en grupos electrógenos con motor reciprocante son aquellos que solo tienen el rodamiento posterior, la parte anterior del eje del generador se apoya en el mismo cojinete del motor primario y los de rodamiento doble utilizados en grupos electrógenos con motor rotativo, son aquellos que tienen un rodamiento en cada tapa de apoyo del generador (uno anterior y otro posterior).

- D.- Según la conexión eléctrica de la fuente de suministro DC del sistema de excitación magnética, se clasifican en Generadores con Escobillas ("Brush Generator End" por su denominación en inglés) o Generadores sin Escobillas ("Brushless Generator End" por su denominación en inglés)

7.6.- Generador con Escobillas

Como lo hemos indicado en secciones anteriores el generador con escobillas (ver Fig. No. 7-16) es aquel en el cual la fuente de energía DC para la producir del campo magnético excitador es externa y su conexión eléctrica para llevar esa corriente DC al campo se realiza mediante escobillas de carbón (fijas) aplicadas a unos anillos rozantes (rotativos) montados en el eje del campo del rotor del generador.

Las fuentes de energía DC externa se han actualizado con las nuevas tecnologías. En los primeros generadores con escobillas se conectó mecánicamente al eje del generador una dínamo (ver nota) o excitatriz dinámica, la cual estaba conectada al eje a través de poleas con un acople directo o correas, la salida de potencia de esta dínamo estaba conectada a las escobillas del generador principal y el campo estaba conectado a un regulador automático de tensión (electromecánico de vieja tecnología) que operaba ajustando el magnetismo del campo de la dínamo, de acuerdo con la tensión de salida del generador principal y así poder mantener la tensión constante de salida. Como es obvio la potencia mecánica necesaria para la operación de la dínamo se obtenía del mismo motor primario del grupo electrógeno. En la actualidad solo los grandes generadores de grupos electrógenos y centrales hidroeléctricas, aún cuentan con escobillas para las corrientes de campo y obtienen la corriente DC de un dispositivo electrónico de potencia denominado "Excitatriz Estática". Este dispositivo recibe una entrada de corriente AC, la cual rectifica, además a través de un monitor electrónico con sensores de la corriente y tensión de salida de generador puede controlar y ajustar la corriente aplicada a los campos magnéticos excitadores a través de las escobillas de acuerdo con los requerimientos de la cargas.

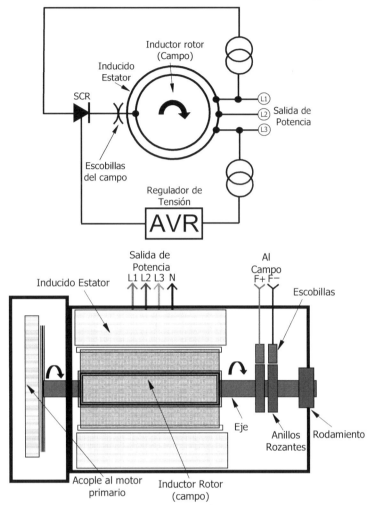

Generador con Escobillas de Inducido Estator

Fig. 7-16

Nota.- Es importante aclarar que en el texto aparece el término "Dínamo" para distinguir al generador de corriente continua, ya que muchos autores y científicos en sus textos los catalogan como tales, no obstante según su real concepto una dínamo es un generador eléctrico destinado a la transformación de energía mecánica en eléctrica mediante el fenómeno de la inducción magnética por lo tanto cualquier generador de corriente alterna o continua es una dínamo.

Es importante indicar que aunque la excitatriz estática obtiene su potencia eléctrica de una fuente de corriente alterna, esta corriente AC se obtiene de la salida del mismo generador al cual se está supliendo la corriente DC para los campos magnéticos excitadores. Esto se realiza a través de un transformador de aislamiento y reductor conectado en los bornes de salida del generador, por lo que esa energía eléctrica se obtiene de la misma energía mecánica suministrada por el motor primario. De acuerdo con el diseño y estado magnético del generador tanto del inducido como del campo excitador, las corrientes de consumo del campo pueden variar y por consiguiente la energía consumida. Se estima que entre el 1 al 4 % de la energía mecánica del motor es utilizada en la producción de la corriente DC para los campos del generador (según la tecnología u obsolescencia del generador).

Sin embargo en generadores de pequeñas y medianas potencias (entre 5 a 5.000 kVA) por el manejo de las grandes corrientes consumidas por los campos para la excitación magnética, la regulación eficiente de tensión DC (ver nota) y el mantenimiento de las escobillas, se presentaron inconvenientes para una generación de energía eléctrica segura y confiable, por lo que ameritaron cambios en el diseño de los generadores. Los diseñadores utilizando los mismos componentes del generador original combinaron los dos diseños anteriormente indicados, ubicaron la fuente de energía DC en el mismo eje del generador aunque controlada externamente, eliminando totalmente las escobillas y logrando el "Generador sin Escobillas". Aún los grandes generadores AC (entre 100 y 800 MVA) utilizan escobillas para llevar la energía eléctrica a los campos magnéticos excitadores (rotor).

Nota.- Como se ha mencionado en capítulos anteriores todo sistema de generación de energía eléctrica, dígase entre uno de ellos, el grupo electrógeno para poder ser explotado correctamente debe mantener durante su operación dos parámetros funcionales de forma constante (ver sección No. 12.3), uno es la frecuencia (Hz), que cuando se encuentra en paralelo con un barra energizada afecta la potencia activa (kW) y otro es la tensión (V), que cuando se encuentra en paralelo con un barra energizada afecta la potencia reactiva (kVAR). Específicamente la tensión de salida es controlada por la regulación de la tensión DC aplicada a los campos del generador y los dispositivos de control (reguladores de tensión o excitatrices estáticas) tienen sensores conectados a los terminales de salida del generador que toman referencia de tensión y corriente para poder realizar la regulación automática y constante de la tensión DC aplicada a los campos. Esto se realiza a través de la escobillas (para los generadores con escobillas) o a través del campo excitador fijo (estator) del pequeño generador de excitación que alimenta el puente de diodos que a su vez alimenta en campo principal del rotor del generador (para los generadores sin escobillas).

7.7.- Generador sin Escobillas

En el diseño del generador sin escobillas la fuente de energía de corriente continua para el suministro de los campos magnéticos excitadores del generador se instaló sobre el mismo eje, por lo que se ubicó un pequeño generador trifásico (denominado "Generador Excitador") de inducido rotor y campo estator (similar a los primeros diseños de los generadores de corriente alterna). La salida de este pequeño generador trifásico se conectó a un arreglo de diodos rectificadores montados sobre el mismo eje del generador principal (disco de diodos) para luego conectar la salida del puente rectificador de diodos al campo principal del generador (ver Fig. No. 7-17). A través del control de tensión aplicada al campo de este generador excitador se ajusta la tensión de salida de generador principal ya que afecta directamente la fuente de energía DC del campo principal de generador. Al igual que el generador con escobillas la energía mecánica consumida por el generador de excitación es obtenida del mismo motor primario del grupo electrógeno.

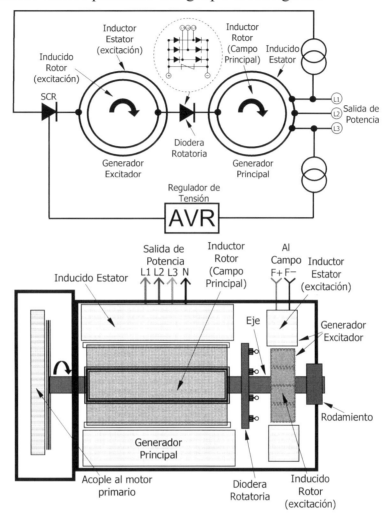

Generador sin escobillas de Inducido Estator
Fig. 7-17

Dado que la energía eléctrica AC que alimenta el generador excitador se obtiene del mismo generador principal y cuando específicamente el generador debe trabajar con salida de bloques de potencia representativos como el arranque de ascensores o grandes motores, o cuando hay presencia de parásitos electromagnéticos y armónicos en las cargas que podrían afectar la regulación de tensión e influir sobre la respuesta de salida del generador principal, la fuente de suministro de energía eléctrica AC del generador excitador se aísla mediante la utilización de un generador de imán permanente denominado "PMG" por sus siglas en inglés (Permanent Magnetic Generator).

El PMG es un generador trifásico de corriente alterna de campo excitador rotatorio, donde el campo magnético proviene de un imán permanente con varios polos magnéticos (ver Fig. No. 7-18) que gira a la misma velocidad del generador, suministrando el flujo magnético que produce en el inducido la fuerza electromotriz que luego se convierte en corriente alterna trifásica y se inyecta a la entrada de potencia del Regulador Automático de Tensión (AVR).

Campo Rotor de Imán Permanente del PMG
Fig. 7-18

De acuerdo con la velocidad de giro y potencia del generador la frecuencia de salida del PMG puede estar entre 100 y 300 Hz y su tensión entre 100 y 250 VAC (ver Fig. No. 7-19).

El uso de generadores sin escobillas con PMG es necesario en aplicaciones de grupos electrógenos para el suministro de energía eléctrica para cargas de comunicación o cargas críticas (hospitales, militares, etc.). El uso del PMG se ha generalizado tanto que muchos fabricantes los tienen como equipo original.

Algunos diseños de generadores,, igualmente para efectos de aislar la entrada de potencia del regulador automático de tensión "AVR" de la salida del generador, tienen internamente unos devanados auxiliares exclusivamente para suplir la corriente AC al AVR. Esta opción se denomina AREP, por las siglas en inglés de "Auxiliary Wiring Regulation Excitation Principle", al igual que el PMG, este tipo de alimentación del regulador automático de tensión ayuda a mejorar la respuesta del generador y su protección en caso de un cortocircuito externo.

Nota.- Los reguladores de tensión (AVR) para la operación en generadores sin escobillas alimentación con generador de imán permanente deben ser específicamente para este tipo de aplicación, ya que por la frecuencia de la entrada de potencia (100-300 Hz) y por la velocidad de la respuesta los dispositivos electrónicos de control de la salida DC requieren de componentes especiales.

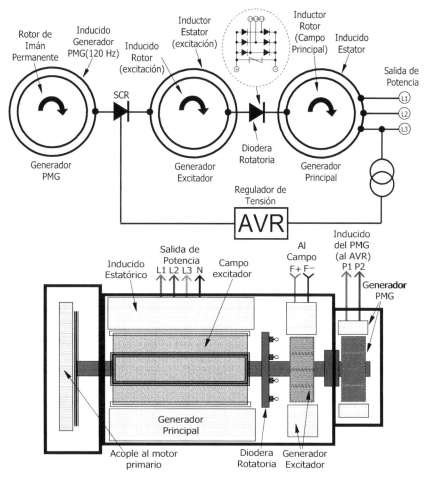

Generador sin Escobillas con PMG
Fig. 7-19

7.8.- Conexiones de las bobinas de los Generadores

Los generadores de corriente alterna tienen dos opciones de conexión en la salida de potencia, la primera opción es de acuerdo con su capacidad de utilización en diferentes tensiones y condiciones de explotación según lo requiera el usuario final (generador reconectable), y la segunda opción es la que específicamente fija una tensión de salida única, (generador no reconectable), en esta opción el usuario final ha definido con antelación a la construcción del generador el nivel de tensión requerido.

La primera opción es la llamada "Conexión a 12 hilos", donde el generador está construido con seis devanados inducidos, dos por fase, los cuales y de acuerdo con la tensión se pueden conectar (en la misma fase) en serie o en paralelo, en estrella o triángulo (ver nota) para obtener las diferentes versiones de aplicación para la tensión y corriente necesarias por las cargas. La segunda opción es la llamada "Conexión a 6 hilos" y solo se tiene posibilidad de una conexión en estrella o triángulo de acuerdo con la tensión solicitada antes de su construcción.

Nota.- La conexión "Estrella" se denomina así por su similitud a una estrella de tres puntas, esta caracterizada por la conexión común de todas las bobinas en un punto central que representará el punto "Neutro" de la conexión eléctrica y donde los niveles de tensión de ese punto con respecto al extremo de la fase serán $\sqrt{3}$ veces de la tensión entre las fases, debido a la diferencia de 120° entre las fases. Con las conexiones tipo Estrella se obtienen los mayores niveles de tensión de salida del generador pero la corriente entregada por las bobinas estará limitada. La conexión "Delta" se denomina así por su similitud a un triángulo, se caracteriza por la conexión en los extremos de los terminales de los devanados de dos fases, esta conexión se realiza para reducir los niveles de tensión y aumentar las corrientes entregadas por cada fase del generador.

Los bornes de salida de los generadores son identificados por la fase correspondiente, la Fase 1 también denominada "L1", "U" ó "R", para la Fase 2 también denominada "L2", "V" ó "S" y para la Fase 3 también denominada "L3", "W" ó "T" y "N" para el punto de conexión Neutro. Para los diferentes terminales (puntos de interconexión elétrica) de la bobinas se utiliza siempre una codificación única que empieza con la "T" y van desde "T1" a T12" en la versión de 12 hilos y de "T1" a "T6" en la versión de 6 hilos.

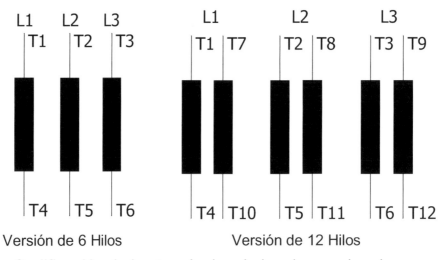

Codificación de los terminales de los devanados de un Generador AC
Fig. 7-20

Otros códigos de terminales utilizados en los generadores de corriente alterna son: "F+" y "F-" para distinguir los terminales positivo y negativo de conexión de los campos del generador excitador, así como también "P1"; "P2" y "P3" para distinguir los terminales de salida del inducido del generador de imán permanente (si es usado) "PMG". Ver el capítulo de mantenimiento para la instalación y los procedimientos de prueba de los generadores.

- **Opción de Conexiones de un Generador de Corriente alterna en la Versiones de 12 Hilos y 6 Hilos**

Las bobinas (conjuntos de devanados) de los generadores se pueden reconectar (cuando aplica este tipo de salida de potencia del generador) con las siguientes opciones: A.- Conexión Estrella para nivel máximo de tensión de salida (ver Fig. No. 7-21). B.- Conexión Estrella para nivel mínimo de tensión de salida (ver Fig. No. 7-22). C.- Conexión Delta para nivel máximo de tensión de salida (ver Fig. No. 7-23). D.- Conexión Delta para nivel mínimo de tensión de salida (ver Fig. No. 7-24). E.- Conexión Estrella, para sólo tensión especificada de salida (ver Fig. No. 7-25). F.- Conexión Delta, para sólo tensión especificada de salida (ver Fig. No. 7-26).

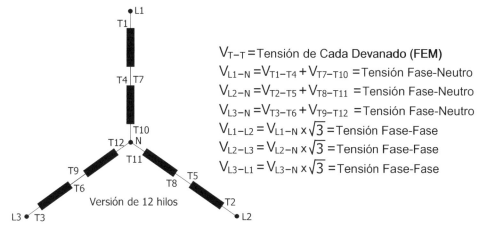

Conexión Estrella
(para nivel máximo de tensión de salida)
Fig. 7-21

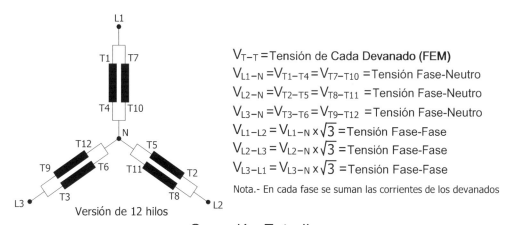

Conexión Estrella
(para nivel mínimo de tensión de salida)
Fig. 7-22

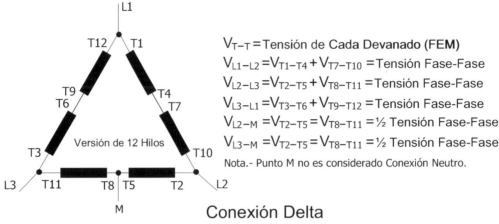

Conexión Delta
(para nivel máxima de tensión de salida)
Fig. 7-23

V_{T-T} = Tensión de Cada Devanado (FEM)
$V_{L1-L2} = V_{T1-T4} + V_{T7-T10}$ = Tensión Fase-Fase
$V_{L2-L3} = V_{T2-T5} + V_{T8-T11}$ = Tensión Fase-Fase
$V_{L3-L1} = V_{T3-T6} + V_{T9-T12}$ = Tensión Fase-Fase
$V_{L2-M} = V_{T2-T5} = V_{T8-T11}$ = ½ Tensión Fase-Fase
$V_{L3-M} = V_{T2-T5} = V_{T8-T11}$ = ½ Tensión Fase-Fase

Nota.- Punto M no es considerado Conexión Neutro.

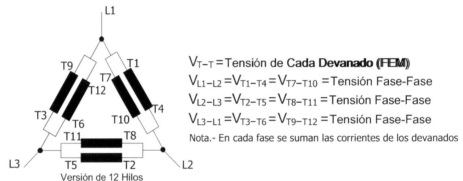

Conexión Delta
(para nivel mínimo de tensión de salida)
Fig. 7-24

V_{T-T} = Tensión de Cada Devanado (FEM)
$V_{L1-L2} = V_{T1-T4} = V_{T7-T10}$ = Tensión Fase-Fase
$V_{L2-L3} = V_{T2-T5} = V_{T8-T11}$ = Tensión Fase-Fase
$V_{L3-L1} = V_{T3-T6} = V_{T9-T12}$ = Tensión Fase-Fase

Nota.- En cada fase se suman las corrientes de los devanados

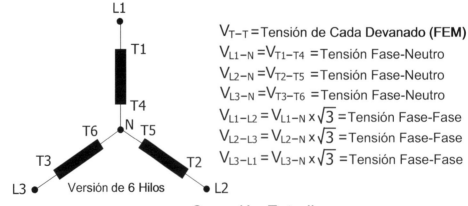

Conexión Estrella
(Sólo tensión especificada de salida)
Fig. 7-25

V_{T-T} = Tensión de Cada Devanado (FEM)
$V_{L1-N} = V_{T1-T4}$ = Tensión Fase-Neutro
$V_{L2-N} = V_{T2-T5}$ = Tensión Fase-Neutro
$V_{L3-N} = V_{T3-T6}$ = Tensión Fase-Neutro
$V_{L1-L2} = V_{L1-N} \times \sqrt{3}$ = Tensión Fase-Fase
$V_{L2-L3} = V_{L2-N} \times \sqrt{3}$ = Tensión Fase-Fase
$V_{L3-L1} = V_{L3-N} \times \sqrt{3}$ = Tensión Fase-Fase

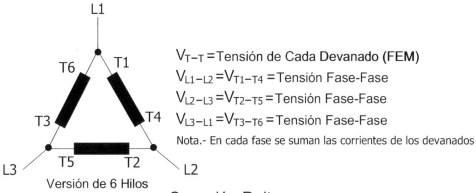

Conexión Delta
(Sólo tensión especificada de salida)
Fig. 7-26

7.9.- Regulador Automático de Tensión

Como se ha indicado en secciones anteriores, el flujo magnético excitador producido en el campo del generador depende en forma directa de su fuente de corriente continua, que en los generadores sin escobillas es el conjunto de generador AC excitador y el puente rectificador de diodos (disco de diodos) montados en el mismo eje del campo del generador. Igualmente se ha indicado que este flujo magnético se ve afectado por la desviación angular (deslizamiento) de la coincidencia polar (entre el núcleo magnético del campo y del inducido) originada por el flujo magnético de reacción que se produce en el núcleo magnético del inducido cuando se conecta una carga al generador (ver Sección No. 7.2). Esta desviación angular hace que menos líneas de fuerza del campo magnético excitador afecten el inducido por lo que la fuerza electromotriz del generador disminuye afectando la potencia aplicada a las cargas, al igual sucede cuando se incrementan las cargas del generador. Para la eficiente explotación de la utilización del generador necesariamente hay que compensar la diferencia de fuerza electromotriz, que se manifiesta en este caso en disminución de la tensión de salida del generador, por lo que la corriente continua aplicada al campo deberá aumentarse y así aumenta el flujo magnético excitador y se compensa la pérdida de fuerza electromotriz aumentando la tensión de salida. Para este efecto es necesario que el generador eléctrico cuente con un dispositivo denominado "Regulador Automático de Tensión" AVR por sus siglas en inglés (Automatic Voltaje Regulator) que monitorea la tensión de salida, procesa esa información, y produce una respuesta a través del campo estator del generador excitador que compensa su flujo magnético excitador, para que a su vez se produzca en el inducido rotor del generador excitador un aumento de su tensión y corriente AC (fuerza electromotriz). Luego será rectificada a corriente continua y será aumentada la inyección de corriente al campo excitador principal y así se compensará la tensión de salida del generador. Es importante indicar que el consumo de corriente del campo estator de generador excitador es muy bajo (entre 1 y 10 amperios DC), por lo que la etapa de control de potencia del Regulador Automático de Tensión para generadores sin escobillas no requiere de dispositivos especiales para el manejo de altas corrientes.

- **Teoría de funcionamiento del Regulador de Tensión.**

Para efectos de la explicación y como una forma muy sencilla de exponerlo, se considera al regulador de tensión como un servomecanismo y al generador como una función lineal, donde su salida Vo (tensión AC de salida) depende de la tensión de entrada Ve (tensión DC aplicada al campo del generador excitador) y por lo tanto se puede analizar como un bloque de ganancia, como a continuación describimos:

Nota.- Planteamiento teórico realizado por la Gerencia de Investigación y Desarrollo de Comelecinca Power Systems, C.A.

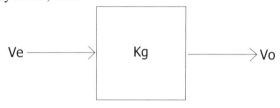

Diagrama 7.9-1

Por lo que se establece que la salida es una función directa de la entrada, de manera que la magnitud de la tensión alterna generada depende de la tensión de excitación aplicada con la siguiente fórmula:

$$Vo = Kg \times Ve$$

De la fórmula se deduce que para un valor dado de Ve, existe un valor de Vo que depende de la ganancia de Kg. Pero el generador como sistema físico real, se aparta de las condiciones ideales y su salida varía de la corriente que suple y de su resistencia interna. Estas variaciones pueden ser consideradas como perturbaciones externas que son ocasionadas por las variaciones de carga aplicadas al generador (ver sección No. 7.2). Para nuestra explicación se puede considerar a la perturbación como una tensión restada a la salida del bloque de ganancia, mientras se seguirá considerando a la función de transferencia del generador como una función lineal con el objeto de mantener la simplicidad. Por lo tanto el bloque generador quedaría así:

Diagrama 7.9-2

En este caso, la salida queda modificada por el elemento de perturbación Vp, y ya no depende exclusivamente de Ve, por lo tanto la ecuación se podría definir de la siguiente forma:

$$Vo = Kg \times Ve - Vp$$

Para mejorar la regulación y estabilidad de la salida se adopta un lazo cerrado de retroalimentación negativa Km, por medio de la cual se toma un muestra de la tensión de salida de generador Vo, y se compara con una referencia fija Vr, tal como se muestra en el siguiente diagrama:

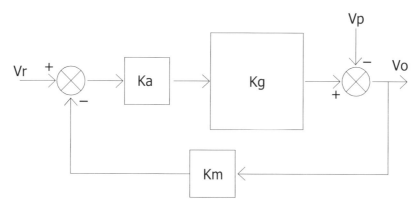

Diagrama 7.9-3

Como se indicó a la tensión de salida Vo se le compara con un tensión de referencia Vr, de esta operación se deriva un tensión de corrección que es amplificada por un elemento de manejo de potencia Ka, que ajusta la corriente de salida al campo excitador del generador, para mantener la salida dentro de los límites de su operación nominal.

Bajo esta premisa la tensión de salida de generador queda como:

$$Vo = (Vr - Km \times Vo) \times Ka \times kg - Vp$$

y despejamos Vo en función de Vr y Vp:

$$Vo + Km \times Kg \times Ka \times Vo = Vr \times Kg \times Ka - Vp$$

$$Vo = \frac{Vr \times Kg \times Ka}{1 + Km \times Kg \times Ka} - \frac{Vp}{1 + Km \times Kg \times Ka}$$

Si la función amplificadora de Ka es muy elevada, se puede deducir que:

$$Vo = \frac{Vr}{Km}$$

Nótese que si la ganancia de amplificación tiende a un valor muy elevado, la tensión de salida depende solo de la realimentación Km y de la tensión de referencia Vr, mientras que el elemento de perturbación queda eliminado. La ganancia de amplificación normal queda restringida a ciertos límites, puesto que la función de transferencia del generador en realidad no es lineal, y en el dominio de Laplace (ver nota) se aproxima como una función de segundo orden, en la cual un servosistema reduce los márgenes de fase y ganancia, lo que ocasiona la presencia de oscilaciones o inestabilidades dentro del mismo. Para elevar la ganancia del lazo hasta los niveles más óptimos y evitar la inestabilidad en el regulador de tensión se requiere de un bloque de compensación He(s), cuya función es la de cancelar las posibles inestabilidades que se puedan presentar, como una función de amortiguación (ver diagrama 7.9-4).

Nota.- La Transformada de Laplace es una función matemática integral que tiene una serie de propiedades que la hacen útil en el análisis de sistemas lineales. Una de las ventajas más significativas radica en que la integración y derivación se convierten en multiplicación y división. Esto transforma las ecuaciones diferenciales e integrales en ecuaciones polinómicas, mucho más fáciles de resolver. Otra aplicación importante en los sistemas lineales es el cálculo de la señal de salida. Ésta se puede calcular mediante la transformación de dos funciones la respuesta impulsiva del sistema con la señal de entrada. La Transformada de Laplace toma su nombre en honor de **Pierre Simón Laplace** (1749-1827) astrónomo, físico y matemático francés.

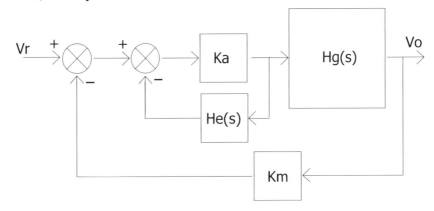

Diagrama 7.9-4

En este diagrama se considera que el generador posee una función de transferencia propia representada por Hg(s) en el dominio de Laplace (determinado por el diseñador y calculista del modelo especifico del AVR de acuerdo con el modelo y tipo de generador a controlar) y se ha incorporado la función de estabilidad He(s), la cual tiene por objetivo separar las componentes oscilatorias o inestables de la tensión de excitación y sumarlas a la señal de error con el signo invertido, con lo que se cancelan sus efectos sobre la tensión de salida Vo. El término de perturbación Vp que se encontraba restado a la salida se ha eliminado para simplificar el diagrama y como se ha demostrado su efecto se minimiza por la misma condición del sistema de lazo cerrado de alta ganancia.

Otra característica importante en la teoría del regulador automático de tensión es la protección del generador en caso de que el motor primario reduzca por alguna anormalidad su velocidad de giro y el generador no pueda mantener su velocidad de sincronismo. En este caso no habrá coincidencia magnética del campo excitador con el núcleo de inducido, por lo tanto la tensión de salida del generador se reducirá, el regulador de tensión lo considerará una perturbación (como si fuese ocasionada por la conexión de una carga) e intentará compensarlo, como el generador estará fuera de sincronismo magnético este tipo de perturbación no se puede compensar aumentando el flujo de corriente al campo excitador, el monitor del regulador de tensión no apreciará ninguna compensación y seguirá inyectando corriente al campo excitador probablemente ocasionando recalentamiento de los devanados en el campo excitador y en el campo principal provocando su posible daño. Para evitar este tipo de escenario se añade al regulador otro bloque de compensación positiva L(F) que opera por la reducción de la frecuencia F de salida del generador, (ver diagrama 7.9-5):

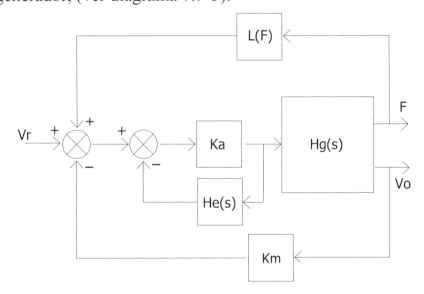

Diagrama 7.9-5

Los reguladores automáticos de tensión "AVR" se clasifican de acuerdo con el criterio de la función de compensación que le corresponda realizar en un generador. Cuando el generador opera aislado o en isla ("Stand Alone" por su denominación en inglés), el AVR solo debe compensar la tensión de salida del generador por lo que el criterio de operación es "Astático" que significa "Compensación de lo Inestable" o que no está en equilibrio. Sin embargo cuando el generador opera en régimen paralelo el AVR no compensa tensión, sino la potencia reactiva (corrientes magnetizantes) entregada por el generador, por lo que el criterio de operación es "Estático", que significa "Compensación del Equilibrio", ya que debe estar en equilibrio con los otros generadores y fuentes de energía que suplen a la barra. En los AVR con criterio de operación estático el monitor de tensión ha sido sustituido por un monitor de factor de potencia o potencia reactiva, el cual mantiene los niveles de entrega de potencia reactiva de acuerdo con el factor de potencia nominal del generador.

Para efectos de la teoría del regulador automático de tensión en operación "Estática", la compensación de factor de potencia o de potencia reactiva se puede considerar como una perturbación "L(kVAR)" la cual puede ser tomada de la salida del generador según el factor de potencia de diseño del generador o potencia reactiva máxima permisible que pueda entregar el generador de acuerdo con las características de capacidad de corriente de los devanados, conductores y bornes de salida. Para la operación en sistema Estático, se tiene dos formas de compensación (ver diagrama 7.9-6), el criterio de compensación denominado "Por Caída" ("Droop" por su denominación en inglés), donde el dispositivo sensor del regulador monitorea el factor de potencia o potencia reactiva y cuando esta llega al límite máximo permisible por el generador (según su diseño) reduce la excitación del generador en un porcentaje entre 1 y 4%, lo que producirá la reducción de la entrega de reactivos y serán los otros generadores de la barra los encargados de suplir la potencia reactiva hasta tanto le sea requerido nuevamente la entrega de potencia reactiva al generador.

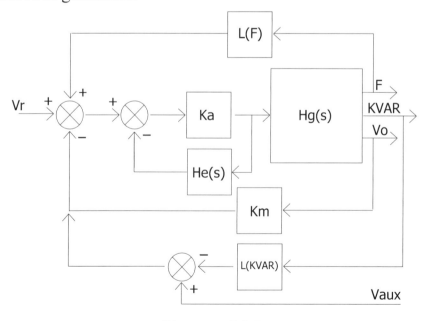

Diagrama 7.9-6

El otro criterio de compensación es por una señal "Vaux" proveniente de un dispositivo compartidor de cargas externo al AVR, con el criterio de compensación denominado "Isócrono", en el cual por la variación de la señal auxiliar "Vaux" aumenta o disminuye la excitación del generador de acuerdo con los requerimientos del compartidor de carga externo y que está en comunicación con los otros compartidores de carga de los otros generadores que también suministran potencia reactiva para la repartición equitativa de la potencia.

Simplificando el funcionamiento del regulador automático de tensión (ver nota), en sus dos versiones, para operación en un sistema "Astático" en grupos electrógenos de operación aislada (ver Fig. No. 7-27) o para la operación en un sistema "Estático" en grupos electrógenos operando en paralelo o compartiendo la carga con otros grupos electrógenos (ver Fig. No. 7-28), tenemos los siguientes diagramas de flujo de funcionamiento:

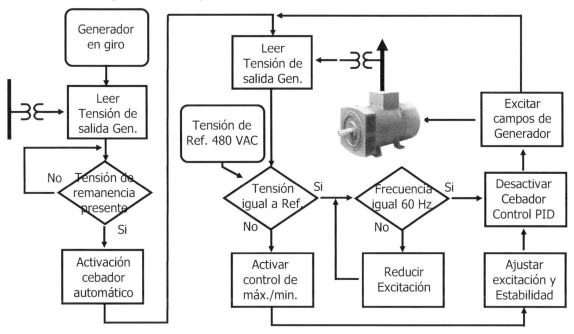

Diagrama de flujo funcional de un Regulador Automático de Tensión, con criterio de operación "Astático"
Fig. 7-27

Nota.- Para efectos de explicar de forma simple el funcionamiento del "Regulador Automático de Tensión" de un generador sincrónico, se puede hacer una similitud con una operación manual, donde el operador que esta vigilando el ajuste de tensión de salida del generador, observa un voltímetro y un frecuencímetro (parámetros de salida del generador en operación) y tiene su mano sobre un reóstato que ajusta la tensión DC aplicada al campo del generador. El operador tiene dos instrucciones precisas anotadas "Tensión de salida 480 V" (tensión de referencia) y "Frecuencia mínima de operación 60 Hz" (frecuencia de protección), y conoce que el procedimiento es si la tensión baja de 480 V se debe mover la perilla del reóstato para aplicar más tensión DC al campo y si sube de 480 V se debe mover la perilla del reóstato en sentido contrario para aplicar menos tensión DC al campo y así cumple con la función de ajustar la tensión de salida del generador cuando aplican o quitan carga al mismo. No obstante también tiene que estar pendiente de la frecuencia y si la misma baja de 60 Hz, su procedimiento es mover la perilla del reóstato en sentido contrario para aplicar menos tensión DC al campo y proteger el generador.

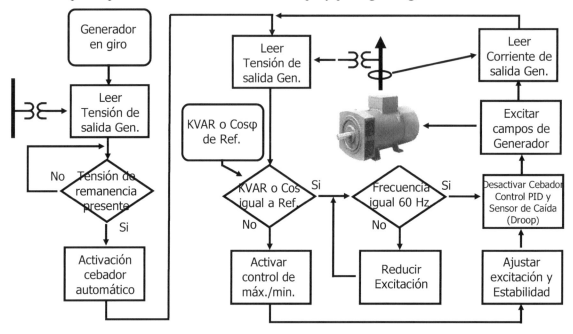

Diagrama de flujo funcional de un Regulador Automático de Tensión, con criterio de operación "Estático"
Fig. 7-28

Nota.- El siguiente diagrama muestra los diferentes bloques de dispositivos internos del regulador automático de tensión, de acuerdo con la teoría expresada anteriormente:

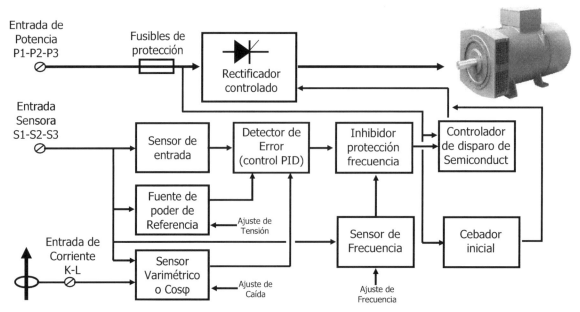

Diagrama de Bloques de un Regulador Automático de Tensión
Fig. 7-29

En generadores con conexión del regulador automático de tensión tipo SHUNT (conectado directo a la salida del generador) o AREP (conectado a un devanado auxiliar) cuando se inicia su funcionamiento y una vez que el motor primario de grupo electrógeno está en su velocidad nominal de trabajo (velocidad de sincronismo del generador), se cuenta con un dispositivo denominado "Cebador" que toma la pequeña tensión producida por el generador la cual se denomina "Tensión de Remanencia" (ver nota). Esta tensión es la encargada de arrancar la función de autoalimentación del AVR y luego que se produce la primera corriente inyectada al campo del generador excitador la tensión de generador principal se eleva gradualmente hasta su nivel de tensión nominal. Para el caso de generadores con PMG no opera el sistema cebador porque el generador de imán permanente por su misma condición no requiere de campo magnético de excitación inicial.

Nota.- La tensión de remanencia se produce porque en los generadores sin escobillas el núcleo del campo excitador del generador excitador se construye con materiales de ferro-silicio paramagnéticos (que mantienen levemente el magnetismo). Este magnetismo de remanencia al comenzar el giro del campo en el generador induce una pequeña tensión en la salida que es tomada por el regulador automático de tensión para ir aumentando gradualmente la excitación y lograr la tensión nominal de salida.

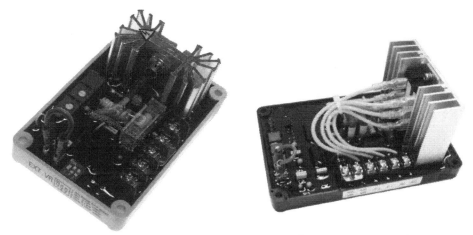

Modernos Reguladores Automáticos de Tensión
para funcionamiento Astático.
Fig. 7-30

En resumen el Regulador Automático de Tensión debe cumplir con las siguientes funciones: A.- Regular la corriente de campo con la variación de la carga del generador, sea por variaciones de tensión o variación de la potencia reactiva, B.- Proteger los devanados de los campos del generador con la protección por baja frecuencia, C.- Amortiguar o evitar las oscilaciones en la tensión o la potencia reactiva de salida del generador en su operación en régimen transitorio. Ver el capítulo No. 13, sobre de mantenimiento para conocer las condiciones de instalación y procedimientos de prueba de los AVR.

7.10.- Excitatrices Estáticas para Generadores con Escobillas

Aunque en los Generadores sin Escobillas la utilización del pequeño generador AC excitador, que conjuntamente con el disco de diodos constituye la fuente de corriente DC del campo principal no es relativamente nueva, sólo es aplicada hasta generadores de mediana potencia (ver nota) aún en la actualidad un porcentaje importante de grandes generadores utilizados en Grupos Electrógenos con motor rotativo (turbogeneradores) tienen escobillas y una fuente de corriente DC externa. A esta fuente de corriente continua que se caracteriza por el manejo de altas corrientes, se denomina "Excitatriz Estática" ("Static Excitation System" por su denominación en inglés), igualmente son utilizadas en los grandes generadores de centrales térmicas de combustión externa y centrales hidroeléctricas.

Nota.- En investigaciones comerciales realizadas, la potencia máxima ofrecida por grupos electrógenos con generadores sin escobillas es de 50 MVA, aunque hay fabricantes que ofrecen de mayor potencia en generadores sin escobillas (hasta 500 MVA), quedará a criterio del diseñador y calculista de la central eléctrica utilización de generadores con o sin escobillas, según las respuestas de compensación de tensión o potencia reactiva requeridas por las cargas en los regimenes transitorios, por el tipo de motor primario utilizado por los dispositivos de compensación de velocidad del motor primario.

El autor estima que la aplicación del diseño del "Generador sin Escobillas" no se ha generalizado aún su utilización en generadores de grandes potencias por lo complejo que resultaría compensar de manera eficaz una doble función de transferencia magnética del generador (ver nota) en el manejo de grandes bloques de potencia en régimen transitorio. Para lograr una respuesta en tiempo dentro de los márgenes de variación de frecuencia y tensión permisibles por las cargas porque son dos funciones de transferencia magnética, ya que en el generador sin escobillas se tienen dos circuitos magnéticos, uno el de "Campo Generador Excitador-Inducido del Generador Excitador" y el otro el del "Campo Generador Principal-Inducido del Generador Principal". La inyección de corrientes directamente de una fuente de corriente continua electrónica o dinámica (dínamos o excitatrices dinámicas de vieja tecnología) a través de las escobillas al campo principal del generador solo aplica para una sola función de transferencia magnética y hace que la respuesta de compensación del generador sea más rápida.

Nota.- Función de Transferencia Magnética es el modelo matemático que nos proporciona las respuestas de los circuitos magnéticos del generador y por consiguiente su salida, esto de acuerdo con una señal de entrada o excitación exterior determinada.

Como una información preliminar para conocer la aplicación y funcionamiento de las Excitatrices Estáticas tenemos que de acuerdo con las ecuaciones de Maxwell y Oersted y la aplicación de la Ley de Inducción Electromagnética de Fadaray, en lo referente a la relación entre el flujo magnético, a nuestro efecto "Flujo Magnético Excitador", la potencia eléctrica necesaria para producirlo en el campo rotor de un generador con escobillas se estima en un promedio de 2 % de la potencia total de generador a utilizarse, aunque en algunos modelos puede llegar hasta el 5% (este valor dependerá del diseño del generador, su antigüedad, su impedancia de campo y condiciones de aislamiento). Si fijamos que los niveles de las tensiones aplicadas a los devanados del campo rotor no deben ser muy altos dado la complejidad de los aislamientos utilizados entre los devanados del campo a la alta velocidad rotación. Se conoce que de acuerdo a los tamaños de los generadores y con la finalidad de reducir las corrientes, los niveles de tensión utilizados en los campos principales excitadores son de 125 hasta 750 VDC.

Como ejemplo, para calcular estimativamente la corriente de campo de un generador con escobillas de 20 MVA, que según lo anteriormente descrito consume una potencia de corriente continua cercana a 0,4 MW (400 KW) en su campo magnético excitador, si la tensión de excitación es de 250 VDC, la corriente de campo se calculará de acuerdo con la siguiente formula:

$$P = V \times I \quad I = \frac{P}{V} \quad I = \frac{400.000 \, W}{250 \, VDC} = 1.600 \, A$$

La aplicación de la fórmula no es estrictamente lineal, pero da una referencia de la corriente de excitación que deberá suplir la excitatriz estática correspondiente en Generadores con Escobillas. Es importante reseñar que los diseñadores han aumentado los niveles de tensión de excitación con la finalidad de hacer más manejables las corrientes de campo, que en los más recientes modelos de grandes generadores pueden llegar hasta 10.000 amperios DC.

- **Dispositivos internos de la Excitatriz Estática**

La Excitatriz Estática como fuente de poder de corriente continua para los campos de los grandes generadores con escobillas, es la modernización del antiguo generador de corriente continua usado en el pasado. Los diseñadores lo denominaron excitatriz dinámica (ver sección 7.6) porque suplía las corrientes para el electromagnetismo de excitación de los campos, pero al desarrollarse la tecnología de rectificación y control de corriente continua de estado sólido la utilización del sistema dinámico fue totalmente reemplazado por sistemas electrónicos sin ninguna pieza móvil, lo que le dio su característica de estática. Esencialmente la conformación de los diferentes circuitos internos de la excitatriz estática son iguales a los del regulador automático de tensión ya que en principio cumplen la misma función. No obstante la excitatriz estática requiere de dispositivos de control, regulación y protección para el manejo de grandes corrientes, además que requiere de otros dispositivos de regulación pertinentes a la seguridad en el manejo de la funciones de transferencia magnética en los grandes generadores cuando los mismos están operando en regímenes transitorios por la toma o salida de grandes bloques de carga, por lo que el diagrama teórico es el siguiente:

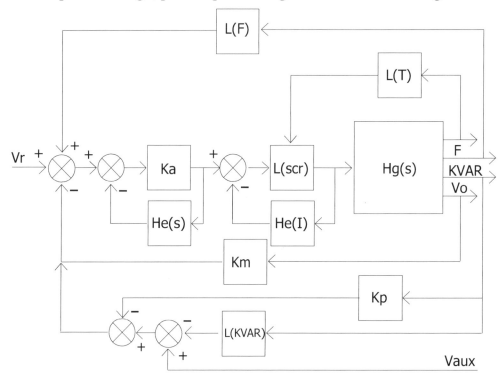

Diagrama 7.9-7

Donde L(T) es el factor de amortiguación del transformador reductor de la entrada de potencia a los rectificadores controlados, cuya impedancia de cortocircuito deberá ser superior al 15 %, el bloque L(scr) representa el factor de ganancia del puente rectificador de semiconductores controlados (SCRs) que es alimentado del transformador y controlado por los detectores de error del regulador (ver sección No. 7.9), He(I) es el bloque de protección para evitar las sobrecorrientes en el campo y el bloque de ganancia Kp es el compensador de salida de grandes bloques de carga (tanto de potencia activa como reactiva) del generador. Este de modo muy rápido reduce en pequeños períodos (μseg) la excitación, ayudando al control de velocidad a compensar en forma más eficiente la velocidad de sincronismo. Todos los demás circuitos tienen las mismas funciones que en el AVR. Es importante destacar que como las excitatrices estáticas operan en generadores de grandes capacidades y por lo tanto las cargas conectadas necesitan alta confiabilidad, la excitatriz estática cuenta con dispositivos especiales para hacer su operación considerablemente segura. Uno de estos es el "Seguidor de Señal" que es un dispositivo que monitorea las señales de entrada (tensión, frecuencia, potencia activa) en el regulador de la excitatriz estática y en caso de fallar estas señales de entrada, redirecciona el monitoreo de salida a otro regulador interno redundante. Si el problema es externo a la excitatriz (ejemplo como el daño en algún transformador sensor), fija un nivel de excitación para la producción de potencia reactiva base hasta que el problema es atendido por los operadores (este dispositivo no se encuentra descrito en el diagrama anterior).

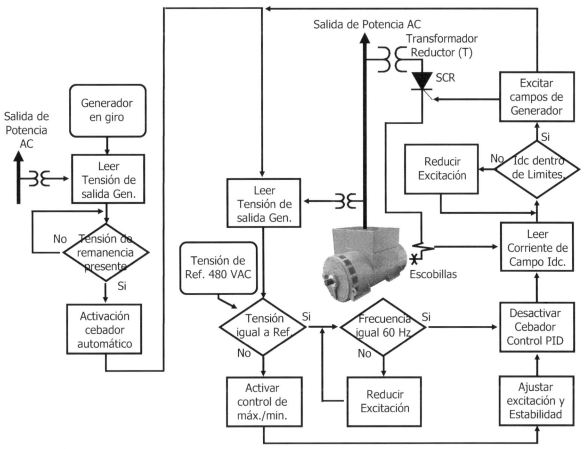

Diagrama de flujo funcional de una Excitatriz Estática, con criterio de operación "Astático"
Fig. 7-30

Aunque está externo a la excitatriz estática, otro dispositivo importante en su funcionamiento es el "Disyuntor de Campo", que es un interruptor especial que conecta y desconecta el puente rectificador controlado (SCRs) de los campos. Su función más importante está cuando se detiene el funcionamiento del generador, cesando la inyección de corriente al campo. El disyuntor de campo desconecta el puente rectificador controlado y conecta en paralelo con el campo una resistencia de descarga que lo cortocircuita para efectos de disipar rápidamente las altas tensiones por corriente inversas que se generan en el campo por la condición de desconexión del devanado de un circuito magnético. Los niveles de tensión generados por la corriente inversa que aparece en el campo del generador pueden superar en un 1.000 % el nivel de tensión nominal del campo por lo que de no contar con un disyuntor de campo y una resistencia de descarga su aislamiento podría presentar fugas.

En los modelos más recientes de excitatrices estáticas todo el sistema regulador y controlador es conformado por un autómata programable (PLC) de alto nivel de proceso, el cual cuenta con entradas y salidas analógicas para realizar las funciones que se han descrito teóricamente. Esto se realiza en módulos de cálculo matemático del PLC donde se introducen series de algoritmos vinculados con cada una de sus funciones. A continuación se muestra un diagrama de bloques básico de una excitatriz estática de funcionamiento bajo criterio de regulación estático.

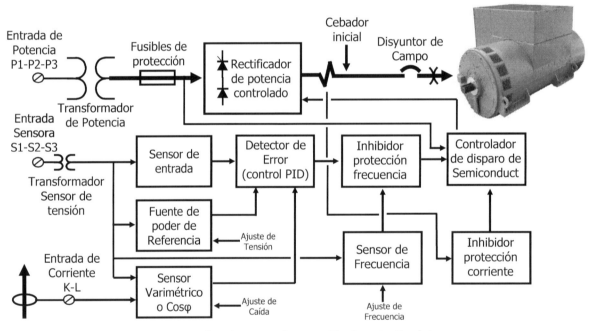

Diagrama de Bloques de una Excitatriz Estática
Fig. 7-31

Nota.- Ver el capítulo No. 13, sobre el mantenimiento para conocer las condiciones de instalación y procedimientos de prueba de las excitatrices estáticas

7.11.- Los Relés de Protección Eléctrica para Generadores

En el comportamiento del generador en régimen transitorio o por la presencia de una falla interna o externa al mismo, como un cortocircuito en las líneas de salida, sobrecarga o pérdida de la regulación de velocidad en el motor primario, entre otras, se pueden producir desviaciones críticas de los parámetros de operación normal del generador que de no ser despejadas en un período de tiempo relativamente corto pueden ocasionar daños irreversible en el generador, en el motor primario o en sus dispositivos periféricos de control y regulación. Para evitar que cualquier desviación crítica de los parámetros indicados cause un daño profundo en el generador es necesario la instalación de dispositivos de protección denominados "Protecciones Eléctricas" cuya función es desconectar o apagar su funcionamiento de forma inmediata cuando se presenta una falla y evitar que su prolongación (en período de tiempo y/o magnitud) puedan causar esos daños que en muchas ocasiones, paralizan e inhabilitan al grupo electrógeno o la central eléctrica por períodos de tiempo tales que las pérdidas económicas son mucho mayores a los costos de un buen sistema de protección eléctrica para el generador. Es importante indicar que las protecciones eléctricas no evitan las fallas (ver nota), solo las despejan rápidamente, desconectando el generador y evitando daños cítricos en el mismo. Entre algunos daños ocasionados por la falta de protecciones eléctricas o la instalación de protecciones eléctricas inadecuadas en generadores se puede mencionar: daños en los aislamientos de los devanados de inducido o campo por sobre-excitación, daños en los devanados por calentamiento excesivo ocasionado por sobrecarga mantenida del generador, rotura de rodete o de la caja de engranajes en turbogeneradores o del cigüeñal en motores reciprocantes por cortocircuito no despejado a tiempo en el generador o en su salida de potencia, daños en los devanados del inducido por cortocircuito o puesta a tierra accidental de algún de los devanados o conductores del generador.

Nota.- Evitar fallas como las mencionadas es responsabilidad exclusivamente de la confiabilidad, calibración y ajuste de los dispositivos reguladores operacionales del generador o grupo electrógeno, como el regulador de velocidad del motor primario o el regulador de tensión del generador (AVR). Otro factor importante para evitar las fallas es la calidad de las instalaciones eléctricas y/o montajes mecánicos de la central eléctrica y en algunos casos también de las destrezas y experiencia de los operadores del sistema, cuando estos factores no pueden ser controlados entran a operar las protecciones eléctricas solo para evitar daños mayores en los diferentes equipos y/o dispositivos de la central eléctrica, pero es preciso indicar que de ninguna forma evitan el corte de la operación del generador.

- **Como funciona una protección eléctrica**

Una protección eléctrica de un generador, también denominada "Relé de Protección Eléctrica", es básicamente un dispositivo relevador electrónico de salida por relé electromecánico de contacto aislado o salida electrónica de estado sólido, que actúa sobre los dispositivos externos de desconexión de potencia (interruptor de salida), el regulador de tensión o control de parada del motor primario. Estas salidas son controladas por un circuito electrónico de alta precisión, que recibe señales de entrada analógicas de los parámetros operacionales del generador (muestras de corriente y tensión), las convierten a información digital (I=Bits; V=Bits ó F=Bits) y luego las compara con una referencia prefijada en un detector de error y en caso de una desviación específica en magnitud o en velocidad de respuesta de la señal de entrada (falla o sobrecarga) con respecto a la referencia, activa la salida para que se despeje rápidamente la falla y no cause daños irreversible en el generador, el motor primario o en otros dispositivos de la central eléctrica.

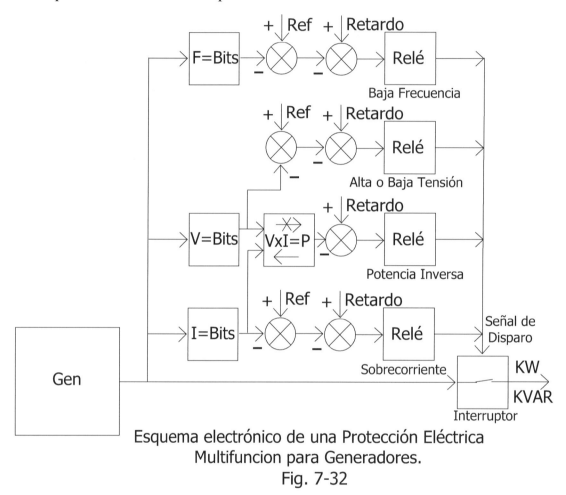

Esquema electrónico de una Protección Eléctrica Multifuncion para Generadores.
Fig. 7-32

En el pasado las protecciones eléctricas fueron diseñadas con componentes electromecánicos de alta precisión con funciones discretas y cada relé de protección eléctrica cumplía una función específica (sobrecorriente, potencia inversa, sobretensión, etc.) y todos en forma paralela actuaban sobre los dispositivos externos de desconexión de potencia. En la actualidad los modernos y sofisticados relés de protecciones eléctricas son diseñados bajo el criterio de un autómata programable de alta precisión multifunción, con programa residente e integral, una sola unidad contiene todas las funciones de protección inherentes al dispositivo al cual están vinculadas. Hay relés de protección eléctrica específicos para generadores de acuerdo con su potencia, y para transformadores dependiendo de su potencia y tensiones de operación. Básicamente una protección eléctrica combinada para generador de baja potencia (4 MVA máximo) deberá contar con protección de sobrecorriente (retardada por sobrecarga o instantánea por cortocircuito), de potencia inversa, de sobre y baja tensión y de baja frecuencia.

El comparador con una señal de retardo permite que esa función dentro del Relé de Protección Eléctrica opere instantáneamente o con retraso (ajustable en tiempo) esto es para evitar que por el comportamiento en régimen transitorio del generador se cause la desconexión del interruptor de potencia sin la existencia de una falla. El relé de salida (contacto seco aislado) por lo general está conectado directamente a la bobina de disparo (trip) del interruptor principal y además en grandes generadores sobre el disyuntor de campo. En algunas aplicaciones también controla el apagado del motor primario y cierra las válvulas de combustible, así como envía señales a sistemas de despacho automático de carga. Los relés de protección eléctrica integrales para grandes generadores también tienen funciones de supervisión y protección de la temperatura de operación del generador por medio de termocuplas ubicadas dentro de los núcleos magnéticos del estator inducido, esta supervisión y protección se puede programar para que accione una alarma solamente y/o después que supere un umbral o límite crítico de temperatura del generador produzca la desconexión del interruptor de potencia y el apagado del grupo electrógeno.

- **Clasificación de las protecciones eléctricas**

El uso y aplicación de dispositivos de protecciones eléctricas depende de la ubicación de los factores que probablemente puedan causar una falla, si son internos del generador o externos en las acometidas, barras, tableros de potencia o en las cargas (ver nota).

Nota.- Es de suponer que una falla en la cargas, como un cortocircuito o sobrecorriente deberá ser despejada por su protección inmediata vinculada, sin embargo se admite la posibilidad de falta de coordinación en las protecciones eléctricas del sistema eléctrico de una edificación y que una falla de este tipo en las cargas pueda ser despejada por la protecciones eléctricas del generador.

- **Factores Internos**

    Los factores de falla internos al generador se pueden ubicar en el estator (inducido) o en el rotor (campo). En el estator por fallas en los aislamientos y/o vibración en el núcleo magnético pueden ocurrir: A.- Cortocircuito en fases, B.- Cortocircuito entre fase y neutro o entre fase y tierra (carcasa o entrehierro del núcleo) y C.- Cortocircuito entre espiras. Un cortocircuito entre fases o entre una fase y el neutro aumenta la corriente en una de las fases y causa desbalance de la corriente en los puntos de unión en los terminales de salida. Un cortocircuito entre espiras causa aumento de temperatura en el núcleo del inducido. En el rotor igualmente por fallas en los aislamientos y/o vibración en el núcleo magnético, pueden ocurrir: A.- Pérdida de Excitación y B.- Cortocircuito en los devanados del campo. La pérdida de excitación hace que se pierda el acoplamiento magnético y un cortocircuito en el campo o entre sus devanados (espiras) aumenta considerablemente la corriente DC consumida por el campo, ya que produce variaciones en el campo magnético que se reflejarán en la tensión o potencia reactiva de la salida del generador que tratará de compensar el AVR y al no lograrlo por la falla podrá calentar o sobrecargar al generador excitador, el rectificador rotatorio y el campo principal.

- **Factores Externos**

Los factores externos que pueden producir daños irreversibles en el generador o en motor primario del grupo electrógeno son: A.- Motorización del generador (ver nota), B.- Sobrecorriente por sobrecarga, C.- Sobrecorriente por Cortocircuito, D.- Sobretensiones, E.- Baja Frecuencia y F.- Pérdida de Sincronismo (cuando operan en paralelo). La motorización del generador aunque puede también ocurrir por factores internos como perdida de excitación por cortocircuito en el campo, generalmente se manifiesta por fallas en el AVR o por la presencia de grandes bloques no compensados de potencia reactiva en el sistema eléctrico esto puede ocurrir por condensadores estáticos conectados en el sistema eléctrico al que suple el generador. La sobrecorriente por sobrecarga puede ocurrir por aumento inadecuado de la carga del generador por deficiente operación de los reguladores (control de velocidad o AVR) o por negligencia en los operadores o instaladores del sistema. Es importante indicar que una sobrecorriente por sobrecarga puede ocasionar el frenado del motor primario ocasionando una baja frecuencia. La sobrecorriente por cortocircuito puede suceder la conexión fortuita entre dos fases o fase a neutro en las acometidas externas del generador. Las sobretensiones aparecen igualmente por exceso de potencias reactivas en el sistema eléctrico o por una operación deficiente del AVR. La baja frecuencia puede ser ocasionada por fallas en el control de velocidad del motor primario y la misma puede ocasionar el desacople magnético del generador, con la pérdida de las condiciones nominales de salida como la tensión y la potencia reactiva, lo que puede causar que el AVR intente compensarla y al no lograrlo sobrecargue el generador excitador y los campos principales, pudiendo causar daños en los mismos. La pérdida se sincronismo es vital cuando el generador se desea conectar a una barra para su operación en paralelo, se considera la posibilidad de una entrada del generador fuera de secuencia, tensión o frecuencia con respecto a la barra, por lo que esto pudiese causar sobrecorriente por sobrecarga.

Nota.- Motorización es la entrada o consumo de potencia activa por el generador desde la barra, cuando opera en paralelo, convirtiéndolo en un motor eléctrico.

Capacidad del GE. ▶ Tipo de Protección ▼	0 a 4 MVA	4 a 15 MVA	15 a 50 MVA	> 50 MVA
Sobrecorriente	OBLIGATORIO	OBLIGATORIO	OBLIGATORIO	OBLIGATORIO
Cortocircuito	OBLIGATORIO	OBLIGATORIO	OBLIGATORIO	OBLIGATORIO
Potencia Inversa	OBLIGATORIO	OBLIGATORIO	OBLIGATORIO	OBLIGATORIO
Alto Voltaje	Media Tensión	OBLIGATORIO	OBLIGATORIO	OBLIGATORIO
Bajo Voltaje	AVR con SCRs	AVR con SCRs	AVR con SCRs	OBLIGATORIO
Baja Frecuencia	AVR con SCRs	AVR con SCRs	AVR con SCRs	OBLIGATORIO
Diferencial	NO NECESARIO	OPCIONAL	OBLIGATORIO	OBLIGATORIO
Baja Impedancia	NO NECESARIO	NO NECESARIO	SEGÚN REQUERIMIENTO DE FABRICA	OBLIGATORIO
Desbalance de fase	NO NECESARIO	SEGÚN REQUERIMIENTO DE FABRICA	SEGÚN REQUERIMIENTO DE FABRICA	OBLIGATORIO
Pérdida de Excitación	NO NECESARIO	OPCIONAL	OPCIONAL	OBLIGATORIO
Estator falla a Tierra	Media Tensión	OBLIGATORIO	OBLIGATORIO	OBLIGATORIO

Leyenda: ■ OBLIGATORIO □ OPCIONAL ▒ SEGÚN REQUERIMIENTO DE FABRICA □ NO NECESARIO

Aplicación de Protecciones Eléctricas de acuerdo con
la potencia de los Generadores (recomendación de los fabricantes)
Fig. 7-33

Como se indica en el cuadro de la Fig. No. 7-33, las protecciones eléctricas en generadores se instalan de acuerdo con la potencia de los generadores, ya que +para el manejo de grandes bloques de potencia en niveles de baja o media tensión, los requerimientos de seguridad se incrementan haciendo que el despeje inmediato de una falla sea necesario para evitar daños irreversibles como los indicados anteriormente.

Los diferentes componentes que conforman la instalación de un grupo electrógeno en una central eléctrica, incluyendo el sistema de protecciones eléctricas del generador están normalizados de acuerdo con la norma ANSI-IEEE C37.102; la cual le otorga una denominación común, un número y su aplicación a cada dispositivo de control, regulación, monitoreo y protección, esto con la finalidad de unificar los criterios de los proyectistas, diseñadores, calculistas y fabricantes de los dispositivos de protección, los tableros de potencia y distribución y de los mismos grupos electrógenos en la presentación de diagramas, planos y esquemas, las denominaciones más utilizadas en generadores AC se describen en la tabla en Fig. No. 7-34.

Número IEEE C37.102	Descripción	Observación
24	Relé de Sobre Excitación (V/Hz)	
25	Relé de Verificación de Sincronismo	
27	Relé de Baja Tensión	
31	Equipo Regulador de Excitación Separado	Incluye el AVR y la Excitatriz Estática
32	Relé de Potencia Inversa	Opcional de Potencia Reactiva
40	Relé de Pérdida de Excitación	Sólo en generadores con Excitatriz Estática
41	Disyuntor de Campo	Sólo en generadores con Excitatriz Estática
46	Relé de Inversión de Fase	Opcional de Desbalanceo de Corriente de fase
47	Relé de Secuencia de Fase	
49	Relé de monitoreo térmico	
50	Sobrecorriente acción instantánea	Acción por Cortocircuito (tiempo inverso)
51	Sobrecorriente acción retardada	Acción por Sobrecarga
52	Interruptor principal del Generador	Aplica también para el Interruptor de Servicio
53	Relé de la Excitatriz	Aplica para Dinámicas y Estáticas
59	Relé de Sobre Tensión	
60	Relé de Balance de Tensión y Corriente	Para supervisión de transformadores de potencial
64	Relé de detección de puesta a tierra	
65	Control de Velocidad del Motor Primario	Gobernador
81	Relé de Frecuencia	Monitorea Alta y Baja Frecuencia
87	Relé de Corriente Diferencial	
90	Dispositivo de Regulación	También aplica para Compartidores de Carga
91	Relé de Tensión Inversa	
92	Relé de Tensión y Potencia Inversa	

Asignación de numeración IEEE para las Protecciones Eléctricas
Fig. 7-34

Nota.- La descripción de los dispositivos de protección eléctrica descritos en la tabla de la fig. 7-34 no constituye el total de todos los dispositivos de protección eléctrica exigidos en estructuras o instalaciones eléctricas, sólo describes los más utilizados en sistema de generación y grupos electrógenos.

Número de Protección (IEEE C37.102)	Dispara Interruptor Principal	Dispara Interruptor de Campo	Actúa transferencias Auxiliares	Dispara (apaga) el Motor	Solamente Alarmas
24	X	Ver nota 1	X	Ver nota 2	
32	X	X	X	X	
40	X	X	X	Ver nota 2	
46	X	Ver nota 3	Ver nota 3	Ver nota 3	
49					X
50/27	X	X	X	X	
50/51G	X	X	X	X	
51TG1	X				
51TG2	X	X	X	X	
51TG1 UAT	Ver nota 4	Ver nota 4	Ver nota 5	Ver nota 4	
51TG2 UAT	X	X		X	
50/51 UAT	X	X	Ver nota 5	X	
53		Ver nota 1			X
59	X	X	X	Ver nota 7	Ver nota 6
59G	X	X	X	X	Ver nota 8
60					X
64F	Ver nota 9	Ver nota 9			X
81	X				
87G	X	X	X	X	
87T	X	X	X	X	
87T UAT	X	X	X	X	
87O	X	X	X	X	

Activación de Dispositivos por las Protecciones Eléctricas (IEEE C37.102)
Fig. 7-35

Notas.- Nota 1: Si el generador esta fuera de barra sólo dispara el disyuntor de campo. **Nota 2**: Cuando el generador esta fuera de barra sólo dispara de acuerdo a lo indicado en el punto 4.5.4.4. Pág. 67 IEEE C37.102. **Nota 3**: En operación con corriente desbalanceada ver punto 4.5.2.2. Pág. 58 IEEE C37.102. **Nota 4:** Si el disparo de interruptor significa la pérdida de los servicios auxiliares no se requiere este dispositivo, sería un 51TG2 UAT. **Nota 5**: Dispara por los contacto del interruptor principal. **Nota 6**: Dispositivo 59 puede se conectado a alarma en algunas unidades. **Nota 7**: Esta protección generalmente esta conectada al interruptor principal, interruptor de campo y transferencia auxiliares. **Nota 8**: Por lo general apagan el AVR del generador y el Motor primario. **Nota 9:** Pueden ser conectados por el fabricante del generador.

El diagrama unifilar de la Fig. 7-36, indica la ubicación de la conexión de las protecciones eléctricas más frecuentemente utilizadas en medianos y grandes generadores de grupos electrógenos.

El Generador Eléctrico

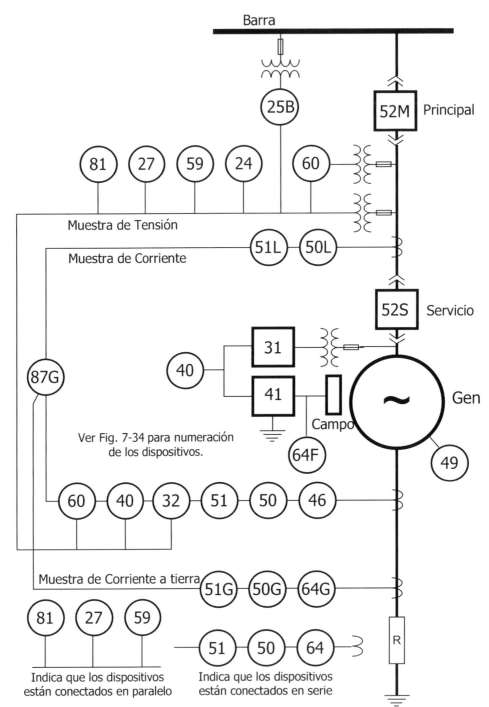

Conexión básica de los Relés de Protección
Eléctrica en un generador de 50 MVA
Fig. 7-36

Una letra sufijo al lado del número IEEE/ANSI del dispositivo puede ser usada para denotar su punto de conexión o equipo al cual protege, como ejemplos: 51G (Ground, por su término en inglés) Relé de Sobrecorriente retardada de Puesta a Tierra ó 64G (por Ground) Relé detector de puesta a tierra, igualmente 64F (por Field) Relé detector de puesta a tierra en el Campo, 87T (por Transformer) Relé Diferencial de Transformador, 50L (por Line) Relé de Sobrecorriente instantánea en línea ó 25B (por Bus) Relé de Verificación de Sincronismo a Barra. También se pueden utilizar las letras sufijos X, Y, Z para identificar dispositivos auxiliares. Cuando hay varios relés de protección del mismo tipo y se deben diferenciar para poder hacer seguimiento a su conexionado, el sufijo es un número, como ejemplo: 51-1; 51-2 y 51-3, para indicar Relés de Sobrecorriente instantánea No. 1; No 2 y No 3. Además cuando hay una combinación de dos o más relés de protección en un solo dispositivo, se pueden separar por una barra inclinada, como ejemplo: 50/51 Relé combinado de protección de sobrecorriente instantánea con sobrecorriente retardada.

A continuación se describen las protecciones eléctricas más usuales en generadores de grupos electrógenos y en grandes generadores con otro tipo de motor primario (turbinas de vapor y en centrales hidroeléctricas), se enumeran de acuerdo con su importancia en la protección de los generadores:

Nota.- Se mencionan los términos en idioma inglés ya que todos los fabricantes lo utilizan básicamente en sus manuales e información técnica.

- **Sobrecorriente Retardada**

    Número 50 en la clasificación IEEE/ANSI C37.102, es denominado en inglés "AC Time Overcurrent Relay", es el relé de protección más utilizado para la seguridad en la operación de los generadores, porque es el que limita su potencia para evitar ser sobrecargado. Su respuesta es retardada ya que el generador puede sobrepasar los límites máximos de su corriente nominal por periodos de tiempo muy cortos cuando esta en régimen transitorio, pero si la sobrecarga es continua tenderá a salirse de acoplamiento magnético (sincronismo) y a calentar los devanados hasta el punto crítico de destruir sus aislamientos. Este relé recibe una muestra de corriente de las tres fases de salida del generador y opera bajo el mismo principio del relé térmico que mide el incremento de la temperatura máxima en un periodo de tiempo y actúa en un límite prefijado, para efectos del relé electrónico el algoritmo que lo reemplaza opera bajo el mismo criterio. En grupos electrógenos de pequeña y mediana capacidad (hasta 2500 KVA) esta protección viene incorporada directamente en el interruptor de potencia. En grandes generadores se instala en forma discreta o en un relé de protección multifunción que actúa sobre la bobina de disparo del interruptor principal.

- **Sobrecorriente Instantánea (Cortocircuito)**

Número 51 en la clasificación IEEE/ANSI C37.102, es denominado en inglés "Instantaneous Overcurrent or Rate of Rise, Relay", también es denominado "Relé de Corriente de Tiempo Inverso" y al igual que el Relé de Sobrecorriente Retardada, es el relé de protección más utilizado para la seguridad en la operación de los generadores, porque es el que garantiza que en caso de un cortocircuito en los conductores de salida o instalaciones externas conectadas al generador, el mismo será despejado en un tiempo extremadamente corto, ya que sino fuese así podría romper los devanados del estator o frenar al rotor pudiendo afectar de forma crítica la operación del motor primario. Este relé recibe una muestra de corriente de las tres fases de salida del generador y opera bajo el principio de la tendencia al valor infinito que tiene la corriente cuando ocurre un cortocircuito, por lo que el algoritmo que lo hace funcionar dentro del relé toma en cuenta básicamente la tendencia que tiene la corriente a aumentar exponencialmente, que a mayor sea el valor de la corriente, menor será el tiempo de actuación (inverso). Los fabricantes pueden suministrar relés con diferentes características de operación, a saber: normal inverso, muy inverso, extremadamente inverso, de acuerdo con las capacidades de corriente de cortocircuito de la fuente de suministro. Como en el caso del Relé de Sobrecorriente Retardada (50) en grupos electrógenos de pequeña y mediana capacidad (hasta 2500 KVA) esta protección viene incorporada directamente en el interruptor de potencia. En grandes generadores se instala en forma discreta o en un relé de protección multifunción que actúa sobre la bobina de disparo del interruptor principal.

- **Potencia Inversa**

Número 32 en la clasificación IEEE/ANSI C37.102, es denominado en inglés "Directional Power Relay", es un dispositivo de protección que actúa cuando el flujo de potencia que sale del generador cambia de dirección. Normalmente el flujo de potencia es en sentido del generador a la carga, no obstante cuando un generador opera en régimen paralelo con otros generadores o con la red utilitaria y por efectos de una falla en su regulador de velocidad, una pérdida de excitación (por una falla en el AVR o en el campo) o por exceso de reactivos en la barra de conexión, el flujo de potencia puede cambiar de dirección convirtiendo al generador en un motor que consume potencia de la barra. Esto además de exponer a la central eléctrica a una carga imprevista, calienta de forma crítica los devanados del estator del generador y por su motorización puede ocasionar daños en el motor primario del Grupo Electrógeno, por lo que este relé de protección actúa desconectando al generador de la barra. Básicamente el relé funciona recibiendo una muestra de tensión y una muestra direccional de corriente, la procesa internamente determinando la dirección del flujo de potencia y en caso de que cambien el sentido del mismo, actúa de acuerdo a una respuesta retardada sobre un contacto que envía una señal a la bobina de disparo del interruptor principal del generador. A diferencia de los relés de sobrecorriente (retardada o instantánea), los transformadores de corriente relacionados con la protección de potencia inversa deben ser conectados respetando la dirección de los flujos de corriente. Como se indicó el relé de potencia inversa sólo es requerido en generadores que operan en paralelo con otros generadores o con la red utilitaria.

- **Verificación de Sincronismo**

Número 25 en la clasificación IEEE/ANSI C37.102, es denominado en inglés "Synchronism-Check Relay". Se utiliza para la confirmación en la operación en régimen paralelo de dos fuentes de suministro de corriente alterna y se puedan conectar de forma segura con coincidencia total de frecuencia, tensión y secuencia de fase. Está conectado directamente al interruptor del generador entrante (que se sincronizará a la barra), y puede actuar sobre la bobina de enganche en el momento de que las dos fuentes se encuentren en coincidencia o solo como un permisivo para que otro elemento de control sea el que de la orden de enganche del interruptor. Es importante indicar que el relé de sincronismo no es el dispositivo encargado de hacer el sincronismo, esto es responsabilidad de los dispositivos de control como sincronizadores automáticos, control de velocidad, etc. El relé opera bajo el criterio de determinar que la resta de los vectores de frecuencia, tensión y secuencia convertidos dentro del dispositivo sea cero o estén dentro de un margen máximo del valor preajustado para poder cerrar los contactos que actúan sobre el interruptor principal del generador entrante o del permisivo sobre el dispositivo de control. La aplicación del relé de verificación de sincronismo es obligatoria en todo sistema donde se realiza la operación de sincronización entre fuentes de suministro de corriente alterna.

- **Diferencial**

Número 87 en la clasificación IEEE/ANSI C37.102, es denominado en inglés "Differential Protective Relay", es un dispositivo de protección que es instalado en generadores (opcionalmente según la criticidad de su operación) entre 4 y 15 MVA y obligatoriamente en generadores mayores a 15 MVA para proteger el estator por cortocircuitos entre fases, entre espiras de la misma fase o entre fase y tierra. Un cortocircuito de este tipo en grandes generadores al no ser despejado rápidamente puede producir daños significativos a los devanados del estator y su núcleo magnético.

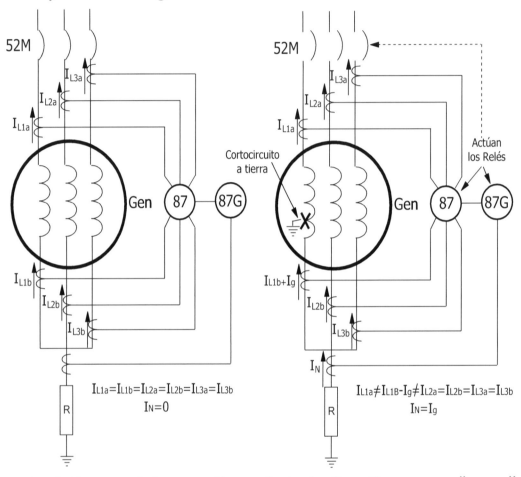

Condición normal de operación   Cortocircuito a tierra en un devanado
Relé de Protección Diferencial y su conexión típica
Fig. 7-38

Para detectar el cortocircuito entre fases o entre espiras de la misma fase el relé utiliza el principio de comparar en las tres fases la corriente que circula por el extremo del neutro con la que circula por el extremo de los bornes. Bajo condiciones normales estas corrientes deben ser iguales, y en contraste cuando ocurre un cortocircuito aparece una diferencia que es procesada por los sensores del relé y se manifiesta con la actuación sobre el disyuntor de campo o el AVR (principalmente) y sobre el interruptor principal del generador (ver nota). Cuando hay un cortocircuito entre una fase y tierra, igualmente puede ocurrir un desbalance diferencial de la corriente, sin embargo por la ubicación del cortocircuito en el devanado en cuanto a la longitud con el extremo al neutro, punto de conexión a tierra del generador, siempre es conveniente utilizar un doble sistema de protección de desbalance (salida a las cargas y al punto común del neutro), en el cual se debe medir el desbalance de corriente a tierra y si el mismo no es adecuado al desbalance de la corriente producido por las cargas en la operación normal del generador.

Nota.- El relé de protección diferencial opera primordialmente sobre el sistema de excitación (disyuntor de campo o AVR) interrumpiendo su acción para detener la inducción de FEM y así evitar que continúe la circulación de corriente entre fases o entre espiras en el estator. El interruptor principal se deberá abrir también para desconectar el generador de la barra y no convertirlo en una carga (motorización) por la interrupción de la excitación.

- **Sobre Tensión**

Número 59 en la clasificación IEEE/ANSI C37.102, es denominado en inglés "Overvoltage Relay", es un dispositivo para proteger el generador y su conexión a la barra por efectos del aumento de su tensión por una falla en el regulador de tensión o por efecto de una sobrevelocidad no controlada del motor primario. Es de uso obligatorio en todo generador de media tensión. En generadores de baja tensión de menos de 4 MVA no es obligatorio su instalación. El relé opera bajo el criterio de comparar una muestra de tensión con una referencia interna preajustada y puede retardar o hacer instantánea su acción. Actúa sobre el disyuntor de campo o el AVR (principalmente) y sobre el interruptor principal del generador

- **Falla a tierra del estator o campo**

Número 64 en la clasificación IEEE/ANSI C37.102, es denominado en inglés "Ground (Earth) Detector Relay", es un dispositivo para proteger los devanados del inducido o del campo de un cortocircuito a tierra donde también podrían sufrir daños irreversibles sus núcleos magnéticos. Aunque un cortocircuito de las espiras del devanado del estator a tierra también puede ser despejado por el relé de protección diferencial, la actuación más directa y rápida la tiene el relé de detección de falla a tierra, el cual actúa bajo el criterio de comparar las impedancias y la circulación direccional de la corriente a través del sistema de puesta a tierra del neutro (resistencia o impedancia de puesta a tierra) para el caso del estator y por el cambio de impedancia y muestra de tensión para el caso del campo. Al igual que los relés de protección diferencial y de sobretensión, actúa sobre el disyuntor de campo o el AVR (principalmente) y sobre el interruptor principal del generador. Es de uso obligatorio en todo generador de media tensión. En generadores de baja tensión de menos de 4 MVA no es obligatorio su instalación.

- **Monitoreo Térmico o Sobrecalentamiento de los devanados**

Número 49 en la clasificación IEEE/ANSI C37.102, es denominado en inglés "Thermal Detector Relay", es un relé de protección para grandes generadores (mayores a 15 MVA) por recalentamiento en los devanados de su inducido estator, el cual si se hace prolongado puede afectar su aislamiento, esto puede suceder por una falla el sistema de enfriamiento del generador (utilizando aire, agua o nitrógeno), una sobrecarga prolongada del generador o un cortocircuito en las láminas del entrehierro de los núcleos magnéticos. Opera por la acción de termocuplas (dispositivos bimetálicos que producen una tensión al aumentar la temperatura) y que se encuentran ubicados dentro de orificios especiales en los núcleos magnéticos del estator y envían estas señales de tensión al relé sensor que compara el valor con una referencia prefijada y actúa en caso de que supere los valores máximos. Puede operar sobre el interruptor principal de generador o sólo puede producir una alarma para que el operador tome la decisión adecuada.

- **Pérdida de Excitación.**

Número 40 en la clasificación IEEE/ANSI C37.102, es denominado en inglés "Loss of Excitation Relay". La pérdida de excitación en un generador puede ocurrir por una mala maniobra del operador o por una falla en el sistema de excitación (defecto en AVR o excitatriz estática, en las escobillas si las hubiere, en los conductores del campo, en el puente rectificador de diodos rotatorio, etc.). Cuando el generador pierde la excitación se convierte en un motor sobrecargando la barra donde está conectado, igualmente puede calentar rápidamente los devanados del rotor ya que no están adecuados (magnéticamente) para operar como motor o generador de inducción, también se pueden calentar los devanados del estator, por lo que es imperiosa la necesidad de desconectar el generador cuando sucede una pérdida de excitación. El relé de pérdida de excitación opera bajo el principio de un relé de distancia direccional que recibe las muestras de tensión y corriente y compara la impedancia en los bornes del generador y contrasta su ubicación vectorial. En caso de que su ubicación vectorial esté en un cuadrante diferente al de la operación normal actúa sobre el sobre el disyuntor de campo o el AVR, sobre el interruptor principal del generador y sobre el relé de parada del motor primario. Es de uso obligatorio en generadores mayores a 50 MVA, aunque es una protección adeudada para cualquier tipo de generadores mayores a 4 MVA conectados a sistemas eléctricos de alta criticidad.

- **Relé de Frecuencia**

Número 81 en la clasificación IEEE/ANSI C37.102, es denominado en inglés "Frequency Relay". En lo que respecta a la frecuencia el mayor riesgo que puede correr un generador es que por efectos de una falla en el control de velocidad (gobernador), la velocidad se mantenga por debajo de la velocidad de sincronismo y al no haber acople magnético entre el campo magnético excitador y con el campo magnético inducido, no se logre obtener la tensión de salida nominal, por lo que el regulador de tensión (AVR) o excitatriz estática tratarán de compensarla y al no lograrlo inyectarán más corriente de lo normal a los campos pudiendo recalentar los devanados hasta condiciones irreversibles donde los aislamientos se dañen. Aunque en todos los generadores AC cualquiera que sea su potencia todos los AVR y los controles lógicos de las excitatrices estáticas cuentan con un sensor de frecuencia (ver sección No. 7.9) para evitar este problema, este sólo actúa reduciendo la excitación, pero en grandes generadores es conveniente que actúe sobre el interruptor principal para evitar la motorización del mismo con las consecuencias explicadas en la descripción de otros relés de protección. El relé de frecuencia recibe una muestra de tensión, analiza su frecuencia y la compara con la referencia prefijada, luego de un retardo también preajustado actúa sobre el disyuntor de campo y sobre el interruptor principal.

- **Relé Multifunción**

En la actualidad los más importante fabricantes de marcas especializadas en tecnología de generación han diseñado relés de protección eléctricas tipo multifunción con criterios de autómata programable. Estos relés integran todos las funciones de protección señaladas anteriormente y muchas otras adicionales, como referencia se pueden señalar entre otras las marcas: ABB con GPU 2000R, MERLIN GERIN con SEPAM 2000 y GENERAL ELECTRIC con MULTILIN Serie G650.

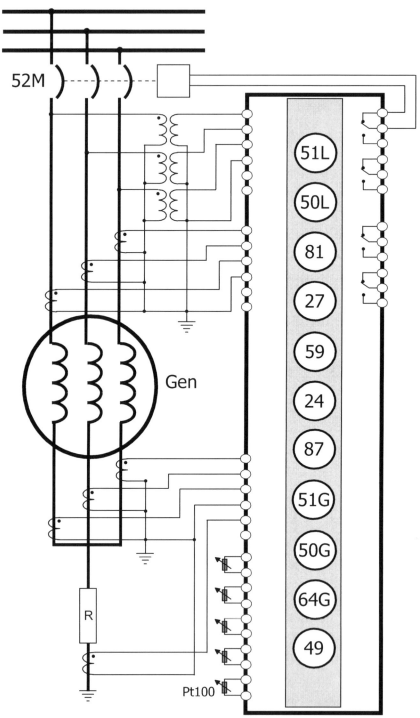

Conexión típica de Relé de Protección
Multifunción para Generador

Fig. 7-39

- **Recomendaciones Generales para la instalación de los relés de protección de un generador AC**
    - El análisis de la curva de capacidad del generador es indispensable en el estudio para la instalación de las protecciones, porque permite establecer los límites máximos y mínimos de potencia activa y reactiva que el generador puede entregar o recibir. De llegar a superar estos límites, las respectivas protecciones deberán actuar en base a la detección de condiciones anormales de voltaje, corriente y/o una la relación entre estos dos parámetros.
    - El tipo de transformador de potencial "TP" (que suministra la muestra de tensión) y de transformador de corriente "TC" (para la muestra de corriente) para aplicación en protecciones eléctricas deberan cumplir con lo indicado en las normás IEC 60044-1 "Instrument Transformers" y IEEE C57.13 "Standard Requirements for Instrument Transformers". No se podrán utilizar los mismos transformadores de potencial y/o corriente conectados a la instrumentación o control (compartidores de carga o sincronizadores) o compartirlos con otros dispositivos.
    - En la conexión de los Transformadores de potencial y corriente para las protecciones eléctricas se deberá considerar la polaridad y el desplazamiento angular de las muestras suplidas por los mismos.
    - Las fuentes de poder utilizadas para la alimentación de las protecciones eléctricas deben ser calculadas y diseñadas de acuerdo con la criticidad del generador o la central eléctrica, por lo general están constituidas por un sistema "UBS" por sus siglas en inglés (Uninterrupted Battery Systems) de 24, 48 o 125 VDC, está conformado por una fuente poder-cargador de baterías (en muchos casos redundante), baterías estacionarias (calculada para el doble de la capacidad requerida) y un tablero de distribución DC. En muchos casos se utilizan un solo sistema UBS para todas las protecciones eléctricas de una central eléctrica. No es recomendable utilizar la fuente de poder de las protecciones eléctricas para otros dispositivos de control.

7.12.- El Interruptor de Salida de Potencia del Generador

El interruptor de salida del generador es el dispositivo encargado de conectar y desconectar la potencia suministrada por el generador a la barra y/o a las cargas. Además el interruptor de salida es el encargado del despeje rápido de las fallas que puedan suceder por sobrecarga (sobrecorriente) o cortocircuito.

Su operación puede ser manual o motor operada cuando consta de un motor de recarga y bobinas de apertura y cierre, sin embargo su apertura por protección debe ser únicamente automática. Como se ha indicado en capítulos anteriores, el interruptor es unos de los dispositivos periféricos de protección más importantes de los grupos electrógenos, ya que no permite la sobrecarga del generador porque limita la corriente de salida, además lo protege de cortocircuitos.

También denominados "Disyuntores", los interruptores se clasifican en interruptores de protección e interruptores de maniobra.

- Los interruptores de protección son aquellos que su principal función es su apertura por despeje rápido (disparo) por sobrecorriente o cortocircuito, estos interruptores disponen internamente de un dispositivo de relé de protección que actúa en caso de una de estas anormalidades. Generalmente los interruptores de protección son fabricados en caja (carcasa) moldeada en plástico o material epóxico con apaga chispas hermético y tienen una cantidad limitada de acciones cierres-aperturas, por lo que siempre se mantienen cerrados y sólo se abren para efectos de aislar el generador en mantenimientos o reparaciones. Los interruptores de protección de caja moldeada se pueden operar con motor eléctrico, para su apertura o cierre remotamente, aunque siempre el fabricante recomienda limitar el número de maniobras. Su nivel de tensión de trabajo máximo es de 1000 Voltios.

- Los interruptores de maniobra son aquellos utilizados especialmente para conectar y desconectar el generador por sincronización a la barra de suministro o distribución del sistema. Su actuación es siempre mediante motor operador y las bobinas de cierre, apertura y disparo. Están construidos en ensamblajes metálicos de precisión con apaga chispas al aire. Pueden contener los relés de protección que actúan directamente sobre la bobina de disparo, así como puede recibir señales de relés de protección externa. Algunos fabricantes garantizan hasta 50.000 maniobras antes de mantenimiento. Los niveles de tensión de acuerdo al tipo de sistema de apaga chispa y aislamientos puede llegar hasta 37 KV en sus aplicaciones para generadores.

Los interruptores sea cual sea su tipo, en caso de un disparo por sobrecarga o cortocircuito (despeje de una falla) deben ser capaces de disipar la energía producida por el arco sin que se dañe el interruptor o sus componentes internos (contactos, apaga chispas, etc.), así como deben ser capaces de restablecer muy rápidamente la rigidez dieléctrica del medio comprendido entre los contactos una vez extinguido el arco, o sea que las rigidez dieléctrica del medio quede en todo momento por encima de la tensión de recuperación.

Para lograr esto los interruptores se construyen de acuerdo a la corriente de cortocircuito máxima que puede entregar la fuente de suministro de corriente del sistema, en este caso el generador. Para su instalación siempre se deberá realizar el cálculo de la corriente de cortocircuito expresada en KACC (Kilo Amperios de Cortocircuito), en los bornes de salida del generador o lo más cercano al generador, donde por seguridad deberá estar instalado el interruptor. Esta corriente de cortocircuito dependerá de la impedancia de los devanados del generador. Los niveles de corrientes de cortocircuito más comunes y utilizados para el diseño y construcción de los interruptores son: 42 KACC; 60 KACC y 100 KACC en baja tensión y 12 KACC; 22 KACC y 40 KACC en media tensión. En interruptores de sistemas eléctricos de distribución la corriente de cortocircuito normalizada puede llegar a 200 KACC en baja tensión y 60 KACC en media tensión (ver sección No. 8.2).

Para efectos de lograr una disipación efectiva del arco y que se pueda reponer rápidamente la rigidez dieléctrica entre los contactos, los interruptores de media tensión son construidos con recipientes herméticos al vacío o con gas hexafluoruro de azufre denominados SF6.

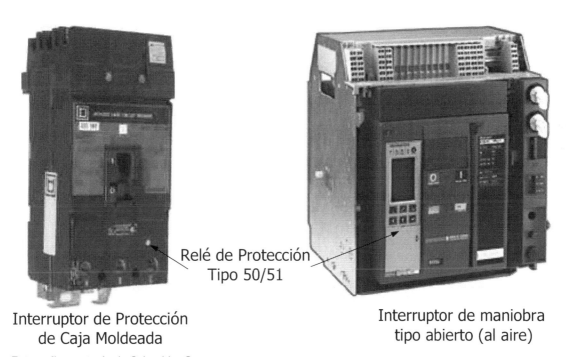

Interruptor de Protección de Caja Moldeada

Relé de Protección Tipo 50/51

Interruptor de maniobra tipo abierto (al aire)

Fotografías cortesía de Schneider Group

Tipos de Interruptores de baja tensón
Fig. 7-40

Nota.- Los dispositivos de protección de los interruptores tanto de protección como de maniobra deberán estar ajustados de forma tal que sólo permitan el despeje de una falla principal del sistema (acometidas principales, problema de sincronización, sobrecarga del sistema, etc.) por lo que su ajuste deberá estar acorde con la coordinación de los sistemas de protección de cortocircuito de todo la estructura eléctrica (ver sección No. 8.2).

7.13.- Marcas de referencia de Generadores Eléctricos

La mayoría de las grandes integradoras (ensambladoras) de grupos electrógenos con turbinas (turbogeneradores) tienen sus propias tecnologías, desarrollos y diseños en materia de generadores de corriente alterna, al igual que los grandes fabricantes de motogeneradores (grupos electrógenos con motor reciprocantes) tienen sus marcas propias, aunque también hay en el mercado mundial fabricantes únicamente especializados en generadores AC, a continuación describimos en orden alfabético algunas marcas de referencia (® todas son marcas registradas de las empresas indicadas):

Origen: Suiza
Aplicación: Turbogeneradores.
Niveles de tensión: hasta 15 KV
Mayor potencia: 70 MVA

Origen: Suiza-Francia
Aplicación: Turbogeneradores.
Niveles de tensión: hasta 21 KV
Mayor potencia: 850 MVA

Origen: USA
Aplicación: Motogeneradores.
Niveles de tensión: hasta 15 kV
Mayor potencia: 50 MVA

Origen: USA
Aplicación: Motogeneradores.
Niveles de tensión: hasta 4.16 kV
Mayor potencia: 2.900 KVA

Origen: USA
Aplicación: Turbogeneradores.
Niveles de tensión: hasta 22 KV
Mayor potencia: 480 MVA

Origen: USA
Aplicación: Motogeneradores.
Niveles de tensión: hasta 15 kV
Mayor potencia: 15 MVA

Origen: Francia
Aplicación: Motogeneradores.
Niveles de tensión: hasta 15 KV
Mayor potencia: 20 MVA

Origen: USA
Aplicación: Motogeneradores.
Niveles de tensión: hasta 4.16KV
Mayor potencia: 3.500 KVA

Origen: Alemania
Aplicación: Turbogeneradores.
Niveles de tensión: hasta 21 KV
Mayor potencia: 350 MVA

Origen: Inglaterra.
Aplicación: Motogeneradores.
Niveles de tensión: hasta 600 V
Mayor potencia: 1.600 KVA

CAPÍTULO 8

TABLEROS ELÉCTRICOS DE POTENCIA DE LA CENTRAL DE GENERACIÓN

8.- Tableros Eléctricos de Potencia de la Central de Generación

8.1.- Glosario de términos específicos del Tablero Eléctrico

- **Tablero Eléctrico**

Es el conjunto de dispositivos eléctricos y mecánicos que permiten la distribución segura y confiable de la energía eléctrica desde uno o varios dispositivos suplidores (fuentes) a uno o varios dispositivos de consumo (cargas). Están conformados por uno o varios dispositivos de apertura y cierre de potencia (interruptor o seccionador) de entrada, barras de cobre de distribución interna y varios dispositivos de salida (interruptores, seccionadores y/o contactores), todo protegido por un gabinete metálico (envoltura) que a su vez tiene la función de proteger a los usuarios de riesgos de contactos eléctricos y de las perturbaciones y/o alteraciones que le pudiesen ocurrir por factores ambientales (humedad, polvo, corrosión y gases explosivos).

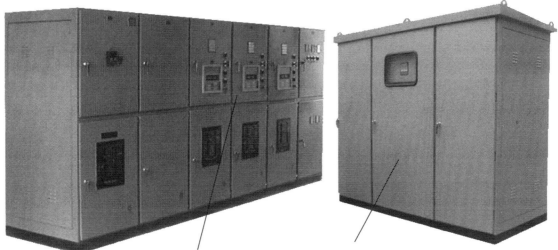

Tablero de Sincronización de Generadores   Tablero de distribución de potencia en Media Tensión
Tableros Eléctricos de Potencia
Fig. 8-1

Los tableros eléctricos tienen la finalidad específica de permitir la distribución de la energía eléctrica de manera que no represente riesgo o inseguridad para los usuarios u operadores y debe despejar cualquier anormalidad que se presente por un cortocircuito entre fases o a tierra y por una sobrecarga en el sistema de la manera más rápida interrumpiendo el flujo de corriente. También los tableros eléctricos tienen la función de activar y desactivar cargas controladas remotamente, así como la conmutación entre dos o más fuentes de suministro.

Los tableros eléctricos deben ser calculados de acuerdo con el nivel de tensión (Baja o Media Tensión), el nivel de corriente nominal de operación, el nivel de corriente de cortocircuito que debería soportar en caso de una falla y el ambiente donde serán instalados.

- **Diagrama Unifilar**

Es la representación grafica de una instalación eléctrica o de un tablero eléctrico, donde los circuitos, dispositivos y los conductores eléctricos son expresados con una sola línea. A diferencia de los diagramas multifilares que se utilizan comúnmente para sistemas de control, donde se representan todos los conductores (fases) inclusive el neutro y la tierra, los diagramas unifilares permiten tener una visión general del sistema eléctrico de potencia. Por lo general el diagrama unifilar tiene un esquema de árbol. Los símbolos de los dispositivos están estandarizados por normas internacionales.

- **Barra**

Para efectos de la descripción de los componentes internos de los tableros eléctricos, una barra es el elemento conductor de la energía eléctrica que se utiliza para la interconexión de los diferentes interruptores y/o seccionadores. Comúnmente están construidas de cobre de sección rectangular de 99 % de pureza, aunque también pueden ser de Aluminio. La norma aplicable para Barras de Cobre es la ASTM-B187-00.

- **Gabinete**

Se denomina "Gabinete o Celda Eléctrica" a la envoltura metálica de protección de los tableros eléctricos, tienen la finalidad de evitar los esfuerzos mecánicos sobre los diferentes elementos y dispositivos que conforman el tablero, protegerlo contra factores externos que puedan afectar su funcionamiento y evitar contactos accidentales de personas con los elementos internos energizados.

Los gabinetes de los tableros eléctricos se clasifican de acuerdo con los factores de protección que brindan a los componentes internos del tablero. Las normas nacionales e internacionales que los clasifican son: COVENIN 3398-1998 (Grados de protección proporcionados por las envolventes utilizadas en media y baja tensión contra impactos mecánicos), NEMA 250-2003 (Standards for Electrical Use Enclosures) y ANSI C37.20.3 (Standard for Metal-Enclosed Interrupter Switchgear). De acuerdo con la Norma NEMA 250-2003 y Norma IEC 529 (IP), la clasificación mas usadas son: NEMA 1 (IP 10) para gabinetes guardapolvo (uso interior).

Gabinete NEMA 3R, para Tablero Eléctrico de Baja Tensión   Gabinete NEMA 12, para Tablero Eléctrico de Media Tensión (marca ABB).

Ejemplos de Gabinetes para Tableros Eléctricos de Potencia
Fig. 8-2

Los tipo NEMA 2 (IP 11) para gabinetes guardapolvo y contra goteos (uso interior), NEMA 3R (IP 14) para gabinetes de protección contra la lluvia (uso exterior), NEMA 4 (IP 56) para gabinetes estancos, donde hay uso de mucha agua (uso exterior), NEMA 4X (IP 56) para gabinetes estancos y sumergibles, para ambientes especiales y de alto riesgo (uso exterior), NEMA 12 (IP 54) para gabinetes estancos (uso interior).

- **Aislador**

Los aisladores son dispositivos construidos con materiales de alta resistencia a la conducción de la electricidad que son usados como soporte de fijación de los conductores y barras energizadas. Los mejores materiales para la elaboración de aisladores son el vidrio, la porcelana y en la actualidad nuevos compuestos elastoméricos (compuestos a base de resina epóxicas). Pueden ser usados en ambientes secos o húmedos de acuerdo con su forma. Para ambientes húmedos y lluviosos (uso exterior) estos tienen pliegues y discos sobresalientes para evitar que el agua pueda hacer un contacto directo entre el conductor energizado y la base metálica (poste) de soporte. Para el caso de los tableros eléctricos su aplicación es para mantener alineadas y firmes las barras y los interruptores al gabinete. Las características y especificaciones de construcción y aplicación de los aisladores están estrictamente estandarizadas por normas nacionales e internacionales. Es importante indicar que los aisladores en los tableros eléctricos cumplen un papel primordial, ya que no permiten la deformación de las barras internas cuando se presenta una falla por cortocircuito dentro o fuera del tablero, por lo que su cálculo depende de tensión de operación y la corriente de cortocircuito que debe soportar el tablero eléctrico.

- **Interruptor**

Es un dispositivo eléctrico de conexión y desconexión de potencia que tiene la finalidad de interrumpir la salida de potencia eléctrica del generador u otro elemento de suministro (transformador o barra) a una carga, esto lo puede hacer por maniobra manual del operador o por actuación motorizada, la apertura puede ser automática y muy rápida por la actuación de un dispositivo de protección eléctrica que opera por sobrecorriente (de forma retardada) o cortocircuito (de forma instantánea) o por otro tipo de protecciones. (ver punto 7.12).

- **Seccionador**

Es un dispositivo eléctrico de conexión y desconexión que tiene la finalidad de aislar la salida de potencia eléctrica del generador u otro elemento de suministro (barra o transformador), puede ser operado por maniobra manual del operador o por un dispositivo motorizado, sin embargo la diferencia con respecto al interruptor es que es un dispositivo de apertura lenta y no por protección.

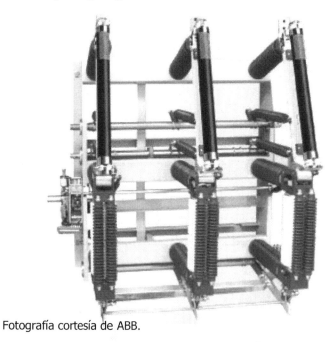

Fotografía cortesía de ABB.

Seccionador de Media Tensión con fusibles.

Fig. 8-3

Los seccionadores son diseñados para baja o media tensión y pueden contar con portafusibles con fusibles que producen una apertura total de todas las fases del interruptor en caso de que alguno se queme.

- **Conmutador**

Es un dispositivo mecánico de conmutación de potencia eléctrica entre dos fuentes para una salida o viceversa, que pueda operar manualmente o mediante un motor o bobinas de accionamiento. Pueden ser tripulares (tres polos) y tetrapolares (cuatro polos para conmutar el neutro). Su principal uso es en los tableros de transferencia en los sistemas de respaldo de energía eléctrica.

- **Instrumentación**

Es el conjunto de dispositivos de medición y monitoreo de los parámetros provenientes de las diferentes variables eléctricas. Pueden ser portátiles (para pruebas y ensayos) o fijos que se utilizan en los tableros eléctricos. Se clasifican en analógicos y digitales. Los analógicos son cuando su medida se comparará con un campo con expresiones de mínimo y máximo valores, los más conocidos son los instrumentos de agujas y los digitales (cuando expresan su medida en dígitos). Los instrumentos más utilizados en tableros eléctricos son: Voltímetro, Amperímetro, Frecuencímetro, Vatímetro (medidor de potencia activa), Varímetro (medidor de potencia reactiva), Fasímetro (medidor de Coseno φ), Sincronoscopio (para comparar las ondas y secuencia de fases cuando se sincronizan un generador a una barra energizada). En lo que respecta a la instrumentación se deben aclarar los términos de exactitud, precisión y resolución. La exactitud o precisión representa la cercanía entre la medida y el valor real y la resolución es la menor medida que pueda hacer el instrumento.

Multifunción Digital   Amperímetro Digital   Voltímetro Analógico   Frecuencímetro Analógico

Instrumentación para Tableros Eléctricos.

Fig. 8-4

Nota.- El uso de instrumentación analógica de alta precisión para los pupitres y/o tableros de control y monitoreo de centrales eléctricas, en especial aquellas con escalas de 270 ° es altamente recomendable para la operación manual por operadores, ya que permite apreciar con una sola ojeada todo el campo y la posición del indicador determina la cercanía a los límites de la explotación de los generadores y esto les da alarmas tempranas en su interpretación de los parámetros de operación, a diferencia de la instrumentación digital que obliga al operador a tener que interpretar mentalmente los limites de la operación.

8.2.- Clasificación de los Tableros para Centrales Eléctricas

Los tableros de potencia y distribución vinculados a una Central Eléctrica o a los Grupos Electrógenos se pueden clasificar de acuerdo con: A.- Su aplicación, B.- El nivel de tensión al cual son sometidos, C.- Tipo de ambiente y ubicación (interior o exterior) y D.- Nivel de Cortocircuito. Para efectos de garantizar la seguridad y vida de las personas que operan o están en las cercanías de los tableros eléctricos, así como para evitar incendios o daños en las estructuras o dispositivos del tablero o externa al mismo, para el diseño y construcción de los tableros eléctricos es obligatoria la aplicación de normas. Las normas de referencia son: COVENIN 733-2001; 2495-2001; 2783-1998; 2811-1999 y 3399-1998; NEMA 250-2003 e IEC 529-2001.

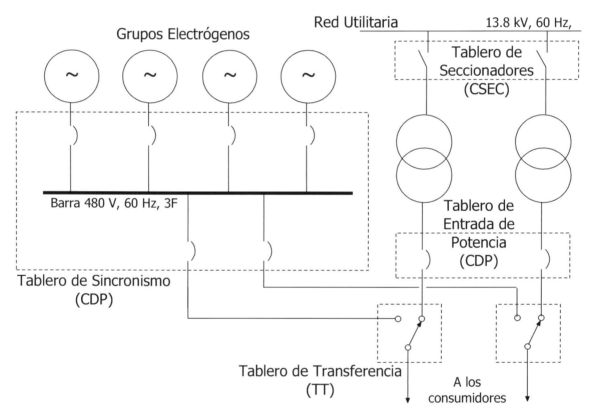

Diagrama unifilar de los diferentes tipos de Tableros Eléctricos.

Fig. 8-5

Factores para la clasificación de los tableros eléctricos:

- De acuerdo con su aplicación los tableros eléctricos vinculados a la Central de Generación o a los Grupos Electrógenos se pueden clasificar en (Norma Venezolana COVENIN No. 2783 "Tableros Eléctricos de Media y Baja Tensión, Definiciones": A.- Centro de Distribución de Potencia (CDP), donde podemos ubicar a los Tableros de Generación,

Tableros de Sincronismo y de Operación en Paralelo, B.- Centro de Fuerza y Distribución (CFD), C.- Centro de Control de Motores (CCM), D.-Tableros de Transferencia (TT), E.- Tableros de Control (CAC) F.- Tableros de Alumbrado o circuitos auxiliares (TA) y G.- Tableros de Celdas de Seccionamiento MT (CSEC)

- De acuerdo con su nivel de tensión y en referencia a la generación de Energía Eléctrica, los tableros se pueden clasificar en Tableros de Baja Tensión (entre 120 y 1.000 VAC) y Tableros de Media Tensión (entre 2.4 y 34 KV).

- De acuerdo con el tipo de ambiente y ubicación los Tableros Eléctricos según las características de su gabinete y las Normas COVENIN 3399-1998 y NEMA 250-2003, se clasifican en A.- Tableros para uso interior (Indoor Switchgear por su denominación en inglés), B.- Tableros para uso exterior (Outdoor Switchgear por su denominación en inglés), C.- Tableros para uso en ambiente marino o corrosivo y D.- Tableros para uso en ambiente con riesgo de explosión (Explosion Proof Switchgear por su denominación en inglés). Ver punto 8.1 (Gabinetes).

- Los tableros eléctricos se deben diseñar para soportar los efectos de la corriente de cortocircuito a la que sean sometidos antes del despeje de un cortocircuito por parte de los dispositivos de protección y que no se deformen sus barras o causar daños internos irreversibles. Se considera que se deben construir de acuerdo con la corriente de cortocircuito estandarizada por el nivel de tensión y corriente de cortocircuito que soporten los interruptores, aisladores y barras que conforman el sistema de distribución (ver nota). A continuación describimos dos cuadros (ver Fig. No. 8-6 y 8-7) de asignación de las corrientes de cortocircuito según la corriente nominal en distribución primaria (tableros de distribución de potencia en centrales eléctricas, tableros de sincronización y tableros principales de distribución de potencia en subestaciones):

Nota.- En toda estructura eléctrica las protecciones de cortocircuito y sobrecorriente ubicadas en los interruptores termomagnéticos (con protecciones 50/51) de los tableros de distribución de potencia, tableros de fuerza y/o subtableros deberán estar ajustadas en relación de unas a otras, de tal forma que si sucediese una falla por cortocircuito en un circuito de un subtablero o en una acometida de algún tablero sólo se afectará el circuito que deriva del interruptor que lo está protegiendo, ya que si no estuviese bien ajustado, la falla podría ser despejada por otro interruptor más aguas arriba, inclusive en ocasiones es despejada por el interruptor principal del sistema, afectando a otros o a todos los circuitos. Este ajuste integral de todas las protecciones se denomina "Coordinación de Protecciones".

	Us	Un	Corriente de Cortocircuito (kACC)					Corriente Nominal de Operación (A)				
	kV	kV	16	25	31.5	40	50	400	630	1250	2500	3150
Distribución Primaria	4,16-6,9	7,2			▬▬▬	▬▬▬			▬▬▬	▬▬▬	▬▬▬	▬▬▬
	12,47-13,8	17,5		▬▬▬	▬▬▬	▬▬▬			▬▬▬	▬▬▬	▬▬▬	▬▬▬
	24	24		▬▬▬	▬▬▬				▬▬▬	▬▬▬	▬▬▬	
	34,5	36		▬▬▬	▬▬▬							
Distribución Secundaria	4,16-6,9	7,2	▬▬▬					▬▬▬				
	12,47-13,8	17,5	▬▬▬					▬▬▬	▬▬▬			
	24	24	▬▬▬					▬▬▬	▬▬▬			
	34,5	36	▬▬▬					▬▬▬				

Fuente Schneider Electric   Us: Tensión Normalizada de las fuentes   Un: Tensión Estandarizada del Dispositivo

Rangos de Corrientes Cortocircuito para la Clasificación de Tableros Eléctricos MT
Fig. 8-6

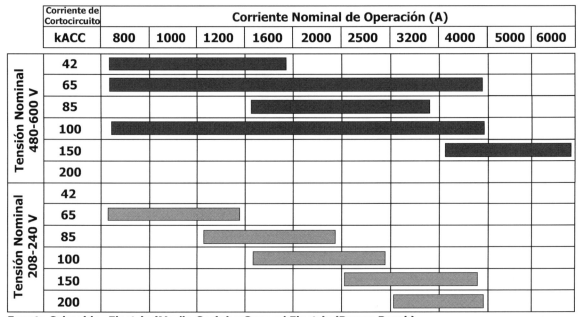

Fuente Schneider Electric (Merlin Gerin) y General Electric (Power Break)

Rangos de Corrientes Cortocircuito para la Clasificación de Tableros Eléctricos BT
Fig. 8-7

- **Cálculo de Corriente de Cortocircuito de un Sistema suplido por Grupos Electrógenos**

Todo sistema eléctrico es susceptible de sufrir un cortocircuito, la falla por cortocircuito es uno de los factores más críticos, peligrosos y perjudiciales de los sistemas eléctricos, donde no sólo se pone en riesgo la robustez de los equipos involucrados sino las vidas de personas y operadores cercanos a la ubicación donde sucede la falla o donde se encuentran los dispositivos de despeje de la misma (ver nota), por lo que el tema ha sido normalizado por todos los organismos de estandarización nacionales e internacionales a través las Normas FONDONORMA 200 "Código Eléctrico Nacional", NFPA 70 National Electric Code USA; ANSI/IEEE C37.010; IEC 909; CEI 60909 y UTEC 15-105, donde se indican desde la terminologías, cálculos y recomendaciones. Todas estas normas son de obligatorio cumplimiento.

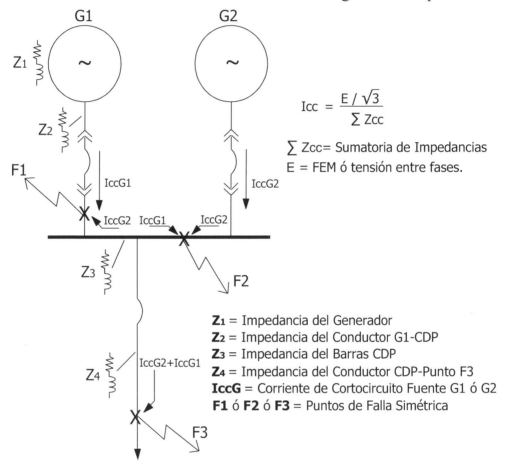

Escenarios para el cálculo de corriente de cortocircuito.

Fig. 8-8

Nota.- La Norma COVENIN 2738-1998 describe el "Despeje" con la formula I^2T que es la medida calorífica que resulta del cuadrado de la corriente entre el período en que esa corriente empieza a fluir (condición de sobrecorriente) hasta que es despejada por el dispositivo de protección de cortocircuito o sobrecorriente, este período es denominado "Tiempo de Despeje".

Las fuentes suplidoras de corriente de cortocircuito son los generadores, motores sincrónicos y motores de inducción. Las fallas por cortocircuito en cuanto al suministro de las corrientes, se pueden considerar de dos tipos: Simétricas y Asimétricas. Se considera una falla Simétrica a un cortocircuito trifásico donde la corriente de cortocircuito por fase es la misma. Una falla Asimétrica es aquel cortocircuito de una fase a tierra, una fase a neutro o entre dos fases. Si la falla ocurre en el momento cerca del pico de tensión del sistema, la corriente de cortocircuito será más asimétrica, ya que no se puede predecir el momento en que ocurre la falla, la componente DC asociada con la máxima asimetría se considerará en el cálculo de la corriente de cortocircuito.

Según el orden de severidad de menor a mayor las falla pueden ser: A.- Falla monofásica a tierra, B.- Falla monofásica entre dos fases, C.- Falla entre dos fases a tierra y D.- Falla trifásica. Para efectos de los procedimientos en el cálculo de corriente de cortocircuito y por ser el valor más desfavorable (más alto) a efectos de lo que deben soportar los tableros eléctricos y los dispositivos de despeje (interruptores) se considerará una falla trifásica como escenario de la siguiente simulación.

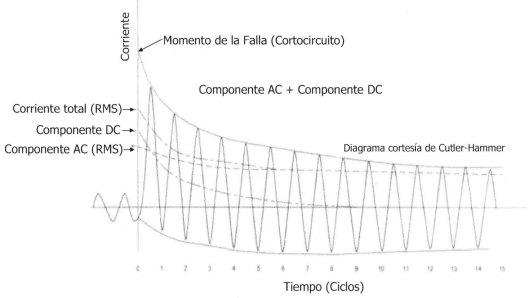

Forma de Onda Típica en un Cortocircuito
Fig. 8-9

Cuando ocurre un cortocircuito, virtualmente desaparece o se desconecta la carga y la impedancia que permanece es la impedancia de la fuente, la cual es altamente reactiva y hace que el factor de potencia caiga a valores muy bajos entre 5 % y 40 % en atraso. Esto nos da una relación X/R (ver nota) comprendida entre 5 y 25. En general para sistemas de baja tensión la relación X/R es menor que 6 y en sistemas de media tensión la relación X/R es aproximadamente 15. Mientras mayor sea la relación X/R mas lento será el decaimiento (caída) de la componente DC (ver Fig. No. 8-9). Los transientes inductivos por conmutaciones se consideran al aplicar un factor de multiplicador a la componente de corriente alterna simétrica (RMS), el cual es determinado por la relación X/R en el punto de falla.

Nota.- En todo circuito eléctrico "X/R" es la relación existente entre la reactancia (X) que a decir de muchos científicos es el componente virtual de la impedancia y la resistencia real del circuito (R). El resultado de esta relación es la Impedancia (Z) que como se ha indicado anteriormente es la resistencia al paso de la corriente alterna y que toma especial importancia por la variación en tiempo de la corriente en el momento del cortocircuito.

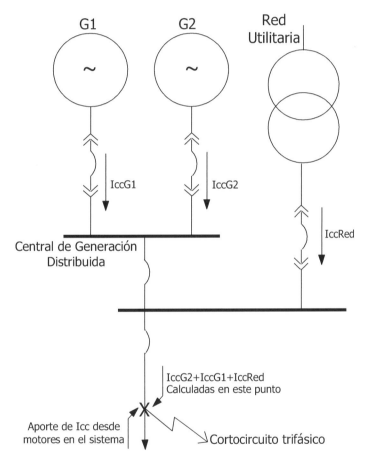

Escenarios para el cálculo de corriente de cortocircuito con Grupos Electrógenos en paralelo con la Red Utilitaria.
Fig. 8-10

Básicamente hablando, el cálculo de la corriente de cortocircuito se fundamenta en la ley de Ohm, donde deducimos que en un cortocircuito la resistencia entre las fases (conductores, barras, carcasa, devanados), tenderá a valor cero, la tensión se mantendrá constante o disminuirá en consecuencia con la impedancia (ver nota), por lo que la corriente tenderá a ser máxima (Icc). La impedancia de una máquina eléctrica rotativa influye en el tiempo de decaimiento (caída) de la corriente alterna simétrica producida bajo condiciones de cortocircuito. Cuando se aplica la ley de Ohm, la reactancia que es usada en la ecuación para el cálculo, depende del momento que consideramos después de ocurrida la falla: Xd" (reactancia sub-transiente); Xd' (reactancia transiente) y Xd (reactancia sincrónica), estas reactancias se consideran en caso de un generador o un motor sincrónico.

Nota.- La impedancia (simbolizada con la letra Z) es la magnitud eléctrica dada por el cociente entre la tensión y la intensidad de la corriente, se puede hablar que la impedancia es una resistencia que varía con la tensión aplicada en un periodo de tiempo haciendo que se produzcan pérdidas o reducción de la tensión. Muchos físicos indican que la fracción real de la impedancia es comparable con la resistencia y la porción virtual es la reactancia. La reactancia (simbolizada con la letra X) es resistencia o impedancia al paso de la corriente alterna en circuitos generalmente con cargas inductivas.

En el gráfico de la Fig. No. 8-8 se indica que la tensión (E) variará de acuerdo al punto de falla porque su valor es afectado por la sumatoria de las impedancias en los devanados del generador, los conductores de las acometidas y las barras del tablero de distribución de potencia, depende de la ubicación de la falla, lo que disminuye la corriente de cortocircuito en la medida que esté más alejada de las fuentes de suministro de corriente. Es importante indicar que la corriente de cortocircuito en un punto determinado será igual a la suma de las contribuciones de corriente de cada fuente de suministro, en el caso del gráfico la corriente de cortocircuito será la contribución de la IccG1 y la IccG2 la cual disminuirá al hacerse mas grande la impedancia de las acometidas y/o barras del tablero.

Igualmente como lo indicamos, los motores de inducción y motores sincrónicos son fuentes de suministro de corriente de cortocircuito porque, si están energizados al momento de una falla por cortocircuito y aunque la tensión tiende a disminuir (ver Fig. No. 8-9), la inercia en el rotor de los motores hace que se presente una fuerza contraelectromotriz (FCEM) que se convierte en la fuente de suministro de corriente de cortocircuito que también contribuye al punto de falla. Todo equipo de protección que transporte la corriente de falla debe soportar la corriente máxima de pico que ocurre en el primer ciclo, así como la corriente la energía total asociada al tiempo (I^2t) en el cual persiste la falla. La condición momentánea de cortocircuito en el primer ciclo después que la falla ocurre se utiliza para evaluar y/o calcular el interruptor de protección respectivo.

Nota.- En el caso de conectar centrales de generación distribuidas a circuitos de la red utilitaria, hay que realizar advertencias a los suscriptores industriales del SEL

(Sistema Eléctrico Local según la Norma IEEE 1547), ya que al poner otras fuentes de suministro de corriente como lo son los generadores de la central de generación distribuida se aumenta el aporte de corriente de cortocircuito al sistema, por lo que habría que recalcular las protecciones eléctricas en el suscriptor.

8.3.- Centros de Distribución de Potencia (CDP)

Es el tablero de baja o media tensión que tiene uno o varios interruptores y/o seccionadores de entrada y salida sobre una barra común y dentro de uno o varios gabinetes o celdas robustamente fijados el uno al otro que conforman un solo cuerpo, con la finalidad de recibir y distribuir potencia eléctrica a consumidores finales que pueden ser: Tableros de Fuerza y Distribución, Centro de Control de Motores y Tableros de Transferencia. Son representados en los planos y diagramas con las siglas "CDP". Un tablero con un solo interruptor de protección de un grupo electrógeno o de protección del transformador en una subestación es considerado también un Centro de Distribución de Potencia.

Los tableros de sincronización y operación en paralelo de Grupos Electrógenos se clasifican como "Centros de Distribución de Potencia". Estos tienen dos o más interruptores de entrada que pueden estar conectados a los interruptores de salida de los grupos electrógenos (ver nota) o a la salida de transformadores de suministro desde la red utilitaria. Se definen como tableros de sincronización y operación en paralelo porque en ellos se logra sincronizar en secuencia, frecuencia y tensión las diferentes fuentes de energía alterna (ver sección 12.3) para así sumar su potencia operando en forma paralela una fuente de la otra y poder alimentar cargas cuya potencia es mayor que la potencia individual de sólo una de las fuentes de suministro. Es importante indicar que los tableros de sincronización por lo general contienen en compartimientos separados del compartimiento de las barras e interruptores de potencia de los sistemas de control y protección (autómatas programables para la gestión de energía, controladores integrales, sincronizadores, compartidores de carga, relés de protección eléctrica, etc.). Los interruptores de potencia que se utilizan en los tableros de sincronización para la conexión y desconexión de los grupos electrógenos deberán se catalogados como interruptores de maniobra y deberán ser del tipo extraíble (que pueden sacarse para mantenimiento o reparación sin necesidad de acceder a las barras, sólo con girar una manivela el interruptor se desconecta de la barra y se extrae), esto con la finalidad que en caso de presentarse un problema en un interruptor mientras esté en operación el sistema no haga falta desenergizar las barras o dejar fuera de servicio el tablero para revisar el interruptor. De igual forma estos interruptores deberán contar con bobinas de mínima tensión (además de sus bobinas de cierre, apertura y disparo), esto con la finalidad que al momento de no estar energizado el interruptor desde el grupo electrógeno el mismo esté abierto automáticamente. Las bobinas de cierre de los interruptores de un tablero de sincronización deberán estar conectadas a un relé de verificación de sincronismo (ANSI/IEEE 25) para evitar que se conecte sin la debida secuencia de frecuencia y tensión. Las protecciones eléctricas de los interruptores de maniobra en los tableros de sincronismo pueden estar contenidas en el mismo interruptor o provenir de un Relé multifunción (ver sección 7.11). Cuando se debe alimentar desde un solo grupo electrógeno varios circuitos que tienen sus respectivos tableros de transferencias, se debe incluir un tablero de distribución de potencia, con un interruptor principal de entrada desde el grupo electrógeno y varios interruptores de salida para cada uno de los circuitos a alimentar, este tablero se puede denominar "Tablero de Generación".

Nota.- De acuerdo con las normas internacionales NFPA 70 (National Electric Code) apartes 404.8 y 445.18 y NFPA-110 aparte 7.12.3 el interruptor de protección de grupo electrógeno deberá esta en mismo ambiente y lo más cerca posible al generador, esto con la finalidad de poder proteger al generador de un cortocircuito en la acometida entre el generador y el tablero de sincronización. En el caso que los grupos electrógenos estén en ambientes separados al tablero de sincronismo (tablero de distribución de potencia), se deben colocar en la salida de los grupos electrógenos interruptores de servicios con por lo mínimo protecciones de sobrecarga y cortocircuito.

8.4.- Centro de Fuerza y Distribución (CFD)

Es un tablero que por lo general tiene un solo interruptor de entrada (interruptor principal) y varios interruptores de salida para alimentar tableros como los centros de control de motores, tableros de alumbrado y circuitos auxiliares y cargas individuales de importancia. Este tipo de tablero sólo se construye en baja tensión. Por lo general los gabinetes de estos tableros son del tipo autoportantes. En relación a la "Central Eléctrica de Generación Distribuida", el tablero de fuerza y distribución tiene la función de distribución de potencia aguas abajo (ver nota) del (o los) tablero(s) de transferencia automática.

Nota.- Aguas Abajo o Aguas Arriba indica metafóricamente hablando la posición de un dispositivo sobre un diagrama eléctrico unifilar, donde las fuentes de suministro están en la parte superior (arriba) y las cargas en la parte inferior (abajo).

8.5.- Centro de Control de Motores (CCM)

Es el tablero que contiene los circuitos para el arranque, parada y protección de consumidores eléctricos que por lo general son inductivos como motores. Puede estar constituidos por celdas compartimentadas o no, ya que en la actualidad se fabrican en módulos o gavetas extraíbles, contentivos de todos los dispositivos que intervienen en la operación segura de los motores como: el interruptor de protección, el contactor electromagnético de arranque y parada, los circuitos de control y en algunos casos también un seccionador. En relación a la Central Eléctrica de Generación Distribuida, el centro de control de motores maneja la operación de todos los motores de los sistemas operativos asociados como son: el sistema de enfriamiento remoto (si aplicase), el sistema de extracción de aire, bombas de combustible, etc.

8.6.- Tableros de Transferencia (TT)

El Tablero de Transferencia de carga es el encargado de conmutar o transferir la fuente de suministro normal de la red utilitaria al o los Grupos Electrógenos que conforman la Central Eléctrica de respaldo de emergencia. Pueden clasificarse en: "Operación Automática" y "Operación Manual".

Tablero de Transferencia Automática de
fijación superficial
Fig. 8-11

La Norma NFPA 110 "Standard for Emergency and Standby Power Systems" en su capítulo No. 6 normaliza y hace obligatorio cumplimiento las características básicas de los tableros de transferencia automáticos, como son entre otras: deben ser eléctricamente operados y mecánicamente enclavados, deben tener forma de actuación manual, los monitores de control deben supervisar la tensión y secuencia de la red utilitaria y la del grupo electrógeno, deben tener aviso visual cuando no está en forma de operación manual, la corriente de operación del conmutador de potencia deberá ser la corriente de la mayor de las fuentes de suministro que el mismo conmuta.

El proceso de operación de los Tableros de Transferencia Automática tiene los siguientes pasos: A.- Monitoreo de parámetros línea (Red Utilitaria), B.- Arranque de Grupos Electrógenos (período ajustable), C.- Transferencia de fuente de suministro a fuente de emergencia (período ajustable), D.- Monitoreo de parámetros de Grupos Electrógenos y monitoreo de parámetros de línea. E.- Re-transferencia de fuente de suministro a fuente de red utilitaria (período ajustable), F.- Apagado de Grupos Electrógenos (período de enfriamiento ajustable) y luego vuelve al paso "A".

Por NOJA Power Switchgear Ltd, Australia.

Tablero de Distribución de Potencia combinado con Tablero Automático de Transferencia
Fig. 8-12

Los Tableros de Transferencia Automática se clasifican en dos tipos: De transición abierta y transición cerrada. Los Tableros de Transferencia Automática de transición abierta son la generalidad, tienen un conmutador motorizado que cuando falla la línea normal de la red utilitaria transfiere la fuente de suministro pasando por un punto muerto, donde se efectúa un corte de la energía y luego conecta la fuente alterna de energía (Grupo Electrógeno) que previamente había encendido por su controlador automático. Luego de que la línea de la red utilitaria pasa a la normalidad, el conmutador retransfiere la fuente de suministro del grupo electrógeno a la red utilitaria, pasando nuevamente por un punto muerto donde se efectúa de nuevo un corte de energía.

El Tablero de Transferencia Automática de transición cerrada realiza la conmutación de una fuente a la otra de modo tal que no hay corte de energía producido por la conmutación, esto se puede lograr de dos formas: A.- Por la operación de un conmutador especial de alta robustez que opera de forma muy rápida y que no abre la conmutación de una fuente hasta tanto la otra esté cerrada, aunque se genera un encuentro entre la dos fuentes fuera de sincronismo, la conmutación es tan rápida que el efecto es casi imperceptible para las protecciones. B.- La otra forma es una transferencia sincronizada donde el Tablero de Transferencia Automática cuenta con dos interruptores de maniobra, y con un secuencia de operación con un sincronizador automático que controla los parámetros de grupo electrógeno, busca la secuencia, frecuencia y tensión de la red utilitaria y luego que estén en coincidencia cierra el interruptor de línea, transfiere su carga y luego abre el interruptor de emergencia, por lo que en el proceso de retransferencia no hay corte de energía eléctrica.

8.7.- Tableros de Control (CAC)

En referencia a la Central Eléctrica de Generación Distribuida, los tableros de control son aquellos que exclusivamente contienen todos los dispositivos de automatismo vinculado a su operación, como autómatas programables, sincronizadores automáticos, controladores integrales, monitoreo y protecciones eléctricas. Por lo general están anexos a tableros de distribución de potencia, sin embargo no deben compartir las celdas y en caso de que los dispositivos de control estén en la misma celda estas deben ser totalmente aisladas del compartimiento de potencia sea cual sea el nivel de tensión, aunque es recomendable que en media tensión el tablero de control sea una celda separada de las celdas de potencia. Los pupitres y/o tableros de mando y monitoreo son considerados tableros de control.

8.8.- Tableros de Alumbrado y circuitos auxiliares (TA)

Los tableros de alumbrado y circuitos auxiliares en referencia a la Central Eléctrica de Generación Distribuida son aquellos de los cuales dependen los circuitos de iluminación, puntos de tomacorriente, circuitos especiales para fuentes de poder, dispositivos de comunicación y cargadores de baterías. Son específicamente superficiales (adosados o embutidos en las paredes) con acceso solo frontal, pueden tener un interruptor principal. Su alimentación proviene de un de tablero fuerza y distribución.

8.9.- Tableros de Celdas de Seccionamiento MT (CSEC).

La principal función de los tableros de celdas de seccionamiento es aislar y proteger (cuando tienen fusibles) circuitos de principales de alimentación en subestaciones de media tensión.

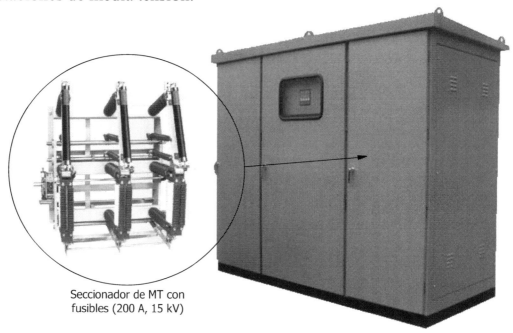

Seccionador de MT con fusibles (200 A, 15 kV)

Tablero de Celdas de Seccionamiento con fusible en MT
Fig. 8-13

Los tableros pueden contener seccionadores sencillos, sólo de operación manual o seccionadores con fusibles abren automáticamente las tres fases cuando se abre algunos de los fusibles por sobrecarga o cortocircuito. Los tableros de celdas de seccionamiento en referencia a la Central Eléctrica de Generación Distribuida tienen la función de aislar y proteger los transformadores elevadores (baja a media tensión) y/o los circuitos que provienen de la red utilitaria.

CAPÍTULO 9

INSTALACIONES ELÉCTRICAS DE LA CENTRAL DE GENERACIÓN

9.- Instalaciones Eléctricas de la Central de Generación.

9.1.- Glosario de términos específicos de las Instalaciones Eléctricas

- **Instalaciones eléctricas**

Las instalaciones eléctricas son el conjunto de dispositivos y componentes (acometidas en media y baja tensión, transformadores, tableros, iluminación, tomas de fuerza, tomacorrientes, etc.) que permiten el aprovechamiento seguro, confiable y eficaz de la energía eléctrica desde que se produce en el generador o suplidor hasta que llega al consumidor donde se convierte en otro tipo de energía aprovechable como térmica (frió ó calor), química (electrolisis), mecánica (cinética, hidráulica), Lumínica (luz) para aplicaciones en el mejoramiento de la calidad de vida de los seres humanos, la producción industrial, la seguridad y las comunicaciones entre otras. En referencia a los Grupos Electrógenos y a las Centrales Eléctricas de Generación Distribuida, los niveles de tensión que rigen para las instalaciones eléctricas son en media (2.4 a 21 kV) y baja tensión (hasta 1 kV). Dado los altos factores de seguridad que implica la producción, distribución y utilización de la energía eléctrica, internacionalmente todos los países han realizado normalización y reglamentos de obligatorio cumplimiento para las instalaciones eléctricas, tenemos en Venezuela el Código Eléctrico Nacional, Norma FONDONORMA 200:2004 (antes COVENIN 200), en Estados Unidos de América el NEC Norma NFPA-70, en Colombia la Norma NTC 2050A, en Perú el Código Eléctrico Nacional Norma 366-2001 EM/VME. En países, como Costa Rica, Panamá, Ecuador y Cuba se ha adecuado un Código Eléctrico Nacional similar al NEC Norma NFPA-70, en México el Código Eléctrico Nacional NOM-001-SEMP-1994; Brasil ha adoptado en su Código Eléctrico Nacional la variedad de las Normas Europeas IEC 60364, Argentina tiene las Normas IRAM Reglamento AEA-7/1992 e igualmente aplican Normas IEC 60364 y el NEC Norma NFPA-70. En Chile el Código Eléctrico Nacional es la Norma SEC CH 4/2003 y 5/55, aunque también se aplican al igual Normas IEC y NFPA.

- **Acometida Eléctrica**

Es el conjunto de conductores y sus canalizaciones que permiten la interconexión eléctrica de potencia entre la red utilitaria, las subestaciones de transformación, los tableros de distribución de potencia y de fuerza, los subtableros y las cargas importantes (ver sección 9.2).

- **Conductor Eléctrico**

Son aquellos elementos y materiales capaces de conducir la energía eléctrica eficientemente, sin pérdidas representativas y en forma segura. Están conformado por un material conductor generalmente cobre (Cu) o aluminio (Al) que pudiese estar o no envuelto en un material aislante. Se clasifican de acuerdo con su capacidad de soportar las corrientes eléctricas, su nivel de aislamiento a la tensión, su elasticidad y su aplicación.

Conductores eléctricos de Baja Tensión
Fig. 9-1

- **Conductividad**

Es la característica que tienen los materiales o cuerpos en permitir a través de ellos el paso o flujo de corrientes eléctricas, es lo contrario a la Resistividad. Su unidad es el Siemens-metro, y se expresa con la letra griega Sigma "σ". Es importante indicar que no se debe confundir "Conductividad" con "Conductancia" ya que esta última es la capacidad que hay entre dos puntos de un circuito u objeto en permitir o facilitar el paso de la corriente eléctrica, se expresa con la letra "G" y es el inverso de la resistencia.

- **Resistividad**

Al contrario de la conductividad, la resistividad es la oposición al paso del flujo de corriente eléctrica que presentan los materiales o cuerpos, su unidad es el Ohm-metro, se expresa con la letra griega Rho minúscula "ρ". Tampoco se debe confundir la "Resistividad" con la "Resistencia" que es la oposición en mayor o menor grado que presenta un cuerpo o material al paso de los flujos de corriente, la resistencia eléctrica se expresa con la letra "R" mayúscula, y su unidad es el Ohm, que se expresa con la letra griega Omega "Ω". Para efectos de la selección de los materiales para la fabricación de los conductores eléctricos se eligen aquellos que tengan la resistividad más baja como: el cobre (Cu) resistividad $1{,}70 \times 10^{-8}$ Ωm y el aluminio (Al) resistividad $2{,}82 \times 10^{-8}$ Ωm, también la plata (Ag) resistividad $1{,}55 \times 10^{-8}$ Ωm y oro (Au) resistividad $2{,}22 \times 10^{-8}$ Ωm tienen muy baja resistividad sin embargo por su costo sólo se utilizan en electrónica de precisión.

- **Ampacidad**

Es un término relativamente nuevo que expresa la capacidad máxima de soportar la corriente eléctrica que tiene un conductor sin sobrepasar la temperatura nominal de alteración de sus aislamientos, se mide en amperios.

- **Canalización**

Son los elementos de protección en que se colocan los conductores para evitar que sufran esfuerzos mecánicos que los desformen o los dañen, al igual que evitar que las personas tengan contacto directo con los conductores eléctricos. Pueden ser canalizaciones embutidas en las paredes o estructuras de concreto, a la vistas de forma superficial (en tuberías o en canales portacables) y subterráneas en el suelo que se denominan "Bancadas"

- **Electro-Ducto**

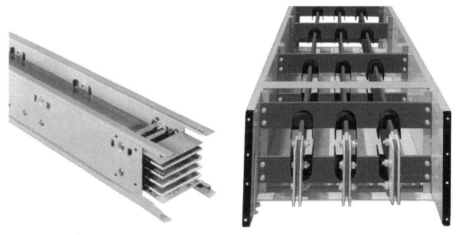

Fotos Cortesía de Schneider Electric Group y Park Electric Inc.

Eléctroductos de Baja Tensión
Fig. 9-2

También denominado en algunos países de habla hispana "Ducto de Barras" y en inglés "Electric Power Distribution Busway", es un arreglo de barras de cobre o aluminio montadas sobre aisladores y recubiertas con una protección mecánica, que tiene la función de llevar la potencia eléctrica desde los tableros de fuerza y distribución a los puntos de consumo de carga al igual que una acometida eléctrica, pero con la ventaja que pueden instalarse derivaciones a lo largo de su recorrido, siempre respetando su capacidad de soporte de la corriente.

- **Transformador**

El transformador es un dispositivo eléctrico de corriente alterna que tiene la función de elevar o reducir la tensión para así hacer que la energía eléctrica pueda ser llevada en larga distancias sin las pérdidas que pudiesen hacer que la misma no sea aprovechable. Los transformadores operan bajo el principio de la inducción electromagnética (ver sección No. 7.2).

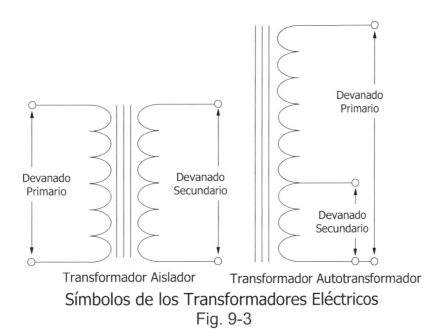

Símbolos de los Transformadores Eléctricos
Fig. 9-3

Pueden catalogarse como A.- Transformadores aisladores cuando su primario está separado eléctricamente del secundario, a este tipo pertenecen todos los transformadores de media tensión a baja tensión y aquellos que reducen o elevan entre diferentes niveles de media tensión (ejemplo: 34,5 kV a 13,8 kV) o entre diferentes niveles de baja tensión (ejemplo: 480 V a 220 V) B.- Autotransformadores cuando de la bobina del primario tiene una derivación para obtener la tensión del secundario (un bobinado único), en esta clasificación están todos los transformadores que elevan y reducen entre alta y media tensión o entre diferentes niveles de alta tensión (ejemplo: 115 kV a 34,5 kV ó 230 kV a 115 kV), su ventaja es que al ser una bobina única su tamaño se reduce sustancialmente, su principal desventaja es que en estos transformadores no hay aislamiento eléctrico entre primario y secundario.

- **Iluminación**

Son todos los dispositivos asociados al sistema de alumbrado, como lámparas, interruptores y puntos eléctricos (incluyendo conductores y canalización). La iluminación de la sala de generación debe permitir ver claramente todos los dispositivos de los grupos electrógenos para efectos de los mantenimientos preventivos y correctivos, así como ayudar a la vigilancia permanente. El tipo de luminaria a utilizar deberá ser industrial y garantizando un nivel de iluminación de acuerdo a lo estipulado en las normas.

- **Tomacorriente**

Es un dispositivo (receptáculo) eléctrico para el suministro en puntos terminales de la energía eléctrica y marcan el limite de finalización de la instalación eléctrica. Están limitados a tensiones no mayores a 220 V, se clasifican: en Residenciales e Industriales, pueden ser monofásicos (110-120 V), monofásicos (208-220 V) y trifásicos (208-220 V), en el caso de los monofásicos de 110-120 V, pueden ser polarizados y no polarizados cuando por el ancho de la ranura se identifica el neutro (ranura más pequeña) de la fase (línea viva). En la actualidad las normas de obligatorio cumplimiento en cuanto a instalaciones eléctricas exigen que todo tomacorriente tenga conexión de puesta a tierra (un tercer receptáculo).

- **Punto de Fuerza**

Al igual que los tomacorrientes marcan el límite de finalización de la instalación eléctrica y como su nombre lo indica es el punto de toma de energía eléctrica de potencia por lo general para la conexión de maquinarias o dispositivos de alto consumo de potencia eléctrica.

9.2.- Acometidas Eléctricas de Potencia

Como se indicó en la Sección 9.1 las acometidas eléctricas están constituidas por conductores y sus canalizaciones, de acuerdo con el Código Eléctrico Nacional Norma FONDONORMA 200:2004 y el NEC Norma NFPA-70, las acometidas se pueden clasificar en A.- Acometidas Aéreas, B.- Acometidas Superficiales y C.- Acometidas Subterráneas. En el ámbito de la Centrales Eléctricas de Generación Distribuidas son más usadas las acometidas superficiales y las acometidas subterráneas.

- **Acometidas Aéreas**

  Son aquellas con conductor desnudo o con revestimiento que se extienden entre el último poste de la red utilitaria (suplidor comercial) hasta la subestación de entrada (media tensión) o el tablero de entrada o de distribución de fuerza del consumidor (baja tensión). Es importante no confundir las líneas aéreas de transmisión o distribución de media o alta tensión con las acometidas aéreas, ya que la función de una acometida eléctrica es la entrega de la energía eléctrica a un consumidor final (carga que convierte la energía eléctrica en otro tipo de energía o trabajo). Para efectos de la Centrales Eléctricas de Generación Distribuida los conductores (desnudos o revestidos) al aire libre entre postes en baja o media tensión serán considerados acometidas aéreas, ya que su función es la llevar energía a consumidores alejados de la Central Eléctrica o punto de suministro donde hacer acometidas subterráneas sería de muy alto costo. Las acometidas aéreas de media tensión se realizan entre postes (que son soportes verticales cilíndricos tubulares, por lo general metálicos).

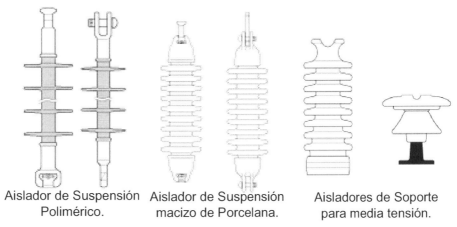

Aislador de Suspensión Polimérico.   Aislador de Suspensión macizo de Porcelana.   Aisladores de Soporte para media tensión.

Fotos Cortesía de Fabrica Argentina de Porcelanas Armanino S.A.

Aisladores para Acometidas Aéreas (MT)
Fig. 9-4

En el paso por los postes los conductores desnudos están fuertemente sujetos a unos aisladores de porcelana o de compuestos poliméricos que por su función se clasifican en aisladores de suspensión o tracción cuando el conductor es suspendido desde el aislador y aisladores de soporte o vástago cuando el conductor es soportado en la parte superior del aislador. Los aisladores eléctricos están normalizados por la Norma ANSI 57.

- **Acometidas Superficiales**

    Son aquellas acometidas donde las canalizaciones (tuberías y canales portacables) son visibles sobre las paredes, muros y techo. Solo se utilizan en el ámbito comercial e industrial. Es importante indicar que las acometidas de media tensión de acuerdo con el Código Eléctrico Nacional FONDONORMA 200 y otras normas internacionales no podrán ser instaladas a la vista, por lo que deben ser embonadas (ver nota) en obra de mamposterías o paredes de bloques. Las acometidas superficiales deben tener cada cierta distancia una caja de paso o de empalmes, de tamaño acordes con el calibre y cantidad de conductores, y pudieran utilizarse para el paso, de intersección, de derivación o de cruce. El electro-ducto o el ducto-barra son considerados acometidas superficiales.

    Nota.- Es importante indicar que a diferencia de la palabra "Embutida" que significa metida dentro, la palabra "Embonada" significa "rodeada de" o "envuelta en", para el caso de las acometidas superficiales de media tensión en edificaciones residenciales o comerciales la canalización de estas acometidas deberá esta embonada e identificada su ruta. En instalaciones industriales se puede tener las canalizaciones (tuberías) a la vista pero indicadas según las normas. En instalaciones industriales al menos que sea dentro de una subestación confinada, no se deben usar conductores de media tensión en bandejas portacables.

- **Acometida Subterránea**

    Las acometidas subterráneas son las más utilizadas en ambientes exteriores, aunque en Centrales Eléctricas se utilizan igualmente en ambientes interiores. Pueden catalogarse como A.- Acometidas en Bancadas (en tuberías metálicas o PVC, embutida en concreto con base de piedra o arena) o B.- Acometidas en canal o trinchera (foso rectangular con tapa de concreto o metálica, con fondo de cemento con desagües). La acometida en bancada de acuerdo con el Código Eléctrico Nacional FONDONORMA 200 y otras normas internacionales, debe tener cada cierta distancia unas tanquillas (tanques pequeños de concreto con tapas metálicas para el paso o derivación de los conductores) y pueden ser usadas en baja o media tensión. Las acometidas en canal o trinchera no podrán ser usadas en media tensión.

9.3.- Conductores para Acometidas Eléctricas

Los conductores para acometidas eléctricas (ver nota) deberán estar debidamente calculados. Estos cálculos se realizaran de acuerdo con el consumo de corriente eléctrica de las cargas y/o tableros que alimentan según su sección (área de conductividad en mm²) y también en su selección deberá aplicar el ambiente donde se usará (seco, a la intemperie, mojado, al sol, etc.). Los conductores de cobre son los más utilizados en acometidas eléctricas de potencia tipo superficial y subterránea, los conductores de aluminio desnudo sólo se utilizan en acometidas aéreas y por lo general en media tensión porque su ampacidad es muy baja para tener buena eficiencia (reducción de las pérdidas por caídas de tensión) en baja tensión.

Nota.- Los conductores de control y para otras aplicaciones no son considerados como acometidas eléctricas ya que no suministran energía eléctrica, su cálculo y selección se deberá realizar de acuerdo con lo indicado en el Código Eléctrico Nacional FONDONORMA 200:2004 o el NEC Norma NFPA 70:2005

El calibre de los conductores eléctricos se expresan de acuerdo con el sistema americano de medida "American Wire Gauge" cuyas siglas en inglés son "AWG" que se extiende desde los conductores con ampacidad de 20 amperios hasta 230 amperios, canalizados en tuberías, con los calibre "AWG 14" al AWG 4/0" respectivamente o en base a la medida inglesa Kcmil (antes denominada "MCM"), que se extiende desde los conductores con ampacidad de 255 amperios hasta 545 amperios con los calibre 250 Kcmil a 1000 Kcmil respectivamente, que significa kilo circular mil o miles de circular mil (1cmil o circular mil) es igual al área de un círculo de alambre conductor de una milésima de pulgada de diámetro).

A continuación describimos algunas premisas para la aplicación de los conductores en acometidas eléctricas de potencia, de acuerdo con en el Código Eléctrico Nacional FONDONORMA 200:2004 o el NEC Norma NFPA 70:2005:

- La capacidad de transporte de corriente de los conductores eléctricos está limitada por la capacidad que tienen los mismos de disipar la temperatura que genera la energía térmica obtenida de la intensidad multiplicada por la resistividad de material conductor (cobre o aluminio), esto para no sobrepasar la temperatura máxima que soporta el aislante dieléctrico que lo protege para evitar su deformación y la pérdida de sus características aislantes. De acuerdo a sus especificaciones los conductores más utilizados en acometidas eléctricas de baja tensión (600 V) son los tipo THW (75°C) y THHW (90°C) para acometidas superficiales o en bandejas portacables (ver nota) y THHN (90°C) para acometidas subterráneas o en trincheras o canales.

Nota.- Para las acometidas entre el generador del Grupo Electrógeno y el tablero de distribución de potencia y/o sincronización y/o tablero de interruptor de salida de Grupo Electrógeno se recomienda la utilización conductor TPR (de alta flexibilidad).

Calibre AWG ó Kcmil	Número de Hilos	Especificaciones del THHN o THW			Especificaciones del THHW o TTU		
		Ampacidad (A)		Sección	Peso	Ampacidad (A)		Sección	Peso
		Al aire	Canaliz.	mm²	Kg x m	Al aire	Canaliz.	mm²	Kg x m
4	7	125	85	8,9	0,24	140	95	10,3	0,26
2	7	170	115	9,9	0,37	190	130	11,8	0,40
1/0	19	230	150	12,5	0,58	260	170	15,3	0,64
2/0	19	265	175	13,6	0,73	300	195	16,4	0,78
3/0	19	310	200	14,9	0,90	350	225	17,7	0,96
4/0	19	360	230	16,3	1,11	405	260	19,2	1,19
250	37	405	255	18,1	1,34	455	290	21,0	1,40
350	37	505	310	20,7	1,85	570	350	24,9	1,97
500	37	620	380	24,0	2,61	700	430	28,3	2,75
750	61	785	475	29,3	3,90	885	535	33,9	4,060
1000	61	935	545	33,0	5,14	1055	615	37,8	5,32

Conductor THHN y THHW de 90°C; Cuadro cortesía de PHELPS DODGE Cables.

Especificaciones de Conductores BT para Acometidas de Potencia
Fig. 9-5

- Para media tensión se debe utilizar el conductor monopolar apantallado XLPE-PVC 5 kV ó 15 kV, con aislamiento de Polietileno reticulado termoestable, (Cross-linked Polyethylene "XLPE" por su denominación en inglés) que es un material muy resistente al calor pudiendo soportar hasta 300 °C sin perder su características aislantes, con chaqueta exterior de Policloruro de Vinilo (polymer of vinyl chloride "PVC" por su denominación en inglés), material resistente a la humedad y abrasión. Por lo general y aunque resulta un poco más costoso y como es el más fabricado, se utiliza el XLPE-PVC 15 kV para instalaciones de 4,16 kV (5 kV). La conexión de los conductores de media tensión tipo XLPE-PVC deberán ejecutarse mediante copas terminales (de componentes aislantes elastomeritos) que no permitan que se introduzca en el blindaje del conductor humedad o polvo que puedan alterar su capacidad aisladora (ver Fig. No. 9-7). Las copas terminales para conductores de media tensión se clasifican de acuerdo con el ambiente de uso "Exterior" o "Interior". Por su operación en media tensión el conductor XLPE-PVC tiene un blindaje de cobre que debe estar obligatoriamente conectado a tierra, para proteger que no se presenten fugas de media tensión al exterior del conductor, por lo que en el momento de una falla en el aislante principal del conductor se presenta un cortocircuito entre el alma de cobre y el blindaje que hace que operen las protecciones asociadas.

Calibre AWG ó Kcmil	Número de Hilos	Especificaciones XLPE-PVC 15kV			
		Ampacidad (A)		Sección	Peso
		75 %	100 %	mm²	Kg x m
2	7	169	150	33,6	0,92
1/0	19	220	206	53,5	1,47
2/0	19	250	234	67,4	1,86
3/0	19	284	266	85,7	2,34
4/0	19	323	302	107	2,96
250	37	355	331	163	3,98
500	37	518	479	281	5,45

Conductor de cobre monopolar, tres por ducto, en instalaciones tipo A (IEEE), Temperatura máxima 90º C. % significa Factor de Carga. Cuadro cortesía de MARESA.

Especificaciones de Conductores MT para Acometidas de Potencia
Fig. 9-6

- Para el suministro o consumo de grandes flujos de corrientes (ver nota) en las salidas de los generadores o en conexiones a transformadores, tableros de distribución de potencia y cargas, se pueden utilizar dos o más conductores en paralelo para poder cubrir las necesidades de altas corrientes, sin embargo para el cálculo de los conductores se deberá utilizar un factor de corrección de acuerdo al número de conductores de acuerdo con la fórmula abajo indicada. Este factor de corrección está determinado por la tabla No. 310.15 del Código Eléctrico Nacional Norma FONDONORMA 200, al igual habrá que considerar un factor de corrección por la temperatura ambiente determinado por la tabla No. 310.16 del mismo código. Los conductores de cada fase, neutros o conexión a tierra, en cada circuito deberán ser: A.- de la misma longitud, B.- del mismo material, C.- del mismo calibre, D.- del mismo tipo de aislantes y E.- con la misma forma de terminación.

$$Ic = fN \times fT \times It$$

Ic : Corriente admisible corregida (ampacidad)
fN : Factor de corrección según la cantidad de conductores
fT : Factor de corrección según la temperatura ambiente
It : Corriente admisible según el fabricante (ampacidad original)

Nota.- El límite de utilización de grandes flujos de corriente en acometidas eléctricas será fijado por las capacidades de los elementos de conexión o desconexión y de protección como interruptores o fusibles.

- Los conductores de acometidas eléctricas deberán ser continuos, desde el punto de suministro de potencia hasta el punto de entrega, no se podrán hacer empalmes dentro de las canalizaciones, al menos se realicen en un caja de empalme (acometidas superficiales) o tanquilla (acometidas subterránea), los empalmes deberán realizarse con elementos de unión especiales de tal forma que no permitan calentamiento del mismo, el aislamiento del empalme deberá ser realizado con cintas aislantes especiales de acuerdo con los reglamentos. En las acometidas eléctricas no se deberán realizar derivaciones de potencia.

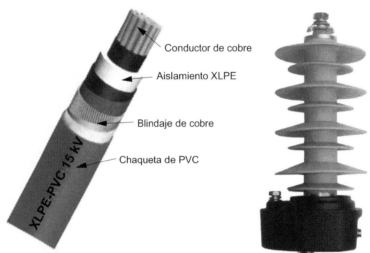

Conductor XLPE-PVC para media tensión y
Copa Terminal para cable MT
Fig. 9-7

- La mayoría de los fabricantes de conductores para calibres superiores a AWG 1/0 sólo tienen un solo color "Negro", por lo que siempre es conveniente marcar los extremos de los conductores con cintas adhesivas especiales utilizando los colores normalizados, para fases "Negro, Azul y Rojo", para neutro color "Blanco" y para el conductor de conexión a tierra "Verde" o "Verde-Amarillo"

9.4.- Electro-Ducto de Barras para Acometidas Eléctricas

Como lo indicamos en la sección 9.1 el "Ducto de Barras" denominado en inglés "Electric Power Distribution Busway", es un arreglo híbrido de conductor eléctrico (barras), aisladores y con una protección mecánica (canalización y soportes), que lo convierte en un sistema de distribución de potencia ideal, ya que prácticamente sustituye al tablero de distribución de potencia, porque en cada caja derivación sobre el recorrido de la barra se puede colocar un interruptor para derivar y proteger un ramal y sus cargas (ver Fig. No. 9-8). Igualmente tiene la ventaja sobre las acometidas convencionales que es mas compacta (ocupa menos espacio) y más liviana. A continuación indicamos algunas recomendaciones necesarias para obtener la mayor confiabilidad en el uso de Ductos de Barras como acometidas eléctricas.

- Nunca se deberá sobrepasar la capacidad nominal de corriente indicada por el fabricante, es importante indicar que los tramos del ducto de barras deberán ser todos de la misma corriente hasta el final de recorrido, así se hagan derivaciones importantes, esto es debido a que cualquier modificación futura del sistema eléctrico como ampliaciones o mudanzas de las cargas, podrían ser afectadas.

- Los tramos horizontales del ducto de barra deberán ser instalados de forma tal que las barras internas queden de canto (vista superior) para que la disipación del calor pueda ser rápida y eficiente.

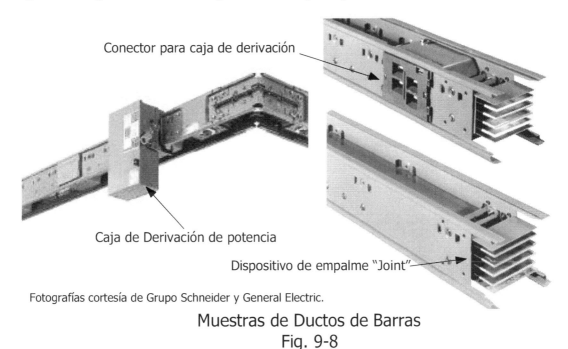

Fotografías cortesía de Grupo Schneider y General Electric.

Muestras de Ductos de Barras
Fig. 9-8

- Los ductos de barras pueden ser afectados extremadamente por los ambientes corrosivos como los marinos y la humedad, por lo que para su selección se deberán tomar en cuenta estos factores.

- Periódica y obligatoriamente se deberá realizar mantenimiento preventivo y ajuste a los puntos de conexión (juntas) de los tramos de los ductos de barras denominados "Joint" por su denominación en inglés Este mantenimiento deberá ser realizado por personal especializado y usando herramientas de ajuste como llaves con medidor de torque (fuerza mecánica al apretar las tuercas). Igualmente se deberán lavar con detergentes dieléctricos para eliminar el polvo y grasas que disminuyen su capacidad de disipación de calor.

9.5.- Canalizaciones para las Acometidas Eléctricas

La canalización para las acometidas eléctricas está reglamentada de acuerdo con los Códigos Eléctricos de cada país, aunque la mayoría se rige por el NEC Norma NFPA-70 y en el Código Eléctrico Nacional Norma FONDONORMA 200 se reglamenta de acuerdo con la sección No. 300. La canalización se clasifica en superficial y subterránea.

- **Canalización Superficial**

    La canalización superficial puede ser realizada en tuberías metálicas o bandejas de cables. La tubería utilizada para acometidas eléctricas superficiales se clasifican en: A.- HG que es la tubería rígida del tipo pesada roscada, denominada tubería "Conduit" y B.- EMT que es del tipo liviana de montaje con conectores y anillos con tornillos, estas tuberías deberán ser galvanizadas. Las acometidas eléctricas superficiales para potencia se deberán instalar en tuberías roscada HG por su fortaleza y rigidez. Para circuitos de baja potencia, acometidas de motores y circuitos de control se podrá utilizar la tubería EMT. Aunque los fabricantes de conductores eléctricos y los Códigos Eléctricos, no restringen que la cantidad de conductores por canalización sea más de una terna (ver nota), sólo limitan la cantidad en cuanto a la capacidad de disipación de temperatura de los conductores, se recomienda instalar sólo una terna de conductores más su neutro y su conductor de tierra por canalización, esto para evitar pérdidas por calentamiento y obtener el mejor rendimiento de los conductores. Inclusive para el caso de la instalación o remoción de los conductores cuando son muchos se puede causar daños en sus aislamientos.

- Es importante recordar que nunca se deben instalar sólo los conductores de una fase por canalización, ya que por inducción magnética sobre la canalización metálica se produciría calentamiento de la canalización y pérdidas representativas de energía, en cada canalización deberán ir los conductores de las tres fases. En bandeja portacable se deberá instalar los conductores en grupos de ternas (tres fases) y pareados unos a lado del otro, nunca se deberá instalar conductores unos sobre de otro sobrecargado la bandeja portacables. El tipo, selección y clasificación de la bandeja portacable deberá ser el indicado en las normas y de acuerdo a las especificaciones del fabricante. La canalización superficial en tuberías para acometidas de media tensión deberá ser embonada, la canalización en bandejas no podrá utilizarse para conductores de media tensión

Nota.- Terna es el grupo de los tres conductores de un circuitos trifásicos (uno por fase).

Muestras de Canalización en Bandejas Portacables
Fig. 9-9

- **Canalización Subterránea**

La canalización subterránea de realiza en bancadas que son grupos de tuberías plásticas especiales de PVC o HG metálicas rígidas, embutidos en concreto para darle mayor rigidez a la protección, igualmente la acometida subterránea puede ser realizada en trinchera o foso canal. El Código Eléctrico Nacional Norma FONDONORMA 200:2004 se reglamenta en su sección 300, aparte 300.5 todo lo concerniente a canalización subterránea, por ejemplo en acometidas subterráneas con tensión de 0 a 2000 V, se exige un mínimo de profundidad de la canalización, de los más utilizados tenemos: A.- Bajo lozas de concreto donde no circulen vehículos profundidad mínima 100 mm (4"), B.- Bajo calles, autopistas, aceras y estacionamientos profundidad mínima 600 mm (24") y en acometidas subterráneas en media tensión (hasta 22 kV), en tubería PVC, bajo calles, autopistas, aceras y estacionamientos profundidad mínima 450 mm (18").

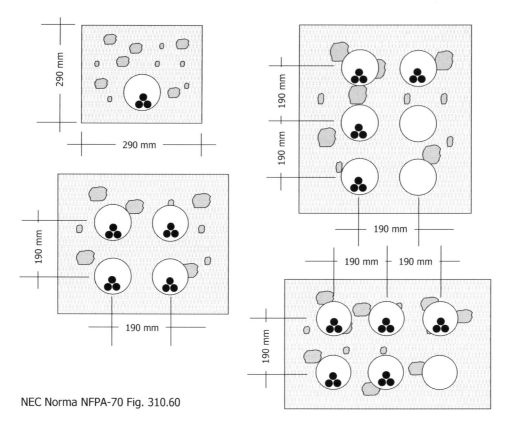

NEC Norma NFPA-70 Fig. 310.60

Disposición y Distancias de canalización de MT en bancadas
Fig. 9-10

9.6.- Subestaciones Eléctricas de Transformación

Como se ha indicado en la sección 7.2 la aplicación eficiente de la energía eléctrica se ha logrado por el uso del transformador eléctrico. Por lo general debido a factores de ambiente (ruido, polución, espacio) o la ubicación favorable para la producción de la energía primaria (hídrica, eólica o aducciones de gas) los sitios en que se produce la energía eléctrica están alejados de los sitios de consumo, por lo que para evitar la perdidas de tensión por el efecto de joules (ver nota) que se presenta por la resistividad de los conductores en la transportación (transmisión) de grandes bloques de corrientes de energía eléctrica, en el sitio de generación (Central Eléctrica de Generación ó Estación Eléctrica) se eleva la tensión, para luego transpórtala y cerca del lugar de consumo reducirla a los niveles de tensión de aplicación a los dispositivos consumidores. Esta reducción de tensión se realiza en la "Subestación Eléctrica de Transformación" denominada "Subestación Eléctrica". El término también se aplica comúnmente a los sistemas de transformación donde se reducen los niveles de tensión así sea para derivar en dos o más ramales y continuar el proceso de transportación (transmisión) hacia otros lugares donde a través de otras subestaciones se reduzcan a los niveles de tensión de aplicación para los consumidores.

Nota.- Efecto de Joules, es el efecto por el cual en un conductor eléctrico se produce calor por la circulación de la corriente eléctrica, el mismo se origina porque el flujo de electrones que circulan, choca con los materiales que se oponen a la conductividad librando energía en forma de calor. Debe su nombre al físico británico James Prescott Joule (1818-1889) el cual determinó que la energía térmica liberada depende del cuadrado de la intensidad de la corriente, por lo que al elevar representativamente la tensión, la corriente disminuía para la misma potencia eléctrica y se reduce el efecto de Joule.

Las subestaciones eléctricas están conformadas por los siguientes componentes: A.- Un seccionador de entrada como mecanismo de conexión, desconexión, aislamiento y protección del transformador por lo general en niveles de alta o media tensión, B.- El transformador del tipo reductor (en excepciones también puede ser elevador) y C.- El interruptor de salida para conexión, desconexión, y protección, el cual puede ser en media o baja tensión y debe contener los dispositivos de protección eléctrica de acuerdo con los reglamentos y códigos locales, este interruptor puede estar incluido en el tablero de distribución de potencia. El diseño, aplicación, seguridad y mantenimiento está regulado por las siguientes normas nacionales e internacionales: El Código Eléctrico Nacional Norma FONDONORMA 200, el NEC Norma NFPA-70; ANSI C37.02; IEEE Standard 27 y NEMA SG-5.

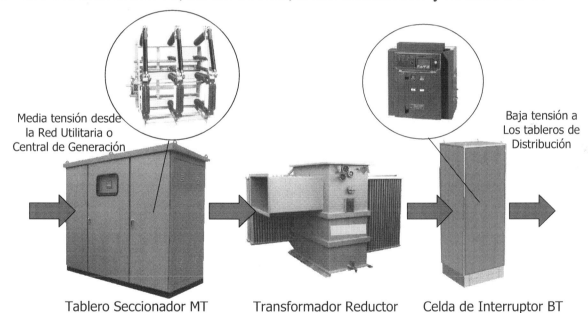

Fotos Cortesía de Schneider Electric Group y ABB

Componentes de una Subestación Eléctrica
Fig. 9-11

Nota.- Es importante indicar que muchos transformadores tipo subestación tienen unas ruedas para su traslado y/o movimiento dentro de las subestaciones, no obstante una vez se realice su instalación y montaje en el sitio definitivo, habrá que remover dichas ruedas y guardarlas (para casos de servicio) esto es porque si se deja sobre las ruedas, el transformador con la vibración tiende a moverse y afloja constantemente las conexiones de potencia.

Las subestaciones eléctricas se clasifican en: A.- Subestaciones de Intemperie, B.- Subestaciones de uso interior y C.- Subestaciones Compactas o Blindadas.

- Las Subestaciones de intemperie, son aquellas cuyos componentes deben cumplir con las exigencias de gabinetes y cerramientos de la Norma Nema 250 clasificación 3R (resistente a la lluvia), están totalmente al aire libre, los tableros deberán contener sistemas de calentamiento para expeler la humedad, el transformador reductor será del tipo subestación, en aceite y deberá estar en un gabinete tipo Nema 3R.

- Las Subestaciones de uso interior, son aquellas que estarán incluidas dentro de las edificaciones en niveles y ubicaciones donde cohabitan, trabajan o transitan personas, aunque deberán estar separadas por cercas o paredes. Los tableros del seccionador de entrada y del interruptor de salida deberán ser del tipo Nema 12 ó Nema 1, el cual protege a los componentes internos de goteo y polvo. Por seguridad el transformador deberá ser del tipo seco o encapsulado, no podrá ser un transformador de aceite (ver nota).

Transformador de pedestal   Transformador tipo Subestación   Transformador Encapsulado

Fotos Cortesía de ABB y Alfa Transformer Inc.

Tipo de Transformadores para Subestación Eléctrica
Fig. 9-12

Nota.- Para minimizar el efecto de calentamiento de los devanados de los transformadores por la circulación de grandes bloques de corriente, los transformadores tiene dos formas de enfriamiento: A.- Inmersos en aceite, el cual se calienta y transmite (transfiere) el calor a la carcasa y unos radiadores exteriores que se enfrían con el aire externo y B.- Por convección del aire en los transformadores secos bobinados o encapsulados, en los cuales se hace circular aire a través de espacios entre la bobinas y el núcleo para que desplace el calor. La prohibición de uso de transformadores en aceite en sitios interiores con personas que cohabitan, trabajan o transitan cercanamente, es debido a que si por alguna razón insegura o falla el transformador llegase a derramarse o explotar, el aceite caliente se esparciría por el lugar poniendo en riesgo a las personas y bienes.

- Las subestaciones compactas o blindadas son aquellas subestaciones de uso exterior que en un solo cuerpo del gabinete contienen el seccionador de entrada, el transformador y la protección de salida o etapa de baja tensión (interruptor), por lo general el transformador está enfriado por aceite. También puede catalogarse a los transformadores de Pedestal ("Pad Mounted" por sus siglas en inglés) como subestaciones compactas, ya que ellos cuentan con fusibles y seccionador en el lado primario de entrada en media tensión y algunos cuentan con el interruptor de salida.

9.7.- Sistema de Puesta a Tierra

Con el propósito de garantizar que cualquier cortocircuito o contacto fortuito accidental de una o varias fases a la carcasa del generador, gabinete de un tablero, blindaje de cualquier equipo o canalización de un conductor, pueda ser drenado y despejado inmediatamente sin poner en riesgos a las personas que operan el sistema o que están cercanas al mismo, al igual que salvaguardar los equipos eléctricos y electrónicos que son muy vulnerables a tensiones o potenciales que les puedan causar daños irreversibles, es necesario y obligatorio que en toda instalación eléctrica tanto del sistema eléctrico del o los generadores (Central Eléctrica de Generación Distribuida) como en el sistema eléctrico consumidor (cargas), se deba instalar un "Sistema de Puesta a Tierra (SPAT)" que haga que cualquier nivel de potencial o tensión que se produzca en las partes metálicas no conductores como las carcasas, gabinetes o blindajes de los dispositivos de producción (generadores) o consumo (cargas) y/o blindajes de conductores de energía eléctrica pueda ser drenado de manera rápida e igualado al potencial cero del sistema que suministra la misma.

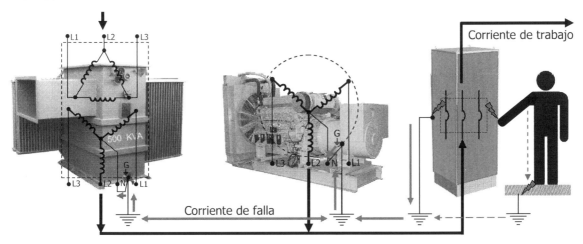

Enlace equipotencial en sistema de puesta a tierra
Fig. 9-13

Con un buen sistema de puesta a tierra se desea lograr un equipotencial eléctrico (significa una diferencia de potencia igual y que tienda a cero) entre los dispositivos productores de las corrientes y el punto donde se produce la falla para que los sistemas de protección tengan una referencia que les permita operar y dar una respuesta automática y muy rápida para despejar la falla interrumpiendo el suministro de corriente. No obstante, al sistema hacerse equipotencial entre el punto de la falla y el productor de la corriente, también se logra que los potenciales eléctricos sean tan bajos que no representen riesgos para las personas (ver nota).

El correcto funcionamiento del sistema de puesta a tierra en los dispositivos suplidores de energía eléctrica como la central eléctrica de generación distribuida y/o los transformadores de la subestación, así como en los tableros eléctricos, los puntos de fuerza y tomacorrientes es vital para garantizar que el enlace equipotencial del sistema de puesta a tierra operará dentro de los rangos para lo cual fue diseñado, ya que el principal riesgo que se presenta por cualquier cortocircuito o contacto fortuito accidental de una fase o varias fases a la carcasa del generador, gabinete de un tablero, blindaje o canalización de un conductor o un electrodoméstico es la probabilidad de que una persona toque la parte metálica no conductora de energía eléctrica, la cual por la falla presentada ahora estará a un potencial (que pueda afectar la salud de la persona) con respecto al piso (suelo) donde está parada la persona. Pero si se garantiza un buen enlace equipotencial la parte metálica (del electrodoméstico, gabinete, etc.) tenderá a tener el mismo potencial que el neutro del dispositivo de suministro (generador o transformador), por lo que su tendencia será a cero voltios (ver Fig. No. 9-13).

Nota.- En los Códigos Eléctricos y reglamentos eléctricos de muchos países se determina como tensiones de seguridad máximas para las personas (Vs) entre 50 y 65 Voltios, sin embargo lo peligroso es la corriente que circulará por el cuerpo de la persona y se ha determinado que 30 mA es suficiente para causar fibrilación y paro cardíaco. Por lo que si el contacto de la persona con el piso es de alta resistencia (piso seco) a esta tensión no resultará fatal, pero si el piso está húmedo, la resistencia es baja y la corriente puede elevarse causando un accidente fatal, inclusive a los niveles de tensión de seguridad.

Es obvio pensar que por lo alejado que está en la mayoría de los casos el dispositivo de suministro (generador o transformador) del punto de la falla, aumentará la resistividad del sistema de puesta a tierra y esto es inversamente proporcional al resultado de un enlace equipotencial, por lo que el diseño del mismo deberá cumplir una serie de normas para garantizar que cumplirá con su finalidad (ver nota). El diseño y construcción de los sistemas de puesta a tierra están normalizados en todos los Códigos Eléctricos: CEN FONDONORMA 200 ó NFPA 70 "National Electrical Code", sin embargo hay normas específicas como la IEEE Std 142-1991 y la ANSI/IEEE Std 80 y otras.

Nota.- A pesar de las grandes ventajas que representa la puesta a tierra de un sistema eléctrico el cual es de obligatorio cumplimiento en muchos países, puede que un sistema se diseñe no puesto a tierra (neutro aislado) y al cual los diseñadores les atribuyen algunas ventajas relativas al tipo de instalación como lo son A.- Una falla a tierra causa el flujo de una pequeña corriente de tal manera que el sistema puede continuar operando en falla, mejorando su continuidad. B.- No se requieren costosos equipos para conectar el sistema a tierra. No obstante esto sólo es posible si las leyes y normas del país lo permiten para un tipo de equipo o instalación específica.

También es importante aclarar una mala interpretación que se hace al término "Tierra" ("Ground" por su denominación en inglés), ya que se confunde frecuentemente con el efecto de una probable protección que logra la conductividad de los terrenos en la tierra ("Earth" por su denominación en inglés). Término "Tierra" o "Puesta a Tierra" ("Grounding" por su denominación en inglés), se utiliza para identificar la masa o conjunto de dispositivos eléctricos que nos sirven para lograr el enlace equipotencial, inclusive utilizando el suelo (terreno) si tiene la resistividad adecuada pueda servir para lograrlo, pero sino habrá que contar con conductores, estructuras de edificios, sistemas de tuberías y cualquiera otra estructura metálica que no forme parte del sistema conductor de energía eléctrica para hacerlo. Como ejemplo podemos poner una embarcación (barco) que tienen una central eléctrica con generadores y que cuenta con un sistema de puesta a tierra (que en ningún momento podrá vincularse a la tierra de un terreno), el cual puede estar conformado por el casco metálico o por una estructura interna diseñada para ese fin.

Aunque para efectos de la protección contra sobre tensiones y corrientes ocasionadas por fenómenos atmosféricos (rayos), la utilización de un sistema de puesta a tierra utilizando la conductividad de la tierra del terreno es necesario, ya que el rayo es producto de una diferencia de potencial entre las nubes y el terreno (suelo), por lo que su descarga segura se obtendrá cerrando el circuito con la puesta a tierra al terreno.

Para lograr el enlace equipotencial y que el sistema de puesta a tierra sea efectivo habrá que conectar el neutro (del generador o transformador) a la masa (punto referencia del sistema de puesta a tierra), esto puede hacerse de dos formas: A.- Sólidamente conectado y directamente a tierra o B.- Conectado a tierra a través de una reactancia que pudiese estar constituida por una resistencia o inductancia o la combinación de ambas. Aunque la opción A es la que asegura un enlace equipotencial más efectivo, la opción B se realiza más que todos en dispositivos de suministro de media tensión para evitar los efectos dañinos de las altas corrientes y arcos que por una falla a tierra pueda causar sobre interruptores, conductores, transformadores y el mismo generador, así como reducir esfuerzos mecánicos, reducir el voltaje de línea momentáneo que aparece por la ocurrencia y despeje de la falla a tierra.

Instalaciones Eléctricas

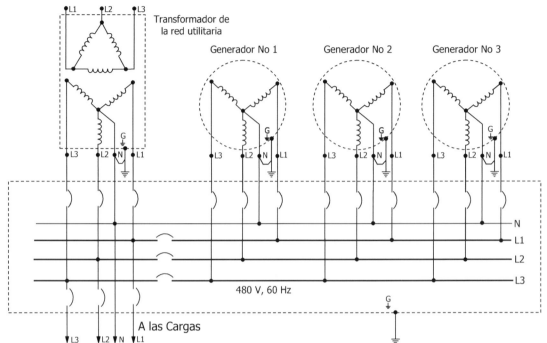

Sistema de Puesta a Tierra de una Central de Generación
Distribuida de Baja Tensión
Fig. 9-14

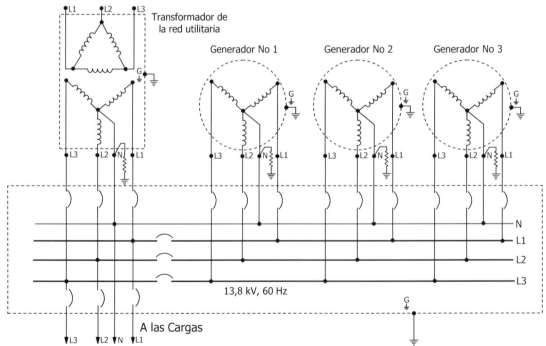

Sistema de Puesta a Tierra de una Central de Generación
Distribuida de Media Tensión
Fig. 9-15

- **Clasificación de los tipos de Puesta Tierra**

La puesta a tierra se puede clasificar en A.- Puesta a Tierra Intencional (y se subclasifican en: Puesta a Tierra de Protección o de Servicio), consistente en los diferentes dispositivos que se instalan para que puedan garantizar la descarga efectiva de las corrientes a tierra (masa) y B.- Puesta a Tierra Accidental, la establecida temporalmente por una persona, equipo o dispositivo que se exponen fortuitamente o accidentalmente al potencial de una o varias fases en la cercanía o en contacto con parte del sistema de puesta a tierra como puede ser el suelo o terreno.

- **Sistema de Puesta a Tierra de Protección**

    Es aquel que se instala para prevenir accidentes de personas en contacto directo o indirecto con los electrodomésticos, gabinetes metálicos, descargas atmosféricas, así como para hacer actuar los sistemas de protección por apertura o despeje de las fallas al interrumpir el flujo de corriente.

- **Sistema de Puesta a Tierra de Servicio**

    Es aquel que se instala para servir como referencia de potencial para equipos de comunicación, instrumentación, fuentes de poder en corriente continua, etc. Igualmente se utilizan para que a través de los blindajes de conductores y equipos, reducir o eliminar interferencias e irradiaciones electromagnéticas.

- **Componentes de un Sistema de Puesta a Tierra**

Los componentes de un sistema de puesta a tierra: A.- Electrodos (Barras) de Puesta Tierra, B.- Malla de Tierra, C.- Conductores y D.- Empalmes.

- **Electrodos**

    También denominados Barras, las más conocidas son las llamadas "Barras Copperweld" que es una barra de acero al carbono clasificación SAE 1010/1020 con un capa o enchapado de cobre (Cu), lo cual la hace altamente resistente por su núcleo de acero y por su periferia de cobre eficiente conductora en sus puntos de contacto con el terreno. "Copperweld" es una marca registrada por el dueño de la tecnología. Igualmente la combinación de acero y cobre le dan una resistencia a la deformación física o mecánica para efectos de la altas corrientes eléctricas que deben disipar, también el acero le da la resistencia necesaria para que pueda ser hincadas (clavadas) en el suelo. Las longitudes normalizadas de los Electrodos o Barras Copperweld son de 1,80; 2,44 y 3,00 mts, siendo la mas utilizada la de 2,44 mts y los diámetros de 5/8" (15,8 mm), 3/4" (19 mm) y 1" (25,4 mm), siendo el más utilizado de 5/8" (15,8 mm).

- **Malla de Tierra**

Aunque un sistema de puesta a tierra puede ser diseñado con un solo electrodo, lo más probable es que para poder lograr una dispersión de las corrientes de falla a una velocidad que haga seguro y eficiente el sistema, la longitud del electrodo deba ser mayor a los convencionales, por lo que habrá que instalar más de un electrodo e interconectarlos de forma tal que la dispersión de la corriente de falla sea equilibrada, para lo cual se diseñan retículas de conductor unidos a varios eléctrodos (de acuerdo con el cálculo), el conjuntos de estas retículas de conductor todas interconectadas se denomina "Malla de Tierra"

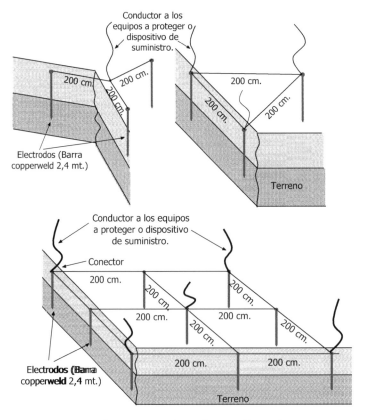

Ejemplos más conocidos de Mallas de Puesta a Tierra
Fig. 9-16

La malla de tierra de una Central Eléctrica de Generación Distribuida deberá ser realizada con estricto apego a los cálculos (ver nota) ya que de esto depende las repuestas de los sistemas de protección que se instalen, fundamentando sus ajustes en la corrientes de cortocircuito a tierra que pueda disipar rápidamente la malla de tierra de la central eléctrica.

Nota.- Aunque en este texto ayudamos al lector a realizar un cálculo estimativo y el diseño preliminar de un sistema de puesta a tierra, en instalaciones eléctricas complejas o de alta criticidad donde se pone en riesgo la salud de las personas que lo operan o el daño y/o pérdida de los equipos o su continuidad operativa es recomendable acudir a profesionales de la ingeniería expertos en la materia para el cálculo y diseño del Sistema de Puesta a Tierra.

- **Conductores**

Aunque para sistemas de puesta a tierra en especial para la malla de tierra y conexión a los electrodos, se puede utilizar cualquier conductor desnudo de cobre (solidó o trenzado) de calibre adecuado al cálculo, lo optimo será la utilización de conductor "Copperweld" que al igual que los electrodos, tiene núcleo de acero al carbono clasificación SAE 1010/1020 con un capa o enchapado en cobre (Cu), lo cual le da una alta resistencia al esfuerzo mecánico que tendrá estos conductores al estar embutidos en el concreto de la lozas de piso o por su ubicación directamente enterrados en el terreno. Siempre es conveniente que los conductores del sistema de puesta a tierra se instalen desnudos (sin aislamiento) porque su contacto con el concreto o terreno garantizará mayor área de dispersión de la corriente.

- **Empalmes**

Aunque es uno de los elementos que muchos no les prestan la atención debida, en el sistema de puesta a tierra tiene una importancia extrema, ya que se debe garantizar a largo plazo que la conexión entre el conductor y el electrodo o entre los conductores en la retículas de la malla de tierra estarán solidamente conectados sin aflojarse a pesar de haberse sometido a las deformaciones ocasionadas por la grandes corrientes cuando sucede una falla o por la normales y periódicas dilataciones y contracciones de las losas de concreto donde por lo general están embutidas las mallas de tierra. Para esto no se puede utilizar empalmes apretados por presión o tornillo, ya que los mismos esfuerzos mecánicos los aflojarían, para lo cual se han diseñado una serie de empalmes por soldadura que se funden conjuntamente con el conductor de cobre del conductor y el electrodo garantizando así una conexión resistente y duradera.

Estos empalmes se realizan ubicando un molde en el cruce de los conductores o en el punto de contacto del electrodo con el conductor, el cual tiene unos componentes químicos que al encenderse, someten al empalme a muy alta temperatura, fundiendo de inmediato los conductores uno con el otro. Una vez terminado el procedimiento se retira el molde y se verifica la resistencia física y mecánica del empalme. Esto siempre se realiza antes del vaciado del concreto de las losas de piso donde estará embutida la malla de tierra y/o los electrodos.

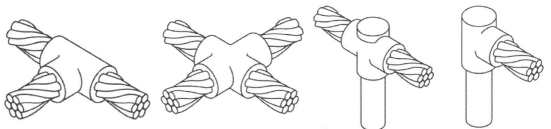

Empalmes entre conductores de la malla Empalmes entre conductores y el electrodo

Ejemplos de Empalmes Termo-fundentes para mallas de puesta a tierra
Fig. 9-17

- **Sugerencias para la construcción de un Sistema de Puesta a Tierra**

Para efectos del diseño y cálculo de un Sistema de Puesta a Tierra o para referencias que le sirvan al lector para revisar los diseños y cálculos elaborados por los especialistas, a continuación mostramos algunos datos interesantes mediante cuadros obtenidos de las normas y escritos al respecto.

Resistencia Eléctrica en Ω	Calidad del SPAT	
	Redes Media Tensión	Redes Baja Tensión
Menos de 1 Ω	Excelente	Excelente
Entre 1 y 5 Ω	Muy buena	Buena
Entre 5 y 10 Ω	Buena	Aceptable
Entre 10 y 15 Ω	Aceptable	Regular
Entre 15 y 20 Ω	Regular	Mala
Mayor de 20 Ω	Mala	Mala

Cuadro de Calidad de la Resistencia del
Sistemas de Puesta a Tierra
Fig. 9-18

Como premisa importante para el diseño y cálculo de un Sistema de Puesta a Tierra (SPAT), se deben estudiar los siguientes factores: tensión de seguridad máxima (Vs) de acuerdo a las leyes locales, corrientes de falla según el régimen o ajustes máximo del dispositivo de despeje automático de fallas y la resistividad del suelo (ver nota) que será el medio que puede garantizar un enlace equipotencial.

Nota.- Si el suplidor de la corriente (Generador) y todos los elementos y/o dispositivos puestos a tierra través del SPAT, están relativamente cercanos y existen conductores de puesta a tierra (debidamente calculados) que garantizan el enlace equipotencial, no será necesario hacer estudio de la resistividad del suelo, sin embargo para efectos de protección contra fenómenos atmosféricos o si la fuente de suministro de corriente está lejana será necesario el estricto cálculo de la puesta a tierra, tomando el cuenta la resistividad del terreno.

Numero de Electrodos	Valor porcentual (resistencia)	Resistencia
Un solo electrodo	100 %	25 Ω
Dos electrodos en línea	55 %	13,75 Ω
Tres electrodos en línea	38 %	9,5 Ω
Tres electrodos en triángulo	35 %	8,75 Ω
Cuatro electrodos en simetría	28 %	7 Ω
Ocho electrodos en simetría	16 %	4 Ω

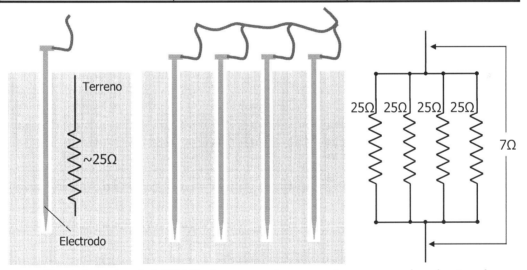

Resistencia del SPAT de acuerdo con el numero de electrodos
Fig. 9-19

De acuerdo con los fabricantes el valor promedio de resistencia de un electrodo de puesta a tierra de 2,44 mts y diámetro de 5/8" con tecnología Copperweld es de 25 Ω (hincado en un terreno de baja resistividad), si de acuerdo con el diseño y cálculo del SPAT el valor de resistencia es necesario sea menor, habrá que colocar mayor cantidad de electrodos y aumentando por consecuencia la longitud del electrodo (para referencia ver Fig. 9-20), por lo que para lograrlo se tienen que colocar dos o más electrodos, por ser resistencias colocadas en paralelo la resistencia final del sistema bajará (ver Fig. 9-19)

Los conductores de la malla de puesta a tierra, aunque cumplen una función principal de interconexión de los diferentes electrodos para que la dispersión de las corrientes sea equilibrada, al estar desnudos y embutidos en el concreto o en el suelo igualmente se convierten en electrodos del sistema de puesta a tierra, por lo tanto su longitud se puede tomar en cuenta en la longitud total de los electrodos de acuerdo con la tabla de la Fig. 9-20. También si se conoce el tipo de suelo donde será la ubicación de la instalación que requiere el sistema de puesta a tierra, se pueden utilizar como referencia para un breve cálculo las tablas de la Fig. 9-20 y Fig. 9.21. Para efectos de un cálculo exacto del sistema de puesta a tierra, es necesario hacer un estudio del suelo, donde el experto medirá la resistividad del mismo con instrumentación especial.

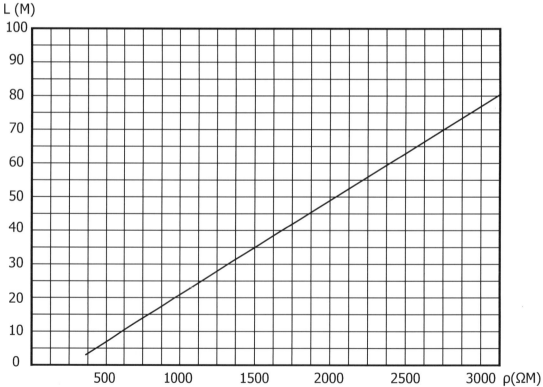

Longitud necesaria de los electrodos del SPAT según la resistividad del Terreno

Fig. 9-20

Naturaleza o Composición del Terreno	Resistividad en Ω M
Pantanosos y muy húmedos	30
Arcillas Plásticas	5 a 100
Arcillas Compactas	50
Arenas Arcillosas	50 a 500
Arenas Silíceas	200 a 1000
Pedregosos con Grama o Césped	300 a 500
Pedregosos Desnudos (sin capa vegetal)	150 a 3000
Calizas Blandas	100 a 300
Calizas Compactas	100 a 5000
Calizas Agrietadas	500 a 1000
Pizarras	50 a 300
Rocas de Mica y Cuarzo	800
Granitos provenientes de alteraciones	1500 a 10000
Granitos muy alterados	100 a 600

Referencias de la Resistividad de algunos de los tipos de suelos más encontrados.
Fig. 9-21

9.8.- Otras instalaciones eléctricas menores

- **Pararrayos**

La salud de los operadores de una central eléctrica, así como todos los equipos electrónicos de control, monitoreo y protección de los grupos electrógenos y tableros son vulnerables al efecto de sobretensiones transitorias de muy alto nivel (ver nota) como las provenientes de un rayo o centella. Estas sobretensiones pueden presentarse cuando un rayo cae en las cercanías (terreno) de la ubicación de la central eléctrica o directamente sobre las edificaciones de protección o estructuras operativas de la central eléctrica como son torres de iluminación, torres de enfriamiento, tubos de escape o techos.

Nota.- Una descarga eléctrica atmosférica o rayo, puede producir corrientes hasta de 200 kA y 100 millones de voltios, en períodos de tiempo que pueden durar hasta 1 seg. El rayo surge producto de la descarga instantánea por la saturación del potencial eléctrico formado por la electricidad estática que aparece entre las nubes o entre las nubes y la tierra en una tormenta. Por el efecto llamado "Punta" el rayo busca la ruta más corta para esa descarga, en muchos casos la ruta más corta son la superficies mas prominentes del terreno con carga eléctrica negativa, como la copa de un árbol, un edificio, un poste o una persona.

Para efectos de suprimir de forma rápida las sobretensiones transitorias producidas por lo rayos, en lugares o sectores donde se ha comprobado la aparición frecuente de este fenómeno atmosférico será necesario la instalación de pararrayos, para proteger a los operadores y equipos de las central eléctrica de generación distribuida.

El principio de funcionamiento de los pararrayos ("Lightning Arrester" por su denominación en inglés) se fundamenta en la rápida descarga de la diferencia de potencial entre las nubes cargadas con electricidad estática con respecto a la tierra. El electrodo principal del pararrayo al estar en la parte mas alta de su ubicación ioniza el aire a su alrededor y provoca que la descarga de la nube se realice directamente hacia el electrodo. El electrodo está conectada a través de un conductor a un sistema de puesta a tierra lo que descarga de forma segura y directa la corriente del rayo a tierra.

- Los pararrayos más utilizados son de dos tipos los pasivos (más conocidos) conformados por electrodos de cobre simples con punta (tipo Franklin) que se instalan sobresaliendo del techo y los activos con material radioactivo que aumentan la ionización del aire atrayendo de forma más rápida el rayo. También los hay del tipo Corona (Ionizantes) y Piezoeléctricos.

- El sistema de puesta a tierra de un pararrayos puede ser el mismo sistema de puesta a tierra de la Central Eléctrica. El diseño e instalación de pararrayos está regulado por la Norma NFPA 780 "Standard for the installatión of Lihtning Protection Systems", así como las Normas FONDONORMA 200 (Código Eléctrico Nacional), Covenin 734 "Código Nacional de Seguridad en Instalaciones de Suministro Eléctrico".

- Los dispositivos de almacenamiento de combustible líquido (tanques) de la Central Eléctrica deberán estar protegidos por pararrayos.

- **Sistemas de protección contra Incendios**

Evitar que un conato de incendio se convierta en una verdadera tragedia es la principal función de los sistemas de protección contra incendio de la Central Eléctrica. El sistema de protección de incendio de la Central Eléctrica está constituido por los sistemas de alarma y los sistemas de extinción de fuego.

Nota.- Las Normas de Referencia para los sistemas contra incendio son: la COVENIN 823 "Guía Instructiva sobre sistemas de Detección, Alarma y Extinción de Incendios" y la NFPA 72 "Fire Alarm Code Handbook"

- **Criterios de exposición al riesgo de incendio en una Central Eléctrica**

El análisis de exposición a los riesgos de incendio en una Central Eléctrica es la primera etapa del proceso para el diseño de un sistema de protección de incendio, ¿cuales son esos riesgos?:

- El manejo y almacenamiento de los combustibles líquidos o gaseosos utilizados por el motor primario de los grupos electrógenos de la Central Eléctrica.

- La disposición y escape de los gases calientes productos de la combustión en los motores de los grupos electrógenos.

- Las condiciones de la instalación eléctrica de las fuentes de energía DC, cargadores de baterías y baterías de los sistemas de arranque de los grupos electrógenos (motogeneradores y turbogeneradores).

- Las condiciones de las instalaciones eléctricas de potencia en los generadores y tableros de distribución de potencia de la Central Eléctrica.

- Las condiciones del sistema de puesta a tierra y pararrayos de la Central Eléctrica.

- La conducta y aptitud de los operadores.

En estos escenarios de riesgo, el punto más importante es la planificación previa, donde se deberá realizar el diseño seguro y adecuado a las normas de seguridad, así como el correcto y oportuno adiestramiento de los operadores en cuanto a una conducta de seguridad. De violentarse algunos de los anteriores puntos es inevitable la posibilidad de que puede ocurrir un accidente que se convierta en un incendio, por lo que la prevención y precaución será nuestra primera recomendación en cuanto a la probable exposición al riesgo de incendio en una Central Eléctrica. Sin embargo las condiciones de seguridad en cada uno de estos escenarios pueden variar con el tiempo y los oportunos procesos de mantenimiento que habrá que realizar, por lo que será necesario contemplar en toda Central Eléctrica de Generación Distribuida un sistema de protección contra incendios, el cual está conformado por: los sistemas de alarma y los sistemas de extinción de fuego.

- **Sistemas de Alarma de Incendio**

El sistema de alarma de incendio de una Central Eléctrica de Generación está constituido por el panel o tablero central de monitoreo de alarmas de incendio, los detectores de incendio (pueden operar por temperatura, humo o visualizando las llamas), las estaciones manuales (activadas por lo operadores cuando comprueban un conato de incendio) y los dispositivos de anuncio de alarma (visibles y audibles), además el tablero central de monitoreo de alarmas de incendio debe contar con unas interfases de control para hacer operar dispositivos de seguridad como válvulas que cierren las adiciones de combustible, encendido de extractores o desconexión de interruptores o activación de rociadores de gases (ver nota). El diseño, cálculo e instalación del sistema de alarma de incendio deberá ser realizado por expertos en la materia.

- **Sistemas de extinción de Incendio**

El sistema de extinción de incendio deberá estar constituido por dispositivos que ayuden a sofocar rápidamente el conato de incendio, los mismos pueden ser extintores y sistemas de rociadores de gases especiales (ver nota) para sofocar los conatos de incendio en lugares cerrados, que se activan por el control del tablero central de monitoreo de alarmas de incendio. Los extintores a utilizarse deberán ser aquellos adecuados para sofocar fuegos en sistemas electrificados como extintores de CO_2 (monóxido de carbono) tipo BC o de polvo químico seco tipo ABC.

Nota.- En las centrales eléctricas no se podrá utilizar como elemento de extinción de incendio el agua por su característica de conducción de electricidad, no se instalarán mangueras o rociadores que utilicen agua como elemento de extinción. Los fabricantes de los grupos electrógenos en especial de los turbogeneradores recomiendan en uso de sistemas especiales de gas halon u otros componentes que extinguen las llamas (en caso de un incendio incipiente) dentro de los gabinetes, compartimiento y/o salas de los grupos electrógenos.

El diseño, cálculo e instalación de los sistemas de alarma y extinción de incendio en Centrales Eléctrica de Generación Distribuida está regulado por la siguientes normas nacionales e internacionales: COVENIN 823 "Guía Instructiva sobre sistemas de Detección, Alarma y Extinción de Incendios", COVENIN 2239 "Líquidos Combustibles, Almacenamiento y Manipulación", NFPA 30 "Flammable and Combustible Liquids Code", NFPA 72 "Fire Alarm Code Handbook" y NFPA 101 "National Life safety Code".

- **Iluminación y Tomas de fuerza**

Las instalaciones eléctricas auxiliares de una Central Eléctrica de Generación Distribuida están compuestas por el sistema de iluminación y los puntos eléctricos de toma de fuerza y tomacorrientes de servicio. El suministro eléctrico de los puntos de iluminación y los de toma de fuerza y tomacorrientes provendrá de un subtablero de servicios auxiliares el cual tendrá tantos circuitos trifásicos y monofásicos como requiera las instalaciones de la Central Eléctrica. Los interruptores de protección de cada uno de los circuitos estarán calculados de acuerdo con el Código Eléctrico Nacional FONDONORMA 200 y el NEC NFPA 70.

- **Iluminación**

Para efectos del diseño e instalación del sistema de iluminación interna de la central eléctrica se cumplirán los siguientes requisitos: A.- La composición espectral de la luz deberá ser adecuada a la tarea a realizar, B.- El efecto estroboscopio será evitado (se recomienda utilizar circuitos de iluminación en un ambiente, utilizando las tres fases). C.- La iluminación será adecuada a la tarea a efectuar, teniendo en cuenta el mínimo tamaño a percibir, la reflexión de los elementos, el contraste y el movimiento, D.- Las fuentes de iluminación no deberán producir deslumbramiento, directo o reflejado, E.- La uniformidad de la iluminación, así como las sombras y contraste, serán adecuados a la tarea que se realice.

La iluminancia (ver nota) mínima para sitios donde hay máquinas rotativas de acuerdo con las Normas NFPA 101 "Life Safety Code" y la Norma IRAM-DEF D 10-54, es de 200 Lux, al igual que para lugares con tableros de interruptores eléctricos.

Nota.- La iluminancia es la magnitud de irradiación luminosa equivalente al flujo luminoso recibido por un área de superficie, su unidad es el Lux, que es el igual a un lumen entre un metro cuadrado.

La iluminación de las periferias y sitios externos a la Central Eléctrica deberá ser diseñada y calculada para lograr una buena observación y vigilancia visual para garantizar la seguridad de las instalaciones.

- **Tomas de Fuerza y Tomacorrientes de Servicios**

Los requerimientos de tomas de fuerza en una Central Eléctrica están condicionados por el tamaño y criticidad de la misma, no obstante hay requerimientos mínimos de puntos de fuerza para equipos auxiliares que a continuación se describen:

- Cargador de Baterías. Cada uno de los grupos electrógenos reciprocantes o rotativos (si aplicase) deberá tener su cargador individual para el banco de baterías de arranque. Por lo general el cargador de baterías es un cargador de flotabilidad o flotabilidad-igualación de poca corriente (20 amperios máximo), el punto eléctrico de alimentación deberá ser monofásico 120 ó 220 V, con conductor AWG 12 y canalización adecuada al tipo de ambiente (HG o EMT) de diámetro mayor a ¾".

- Sistema UBS ("Uninterruptible Battery System" por su denominación en inglés), que es una fuente de poder de corriente continua ininterrumpible (24, 48 o 125 VDC) para alimentar los sistemas de control centralizados y las protecciones eléctricas. Este sistema está conformado por una fuente de poder de corriente continua con cargador flotabilidad-igualador conectado permanente a unas baterías industriales de donde salen los conductores que alimentan un tablero de distribución DC y protecciones (interruptores termomagnéticos). Su condición de ininterrumpible viene porque la fuente de poder alimenta las cargas pero cuando esta se queda sin energía AC externa, las baterías continúan directamente supliendo la energía DC sin ningún tipo de perturbación en la salida, el cargador de baterías repone la descarga de las baterías una vez regresa la fuente externa AC. Estos sistemas pueden suplir hasta 200 amperios DC a 24 VDC, 100 amperios a 48 VDC ó 60 amperios a 125 VDC, el punto deberá ser monofásico (120 ó 220 V) o trifásico (208, 220 ó 480 V), con conductor AWG 12 ó 10 y canalización adecuada al tipo de ambiente (HG o EMT) de diámetro mayor a ¾".

- Extractores de aire. Cuando los sistemas auxiliares de la Central Eléctrica no son complejos (como cuando se tiene enfriamiento de los motores por radiadores remotos o torres de enfriamiento lo cuales se deben alimentar desde un centro de control de motores), por lo general solo se instalan pequeños extractores de aire para mantener flujos de aire en la caseta de generación y más que todo cuando los grupos electrógenos están apagados. Los puntos para estos extractores pueden ser monofásicos (120 ó 220 V) o trifásicos (208, 220 ó 480 V), con conductor AWG 12 ó 10 y canalización adecuada al tipo de ambiente (HG o EMT) de diámetro mayor a ¾".

- Compresor de aire. En muchas Centrales Eléctricas de Generación Distribuida de operación continua está difundida la utilización grupos electrógenos con arranque neumáticos, por lo que en estas centrales habrá que contemplar la instalación de uno o más compresores de aire. Los puntos para la alimentación de los mismos son trifásicos (208, 220 ó 480 V), con conductor de calibre apropiado a su potencia y canalización adecuada al tipo de ambiente (HG o EMT) de diámetro mayor a ¾".

- Puntos especiales para otros equipos electrónicos como tableros de alarma de incendios, sistemas de monitoreo remoto, sistemas de circuito cerrado de TV, estos puntos eléctricos de alimentación deberá ser monofásico 120 V, con conductor AWG 12 y canalización adecuada al tipo de ambiente (HG o EMT) de diámetro mayor a ¾".

- Puntos de Tomacorrientes para Servicios. Para efectos de la alimentación eléctrica de equipos y herramientas eléctricas para la realización de los servicios de mantenimiento preventivo y correctivo como: compresores portátiles, bombas de alta presión (Hidro-jet), taladros, esmeriles, equipos de soldadura eléctrica, etc. habrá que contemplar la instalación de tomacorrientes monofásicos (120 ó 220 V) o trifásicos (208 ó 220 V), con conductor AWG 12 ó 10 y canalización adecuada al tipo de ambiente (HG o EMT) de diámetro mayor a ¾".

CAPÍTULO 10

SALAS Y RECINTOS DE CENTRAL DE GENERACIÓN

10.- Salas y Recintos de la Central de Generación

10.1.- Glosario de términos específicos de las Salas y Recintos

- **Obra Civil**

Es el conjunto de actividades de construcción y/o fabricación de una edificación, su estructura o parte de ésta. En relación con la central eléctrica son las actividades de construcción de la sala de generación o de algunas de sus partes estructurales, de protección y de apoyo.

- **Estructura**

Conjunto de miembros y elementos cuya función es resistir y transmitir las acciones al suelo a través de las fundaciones ("Structure" por su denominación en Inglés). Se denomina estructura primaria al sistema formado por elementos estructurales no removibles (pórticos, vigas, muros estructurales, etc.), destinados a resistir la totalidad de las cargas que actúan sobre la estructura.

- **Infraestructura**

Parte de la estructura necesaria para soportar la superestructura de la edificación por debajo de la cota superior de la base o losa de pavimento, o de la placa de fundación ("Substructure" por su denominación en Inglés).

- **Superestructura**

Parte de la estructura de la edificación por encima de la cota superior de la base o losa de pavimento, o de la placa de fundación. ("Superstructure" por su denominación en Inglés).

- **Acero Estructural**

En las estructuras metálicas, aplícase a todo miembro o elemento que se designa así en el diseño, proyecto, planos y/o es necesario para la resistencia y la estabilidad de la estructura; ("Structural steel" por su denominación en Inglés).

- **Factor de seguridad**

Relación de un criterio de falla respecto a las condiciones de utilización previstas. Aplicado al criterio de resistencia, cociente de la resistencia de agotamiento dividida entre la resistencia de utilización o prevista en estructuras. ("Safety factor" por su denominación en Inglés).

- **Capacidad resistente**

Carga máxima que se alcanza cuando se ha formado un número suficiente de zonas cedentes a fin de permitir que la estructura se deforme plásticamente sin incremento de carga adicional. La capacidad resistente se obtiene con una combinación de esfuerzos entre elementos de concreto y acero cuyo detalle aparece indicado en los planos. Carga permanente es la carga debida al peso propio de la estructura y de todos los materiales o elementos constructivos soportados por ella en forma permanente, tales como pavimentos, rellenos, paredes, frisos, etc. Dentro la capacidad resistente se hace una determinación de soporte adicional, cuando se hace el diseño y cálculo correspondiente a los esfuerzos por los efectos de sismo, cargas adicionales calculadas hasta para un nivel de 6,0 en la escala sismológica de "Richter", con el fin de ayudar a un buen comportamiento de los dispositivos de generación, después de los efectos de un sismo.

- **Albañilería**

Arte de construir y recubrir con materiales pétreos naturales o artificiales. Aplícase tanto a la construcción de estructuras o cerramientos de mampostería, como al acabado, revestimiento y reparación de las superficies de los pisos, paredes, techos o elementos decorativos, de protección y seguridad.

- **Columna**

Elemento estructural utilizado principalmente para soportar la carga axial de compresión acompañada o no de momentos flectores, y que tiene una altura de por lo menos 3 veces su menor dimensión lateral ("Column" por su denominación en Inglés).

- **Viga**

Miembro estructural en el cual puede considerarse que las tensiones internas en cualquier sección transversal dan como resultantes una fuerza cortante y un momento flector ("beam" o "girder" por su denominación en inglés). "Cercha" es el caso particular de una viga metálica tipo celosía (ver nota) que soporta las correas de los techos, como es lo usual en los galpones y elementos estructurales de luces mayores de 10 mts, su uso como refuerzo en elementos de concreto armado se define como la parte que sostiene combinada con el otro elemento estructural que es el concreto, a los elementos de carga en una construcción destinada a salvar un vano, o a soportar esfuerzos debidos a un diseño para una obra determinada.

Nota.- Celosía es un tipo de estructuración formado por un conjunto de elementos dispuestos en triangulación múltiple, se pueden utilizar como elementos de soporte, cerramiento y/o ventilación (ver Fig. No. 10-1).

- **Pórtico**

Sistema estructural constituido por vigas y columnas. También son pórticos los sistemas estructurales metálicos para soporte de las líneas aéreas de media y alta tensión de salida o entrada de las líneas de distribución o transmisión de media y alta tensión en subestaciones eléctricas.

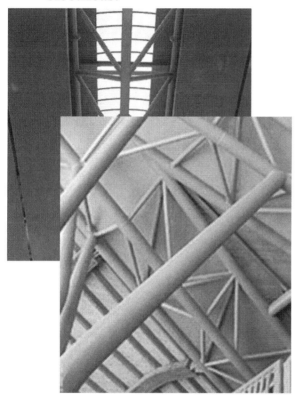
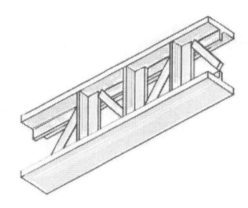

Ejemplos de Cerchas de Celosía para Galpones
Fig. 10-1

- **Concreto**

Mezcla homogénea de cemento Pórtland (ver nota) que es un compuesto hidráulico que se mezcla con piedra picada y arena, se añade agua y se deja fraguar (secar) y endurecer. Según la especificación de diseño dada por el proyectista, tiene la propiedad de conformar una masa pétrea y resistente, es el más utilizado en la construcción). Concreto armado es aquel que contiene el refuerzo metálico adecuado, diseñado bajo la hipótesis que los dos componentes actuarán conjuntamente para resistir las solicitaciones a las cuales será sometido.

Nota.- El nombre se debe a la semejanza en aspecto con las rocas que se encuentran en la isla de Pórtland, en el condado de Dorset, en el Suroeste de Inglaterra.

- **Cabilla o Barra metálica de refuerzo**

Barra con núcleo de sección circular en cuya superficie existen resaltos (estrías) que tienen por objeto aumentar la adherencia e inamovilidad entre el concreto y el acero, la cual debidamente armada con otras, constituyen el refuerzo metálico de concreto para brindarle la resistencia de tracción y compresión combinada necesarias en las estructuras (ver Fig. No. 10-2).

Detalle del encofrado con el refuerzo de acero
Fig. 10-2

- **Losa**

Estructura monolítica de dimensiones preponderantes en las direcciones longitudinal y transversal, armada en una o varias direcciones (longitudinal, transversal, perpendicular y horizontal) y con espesor (grosor) específico al tipo y peso de los equipos que soportará. Se denomina losa de piso cuando constituye la base de soporte de los dispositivos de la sala de generación. Se denomina losa de techo o placa a piezas de pequeño espesor comparado con sus otras dimensiones, y que, por sus especiales condiciones de apoyo, esté sometida a un estado doble de flexión. Las placas o losa de techos pueden ser construidas paralelas al piso con una pequeña inclinación para descargar rápidamente el agua de lluvia. También pueden ser construidas muy inclinadas (con una sola inclinación se denomina "techo a un agua" o con dos inclinaciones opuestas denominadas "techo a dos aguas").

- **Encofrado**

Estructura temporal o molde para dar forma y soportar el concreto mientras se endurece y alcanza la suficiente resistencia como para autosoportar las cargas de construcción. Ver Figura 10-2 ("Formwork" por su denominación en Inglés).

- **Estribo**

Refuerzo transversal usado para resistir las tensiones de corte y torsión estructurales. Generalmente se reserva el término "estribo" para el refuerzo transversal de las vigas y "ligadura" para el refuerzo transversal de las columnas.

- **Antepecho**

Muro situado debajo de una ventana. También se denomina antepecho a los muros, pretiles o barandas que se colocan como protección en terrazas, balcones, ventanas, etc. ("Parapet" por su denominación en Inglés).

- **Muro estructural**

Muro especialmente diseñado para resistir combinaciones de cortes, momentos y fuerzas axiales inducidas por los movimientos sísmicos y/o las acciones gravitacionales. Muro de pedestal es el componente vertical de compresión cuya relación de altura libre a la menor dimensión lateral promedio sea menor que 3 (Norma Canadiense ACI-318).

- **Ducto**

Tubo metálico, de mampostería, fibra de vidrio u otros materiales, de sección rectangular o circular por donde pasa aire para enfriamiento, aire acondicionado, calefacción, para desechos sólidos o basura, sirve de ventilación, o contiene y canaliza conductos eléctricos, líneas telefónicas, tuberías de muchas clases, etc., permitiendo la inspección, mantenimiento y reparación mediante "registros" o boca de visita en sus paredes.

- **Acometida**

Enlace de una red de conducción eléctrica (ver sección No. 9.2) o de gas, agua, etc. de una edificación con la red externa. En las instalaciones sanitarias o de suministro de gas se denominan "aducción".

- **Cerramientos**

Elementos que soportan directa o indirectamente la acción eólica y la transfieren a los sistemas resistentes al viento. Igualmente contienen la acción de la intemperie, como lluvia, polvo, elementos corrosivos del ambiente, entre otros.

- **Fosa**

Es un tanque subterráneo (enterrado) el cual se construye para servir de sistema de protección o contención para la instalación en su interior de tanques de combustible de los Grupos Electrógeno de las Centrales Eléctricas donde por su capacidad y/o su ubicación deba estar condicionada por regulaciones contra incendio y/o contaminación ambiental. También se construyen para ubicar transformadores eléctricos enfriados en aceite en zonas urbanas o edificaciones. Cuando son de pequeñas dimensiones se denominan "Tanquillas" y se utilizan para el paso de canalizaciones eléctricas subterráneas tipo bancada y en aducciones de instalaciones sanitarias o de gas natural.

Nota.- Fuentes: Norma Venezolana COVENIN 2004:1998 "TERMINOLOGÍA DE LAS NORMAS CONSTRUCCION DE EDIFICACIONES" y Enciclopedia en línea "Wikipedia"

10.2.- La Sala de Generación

En el contexto físico de la Central de Generación, la sala de generación tiene un valor muy representativo, ya que provee basamento y protección a los diferentes dispositivos principales y asociados a la producción de energía eléctrica, así como ayuda a evitar la contaminación ambiental por la supresión del alto nivel de ruido que producen los grupos electrógenos. La sala de generación está conformada por diferentes elementos de obras civiles tales como: losa de piso, columnas, vigas, placas (losa de techo) y cerramientos. La sala de generación, en cuanto a su disposición debe contar con elementos de base debidamente calculados para soportar el peso de los grupos electrógenos y sus equipos asociados; techo y cerramientos para protegerlos de la intemperie y dispositivos de ventilación (si aplicase) que permitan el flujo de aire dentro de la sala para el enfriamiento por la irradiación calórica de los mismos cuando operan.

Cálculos básicos de la sala de generación

Dado el alto porcentaje de vibración de los grupos electrógenos con motor reciprocante algunos fabricantes recomiendan que los mismos sean instalados sobre sistemas adecuados antivibración (bases antivibratorias, ver figura 10-3) y si no se cuenta con estos dispositivos sobre un bloque de fundación individual para el montaje de cada grupo electrógeno que debe estar separado totalmente de la losa de piso u otro elemento estructural de la sala de generación. Este bloque de fundación debe tener las dimensiones (ancho y largo) de la base la metálica (patín) del Grupo Electrógeno y un peso de 1,5 veces el peso del grupo electrógeno para así garantizar que tendrá suficiente sustento sobre el suelo para evitar transmitir la vibración del grupo electrógeno al resto de la edificación. Sin embargo con los adecuados dispositivos antivibratorios y el diseño y cálculo de una losa de piso que soporte una concentración de peso mínimo de 250 Kg por cm$_2$ (ver nota) será suficiente para la instalación de los grupos electrógenos. Los grupos electrógenos con motor rotativo (turbogeneradores) no tienen problemas de alta vibración, aunque siempre se deberá contemplar su instalación sobre bases antivibratorias de acuerdo con las recomendaciones de los fabricantes.

Nota.- Los valores que se muestran son referenciales. El diseño y cálculo de la losa de piso y de los elementos estructurales de la sala de generación deberá ser realizado por profesionales de la ingeniería con especialidad en la materia civil.

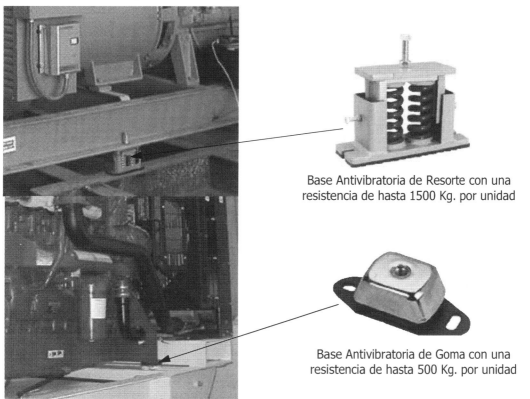

Base Antivibratoria de Resorte con una resistencia de hasta 1500 Kg. por unidad

Base Antivibratoria de Goma con una resistencia de hasta 500 Kg. por unidad

Bases antivibratorias para instalación de los grupos electrógenos.
Fig. 10-3

En la selección e instalación de bases antivibratorias en los grupos electrógenos tienen mucha preponderancia las especificaciones que brinden los diseñadores, fabricantes y ensambladores (paquetizadores) al respecto, ya que será importante conocer el centro de gravedad del conjunto y los puntos de contacto de la base metálica (patín) de soporte del motor y el generador ("Skid" por su denominación en inglés) a la losa de piso o soporte. El número y tipo de bases antivibratorias a instalar se calcula de acuerdo con el peso bruto (ver nota) del grupo electrógeno y se divide entre el número de puntos (bases antivibratorias) que se deban instalar, también debe tomarse en cuenta lo indicado en los cálculos de la resistencia de la losa de piso. Es importante señalar que si el grupo electrógeno tiene bases antivibratorias entre el conjunto motor-generador y el patín (ver Fig. No. 10-3) no se deberá instalar bases antivibratorias de ningún tipo entre dicho patín y el suelo, ya que el patín que en algunos casos contiene el tanque diario de combustible y podría entrar en una vibración resonante, causando problemas mecánicos al grupo electrógeno. Si se desea, entre el patín y el suelo se puede instalar un tira de goma de neopreno de aproximadamente ½" (12 mm) de espesor.

Nota.- La mayoría de los fabricantes y/o ensambladores indican el peso de los grupos electrógenos considerando que estén secos (sólo con el lubricante incluido), expresado en los manuales como "Dry" por su denominación en inglés, o con todos los líquidos, expresado como "Wet" por su denominación en inglés, (lubricantes, más el refrigerante). Para efectos del cálculo de la losa de piso y las bases antivibratorias se debe tomar el peso con los líquidos más el peso del combustible (de acuerdo con la especificación) si el grupo electrógeno tiene integrado un tanque de sub-base o tanque diario. Un litro de combustible diesel (Fuel Oil No. 2) pesa 845 gramos (0,845 Kg).

Áreas de la Central de Generación

Operativamente hablando, la Central Eléctrica (sea a la intemperie con equipos en gabinetes o recintos metálicos Nema 3R o dentro de una edificación) deberá tener varias áreas o recintos claramente separados, estás son: A.- El área de los grupos electrógenos (con sus tanques diarios o de sub-base, si aplicase, ver nota), B.- El área de los tableros de distribución de potencia (tableros de sincronización, si aplicase), C.- El área de tanque principal y filtros de combustible, D.- Oficinas para el personal de operaciones y servicios de mantenimiento. Si la Central Eléctrica es relativamente pequeña, los grupos electrógenos (con sus tanques diarios o de sub-base, si aplicase, ver nota) y los tableros pueden estar ubicados en la misma área, no obstante, el tanque principal de combustible deberá estar en un área separada de acuerdo con las regulaciones obligatorias al respecto. De igual forma es de recordar que si se instalan en áreas separadas tanto visual como físicamente los grupos electrógenos y los tableros de distribución de potencia (tableros de sincronización), los grupos electrógenos necesariamente deben contar con un interruptor de servicio instalado a lado del generador (ver capítulo No. 8).

Nota.- La Norma NFPA-110 en su aparte No. 7.9.5 indica que sólo se permite un máximo de 2.498 litros (600 galones) en áreas de pisos o estructuras donde transiten, trabajen o residan personas, o cantidades menores si así lo fijan las regulaciones locales al respecto.

10.3.- Ubicación y Orientación de la Sala de Generación

La importancia de la ubicación y orientación de la sala de generación es vital para garantizar el costo justo para su instalación, un alto porcentaje de continuidad operativa y la seguridad de la Central Eléctrica, así como de minimizar el impacto ambiental sobre los centros de concentración de personas cercanos a la misma.

Para efectos de la justificación del costo justo de instalación para la ubicación de la Central Eléctrica, se deben contemplar los siguientes factores:

- Cercanía a los centros de distribución de potencia eléctrica en media o baja tensión.

- Facilidades para la instalación de los Grupos Electrógenos donde no se requiera de equipos o dispositivos especiales de carga, descarga y puesta en sitio de los Grupos Electrógenos o de equipos pesados asociados a la Central Eléctrica.

- Terreno o ubicación que no requiera de adecuaciones especiales para soportar el peso integral de la Central Eléctrica.

- Facilidades en todo momento (no sólo en el período de su instalación) para la circulación, maniobra y acceso de vehículos de carga pesada como camiones cisternas, camiones de carga y montacargas, para el caso del suministro de combustible (para combustible líquido) y para el mantenimiento predictivo y/o correctivo (reconstrucción de los motores o generadores).

En lo que respecta a la continuidad operativa y la seguridad, la ubicación de las Centrales Eléctricas de Respaldo (EPSS por las siglas en inglés de "Emergency Power Supply Systems") está regulada por la Norma NFPA-110 en su aparte 7.2; lo cual se fija como requerimientos de seguridad mínimos para otros tipos de Centrales Eléctricas como las de generación primaria o generación continua (suministro de carga base), algunas de las regulaciones más importantes son:

- En caso de ser una Central Eléctrica de Respaldo o Emergencia clasificada Nivel 1 (ver nota), deberá estar instalada en un área o cuarto totalmente separado de la edificación principal, los dispositivos y/o sistemas asociados a la Central Eléctrica pueden estar instalados en la misma área.

- Si el cuarto de generación está incluido en la edificación principal deberá estar construido con materiales que garanticen una resistencia a altas temperaturas que pueda soportar al menos dos (2) horas de fuego en caso de un incendio sin afectar los equipos en su interior.

- En la sala de generación o el área de la Central Eléctrica no deberá haber instalados otros equipos o dispositivos diferentes a los que requiera la misma para su operatividad.

Nota.- Las Centrales Eléctricas de Respaldo o Emergencia se clasifican en "Nivel 1" cuando de su operatividad depende la pérdida de vidas humanas o accidentes que puedan herir a las personas. Las Centrales Eléctricas de Respaldo o Emergencia clasificadas "Nivel 2" son aquellas en las cuales su operatividad es menos crítica para la vida o salud de las personas.

Como reglas generales para la ubicación de la Central Eléctrica de Generación cualquiera sea su régimen de operación (respaldo o emergencia, primario o continuo) de acuerdo con la Norma NFPA-37 (Standard for the installation and use of Stationary combustión Engines and Gas Turbines), se tiene:

- Los Grupos Electrógenos de las Centrales Eléctricas deberán estar ubicados donde haya facilidad para el mantenimiento, reparaciones y protección contra incendios.

- Se deberán instalar donde se pueda garantizar un apropiado flujo de aire para su enfriamiento y para la combustión. Al igual que se pueda desplazar rápidamente cualquier acumulación de gases combustibles.

- Las salas de Generación o los Grupos Electrógenos, de estar ubicados sobre estructuras, las mismas deberán ser resistentes a altas temperaturas y sus cerramientos o paredes deberán soportar al menos una (1) hora de fuego en caso de un incendio sin afectar los equipos en su interior.

Nota.- A efecto de minimizar el impacto que pueda causar el medio ambiente circundante sobre la Central Eléctrica (viento, humedad, arena, salitre) o aquel que pueda causar esta sobre el medio ambiente circundante (polución, calor, humo, ruido) es importante hacer un estudio previo de ubicación y orientación, tomando en cuenta la influencia de todas las estaciones climáticas del año.

La Orientación de la Central Eléctrica

Para efectos de cómo puede ser afectada la Central Eléctrica por el ambiente del sitio donde será instalada, así de como a su vez esta pueda afectar al ambiente circundante, será necesario orientar e instalar la Central Eléctrica de forma tal que:

- Los Grupos Electrógenos y sus sistema asociados deben estar protegidos contra la acción de los ambientes hostiles, como: cercanía al mar, a desiertos de arenales o dunas, o con alto nivel de polvo.

- Que los vientos permanentes o mayormente presentes, puedan desplazar fácilmente el aire caliente y gases de escapes sin afectar a personas o edificaciones cercanas. Es importante mencionar que muchas regulaciones locales no permiten la expulsión de aire caliente directo a los niveles de calle, así el aire expulsado no tenga ningún tipo de contaminación. Para efectos de cumplimiento de los requerimientos del impacto ambiental de los gases de escape (ver sección No. 11.2).

- Que el ruido una vez reducido por el cumplimiento de los requerimientos de insonorización (ver sección No. 10.6) no se propague a las áreas donde pueda afectar a personas o edificaciones cercanas.

10.4.- Disposición Física de los Grupos Electrógenos en la Sala o Recinto de Generación

• Centrales Eléctricas a la Intemperie

El tipo de recinto de generación determinará varios de los factores importantes para su disposición física, si la instalación de los grupos electrógenos es a la intemperie o al aire libre (con cabinas Nema 3R), los factores más importantes son:

A.- Las facilidades de acceso y tránsito dentro del recinto de la sala de generación. Entre los grupos electrógenos (si son más de dos) o entre éstos y la paredes o límites laterales deberá haber una distancia no menor 150 cm. (ver nota) o la distancia mínima que marque el fabricante para garantizar la apertura de las puertas de las cabinas o canopias del Grupo Electrógeno (ver Fig. No. 10-4). Entre la parte posterior los Grupos Electrógenos (lado del generador) y el tablero de sincronismo (tablero de distribución de potencia) deberá haber una distancia mínima de 200 cm. y entre el tablero de sincronismo (tablero de distribución de potencia) y el límite posterior del recinto la distancia mínima será de 100 cm. Para que se garantice la visita posterior del tablero.

Nota.- Las distancias que se especifican deben permitir la introducción de un pequeño montacargas o grúa manual para la extracción de partes pesadas del motor o generador en caso de un mantenimiento correctivo o una reconstrucción.

B.- La disposición de los tableros de sincronismo (tablero de distribución de potencia) será en orientación a las acometidas de potencia existentes o que se proyecten instalar en la edificación (en baja o media tensión), al igual la disposición de los Grupos Electrógenos garantizará la menor distancia entre estos y el tablero de sincronismo (tablero de distribución de potencia), por lo que habiendo definido el espacio necesario para la Central Eléctrica y demarcado su perímetro, primero se deberán ubicar los tableros de potencia para luego continuar con los Grupos Electrógenos.

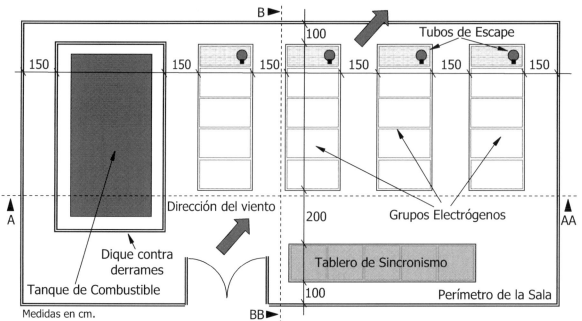

Disposición de los Grupos Electrógenos en la sala al aire libre
Fig. 10-4

C.- Los Grupos Electrógenos se dispondrán de forma tal que el aire caliente proveniente de sus radiadores, intercambiadores de calor o torres de enfriamiento y los gases de escapes de la combustión no afecten ningún otro equipo o dispositivo de la Central Eléctrica como tableros de distribución, tableros de transferencia, transformadores (si aplicasen), tuberías o tanques de combustible, por lo que será necesario conocer con antelación la dirección más prevaleciente de los vientos.

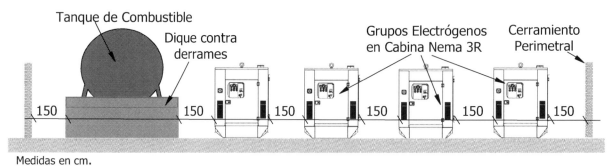

Disposición de los Grupos Electrógenos (Corte A-AA)
Fig. 10-5

Una vez determinado la dirección más frecuente de los vientos la ubicación y orientación de los Grupos Electrógenos será con los radiadores, intercambiadores de calor, torres de enfriamiento y tuberías de escape en el punto opuesto al punto de llegada de los mismos al perímetro del recinto de la sala de generación. Al igual se debe considerar que el aire caliente o los gases de escape no afecten a personas u otros equipos no asociados a la central eléctrica.

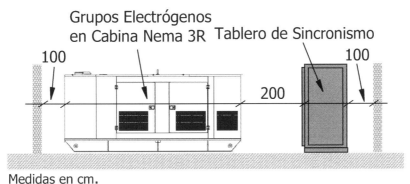

Medidas en cm.

Disposición de los Grupos Electrógenos (Corte B-BB)
Fig. 10-6

Nota.- El recinto de la Central Eléctrica deberá estar adecuadamente protegido contra el acceso indebido de personas no autorizadas, por lo que se preverá la instalación de un cerramiento perimetral adecuado.

La instalación de turbogeneradores a la intemperie (aire libre) es la forma más usual de instalación de este tipo de Grupo Electrógeno, esto es debido a lo voluminoso que resultan los dispositivos de filtraje de aire, así como mejora mucho las facilidades para su mantenimiento y reconstrucción.

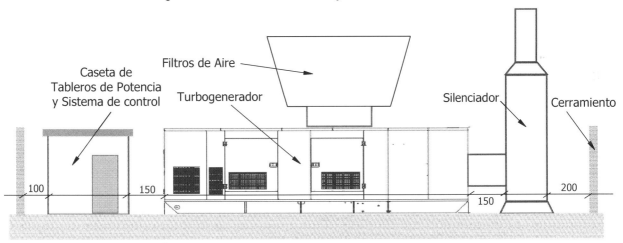

Disposición de un Turbogenerador a la intemperie
Fig. 10-7

Nota.- Los sistemas de almacenamiento de combustible en caso de Centrales Eléctricas con turbogeneradores deberán ser ubicados de acuerdo con lo indicado en las Normas de seguridad al respecto.

- **Centrales Eléctricas bajo techo o dentro de edificaciones**

Cuando se requiere la instalación del o los Grupos Electrógenos dentro de una edificación se contemplarán dos alternativas (ver nota) para su ubicación: A.-

Si se puede diseñar una sala de generación de acuerdo con las pautas previstas en cuanto a las distancias y ubicación de los grupos electrógenos, esto sólo aplicaría para edificaciones nuevas, o B.- Si es necesario instalar los grupos electrógenos en una ubicación que originalmente no ha sido destinada para este tipo de uso. En el primer caso será necesario el estudio de las Normas NFPA 110 (Standard for Emergency and Standby Power Systems) NFPA-37 (Standard for the installation and use of Stationary combustión Engines and Gas Turbines) y los requerimientos operativos de los fabricantes y así diseñarla de forma tal que pueda garantizarse una alta disponibilidad operativa y facilidades para el mantenimiento.

Nota.- Se estima que la instalación de una Central Eléctrica de Generación dentro de una edificación sólo podría tener justificación si su régimen de uso es de respaldo o emergencia, ya que si se planea la construcción de una Central Eléctrica de régimen primario o continuo su construcción siempre deberá ser en una edificación o galpón separado, especifico para ese uso.

Para el segundo caso (B.-) será necesario estudiar los siguientes factores:

- Resistencia de la estructura que soportará el peso de los grupos electrógenos y los equipos asociados (ver nota), igualmente habrá que estudiar y analizar la probabilidad de realizar estructuras de refuerzo definitivas para el soporte de los grupos electrógenos en su ubicación de operación o refuerzos temporales para permitir el paso de grúas o montacargas para la puesta en sitio de los equipos pesados.

- Expulsión de los gases de escape de manera segura y sin restricciones de diseño que puedan afectar la eficacia operativa de los grupos electrógenos. En todo caso, hay que tomar en cuenta que nunca se deberán unir las tuberías de escape de un grupo electrógeno con las de otro grupo (ver sección No. 11.2), igualmente, se deberá cumplir con las regulaciones y ordenanzas contra ruidos molestos y contaminación ambiental por polución.

- Garantizar el flujo de aire necesario para el enfriamiento de los grupos electrógenos (motor y generador). De acuerdo con el tipo de sistemas de enfriamiento, para el caso de motores con radiador se podrá tomar aire fresco de los espacios interiores y luego expulsarlo fuera de la sala de generación a través de ductos o en el caso de motores con intercambiador de calor se utilizará torres de enfriamiento o radiadores remoto (ver nota).

    Nota.- En el caso del uso de radiadores remotos con ventiladores accionados por motores eléctricos, habrá que tomar en cuenta el cumplimiento de las regulaciones contra ruidos molestos (de acuerdo con su tamaño y capacidad el ventilador de radiador puede llegar a producir hasta 90 dB(A) de nivel de ruido) y también al igual que el grupo electrógeno, el radiador remoto deberá ser instalado sobre base antivibratorias.

- Garantizar que los sistemas de transporte (tuberías y bombas) y almacenamiento de combustible cumplirán con lo previsto en las Normas Covenin No. 2239, NFPA 110 (Standard for Emergency and Standby Power Systems) y NFPA 30 (Flammable and Combustible Liquids Code) ó NFPA 54 (Nacional Fuel Gas Code). Hay que recordar que dentro de edificaciones y en niveles con personas, no se podrá almacenar más de 2.498 Litros (600 galones) de combustible diesel, por lo que si se requiere dar mayor autonomía de operación a la Central Eléctrica habrá que localizar la ubicación para un tanque de mayor capacidad de acuerdo con lo previsto en las normas anteriormente mencionadas (ver sección No. 11.5).

- Para los mantenimientos correctivos o reconstrucción, se deberá garantizar la posibilidad de poder ingresar o instalar en la Central Eléctrica, facilidades para el movimiento, carga y descarga de los componentes más pesados del o los grupos electrógenos.

- Que su ubicación pueda estar lo más cerca posible de las subestaciones y tableros de distribución de potencia de la edificación.

- Garantizar el cumplimiento de las regulaciones contra ruidos molestos y la no transmisión de ruidos o resonancia (ver nota) a través de la estructura de la edificación.

- Garantizar que no habrá acceso no autorizado de personas a la sala de generación con cerramientos y controles adecuados.

Nota.- Resonancia o reverbero son sonidos reflejados que no son absorbidos por las paredes, piso o techo de la sala de generación y que se convierten en pequeñas vibraciones de frecuencia medias audibles muy molestas.

Disposición de los Grupos Electrógenos y equipos asociados en la Sala de Generación dentro de una edificación

Al igual que la disposición de los Grupos Electrógenos en Centrales Eléctricas a la intemperie, los grupos electrógenos (ver nota) que se instalan dentro de edificaciones, además de cumplir con los requerimientos de seguridad según lo dispuestos en la Norma NFPA 110 (Standard for Emergency and Standby Power Systems), deberán estar dispuestos de tal forma que puedan garantizar el cumplimiento de las siguientes pautas:

Nota.- Es importante recordar que el conjunto de los grupos electrógenos así sólo sea uno y todos su equipos asociados (tableros de distribución de potencia, sistemas de escape, sistema de combustible, sala de generación) constituyen una Central Eléctrica.

- Que el flujo de aire para enfriamiento sea desplazado rápidamente de la sala de generación por los medios propios que tiene el grupo electrógeno (ventilador del radiador) o por extractores eléctricamente actuados. Para el caso de ser expulsado por el propio ventilador del grupo electrógeno, éste deberá salir sin ningún tipo de restricciones o resistencia, ya que sino es así podrá causar que no se elimine rápidamente el calor del refrigerante en el radiador y se pueda sobrecalentar el motor del grupo electrógeno (esto podría suceder a las potencias nominales de operación). La restricción en la expulsión del aire del radiador de un grupo electrógeno se mide en pulgadas de H_2O y los valores más usuales están entre 0,2 y 0,7" de H_2O.

- Que la tubería de escape debidamente calculada (ver sección No. 11.2) no produzca irradiación dentro de la sala, para evitar que altere la temperatura de la misma y el aire fresco que succionará el ventilador del motor para su enfriamiento pueda estar caliente cuando llegue al radiador bajando la eficiencia del sistema. Para esto la tubería de escape se deberán revestir con material térmico aislante.

- Que se tenga suficiente espacio entre los grupos electrógenos (uno con otro y entre ellos y las paredes) y entre estos y el tablero de distribución de potencia (tablero de salida, tablero de sincronismo, tablero de transferencia, etc.) que permita el acceso de una pequeña grúa manual o montacargas para la realización de mantenimientos correctivos o reconstrucciones (si aplicase).

A continuación se muestran varias disposiciones básicas para la instalación de grupos electrógenos en sala de generación dentro de edificaciones:

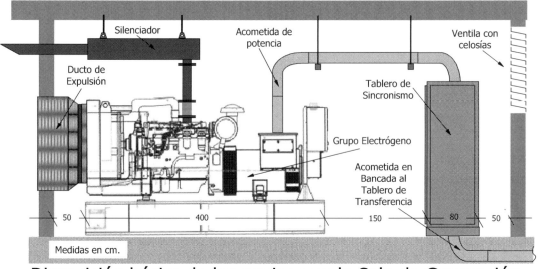

Disposición básica de los equipos en la Sala de Generación
Fig. 10-8

En la Fig. No. 10-8 se muestra la distribución típica de un grupo electrógeno de 750 kVA en baja tensión (como ejemplo), en una sala de generación con las medidas mínimas aceptables. Es importante destacar que los tableros de distribución de potencia (tablero de salida, tablero de sincronismo, tablero de transferencia, etc.), no deberán estar adosados por su parte posterior a las paredes ya que por razones de instalación y mantenimiento será necesario visitarlo por esa área. El ducto de aire de refrigeración descarga directamente al exterior, así como el tubo de escape.

En la Fig. No. 10-9 se muestra la distribución típica de un grupo electrógeno de 1.875 kVA en baja tensión (como ejemplo), en una sala de generación ubicada en un sótano 2 (sub-sótano) a 7 metros de profundidad, como se puede apreciar, el ducto de expulsión de aire caliente de radiador llega al nivel Jardín de la edificación (como ejemplo) y el aire caliente sale a través de una rejilla, sin embargo, en este sitio o cercanía no podrá haber circulación de personas.

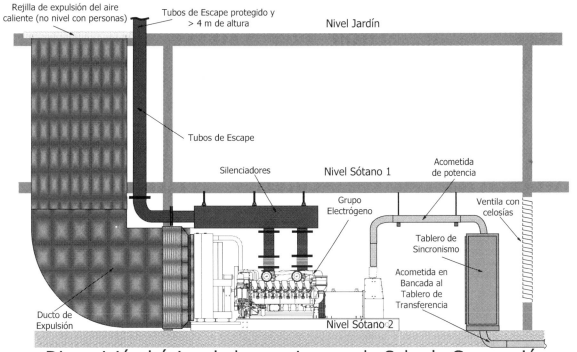

Disposición básica de los equipos en la Sala de Generación en Sótano 2
Fig. 10-9

Igualmente los tubos de escape salen en el mismo nivel pero tendrán que ser protegidos y arquitectónicamente disimulados. El aire fresco requerido para el enfriamiento del motor entra por unas ventilas que recogen aire de los espacios internos del estacionamiento adjunto ubicado en el sótano 2 (como ejemplo).

10.5.- Cabinas de intemperie para Grupos Electrógenos

El uso de cabinas (canopias) para proteger de la intemperie ("Weatherproof enclosures" por su denominación en inglés) a los grupos electrógenos, sean con motor reciprocantes (motogeneradores) o con turbinas (turbogeneradores) se ha incrementado debido a que se reducen representativamente los costos de las casetas construidas en obra civil, además, las cabinas reducen el nivel de ruido producido por el grupo electrógeno ("Sound attenuated enclosures" por su denominación en inglés) cuando son adecuadas para ese fin. También la facilidad mostrada por los grupos electrógenos en cabina para su instalación marca una diferencia preponderante para su selección, que sólo puede ser aminorada por la falta de espacios exteriores en la locación donde se desea construir la central eléctrica.

Las cabinas para grupos electrógenos se clasifican de acuerdo con el grado de protección y atenuación de ruido que producen en: **A.-** Cabinas de Intemperie **B.-** Cabinas intemperie atenuadas "Grado 1"; con atenuación que puede garantizar un nivel de sonido máximo de 69 dB(A) (ver nota) a 15 metros de distancia, **C.-** Cabinas intemperie súper atenuadas "Grado 2"; con atenuación que puede garantizar un nivel de sonido máximo de 61 dB(A) a 15 metros de distancia.

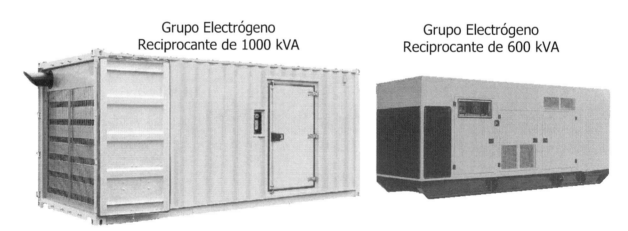

Muestras de Cabinas (canopías) para Grupos Electrógenos
Fig. 10-10

Nota.- La unidad de medida del sonido es el Decibel expresado con las letras "dB", para efectos de las mediciones del sonido y en el caso de la determinación de los ruidos molestos se diseñó un criterio de ponderación que es una relación de varias de las frecuencias audibles al oído humano y se vinculó con los niveles de ruido a esas frecuencias, por lo que se asumió que las medidas de ruidos molestos se realizará con un grado de ponderación denominado "Grado A" que se mide desde 40 dB para unas frecuencias entre 100 Hz a 16 kHz, esta unidad se denomina "dB(A)". La intensidad del ruido se mide con un instrumento denominado "Sonómetro"

10.6.- Sistema de Insonorización.

La condición de "combustión interna" de los motores de los grupos electrógenos sean reciprocantes o turbinas (ver nota) los hace en extremo ruidosos, y sobrepasan el umbral de ruido permitido para la salud de los seres humanos, por lo que en todo caso, habrá que tomar en cuenta las regulaciones locales en cuanto a contaminación ambiental por ruido para seleccionar la cabina y/o silenciador del grupo electrógeno requerido (en el caso de centrales eléctricas a la intemperie) o adecuar las salas de generación (en el caso de centrales eléctricas dentro de edificaciones). Se deberá evitar que los niveles de ruido producidos por los grupos electrógenos pasen por sobre la máximos permitidos en las regulaciones oficiales al respecto de un promedio de ≤ 70 dB(A) y causen molestias en las personas. Al proceso de atenuar los niveles de ruido producidos por los grupos electrógenos a los niveles permitidos se denomina "Insonorización" y al conjunto de todos los dispositivos y materiales instalados para ese fin en una sala de generación se denomina "Sistema de Insonorización".

Nota.- Un motor reciprocante de 1800 RPM (ejemplo como motor de mayor nivel de ruido) aproximadamente produce 30 explosiones por segundo en cada cámara de combustión y esto habría que multiplicarlo por el número de cilindros, igualmente la turbina de un turbogenerador en la cual se produce una combustión continua (se puede recordar el sonido de un avión con turbinas). Los estudios de ruido realizados a Grupos Electrógenos han determinado que los niveles de ruido producidos los mismos con motor reciprocante abierto (sin cabina de atenuación) puede variar entre 95 y 110 dB(A) y que en el espectro de frecuencias entre 250-315 Hz en el motor y 1.250 y 2.000 Hz en el escape, y que un turbogenerador sin la debida atenuación tiene un nivel de ruido entre 110 y 130 dB(A) en el escape, con una frecuencia entre 2.500 y 2.900 Hz.

Regulaciones locales e internacionales sobre ruidos molestos

En Venezuela, se emitió el Decreto 2217 "Norma sobre el Control de la Contaminación Generada por Ruido" aprobada en Concejo de Ministros del 23 de Abril de 1992, publicado en la Gaceta Oficial No. 4418, en el cual se fija los niveles permitidos de ruidos de acuerdo con las zonas o medios ambientes de ubicación, según dos criterios, A.- El criterio de ruido continuo equivalente (LEQ), el cual limita a:

- Zonas Tipo I: Residenciales viviendas unifamiliares no pareadas, educacionales y hospitalarias:
    55 dB(A) entre las 6:30 y las 21:30 horas.
    45 dB(A) entre las 21:30 y las 6:30 horas.
- Zonas Tipo II: Residenciales viviendas multifamiliares o unifamiliares pareadas, lejos de autopistas o aeropuertos:
    60 dB(A) entre las 6:30 y las 21:30 horas.
    50 dB(A) entre las 21:30 y las 6:30 horas.

- Zonas Tipo III: Residenciales comerciales y zonas ubicadas cerca de autopistas:
  - 65 dB(A) entre las 6:30 y las 21:30 horas.
  - 55 dB(A) entre las 21:30 y las 6:30 horas.
- Zonas Tipo IV: Sectores comerciales-industriales no apropiados para la ubicación de viviendas, hospitales o escuelas:
  - 70 dB(A) entre las 6:30 y las 21:30 horas.
  - 60 dB(A) entre las 21:30 y las 6:30 horas.
- Zonas Tipo V: Sectores que bordean autopistas o aeropuertos:
  - 75 dB(A) entre las 6:30 y las 21:30 horas.
  - 65 dB(A) entre las 21:30 y las 6:30 horas.

En el criterio que se refiere a los niveles L10 máximos permitidos (ruido que no puede ser superado durante más del 10 % del tiempo de medición o percentil 10 de una distribución estadística), tenemos:

- Zonas Tipo I: Residenciales viviendas unifamiliares no pareadas, educacionales y hospitalarias:
  - 60 dB(A) entre las 6:30 y las 21:30 horas.
  - 50 dB(A) entre las 21:30 y las 6:30 horas.
- Zonas Tipo II: Residenciales viviendas multifamiliares o unifamiliares pareadas, lejos de autopistas o aeropuertos:
  - 65 dB(A) entre las 6:30 y las 21:30 horas.
  - 55 dB(A) entre las 21:30 y las 6:30 horas.
- Zonas Tipo III: Residenciales comerciales y zonas ubicadas cerca de autopistas:
  - 70 dB(A) entre las 6:30 y las 21:30 horas.
  - 60 dB(A) entre las 21:30 y las 6:30 horas.
- Zonas Tipo IV: Sectores comerciales-industriales no apropiados para la ubicación de viviendas, hospitales o escuelas:
  - 75 dB(A) entre las 6:30 y las 21:30 horas.
  - 65 dB(A) entre las 21:30 y las 6:30 horas.
- Zonas Tipo V: Sectores que bordean autopistas o aeropuertos:
  - 80 dB(A) entre las 6:30 y las 21:30 horas.
  - 70 dB(A) entre las 21:30 y las 6:30 horas.

La Agencia de Protección del Ambiental de Estados Unidos de América ("Environmental Protection Agency EPA" por su denominación y siglas en inglés), fija como nivel máximo en todas las áreas las 24 horas del día no mayor a 70 dB(A) y no mayor a 55 dB(A) como promedio en ambientes residenciales.

Cómo diseñar el Sistema de Insonorización para la Sala de Generación de una Central Eléctrica

Nota.- Debido a que las sanciones por incumplimiento de las regulaciones de contaminación ambiental donde el ruido molesto es una de ellas, en algunos casos contemplan no solo responsabilidad administrativa sino penal, se sugiere que para el cálculo, diseño e instalación de sistemas de insonorización se contraten profesionales especialistas en la materia. Los puntos indicados a continuación no describen los procedimientos de cómo hacerlo, sino sólo es una guía para conocer qué se debe hacer al respecto.

Para efectos de realizar los cálculos e instalación de un sistema de insonorización eficiente se deben realizar los siguientes procedimientos:

- Determinar el nivel de ruido contaminante, haciendo las mediciones de ruido con un sonómetro a 15 metros de distancia (en varias direcciones) con el grupo electrógeno encendido (ver nota).

    Nota.- Los dispositivos que emiten mayor nivel de ruido en los grupos electrógenos son: En motogeneradores (motor reciprocante), el escape de los gases de la combustión y el ventilador del radiador y en turbogeneradores (motor rotativo) el escape de los gases de la combustión, puntos a lo que se debe dirigir preferentemente la orientación del sonómetro.

- Una vez determinados los niveles de ruido del o los grupos electrógenos, se debe determinar la clasificación de la zona de acuerdo con lo indicado en las regulaciones locales y calculando la diferencia entre el valor medido y el valor regulado se obtiene el valor de ruido que hay que atenuar.

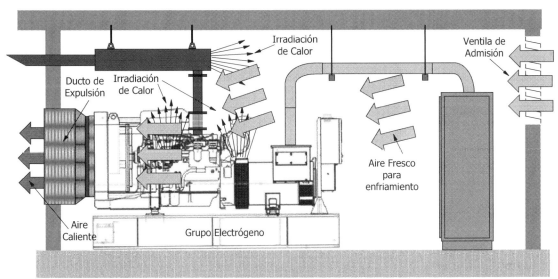

Ventilación en una Sala de Generación sin Insonorización
Fig. 10-11

- Una vez determinado el valor del ruido que se debe atenuar, se estudia la selección y ubicación de los dispositivos de atenuación que habrá que instalar en la sala de generación. Para el sistema de escape de los gases de combustión se seleccionará un "Silenciador tipo Crítico" de alta atenuación, entre 25 y 45 dB(A) y adecuado al flujo de los gases (esto aplica para motogeneradores y turbogeneradores). Para el caso de los motogeneradores, hay que atenuar también el ruido del ventilador de enfriamiento del radiador y el emitido internamente por el motor, para lo cual hay que tomar en cuenta que toda sala de generación requiere de un área para la admisión del aire fresco de enfriamiento (ver nota 1) y un área para la expulsión del aire caliente (ver nota 2) además se deberá conocer las restricciones máximas (resistencia a la salida del aire caliente) soportadas por el sistema de enfriamiento del motor, esto para poder seleccionar el atenuador adecuado (ver Fig. No. 10-11).

Nota 1.- La circulación del aire a través de la sala es producida por los mismos ventiladores de enfriamiento de los radiadores los cuales pueden ser movidos por el motor primario del grupo electrógeno o por un motor eléctrico en caso de los radiadores remotos instalados en la misma sala de generación. Para efectos de los grupos electrógenos enfriados por intercambiador de calor con torre de enfriamiento exterior, obligatoriamente también habrá que ventilar la sala de generación, ya que el motor y el generador irradian calor que hay que desplazar rápidamente.

Nota 2.- Es importante recordar que el grupo electrógeno (ver aparte 5.10 pág. 103 del motor reciprocante) debe estar adosado por su lado del radiador a un ducto o directamente a una apertura en la pared que dirija el aire al exterior, la ubicación no podrá ser nunca sin confinar en un ducto de salida de radiador y expulsar rápidamente el aire caliente fuera de la sala de generación, ya que de lo contrario el aire caliente se reciclaría dentro de la sala de generación, haciendo que el motor se recaliente o no pueda soportar su carga nominal por las altas temperaturas por las cuales operarán los sistemas de alarma y parada de seguridad.

- Para atenuar el ruido producido por los grupos electrógenos (motogeneradores o turbogeneradores) que se dispersa al exterior a través de las ventilas de admisión del ducto de expulsión de aire caliente y de las paredes, habrá que instalar dispositivos atenuadores disipativos absorbentes (ver nota y Fig. No. 10-12) para la admisión y expulsión de aire para las ventilas y ducto de expulsión y revestimientos especiales en las paredes para evitar las dispersión de ruido y resonancia (ver sección No 10-4).

Nota.- El "Atenuador Disipativo Absorbente" opera bajo el principio de que cuando el flujo de aire pasa por el mismo y el ruido intenta salir o entrar en el área atenuada, el atenuador hace pasar el ruido a través de las perforaciones de sus láminas interiores y luego lo absorbe con el material interior que generalmente es fibra de vidrio (absorbente del ruido).

- Las dimensiones de un atenuador disipativo absorbente básico (con atenuación a las frecuencias indicadas en notas anteriores) son: 80 cm. de ancho, por 60 cm. de alto, por 200 cm. de largo, para un flujo de aire sin causar restricciones mayores a 0,2 "H_2O (ver nota) de 5.000 CFM (pies cúbicos por minuto) para una atenuación de 45 dB(A). La cantidad de atenuadores se calcula de acuerdo con el flujo de aire requerido para el enfriamiento del motor y la combustión.

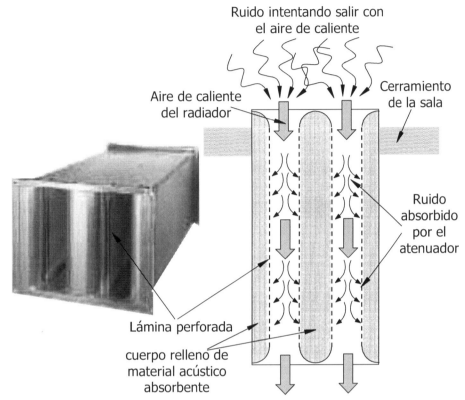

Atenuador Tipo Disipativo Absorbente para Sistemas de Insonorización.
Fig. 10-12

Como ejemplo podemos indicar que para un grupo electrógeno de 750 kVA el requerimiento necesario para enfriamiento (Radiator Cooling Airflow por su denominación en inglés) es de 28.000 CFM y para combustión (Combustion Air Flow por su denominación en inglés) de 1.800 CFM por lo que para suprimir el ruido molesto que sale por las ventilas de admisión y por el ducto de expulsión al exterior de la sala de generación habrá que instalar un arreglo de seis (6) atenuadores disipativos absorbentes en la admisión y seis (6) en la expulsión del aire caliente (Ver Fig. No. 10-13). En el caso de utilización de grupos electrógenos con intercambiador de calor se calcula el flujo de aire necesario para remover el calor irradiado por el motor y el generador y se instala un extractor eléctrico y los atenuadores se calculan en base al flujo de este extractor.

Nota.- Las restricciones o resistencias al paso del aire para el caso de los atenuadores de ruido del tipo disipativo absorbente, se miden en Pulgadas de H2O.

El parámetro de medida de la presión de los gases inclusive del aire comprimido más usualmente utilizado es la de Libras sobre Pulgadas Cuadrada "PSI" "Pounds Square Inches" por sus siglas y denominación en inglés. No obstante para presiones muy pequeñas menores a un 1 PSI se utiliza la medida en "Pulgadas de Agua", que es la presión que ejerce una columna de agua de dimensiones prefijadas sobre una pulgada cuadrada; un 1 PSI es equivalente a 27" de H2O. Para brindar un ejemplo representativo de cual es el valor de una restricción de 0,2" de H2O; se puede comparar con la presión bucal que hace una persona para llenar un globo de aire que es de aproximadamente 10" de H2O, por lo que una restricción de 0,2" de H2O significa que casi no deberá haber ninguna resistencia al paso del aire. Estas son exigencias de los fabricantes de los motores de los grupos electrógenos, para que el flujo de aire pase rápidamente por el radiador y se produzca un intercambio eficiente de calor aire-refrigerante.

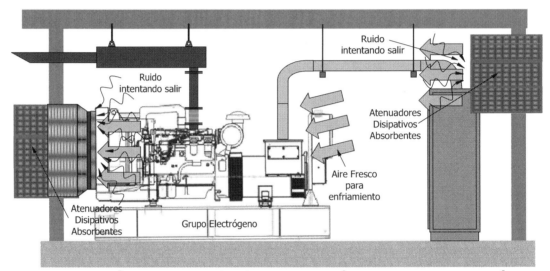

Ventilación en una Sala de Generación con Insonorización
Fig. 10-13

- De la misma forma en que el ruido intenta salir de la sala de generación a través de las entradas y salidas de aire, también es absorbido por los cerramientos (paredes y puertas) y es transmitido a las demás superficies aledañas a la sala de generación causando una dispersión indirecta del ruido y resonancia (ver sección No 10-4). Para evitar esta anomalía habrá que revestir todas las paredes y cerramientos con materiales especiales absorbentes del ruido o construir un doble cerramiento (paralelo uno del otro) con un material absorbente en medio.

10.7.- Edificaciones especificas para las Salas de Generación.

Si se diseñará una edificación específica para la sala de generación deberá tomarse en cuenta los siguientes factores:

- Para grupos electrógenos con motor reciprocante considerar la altura necesaria para la instalación de los silenciadores de acuerdo con la atenuación que permita cumplir con las regulaciones contra ruidos molestos. Hay que recordar que los silenciadores del tipo crítico son de mucho mayores dimensiones (ver sección No. 11.3), la distancia mínima para garantizar una buena disipación del calor es de 1 metro, en el caso que los mismos no se recubran con material aislante del calor. Si a los silenciadores se les instalará recubrimiento aislante del calor (ver nota) la distancia puede verse reducida a 0,5 metro del borde del aislamiento. Para la instalación de turbogeneradores dentro de edificaciones será necesario la instalación de aislamiento térmico en la tubería de escape ya que las temperaturas son extremadamente altas, su ubicación está a bajo nivel y se corre alto riesgo de accidentes con los operadores del sistema.

Nota.- El recubrimiento aislante del calor aumenta considerablemente el costo de instalación del sistema de escape (silenciadores, tuberías y juntas), por lo que en instalaciones industriales con grupos electrógenos de mediana o alta potencia se considera que el flujo de aire caliente por la irradiación del sistema de escape es más económico removerlo con extracción mecánica.

- La losa de piso sobre la cual se montarán los grupos electrógenos deberá ser calculada con suficiente resistencia para soportar 1,5 veces el peso del grupo electrógeno con todos sus fluidos (lubricantes, refrigerante y combustible). Preferiblemente la losa de piso será integral (no seccionada, esto para el caso de la instalación de varios Grupos Electrógenos). Se considerará que los conductores de potencia serán instalados en trincheras subterráneas (sólo en instalaciones dentro de edificaciones o donde no se había previsto el montaje de una central eléctrica, se instalarán en bandeja portacables). Las trincheras obligatoriamente deberán tener tapas adecuadas y resistentes, contarán con desagües para desplazar agua en caso de inundación.

- No se deberá considerar la construcción de columnas centrales o atravesadas para soportar las vigas de sustentación del techo, por lo que será necesario calcular amplias distancias entre columnas con el uso de cerchas de celosías.

- El techo deberá ser del tipo liviano y desmontable que permita el uso de grúas, por si se necesitase desmontar algún grupo electrógeno completo para su reemplazo por otro de mayor potencia. No se deberá olvidar los recolectores de aguas de lluvia y los bajantes de desagüe, los mismos serán calculados a la mayor capacidad pluviométrica de la región o zona de la instalación de la central eléctrica. Por su condición de equipos energizados es importante garantizar que no habrá ninguna cantidad de agua y filtraciones dentro de la central eléctrica.

- Se deberá contemplar la instalación de servicios auxiliares como puntos de agua y aire para el lavado de los diferentes equipos de la central eléctrica que lo ameriten. Igualmente se instalarán desagües de piso internos que puedan desplazar al exterior el agua del lavado o de lluvias (en caso de algún problema). También se contemplarán los servicios sanitarios para las oficinas y baños de los operadores (si aplicase).

- Se considerarán canales en piso y pequeñas trincheras para las tuberías de combustible entre los grupos electrógenos y sus tanques de retorno (diarios) o el tanque principal (para combustible líquido) o para las tuberías de gas (para combustible gaseoso).

CAPÍTULO 11

SISTEMAS OPERATIVOS ASOCIADOS DE LA CENTRAL ELÉCTRICA

11.- Sistemas Operativos Asociados de la Central de Generación

Los sistemas operativos asociados a la Central Eléctrica de Generación son aquellos que garantizan el funcionamiento permanente y continuo de los grupos electrógenos (motogeneradores o turbogeneradores) dentro de los requerimientos exigidos por los fabricantes de los mismos y con el cumplimiento de las más estrictas normas de seguridad. Los sistemas más importantes son: A.- El Sistema de Disposición de los Gases de la Combustión, denominado comúnmente "Sistema de Escape", B.- El Sistema de Combustible (líquido o gaseoso), C.- El Sistema de Enfriamiento Remoto (para grupos electrógenos con intercambiador de calor o con radiador remoto) y D.- Sistemas de Cogeneración o aprovechamiento del calor de los grupos electrógenos.

11.1.- Glosarios de términos vinculados con los Sistemas Operativos Asociados a las Centrales Eléctricas.

- **Gases de Escape**

Son los gases provenientes de la ignición de los combustibles en motores de combustión interna como los tipos reciprocantes y turbinas. La composición básica en la combustión del Combustible Diesel (Gasoil o Fuel Oil No. 2) ASTM D975 es: Monóxido de Carbono (CO), Hidrocarburos Totales (HC) y Óxidos Nitrosos (NOx), y para la combustión de Gas Natural bajan un poco la concentración de Óxidos Nitrosos y aumenta la presencia de agua (H_2O) y de la relación de Hidrocarburos como CH4/CH.

- **Sistema de Escape**

Es el conjunto de materiales y dispositivos como tuberías, silenciadores, juntas, uniones, recubrimiento térmico, etc., para disponer de forma eficiente y segura los gases de escape de los motores de combustión interna al medio ambiente.

- **Tubería de Escape**

Son los conductos metálicos generalmente de acero al carbono o acero inoxidable que tienen como finalidad la conducción de los gases de escape desde el motor hasta su disposición final al medio ambiente. Debido a las altas temperaturas de los gases de escape, el espesor (grueso de las paredes) de las tuberías de escape deberá estar suficientemente reforzado para evitar su rápida oxidación y desgaste, por lo que se recomienda la utilización de tuberías clasificadas ASTM

Schedule 40 para grupos electrógenos con motor reciprocantes y ASTM Schedule 40 y 80 para turbogeneradores o en ambos casos sus equivalentes en acero inoxidable. Si la longitud del sistema de escape es relativamente corta (no mayor a 3 m) se puede utilizar tubería ASTM Schedule Standard para pequeños grupos electrógenos (hasta 500 kVA) y ASTM Schedule 20 para los de mayor potencia.

- **Silenciador**

Es un atenuador del ruido producido por la ignición en la combustión de los motores (reciprocantes o turbinas). Su conformación interna depende del grado de atenuación que produzcan y se clasifican: A.- Industriales con 20 dB(A) de atenuación, B.- Industriales con 30 dB(A) de atenuación, C.- Críticos con 45 dB(A) de atenuación y D.- Súper-Críticos con hasta 55 dB(A) de atenuación. Los silenciadores por su constitución interna producen restricciones (resistencia) al paso del flujo de los gases del escape, este dato individual de cada tipo de silenciador es muy importante para el cálculo del sistema de escape, la misma se denomina "Coeficiente de Caída de Presión Interna" ("Pressure Drop Coefficient" por su denominación en inglés) y se expresa en pulgadas de mercurio ("Hg) (ver nota).

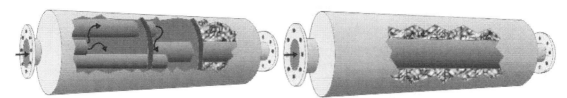

Silenciador Tipo Industrial (laberinto)   Silenciador Tipo Crítico (disipativo-absorbente)

El Silenciador para Sistema de Escape
Fig. 11-1

Nota.- La medida de presión atmosférica o relativa a la misma en "Pulgadas de Mercurio" ("Hg) se refiere a la medida de presión realizada por un barómetro constituido por una columna de mercurio de 780 mm sobre un diafragma, al nivel del mar. 1 "Hg es igual 0,03 bares.

- **Flanche**

Es un dispositivo terminal de unión con tornillos entre dos secciones de la tubería de escape o entre esta y el múltiple (reciprocante) o tobera de escape (en turbinas) o el silenciador, o la Juntas de Expansión. Se denomina "Brida" cuando es el conjunto de dos Flanches y su respectiva empacadura especial para evitar fugas de los fluidos (gases o líquidos), ver Fig. No. 11-2.

- **Junta de Expansión**

Es un dispositivo mecánico en forma cilíndrica con paredes plegables elaborado en acero inoxidable que tiene como finalidad compensar la dilatación positiva que producen las altas temperaturas sobre los tramos de tubería metálica del sistema de escape. Es importante indicar que la Junta de Expansión siempre se encogerá y sus dimensiones dependerán de las longitudes de los tramos de tuberías que se desean compensar en dilatación. Por su condición de elasticidad también se utilizan como "Conexión Flexible" para evitar la transmisión de la vibración de los grupos electrógenos a las tuberías de escape (ver Fig. No. 11-2) y no afectar así a los sistemas de anclaje y fijación.

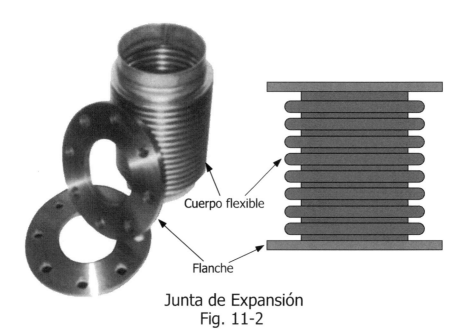

Junta de Expansión
Fig. 11-2

- **Combustible**

Es todo fluido (líquido o gaseoso) con punto de inflamación relativamente bajo que es utilizado como energía primaria (química) para convertirla en energía térmica (mecánica) en los motores de combustión interna mediante su ignición por la acción de una chispa (combustible gaseoso) o la alta presión en los cilindros (combustible líquido). Los "Combustibles Líquidos" para Grupos Electrógenos se clasifican en Clase II y Clase III (A o B) de acuerdo con su punto de inflamación ("NFPA 30 Código de Líquidos Inflamables y Combustibles") El combustible Diesel o Fuel Oil No. 2 (ASTM D975), es clasificado Clase IIIB porque posee un punto de inflamación igual o superior a 200 °F (93 °C).

- **Punto de Inflamación**

Es la mínima temperatura de un líquido en la cual se produce suficiente cantidad de vapor para formar una mezcla inflamable con el aire, cerca de la superficie del líquido o dentro del recipiente que lo confina. El punto de inflamación ("Flash Point" por su denominación en inglés) es determinado de acuerdo con los procedimientos y métodos de ensayo descritos en el capítulo No. 1-7.4 de la Norma NFPA 30 Código de Líquidos Inflamables y Combustibles.

- **Diesel, Gasoil o Fuel Oil No. 2**

Combustible líquido obtenido del fraccionamiento en la refinación del petróleo. El Gasoil o Fuel Oil No. 2 (ASTM D975), es una mezcla de hidrocarburos alifáticos y aromáticos del petróleo (benceno y derivados del benceno). Puede contener también añadidos como el nitrógeno o azufre en porcentajes máximos de un 4 %. Su característica más importante es la seguridad de su manejo y almacenamiento ya que posee un punto de inflamación relativamente alto (52 °C ASTM D-93) que lo clasifica como Líquido Combustible Clase II (Norma NFPA-30). Su poder calórico es 10.250 kcal/Kg ó 8.568 kcal/L (ver nota).

- **Gas Natural**

Combustible gaseoso obtenido en forma natural dentro de los pozos petroleros o específicamente pozos para la obtención de gas. Su composición química es mayoritariamente Gas Metano (CH_4) en un promedio de 91 a 95 % y en mucho menor cantidad Gas Etano (C_2H_6) en un promedio de 2 a 6 % y otros gases no representativos. Su poder calórico es de 9.500 kcal/m³ (ver nota). El gas natural no se puede almacenar en grandes cantidades, por lo que su distribución es directamente del pozo al consumidor. Para efectos de su conducción desde el pozo se somete a altas presiones en compresores especiales y luego se lleva por tuberías hasta los puntos de consumo.

Nota.- Poder Calórico es la unidad que se emplea para medir la cantidad de calor desarrollada en la combustión. Se entiende por poder calorífico de un combustible, la cantidad de calor expresada en calorías producida por la combustión completa de un kilogramo (cal/kg ó cal/m3), un litro o un metro cúbico de dicha sustancia.

- **Gas Licuado**

También denominado "LPG Liquid Petroleum Gas" por sus siglas y denominación en inglés, es un combustible que se almacena de forma líquida pero se utiliza de forma gaseosa y se obtiene de procesos criogénicos al cual es sometido el gas natural. Los compuestos más utilizados son el Gas Propano (C_3H_8) o el Gas Butano (C_4H_{10}). El poder calórico del Propano es de 22.000 kcal/m³ y del Butano es 28.000

kcal/m³. El gas licuado por la complejidad de su almacenamiento se utiliza sólo en pequeños grupos electrógenos que operan de forma similar a los de gas natural.

- **Sistema de Combustible (líquido o gaseoso)**

El Sistema de Combustible es el conjunto de dispositivos de almacenamiento, aducción (tuberías), control (de flujo, de presión, de nivel y de paso), de filtraje y seguridad, para permitir la operación permanente, segura y confiable de los grupos electrógenos en una central eléctrica de generación. Los Sistemas de Combustible Líquido están constituidos por los tanques de almacenamiento (principal y diario), control de nivel, tuberías, accesorios, válvulas y filtros. Los Sistemas de Combustible Gaseoso están constituidos por estaciones de regulación y medición, controles de presión, tuberías, accesorios, válvulas y filtros.

- **Tanque principal**

Es el dispositivo de almacenamiento primario de combustibles líquidos. Por lo general son metálicos con tratamientos especiales. La capacidad, tipo y ubicación de los tanques principales de combustible está regulada por las Normas COVENIN 2239-1 (Materiales Inflamables y Combustible) y NFPA 30 (Código de Líquidos Inflamables y Combustibles). Su capacidad deberá ser calculada de acuerdo con la periodicidad necesaria de llenado (disponibilidad de los sistemas de transporte de combustible) para garantizar la autonomía requerida en la central eléctrica de generación.

- **Tanque diario o de retorno**

Es el dispositivo de almacenamiento secundario de los combustibles líquidos, ubicado cercanamente al grupo electrógeno. Es un requerimiento técnico de los fabricantes ya que en los tanques diarios o de retorno descargan las tuberías de retorno de combustible de los motores de combustión interna (utilizado para el enfriamiento de los inyectores en los motores reciprocantes o para la descarga de la sobrepresión en los inyectores de las turbinas). La capacidad de los tanques diarios se calcula con base al funcionamiento en períodos de 8 a 24 horas de los grupos electrógeno sin el llenado desde el tanque principal. Si el tanque diario o de retorno es común para varios grupos electrógenos es conveniente la instalación de intercambiadores de calor para enfriar el combustible y no sea devuelto al grupo electrógeno a temperaturas superiores a 40 °C.

- **Tubería de aducción de combustible**

Son los conductos metálicos para la conducción de los combustibles líquidos o gaseosos desde los puntos de entrada en la sala de generación (tanque principal en combustible líquidos o estación de regulación o medición en combustibles gaseosos) hasta los grupos electrógenos, pasando por válvulas, dispositivos de control y filtraje. Sus características y ubicación están reguladas por las Normas COVENIN 2239-1 (Materiales Inflamables y Combustible) y NFPA 30 (Código de Líquidos Inflamables y Combustibles). No se deberá utilizar tuberías metálicas galvanizadas o plásticas, igualmente para sistemas de combustible líquido o gaseoso las uniones serán preferiblemente del tipo soldadas.

- **Bomba Hidráulica**

Es un dispositivo mecánico activado por un motor eléctrico que transforma la energía mecánica producida en el motor eléctrico en energía hidráulica a través del movimiento del fluido como agua, combustible, refrigerantes u otros vinculados con las salas de generación. Las bombas no alteran la densidad del fluido que bombean. Las bombas de accionamiento eléctrico se clasifican en A.- Centrífugas cuando el movimiento del fluido sigue una trayectoria perpendicular al eje del rodete impulsor. B.- Axiales, cuando el fluido pasa por los canales de los álabes siguiendo una trayectoria contenida en un cilindro y C.- Bombas volumétricas rotativas, en las que la masa de un fluido es confinada en uno o varios compartimentos que se desplazan desde la zona de entrada (de baja presión) hasta la zona de salida (de alta presión) de la máquina.

- **Torre de Enfriamiento**

Una torre de enfriamiento es un conjunto de dispositivos ubicados de forma tal que sirven para extraer el calor del agua mediante intercambio por evaporación o conducción agua-aire. En la parte superior de la Torre de Enfriamiento se esparce el agua bombeada desde los intercambiadores de calor con unos rociadores, el agua que cae pasa a través de una corriente de aire fresco que se envía desde unos ventiladores ubicados en la parte inferior de la torre, extrayéndole así gran parte del calor.

- **Trampa de Sucio**

Dispositivo de filtraje del agua de los sistemas con torres de enfriamiento, está conformada por cartuchos extraíbles para su limpieza y cumple la función de filtrar todas las impurezas que caen en las torres de enfriamiento.

11.2.- Sistema de Escape de los Gases de la Combustión

El Sistema de Escape está conformado por todas las tuberías y dispositivos para la conducción, atenuación y disposición de los gases del escape del grupo electrógeno desde el turbocargador o el múltiple de escape (en motores reciprocantes) o la tobera de salida (en las turbinas) hasta la tubería de disposición final al medio ambiente (ver nota).

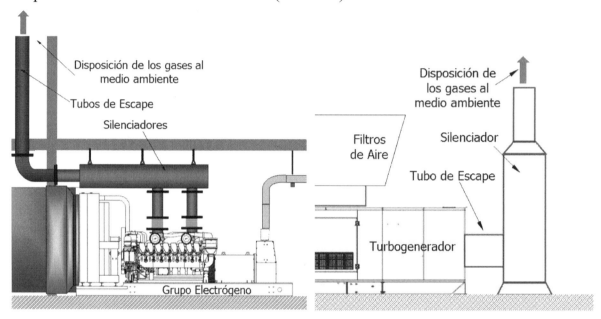

Sistemas de Escape en Motogeneradores y Turbogeneradores
Fig. 11-3

Una condición preponderante en el diseño de los sistemas de escape son las altas temperaturas a las cuales operan, 300 a 600 °C para motores reciprocantes y 950 a 1.100 °C en las turbinas, por lo que será necesario la incorporación de una serie de factores importantes para su diseño tales como: A.- Restricción máxima permitida por el motor (reciprocante o turbina) para el escape de los gases de la combustión, B.- Dilatación de la tuberías y silenciadores (atenuadores de ruido de la combustión) por efecto de las altas temperaturas, C.- Ruta y ubicación para el paso e instalación de las tuberías y silenciadores, D.- Desviación en los factores de enfriamiento de la sala de generación causada por la irradiación de calor producida por las tuberías y silenciadores, y E.- Medidas de seguridad a tomar en resguardo a la salud de los operadores del sistema y la radiación de altas temperatura de las tuberías y silenciadores.

Nota.- La disposición final al medio ambiente de los gases de escape de motores de combustión interna está regulada por exigentes normas para evitar el impacto en la modificación de las condiciones ambientales, dado que estos gases están cargados de Óxidos Nitrosos "NOx" y Óxidos Sulfurosos "SOx" muy perjudiciales al medio ambiente por la producción de lluvias ácidas que afectan la tierra y los mares. En toda Central

Eléctrica de Generación deberán ser contempladas todas la medidas necesarias para evitar y/o reducir estas emisiones perjudiciales mediante la selección y uso de los nuevos motores reciprocantes estequiométricos (ver sección No. 5.6), combustores (cámaras de combustión) ionizantes en turbinas y sistemas de conversión catalítico en los sistemas de escape (ver sección No. 11.4).

- **Restricción Máxima permitida por los Motores**

La expulsión de los gases de la combustión una vez producido el trabajo que se convierte en la energía mecánica que a su vez se convertirá en electricidad en el generador, deberá ser de la forma más rápida y eficiente, con poca resistencia a su salida del motor. La expulsión ideal sería la salida libre en los límites cercanos del motor ya que garantiza la máxima eficiencia del mismo, sin embargo, la alta contaminación (polución, humo, gases nocivos y ruido) y las altas temperaturas producidas, no permiten que esto suceda, por lo que los diseñadores y fabricantes de los motores (reciprocantes y turbinas) indican una contrapresión máxima como la restricción para la salida de los gases de escape. La contrapresión de escape ("Maximum Allowable Back Pressure" por su denominación en inglés en los manuales de los motores o grupos reciprocantes) es expresada en pulgadas de mercurio ("Hg) (una "Hg es equivalente a 0,03 bares). Este es el parámetro más importante para el cálculo de los sistemas de escape, con el cual se calculan las tuberías y se seleccionan los silenciadores. Para la selección de los silenciadores se deberán tomar en cuenta, además del nivel de atenuación que producen, el flujo de gases al cual trabajan, también se indica la contrapresión que ejercen sobre el paso de los gases de escape. Los fabricantes de los grupos electrógenos recomiendan en sus especificaciones el diámetro mínimo de las tuberías de escape para evitar restricciones en la salida de los gases de combustión.

- **Dilatación de las Tuberías y Silenciadores**

Todo componente o material desde el aire, agua o metales en mayor o menor medida, cuando son sometidos a altas temperaturas producen dilatación en su unión molecular interna. En el caso de los metales utilizados en la fabricación de las tuberías y silenciadores de los sistemas de escape se manifiesta en la elongación o aumento de su longitud, por lo que es necesario tomarlo en cuenta para el diseño y cálculo de los sistemas de escape, y además se hace necesario conocerlo para el cálculo y la ubicación de las juntas de expansión que compensan la elongación de las tuberías sin afectar el sistema (ver sección No. 11.3). Los coeficientes de expansión de los dos metales más utilizados en sistemas de escape son: Acero al Carbono 0,00065 Pulgadas/Pulgadas x 100°F y Acero Inoxidable 0,00099 Pulgadas/Pulgadas x 100°F.

- **Ruta y Ubicación de las Tuberías y Silenciadores**

Aunque siempre es recomendable que la ruta de las tuberías de escape sean lo más cortas posible para así no aumentar la contrapresión sobre el escape de los gases, en algunos casos habrá que realizar cálculos más complejos y simulación de rutas para conocer cual será la más favorable al sistema de escape. Sugerencias importantes de los fabricantes indican que se debe respetar los diámetros mínimos indicados, que el largo máximo será 10 metros y no se utilizarán mas de 270° en los ángulos de los codos de la tubería (tres codos de 90 °). Si por razones de la ruta hay que aumentar la longitud o codos de la tuberías algunas reglas generales indican que si se prolonga más de 10 metros la tubería, habría que aumentar su diámetro en un 15 % de su diámetro original y al igual por cada tramo de 10 metros adicionales, también si es necesario agregar otro codo de 90° sobre los 270°. Aunque estos son datos muy prácticos se sugiere el cálculo por especialistas en la materia. En las rutas de las tuberías de los gases de escape hay que considerar los factores de seguridad por sus altas temperaturas, como son los pasos por lugares con material combustible o donde hay presencia de personas (ver nota).

- **Irradiación de Calor en las Salas de Generación**

La irradiación de calor de las tuberías y de los silenciadores de los sistemas de escape por las superficies sometidas a altas temperaturas produce calentamiento en otros componentes cercanos a las mismas dentro de las salas de generación(ver nota) y pueden aumentar las temperaturas internas de forma significativa afectando la eficiencia de los dispositivos que necesariamente deben disipar rápidamente el calor y bajar las temperaturas como los radiadores de los motores (reciprocantes) o zonas calientes (turbinas), sistemas de combustible, etc. Para tal efecto se deberá contemplar la irradiación de calor de las tuberías de escape en el cálculo de los sistemas mecánicos de extracción de aire, además por medidas de seguridad se les deberá instalar recubrimientos térmicos adecuados.

Nota.- Las tuberías de escape que tengan una temperatura menor o igual a 760 °C (1400 °F) deberán estar separadas al menos 9" (22.9 cm) de cualquier material combustible (de acuerdo con lo indicado en la Norma NFPA-37 sección 7.3) para temperaturas mayores a 760 °C (1400 °F) la separación será de acuerdo con lo indicado en la Norma NFPA 211 Normas para Chimeneas, ("Standard for Chimeny, Fireplaces, Vents, and Solid Fuel Burning Appliances" por su denominación en inglés).

- **Medidas de Seguridad para los Operadores**

La protección permanente de los operadores de la central eléctrica es obligatoria y necesaria para una adecuada salud ocupacional, toda parte o componente de la central eléctrica sometido a altas temperaturas y que pueda exponerse a un contacto accidental con personas, deberá estar protegido con aislamiento térmico suficientemente eficaz para evitar temperaturas que puedan causar riesgo a la salud lleguen a su superficie. Igualmente se deberá monitorear y supervisar periódicamente para evitar fallas en los mismos.

11.3.- Componentes de los sistemas de escape

Un sistema de escape convencional para grupos electrógenos (motogeneradores o turbogeneradores) está compuesto por A.- Conexión Flexible (salida del múltiple de escape o turbocargador), B.- Tramo de tubería primaria (entre la conexión flexible y el silenciador) C.- Silenciador (depende del tipo de atenuación) D.- Tramo de tubería secundario o de salida (entre el silenciador y la disposición final al medio ambiente) E.- Juntas de Dilatación (si aplicase para compensar la dilatación de las tuberías) y F.- Accesorios de fijación, empalme y aislamiento de la tubería.

- ### Sistemas de Escape para Motores Reciprocantes

  Por lo general, el sistema de escape en motores reciprocantes con montajes similares a los indicados en la sección No. 10.4 no tienen medidas excepcionales (no más de 10 metros entre el motor y la salida al medio ambiente) que ameriten un cálculo especial de los diferentes componentes que lo constituyen y normalmente los fabricantes suplen la Junta Flexible adecuada y el silenciador (de acuerdo con la atenuación solicitada), así como indican en los manuales técnicos del grupo electrógeno el diámetro mínimo de la tubería de escape a utilizar. No obstante, si se presentan casos especiales el sistema de escape deberá diseñarse y calcularse según el siguiente ejemplo:

  De acuerdo con el fabricante del grupo electrógeno tenemos los siguientes datos: Grupo Electrógeno 2500 kVA (ejemplo), doble salida de escape, flujo de gases de escape 15.150 CFM (dos salidas de escape desde los turbocargadores con 7.575 CFM c/u), temperatura de los gases 880 °F (471 °C), máxima restricción en escape permitida por el motor de 2"Hg, diámetro mínimo recomendado de la tubería de escape por salida 10", silenciador recomendado tipo JDDC, atenuación 35-40 dB(A), caída de presión en el silenciador 0,5"Hg. Los otros parámetros que tenemos es que los tramos secundarios de tubería de escape L1 es de 18 metros (horizontal) y L2 es de 12 metros (vertical), el tramo de tubería final L3 tiene una longitud que no es representativa para el cálculo.

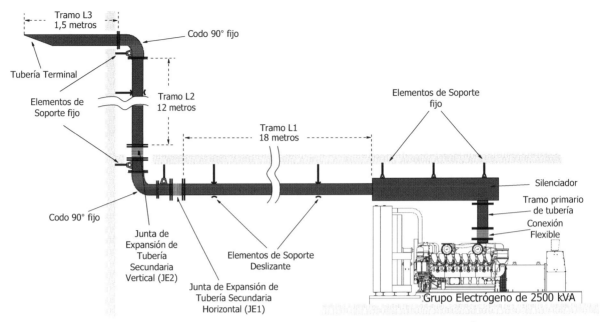

Ejemplo de Sistema de Escape de Motogenerador
Fig. 11-4

Para el diseño del sistema de escape de este grupo electrógeno será necesario, calcular y confirmar los siguientes parámetros: A.- Confirmar si la tubería por el largo de la ruta (ver nota) podrá ser del diámetro recomendado por el fabricante (10") sin causar una restricción mayor a 2"Hg. (máxima permitida por el fabricante) B.- Calcular la elongación de los tramos L1 (horizontal) y L2 (vertical) con la finalidad de calcular las juntas de expansión JE1 y JE2 que permitirán la elongación de la tubería por las altas temperaturas sin ocasionar fallas en el sistema de fijación y sostén de la tubería.

Nota.- Aunque en la sección No. 11.2 se indica que de forma empírica se puede calcular el diámetro de una tubería de escape cuando su longitud excede a los 10 metros aumentando un 15 % el diámetro indicado por el fabricante por cada sección extra de 10 metros, que para este caso sería de 31 metros de longitud total, por lo tanto serian 21 metros extras, por lo que el diámetro deberá aumentar en 3" para un total de diámetro de la tubería de escape de 14" (13" no es un diámetro comercial), ahora demostraremos esta información.

A.- Para el cálculo de la restricción del sistema de escape según el diseño de la ruta, se tomará en cuenta la suma de todas las restricciones (Tramo L1 + Tramo L2 + Silenciador), las restricciones en la uniones, juntas de expansión y tubería de disposición final no se tomaran en cuenta por no ser representativas en este ejemplo. La tabla de la Fig. 11-5 nos muestra las restricciones de la tubería de acero al carbono Schedule 40 (recomendada por los fabricantes de tubería para estas aplicaciones).

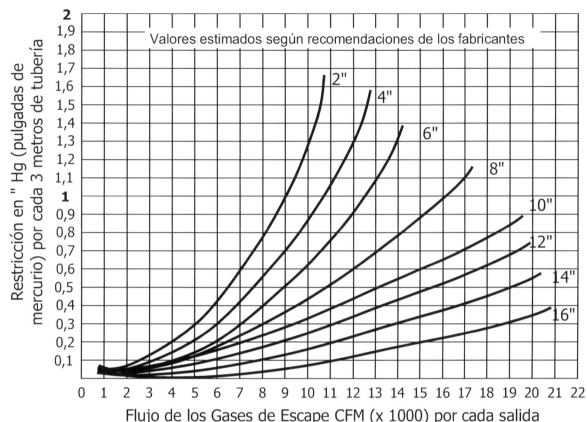

Tabla para el cálculo de restricción en tuberías ASTM Schedule 40

Fig. 11-5

La fórmula para el cálculo de la restricción total "R_t" será:

$$R_t = R_{L1} + R_{L2} + R_{Silenciador}$$

$R_{Silenciador}$ = 0,5"Hg (según datos del fabricante)

R_{L1} = 18 m; 7.575 CFM y Ø 10"; restricción de 1,38 " Hg (Fig. 11-5)

R_{L2} = 12 m; 7.575 CFM y Ø 10"; restricción de 0,92 " Hg (Fig. 11-5)

R_T = 1,38 + 0,92 + 0,5 = 2,80 " Hg

La restricción con una tubería de Ø 10" y la ruta escogida es mayor a la exigida por el fabricante, por lo que será necesario aumentar el diámetro de la tubería, realizaremos nuevamente el cálculo pero con una tubería de Ø 12"

$R_{Silenciador}$ = 0,5"Hg (según datos del fabricante)

R_{L1} = 18 m; 7.575 CFM y Ø 12"; restricción de 0,84 " Hg (Fig. 11-5)

R_{L2} = 12 m; 7.575 CFM y Ø 12"; restricción de 0,56 " Hg (Fig. 11-5)

R_T = 0,84 + 0,56 + 0,5 = **1,90 " Hg (valor menor al exigido)**

B.- Ahora para el cálculo de la elongación (dilatación) de la tubería en los tramos L1 y L2 utilizaremos la siguiente formula, donde "L_E" es la elongación por tramo para el cálculo de la junta de expansión:

$L_E = C_E \times L_{(tramo\ de\ tubería)} \times (T_{escape} - T_{ambiente}) / 100$

C_E= Coeficiente de elongación de acero al carbono 0,00065 In/In/100°F

L_{T1}= 18 m = 707,4 pulgadas (1 metro = 39,3 pulgadas)

L_{T2}= 12 m = 471,6 pulgadas

T_{escape} = 880 °F

$T_{ambiente}$ = 86 °F (30 °C)

L_{ET1} = 0,00065 x 707,4 x (880 – 86 / 100) = 3,95" (elongación L_{T1})

L_{ET2} = 0,00065 x 471,6 x (880 – 86 / 100) = 2,94" (elongación L_{T2})

Como conclusión tenemos que la tubería de escape para el grupo electrógeno de 2500 kVA, doble salida de escape, flujo de gases de escape 15.150 CFM de acuerdo con la ruta indicada en la Fig. No. 11-4 deberá ser de acero al carbono, ASTM Schedule 40 de Ø 12", y las juntas de dilatación deberán se seleccionadas de Ø 12" y para compensar 4" (10,1 cm) en el tramo L_{T1} de 18 metros y para compensar 3" (7,6 cm) en el tramo L_{T2} de 12 metros.

Compensación de la elongación de la tubería por la temperatura

La compensación del movimiento de la tubería por la elongación (dilatación en sentido axial) es compensada por la junta de dilatación seleccionada de acuerdo con los cálculos anteriores. El funcionamiento de la junta de dilatación se realiza por la compresión que produce la tubería de escape contra dos puntos fijos (ver Fig. No. 11-6), como lo son en nuestro ejemplo: el silenciador y el codo de 90 °; ambos fuertemente fijados al techo y la pared para evitar su movimiento, como se puede observar siempre los elementos de los extremos de los tramos largos de tubería compensados por juntas de dilatación deberán estar fuertemente fijados porque contra ellos es que se comprimirá la tubería para el funcionamiento de la junta de dilatación. Es importante indicar que elementos de soporte con rodamientos son necesarios dado el largo de la tubería, en secciones menores a 5 metros se pueden obviar, sin embargo será el peso de la tubería de acuerdo con su diámetro que en el diseño indicará el número de elementos de soporte con rodamiento.

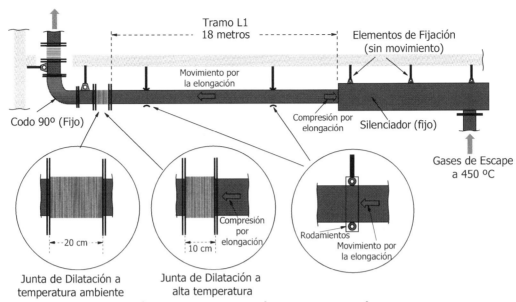

Compensación de la Elongación de la Tubería de Escape
Fig. 11-6

La tubería de disposición final de los gases de escape al medio ambiente deberá garantizar que dentro del sistema de escape no entrará agua proveniente de la lluvia, ya que el agua precipitaría los procesos corrosivos que las altas temperaturas de los gases de escape ya han comenzado en la tubería, así como podría producir vapor cuando el sistema está operando, lo que sería contraproducente para la uniones, junta de dilatación y la misma tubería. Para evitar que entre el agua en la tubería o para garantizar la salida de agua rápidamente, se puede utilizar los siguientes métodos: **A.-** Tapa de Lluvia ("Rain Cap" por su denominación en inglés), es una tapa pivotante que abre con la presión de los gases de escape (ver Fig. No. 11-7) y cierra por efectos de un contrapeso (ver nota), no usada en diámetros mayores a 10". **B.-** Tubería biselada con un ángulo de 30 ° (ver Fig. No. 11-7) aunque solo podrá ser usada en las rutas donde la salida es horizontal. **C.-** Drenaje en codo o silenciador, en los casos cuando se tienen tuberías con diámetros mayores a 10" se hacen agujeros relativamente pequeños que en la parte inferior del codo anterior a la salida o en la base del silenciador por el cual saldrá el agua (por lo reducido del agujero el volumen de los gases de escape que se fuga por esos agujeros es poco representativo y de bajo impacto). También se recomienda, por ningún motivo, perforar techos de concreto o metálicos (galpones) para hacer pasar tubería de disposición final de los gases, ya que las altas temperatura de la tubería impedirán que se puede hacer un buen sistema de sellado de la apertura y siempre habrá entrada de agua cuando llueve, la cual si llegase a caer sobre partes calientes del motor como el turbocargador puede dañarlas de forma irreversible.

Nota.- La desventaja de la "Tapa de Lluvia" es que cuando no se mantiene correctamente y algunas veces por defectos en los materiales, se queda trabada produciendo una alta contrapresión en el sistema de escape, la cual es perjudicial para la operatividad del motor. Es recomendable que su mantenimiento y lubricación periódica este dentro de los protocolos y procedimientos de mantenimiento preventivo del grupo electrógeno (ver sección No. 13-3).

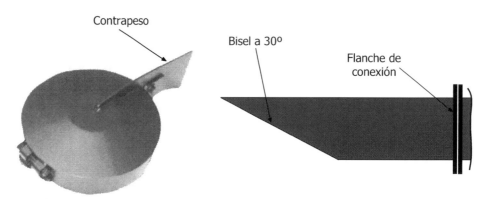

Métodos para evitar la entrada de agua en la tubería de escape
Fig. 11-7

- **Sistemas de Escape para Turbogeneradores**

En los turbogeneradores el sistema de escape de los gases de la combustión es tan crítico que los fabricantes o integradores (paquetizadores), los diseñan, calculan y lo suplen con todas las tuberías, conexiones, silenciador, juntas de expansión y accesorios necesarios para su montaje como parte del suministro del turbogenerador (ver nota).

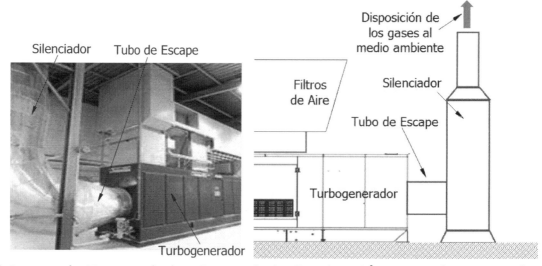

Sistemas de Escape de los Gases de la Combustión en Turbogeneradores
Fig. 11-8

La contrapresión máxima admitida por la turbina no permite que los sistemas de escape sean muy largos, por lo que el silenciador deberá estar a no más de 5 metros de la tobera de salida de la turbina (ver ejemplo en Fig. No. 11-8).

Nota.- En las turbinas cualquier problema de exceso de contrapresión, superior a la admitida, produce un aumento sustancial de la temperatura de los gases de escape afectando de forma representativa los componentes interiores de la turbina como álabes y toberas reduciendo significativamente su vida útil.

11.4.- Dispositivos de control y reducción de la Contaminación Ambiental provocada por Grupos Electrógenos.

En los últimos años los cambios climáticos como sequías e inundaciones, el calentamiento global y la contaminación de los suelos y ríos como consecuencia de las lluvias ácidas han provocado que internacionalmente se produzcan manifestaciones de protección al medio ambiente. Todos los gobiernos han implementado normas de "Control y Protección del Ambiente" que en la mayoría de los casos y por la gravedad de las consecuencias, tienen sanciones penales. Aunque el mayor porcentaje del impacto ambiental negativo es consecuencia de las emisiones de escape de los vehículos automotores en todo el mundo, también los motores de combustión interna estacionarios de los grupos electrógenos tienen su cuota de participación y en mayor proporción los de trabajo continuo como las turbinas y algunos reciprocantes de gran tamaño.

En la República Bolivariana de Venezuela se ha promulgado la Ley Orgánica del Ambiente publicada en la Gaceta Oficial No. 5833 de fecha 22 de Diciembre de 2006 donde se indican en su Artículo 10° Numeral 7 y Artículo 60° Numerales 2 y 4 los objetivos de la protección ambiental en cuanto a las emisiones de motores de combustión interna, así como también en la ley se indican las sanciones a que se exponen los infractores por las violaciones de acuerdo con las Normas sobre Calidad del Aire y Control de la Contaminación Atmosférica expresadas en Decreto No. 638 de fecha 26-04-95 Gaceta Oficial de la República de Venezuela No. 4.899 Extraordinario del 19 de Mayo de 1995, aún vigente para efectos de los parámetros para las sanciones de la Ley Orgánica del Ambiente. En el Decreto No. 638 se han utilizado como referencia los procedimientos contenidos en las Normas Venezolanas COVENIN o en su defecto, los métodos estándar vigentes para aire, agua y desechos (ver nota) de la "EPA", Agencia de Protección del Ambiente de Estados Unidos ("EPA Environmental Protection Agency" por su denominación y siglas en inglés) y Normas "ASTM", La Sociedad Americana para las Pruebas y los Materiales (the American Society for Testing and Materials por su denominación en inglés), No. ASTM E1752 y ASTM D6784.

Nota.- La Ley Orgánica del Ambiente no sólo considera a las emisiones de los sistemas de escape y el ruido de los grupos electrógenos como contaminantes, también los desechos como los lubricantes usados, provenientes de los grupos electrógenos y vehículos automotores deberán ser descartados de forma que no contaminen el ambiente, por lo que todas la empresas que manejen estos desechos deberán estar inscritas en el "RASDA" "Registro de Actividades Susceptibles de Degradar el Ambiente", donde tienen el compromiso de reportar, hacer seguimiento y control del descarte de este tipo de desechos.

Para efectos de los elementos contaminantes de los gases de escape de los motores estacionarios de combustión interna de los grupos electrógenos (ver nota), las Normas del Decreto No. 638 (Artículo 3º), además de las Normas COVENIN, EPA y ASTM contemplan los siguientes parámetros máximos para determinar un aire limpio:

Elemento Contaminante	**Decreto No. 638**	**Norma EPA**
Dióxido de Azufre (SO_2)	365 $\mu g/m^3$	0,14 ppm (365 $\mu g/m^3$)
Monóxido de Carbono (CO)	10 mg/m^3	9 ppm
Óxido de Nitrógeno (NO_2)	150 $\mu g/m^3$	100 $\mu g/m^3$
Partículas Sólidas (Humo, hollín)	175 $\mu g/m^3$	150 $\mu g/m^3$

Nota.- Los promedios de períodos de medición y muestreo para el Monóxido de Carbono son de 8 horas y las demás medidas de 24 horas de emisiones. Es importante indicar que los grupos electrógenos (motogeneradores o turbogeneradores) que operan en régimen continuo de acuerdo con los promedios anteriores son los más susceptibles a causar contaminación ambiental, no obstante, algunas legislaciones internacionales inclusive en algunos estados de USA, son mucho más estrictos y los promedios de períodos de medición y muestreo para Monóxido de Carbono (CO), Óxido de Nitrógeno (NO_2) y Dióxido de Azufre (SO_2) son a una hora, por lo que igualmente los grupos electrógenos de operación en espera (Standby) o emergencia deberán cumplir con estos requerimientos.

Métodos para evitar la contaminación del ambiente en los motores estacionarios de los grupos electrógenos.

Para efectos de evitar o reducir la contaminación ambiental provocada por los motores de combustión interna de los grupos electrógenos, se debe apuntar a dos dificultades o disyuntivas existentes, A.- La de los motores actualmente en operación que no tienen dispositivos de control de emisiones contaminantes y B.- el uso de nuevos motores que cuentan con tecnología de estequiometría para la combustión (ver sección No. 5.6) o dispositivos especiales que eliminan o reducen la contaminación. El fundamento del criterio para la eliminación o reducción de la contaminación ambiental producida por motores estacionarios de combustión interna puede orientarse de tres formas diferentes, las cuales no solo pudiesen implantarse de forma separada, sino conjunta: A.- Previa a la combustión, reduciendo los contenidos de azufre y otros elementos contaminantes de los combustibles, B.- Durante la combustión, mejorando que la reacción en la combustión sea balanceada (estequiométrica), de tal forma que todas las partículas de emisiones contaminantes puedan neutralizarse o

C.- Posterior a la combustión, produciendo una neutralización química de las emisiones contaminantes mediante el uso de filtros catalíticos, denominados "Convertidores Catalíticos"

- **Previa a la Combustión.**

La reducción del contenido de azufre y otros elementos contaminantes en el combustible (ver nota), es el único de los métodos para la reducción de las emisiones contaminantes sin posibilidad de ser implantado por el usuario final, ya que la desulfuración de los combustibles se logra mediante la aplicación de varios tipos de procesos químicos industriales como el proceso por hidrotratamiento que es una tecnología que utiliza la adhesión de hidrógeno para remover o reducir el contenido de azufre, sin embargo, sólo se puede implantar en las refinerías que producen los combustibles líquidos como el Fuel Oil No. 2 (Gasoil). Aunque está técnicamente demostrado que un buen filtraje no reduce los contenidos de azufre en el combustible, se puede indicar que la eliminación de otras partículas de sucio y el agua en el combustible con un buen sistema de filtrado, garantizará una combustión eficiente y en consecuencia, la disminución de las emisiones contaminantes. En el mercado comercial hay varias marcas reconocidas de filtros industriales activos (de alto flujo) en especial para mejoramiento de los combustibles utilizados por los grupos electrógenos en centrales eléctricas, se pueden mencionar las marcas Parker®, Fleetguard® y Separ-Filter®.

Nota.- Todos los fabricantes de motores tanto reciprocantes como rotativos recomiendan bajos niveles de azufre en el combustible, no sólo por las consecuencias de la contaminación ambiental, sino también porque restos del dióxido de azufre (SO_2) producto de la combustión se mezclan con el agua que se forma por condensación dentro de los motores fríos o igualmente producto de la combustión y forman Acido Sulfúrico (H_2SO_4) altamente corrosivo y perjudicial para la partes internas del motor. Se recomienda dentro de los protocolos de operación y mantenimiento el análisis periódico del combustible para determinar el porcentaje de azufre, la relación de azufre debe ser menor a ~50 mg/kg ó 0,5 % de la masa (ASTM D129 y ASTM D1552). En casos donde el combustible tiene alta concentración de azufre, deben añadirse aditivos especiales al combustible que ayudan a evitar la formación de Acido Sulfúrico (H_2SO_4) en el motor y aunque esto aditivos colaboran a la reducción de las emisiones contaminantes, su porcentaje en los motores tratados continua estando sobre los indicados en las Normas.

- **Durante la Combustión.**

Para la eliminación o reducción de las emisiones contaminantes durante la combustión en los motores reciprocantes se tienen los motores con módulos electrónicos de control estequiométrico. En caso de turbinas, se presentan las cámaras de combustión con dispositivo catalítico e ionizante, y las cámaras de combustión con enfriamiento del aire con pulverización de agua.

Nota.- Aunque estos métodos para la reducción de la contaminación ambiental si pueden ser seleccionados por el usuario final de los grupos electrógenos, sólo pueden ser implementados en los diseños y construcción de los motores de los grupos electrógenos y cuando se fabrican.

- **Motores Estequiométricos (Motogeneradores)**

    En los nuevos motores con inyección electrónica controlada de acuerdo con criterios estequiométricos son aquellos donde la combustión es completa y no hay o se reducen sustancialmente las emisiones contaminantes. El sistema opera con una computadora del control del motor (Electronic Control Module, ver sección No. 5.6) que recibe información de un sensor especial que se encuentra en el escape del motor, este sensor determina el porcentaje de oxígeno en los gases de escape, a mayor porcentaje de oxígeno, la computadora determina un combustión pobre y la mejora aumentando la inyección de combustible o si fuese lo contrario, disminuyéndola. El denominado "Índice de Relación Estequiométrica de Aire y Combustible" es una relación aire a combustible por peso de 14,6:1 que además se logra con la intervención de otros sensores que determinan la temperatura de aire fresco y del escape (ver nota), así como por el uso de turbocargadores de geometría variable. Aún en la actualidad hay fabricantes de motores de combustión interna que no han adecuado sus tecnologías de inyección de combustible a criterios estequiométricos, por lo que los grupos electrógenos fabricados con este tipo de motor no pueden ser comercializados en países donde las regulaciones lo requieran.

    Nota.- En las especificaciones descritas en los manuales y catálogos de ventas de los grupos electrógenos deben expresar "Motor certificado según Normas de Fuentes de Emisiones de Motores Estacionarios US EPA" o "Engine certified to U.S. EPA Nonroad Source Emission Standards" de la "U.S. Enviromental Protection Agency" por sus denominaciones en inglés.

- **Cámaras de combustión con dispositivos catalítico ionizante o por neblina de agua (Turbogeneradores)**

    En las cámaras de combustión de las turbinas (ver sección No. 6.10) hay una inyección primaria de combustible y de aire fresco y ésta mezcla se quema a baja temperatura, para luego pasar a la cámara principal donde se inyecta el volumen principal del combustible y aire para pasar a través de un filtro catalítico ionizado que ayuda a que la combustión sea completa. Con esto se evita la formación de bolsas de oxígeno a altas temperaturas que hacen que la combustión sea pobre, reduciendo el índice de emisiones no contaminantes en las turbinas de gas y gasoil para grupos electrógenos.

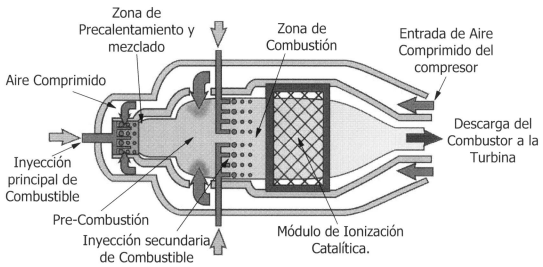

Cámara de Combustión "Combustor®" Tipo de Ionización Catalítica
Fig. 11-9

Este dispositivo es denominado "Combustor®" y aunque muchos técnicos en la materia denominan a todo tipo de cámara de combustión de turbinas "Combustor®", sólo las que tienen el sistema de inyección de aire fresco envolvente y pueden ser del tipo catalítica o por inyección de agua para la reducción de los porcentajes de NO_x y CO en las emisiones de escape, se pueden denominar "Combustor®" (Ver Fig. No. 11-9).

También el "Combustor®" se puede combinar con el sistema de inyección de neblina de agua, que está diseñado para turbinas con compresores de múltiples etapas que operan en lugares cálidos y secos. La neblina se genera antes de la primera etapa de compresión, produciendo una humedad que se evaporará dentro del compresor. Esto hace que la temperatura disminuya y favorece la compresión del aire. En turbinas de gran tamaño con varias etapas de compresión, este proceso puede continuar hasta la octava etapa. El sistema permite que 10% del agua se evapore antes de la compresión y que el residuo lo haga dentro del compresor. Mientras estas acciones mejoran considerablemente la producción, la energía producida con estos sistemas se refleja en el incremento de eficiencia de la turbina y a su vez en la reducción de emisiones de óxidos de nitrógeno (NO_x) (ver sección No. 6.13).

- **Después de la Combustión.**

Los únicos dispositivos para la eliminación o reducción de las emisiones contaminantes en grupos electrógenos (sólo en los de motor reciprocante) que pueden instalarse posteriormente al diseño, fabricación y montaje, inclusive después de su arranque y operación en cualquier período, son los filtros post-combustión, los cuales se instalan en los sistemas de escape de los grupos electrógenos. Estos filtros se pueden clasificar de acuerdo con el tipo de tecnología que aplican: A.- Oxidación Catalítica, denominados "Convertidores Catalíticos" ("DOC Diesel Oxidation Catalicit" por su siglas y denominación en inglés) y B.- Filtros de Material Particulado ("DPF Diesel Particulate Filtres" por su siglas y denominación en inglés).

- **Filtros por Oxidación Catalítica "DOC"**

Estos filtros funcionan bajo el principio de la intervención de un catalizador conformado por resinas especiales que son gránulos aglutinantes que soportan altas temperaturas, las emisiones nocivas después que pasan por el convertidor catalítico son convertidos en dióxido de carbono y vapor de agua. Sin embargo, los combustibles con alto porcentaje de azufre pueden afectar el funcionamiento de los convertidores catalíticos, eliminado los beneficios al ambiente. Al igual que todo filtro, éstos deben ser mantenidos adecuadamente y cambiados periódicamente. La combinación de un motor estequiométrico con filtros de Oxidación Catalítica operando con combustible de bajo porcentaje de azufre garantizará un escape de los gases de la combustión sin emisiones contaminantes.

- **Filtros de Material Particulado "DPF"**

El filtro que más se está utilizando en la actualidad para adecuación (ver nota) de grupos electrógenos con motor reciprocante para la reducción de las emisiones contaminantes es el filtro de material particulado con regeneración continua, el cual opera bajo el mismo principio del filtro de oxidación catalítica sin embargo, su condición de regeneración continua, ayuda a que el material filtrante que en este caso es una cerámica porosa especial, no se agote rápidamente y su relación costo-beneficio es mejor que la del filtro por oxidación catalítica (ver Fig. No. 11-10). El filtro opera bajo el principio de retener por un período de tiempo las partículas contaminantes, las cuales por efecto de la alta temperatura son quemadas y desechadas. Este tipo de filtro es menos afectado por las altas concentraciones de azufre en el combustible diesel que el de oxidación catalítica. Es importante indicar que el filtro particulado también es un excelente atenuador de ruido por lo que se puede clasificar como un silenciador crítico con atenuación de hasta 38 dB(A).

Nota.- Por regulaciones obligatorias de muchos países que se han sumado a la lucha en la protección ambiental, los grupos electrógenos en operación y que tienen tecnologías de combustión no favorables que producen emisiones contaminantes, deberán adecuarse progresivamente en los períodos que fijan dichas regulaciones, y que llegan hasta el año 2015.

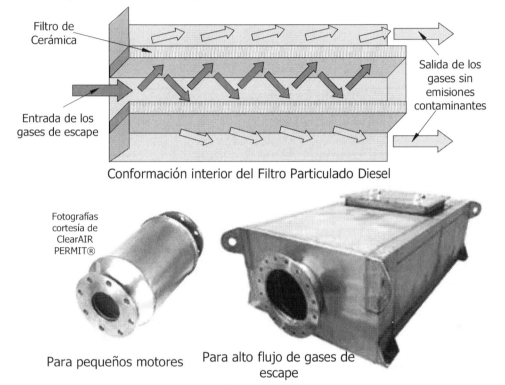

Filtro Particulado de Regeneración Continua para motores estacionarios.
Fig. 11-10

En lo que respecta al control de otros elementos contaminantes emitidos por los Grupos Electrógenos está la reducción o eliminación de los porcentajes de materias en suspensión en el aire ("Particulate Matter" por su denominación en inglés) como el hollín (humo negro) presente en la emisiones de los gases de escape en el arranque o por mal función de la inyección de los motores reciprocantes de combustión interna de los Grupos Electrógenos, además todas las regulaciones inclusive el Decreto No. 638 de fecha 26-04-95 con las Normas sobre Calidad del Aire y Control de la Contaminación Atmosférica expresa claramente en su Artículo No. 15 expresa la prohibición de técnicas de dilución o dispersión como métodos principales para la reducción del humo en la operación de los grupos electrógenos. Estos métodos consisten en introducir las tuberías de escape de los grupos electrógenos en un tanque de agua para así lograr que las partículas en suspensión queden en el agua, sin embargo, la mezcla del SO_2 con el agua forma ácido sulfúrico, al igual que las partículas no diluidas que quedan en el agua, haciendo que el desecho del agua sea tan contaminante para los efluentes acuíferos como las mismas emisiones. También existen otros métodos como la inyección de aire fresco en la tubería con el mismo volumen y dirección de los gases de escape lo que podría mejorar la claridad del humo de los escapes, no obstante no reduce el porcentaje de materiales contaminantes en suspensión en los gases de escape.

11.5.- Sistemas de Suministro de Combustible Líquido

Como lo hemos indicado en secciones anteriores, el Sistema de Combustible es el conjunto de dispositivos de almacenamiento, aducción (tuberías), control (de flujo, de presión, de nivel y de paso), de filtraje y seguridad, para permitir la utilización del combustible y la operación permanente, segura y confiable de los grupos electrógenos en una central eléctrica de generación.

El Combustible

El combustible líquido mayormente utilizado en las centrales de generación distribuida es el Diesel, Gasoil o Fuel Oil No. 2 de acuerdo con los parámetros indicados por la Norma ASTM D975 como combustible de propósito general, tipo Grado Nº 2-D S15-A, para uso en motores diesel aplicaciones que requieren un combustible con 15 ppm (parte por millón) de azufre (máximo). Es especialmente adecuado para su uso en aplicaciones con condiciones variables de velocidad y carga, y cumplimiento con el Aparte 80 del Código 40 de las Regulaciones Federales" ("40 Code of Federal Regulation Part 80 EPA Regulatory Fuel Compliance" por su denominación en inglés) sobre Control de la contaminación del aire. Los requisitos especificados para el combustible diesel ASTM D975 No. 2 se determinan de acuerdo con los métodos de prueba de las siguientes normas: punto de inflamación (ASTM D92), punto de nube (ASTM D97), el agua y los sedimentos (ASTM D1796); residuos de carbono (ASTM D254), cenizas (ASTM D482), destilación y aromaticidad (ASTM D86), la viscosidad (ASTM D445), azufre (ASTM D129), corrosión de cobre; el número de cetano e índice de cetano (ASTM D613); lubricidad (ASTM D6079) y conductividad (ASTM D4308). Combustible Diesel Grado No. 2 está clasificado por las COVENIN 2239-1 (Materiales Inflamables y Combustibles, Almacenamiento y Manipulación) y NFPA 30 (Código Americano de Líquidos Inflamables y Combustibles) como un combustible Tipo II "Líquidos Combustibles con punto de inflamación igual o mayor 37,8 °C y menor a 60 °C".

Los requisitos mínimos del combustible Diesel Grado No. 2, para garantizar que la combustión será completa para una operación con la mayor eficiencia para el motor tanto reciprocante como rotativo, que además no ocasionará daños a los componentes del motor y reducirá las emisiones contaminantes, son los siguientes:

Características	Especificaciones según ASTM
Contenido de Azufre	Menor a ~50 mg/kg ó 0,5 % de la masa
Aguas y Sedimentos	No mayor a 0,05 del volumen
Cetanos	Mínimo 42 a Temp. > 32 ° F
Viscosidad (ver nota)	1,3 a 1,5 Centistokes a 40 ° C
Carbono	No mayor de 0,35 de la masa
Ceniza	No mayor de 0,02 de la masa
Lubricidad	Mayor a 3100 gramos a 60 °

Nota.- El Centistokes es la unidad de viscosidad de los líquidos. Se considera al agua con una viscosidad de un (1) Centistokes y los demás líquidos se comparan con este valor. El método de medición es determinar la velocidad de deslizamiento del líquido en un dispositivo especial y se mide en milímetros cuadrados por segundo que es equivalente a un Centistokes. Se utiliza principalmente para medir las viscosidades de los aceites y combustibles líquidos.

Los Componentes del Sistema

Los principales componentes del sistema de combustible líquido de una central eléctrica con grupos electrógenos con motor reciprocante (motogenerador) o motor rotativo (turbogeneradores), son: El tanque principal de almacenamiento, el tanque de almacenamiento secundario (tanque diario o de sub-base), las tuberías de aducción y retorno, y los filtros (limpieza de impurezas y separación de agua). Su diseño, selección e instalación está regulada por las siguientes normas: COVENIN 2239-1 (Materiales Inflamables y Combustibles, Almacenamiento y Manipulación), NFPA 37 (Standard for the Installation an Use of Stationary Combustión Engine and Gas Turbines), NFPA 30 (Código Americano de Líquidos Inflamables y Combustibles) y NFPA 110 (Standard for Emergency and Stanby Power Systems).

Almacenamiento del Combustible

Los tanques principales de almacenamiento de combustible se deberán calcular de acuerdo con el tipo de régimen de operación de la central eléctrica, los factores fundamentales para este cálculo son:

A.- En centrales eléctricas de régimen continuo o primario (de punta), los factores fundamentales son: la disponibilidad del suministro y la dificultad de transporte, no obstante, si estos factores no son favorables no se deben calcular y construir tanques de capacidad extraordinaria para el almacenamiento del diesel, ya que este combustible se contamina frecuentemente con agua por condensación dentro de los tanques por los espacios de aire no rellenos, al igual y debido a su oxidación no se podrá dejar almacenado por más de 12 meses. Para efectos de poder solucionar este tipo de dificultad, se sugiere hacer un cálculo equilibrado de los períodos probables de llenado e instalar sistemas dinámicos de filtrado y separación de agua para así garantizar la óptima operatividad de la Central Eléctrica.

B.- En las centrales eléctricas de régimen de emergencia los criterios para el cálculo de la capacidad del tanque principal serán: la autonomía mínima necesaria según lo indicado Norma NFPA 110 y su capítulo 4, numeral 4.2 y capítulo 7 numeral 7.9.5 por lo que si estos puntos son condicionantes, será necesario también estudiar la disponibilidad del suministro y la dificultad de transporte. Si los requisitos indicados en la Normas NFPA 110 son complicados de cumplir habrá que calcular y construir un tanque de mayor capacidad, su ubicación y condiciones de seguridad estarán de acuerdo con la Norma COVENIN 2239-1 (Materiales Inflamables y Combustibles, Almacenamiento y Manipulación) y NFPA-30 (Código Americano de Líquidos Inflamables y Combustibles).

Los tanques principales (ver nota) se clasifican de acuerdo con su ubicación al nivel del suelo, en: A.- Tanques Atmosféricos cuando están al nivel del suelo y su presión interna es la misma presión barométrica según la altitud a la que se encuentre. B.- Tanques Subterráneos, los cuales se encuentran bajo el nivel del suelo, dentro de fosas o tanques de concreto

Nota.- La Norma NFPA-30 (Código Americano de Líquidos Inflamables y Combustibles), en su capítulo No. 2, numeral 2.2.2.1. indica que los tanques para combustible pueden ser de cualquier forma o tipo, siempre y cuando su diseño sea consistente con las buenas prácticas de la ingeniería.

Los tanques principales de Almacenamiento en lo posible se deben ubicar en lugares apartados y separados físicamente de la Central Eléctrica, sin embargo, su ubicación básicamente dependerá de la seguridad de la edificación (riesgo potencial de accidente por el combustible almacenado para las personas y bienes) y de las facilidades para su llenado. En las Normas COVENIN 2239-1 (Materiales Inflamables y Combustibles, Almacenamiento y Manipulación), Capítulo No. 10 y Tabla No. 16; se condiciona la ubicación y la instalación de diques (ver nota) de acuerdo con las capacidades de los tanques principales tipo atmosféricos de combustible Diesel ASTM Grado 2 D (punto de ebullición por encima de 43,3 °C) estas son: A.- hasta 56.850 L distancia mínima a otra edificación 4,57 m, no requiere dique de contención excepto si es necesario contener líquidos inflamables exteriores, B.- de 56.850 a 189.500 L. distancia mínima a otra edificación 7,62 m, si requiere dique, C.- de 189.500 a 379.000 L. distancia mínima a otra edificación 22,86 m, si requiere dique; para otras capacidades ver la Norma COVENIN 2239-1. Los tanques de almacenamiento de combustible deberán estar conectados adecuadamente al sistema de puesta a tierra según la Norma COVENIN No. 70 y No. 552.

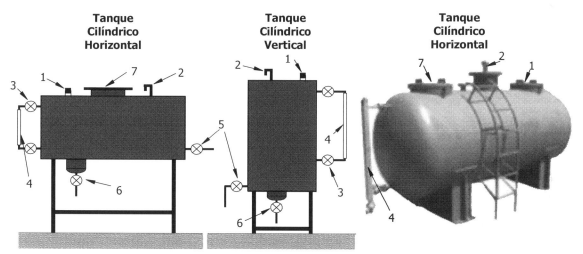

1.- Boca de llenado con tapa. 2.- Ventilación (Respiradero). 3.- Válvulas de la mirilla de nivel. 4.- Mirilla de Nivel. 5.- Válvula principal de aislamiento. 6.- Válvula de drenaje. 7.- Boca de visita.
Tanques de Combustible con accesorios normalizados
Fig. 11-11

Nota.- El dique de contención ("Bund Wall" o "Bund Tank" por sus denominaciones en inglés) es un contenedor que se puede construir en obra civil (utilizando concreto impermeable), tierra o metálico, que tiene como función evitar que el combustible contenido en un tanque de almacenamiento se esparza o derrame en casos de sobrellenado, una rotura del tanque o fallas en las tuberías con el objetivo de no permitir un riesgo de incendio o de contaminación del ambiente. En la Norma COVENIN 2239-1, capítulo 10, numeral 10.8 indica que la capacidad del dique deberá ser igual a la capacidad del tanque de mayor capacidad dentro del sistema. Aunque en la Norma COVENIN 2239-1, capítulo 10, numeral 10.7 indica que la capacidad mínima para la instalación de un dique de contención es de 56.775 litros como prevención se deberá instalar en tanques de todas las capacidades. También está regulado en la Norma NFPA-30 (Código de Líquidos Inflamables y Combustible) en su sección 2.3.4.1. Es importante indicar que por motivos sanitarios, a los diques de contención exteriores hay que instalarles una tubería de desagüe con una válvula que deberá estar siempre cerrada (a esta válvula se deberá hacer mantenimiento permanente) y sólo se abrirá para descargar el agua de lluvia, ya que el agua empozada puede servir de criaderos de insectos, además que la humedad acumulada puede afectar las estructuras metálicas del tanque.

El Capítulo 4 de la Norma NFPA 30 describe cuatro tipos de áreas interiores para almacenamiento de líquidos: salas interiores, que no poseen muros exteriores; salas aisladas, con uno o dos muros exteriores; edificaciones unidas, que comparten sólo un muro con otra estructura; y depósitos para líquidos, que son edificios totalmente independientes o que están separados de áreas adyacentes por una construcción con una resistencia al fuego de 4 horas. Para el caso de tanques subterráneos los mismos deberán estar ubicados a una distancia mínima de 3 metros del lindero de otra edificación y en fosas de concreto con tapas que sirven como dique de contención.

Tanques de Combustible cilíndricos verticales   Tanque de Combustible cilíndricos Horizontal
para Turbogeneradores   para Motogeneradores

Tanques para Sistemas de Combustible
Fig. 11-12

No obstante la Norma NFPA-110 (Standard for Emergengy and Standby Power Systems) en su sección 7.9.5; indica que el tanque de combustible dentro de edificaciones en niveles donde por cualquier razón pueda haber personas, el tanque de combustible no deberá de exceder su capacidad de 2.499 L (600 gal). También la Norma NFPA-37 (Standard for the Intallation and Use of Stationary Combustion Engines and Gas Turbines por su denominación en inglés) indica que si el tanque de combustible de un grupo electrógeno dentro de edificaciones tienen una capacidad mayor de 2499 L. y menor a 5.000 L. deberá estar en un sala exclusiva para ese uso donde sus paredes, techo y piso soportará al menos 1 hora sin permitir la entrada o salida de fuego en caso de incendio (NFPA-37 sección 5.3.5) y si la capacidad del tanque es superior a 5.000 L. el cerramiento de la sala del tanque deberá soportar al menos 3 horas de fuego sin permitir su entrada o salida.

En todo sistema de combustible de motores reciprocantes se utiliza un tanque secundario, de retorno o también llamado tanque diario (en algunos grupos electrógenos está montado dentro de la base, patín o "skid" de soporte del conjunto, denominado tanque de sub-base). Este tanque se utiliza para tener un reservorio local de combustible más cercano al grupo electrógeno (ver nota) donde opera la succión de la bomba de combustible del motor y que pueda servir como recipiente para la línea de retorno del combustible de enfriamiento y lubricación de los inyectores. En grupos electrógenos de gran tamaño es conveniente enfriar (bajar la temperatura) del combustible en el tanque de retorno ya que el combustible llega a temperaturas sobre los 60 °C, por la acción de refrigeración o enfriamiento de los inyectores. Si el combustible vuelve a ser succionado por la bomba de combustible y pasado a la bomba de inyección a esta temperatura podrá causar dilatación en sus materiales de las mismas que puedan acortar su vida útil, además del posible riesgo de inflamación a destiempo dentro del cilindro. Para bajar la temperatura del combustible se instala un sistema de intercambiador de calor ubicado cerca del radiador y el cual es enfriado por el flujo del ventilador principal del motor o también dentro del tanque de retorno que utiliza un serpentín con refrigerante el cual está conectado a una torre de enfriamiento o radiador remoto.

Nota.- Es importante indicar que el tanque de retorno o el tanque principal no pueden estar en niveles superiores a 1,5 metros del grupo electrógeno, donde la columna de combustible ejerza por la gravedad una presión positiva sobre los diferentes dispositivos del sistema de inyección del motor, así como provocar una contrapresión en la tubería de retorno muy perjudicial para la operatividad del motor. Si así fuese el caso, habrá que instalar válvulas de liberación de presión en los tanques para evitar que la presión por la altura del tanque llegue al motor. Los tanques diarios pueden contar con sistemas de flotantes mecánicos o eléctricos para controlar la presión y el nivel de combustible en los mismos.

Tuberías, válvulas, bombas y Filtros

El cálculo de las tuberías, válvulas, bombas (si aplicase) y filtros de los sistemas de combustible líquido de una central eléctrica o grupos electrógenos deberá ser calculado de acuerdo con el flujo de combustible al 100 % del régimen de carga con un factor de reserva de al menos 20 %. De acuerdo con la Norma COVENIN 2239-1 Capítulo 8, Numeral 8.7 las tuberías y válvulas de los sistemas de combustible deberán ser probadas hidrostáticamente al 150 % ó neumáticamente al 110 % de la máxima presión del trabajo del sistema.

Las tuberías del sistema de combustible sólo deberán ser de acero al carbono, no se usarán tuberías de aluminio, hierro colado, hierro galvanizado o cobre, ya que el ácido sulfúrico formado por el azufre del combustible combinado con el agua que se condensa en el tanque, las deteriora y desgasta, causando residuos y suciedad en el combustible que pueden afectar los sistemas de filtraje, la bomba de inyección y los inyectores del motor. Al igual, todas las conexiones deberán ser de acero al carbono (ver nota). De acuerdo con Norma Venezolana COVENIN No. 253 y la Norma ANSI A13.1 las tuberías de los sistemas de combustible diesel deberán estar pintadas en color marrón.

Nota.- Antes de poner en operación el sistema de combustible es conveniente la limpieza y lavado interno de las tuberías para eliminar desechos, limaduras y suciedades. Este procedimiento se puede realizar conjuntamente con las pruebas hidrostáticas del sistema.

Valores estimados según recomendaciones de los fabricantes

Flujo de Combustible en Litros/hora	Diámetro de la tubería de acuerdo con la longitud en metros					
	5 m	10 m	15 m	20 m	25 m	30 m
100 - 150	½" (15)	½" (15)	½" (15)	½" (15)	¾" (20)	¾" (20)
150 - 200	½" (15)	½" (15)	½" (15)	¾" (20)	¾" (20)	¾" (20)
200 - 250	½" (15)	½" (15)	¾" (20)	¾" (20)	¾" (20)	¾" (20)
250 - 300	½" (15)	½" (15)	¾" (20)	¾" (20)	¾" (20)	¾" (20)
300 - 350	½" (15)	¾" (20)	¾" (20)	¾" (20)	¾" (20)	1" (25)
350 - 400	¾" (20)	¾" (20)	¾" (20)	1" (25)	1" (25)	1" (25)
400 - 500	¾" (20)	¾" (20)	1" (25)	1" (25)	1" (25)	1" (25)
500 - 600	1" (25)	1" (25)	1" (25)	1" (25)	1¼" (32)	1¼" (32)
600 - 800	1" (25)	1" (25)	1¼" (32)	1¼" (32)	1¼" (32)	1¼" (32)
800 - 1000	1" (25)	1¼" (32)	1½" (40)	1½" (40)	1½" (40)	2" (50)
1000 - 1300	1¼" (32)	1½" (40)	1½" (40)	1½" (40)	2" (50)	2" (50)
1300 - 1600	1½" (40)	1½" (40)	2" (50)	2" (50)	2½" (65)	2½" (65)
1600 - 2000	2" (50)	2" (50)	2½" (65)	2½" (65)	3" (75)	3" (75)

Cuadro de Selección del diámetro en Pulg.(mm) de tubería Sch. 40 para combustible Diesel entre Tanque Principal y Diario.
Fig. 11-13

La tabla de la Fig. 11-13 indica el diámetro promedio para la tubería metálica de acero al carbono clase Schedule 40 según el flujo del combustible, para la aducción entre el tanque principal y el o los tanques diarios de los grupos electrógenos, es importante indicar que estos valores sólo son válidos para la impulsión del combustible por gravedad según el flujo en litros/hora requerido por los grupos electrógenos (ver nota), para casos de tanques subterráneos con bombas de impulsión o la tuberías entre el tanque diario y los turbogeneradores con bombas de alta presión para la inyección de combustible habrá que realizar los cálculos por un especialista en la materia.

Nota.- Los grupos electrógenos con motor reciprocante requieren un caudal (flujo) de combustible por hora entre el tanque principal y el tanque diario (o del retorno) a carga nominal de aproximadamente 0,3 L/h por KW generado. Es importante indicar que entre el tanque diario o de retorno y el motor, el flujo es mucho mayor, ya que parte del combustible que es succionado por la bomba principal de combustible del motor se utiliza para enfriamiento y lubricación de los inyectores. Este combustible retorna al tanque diario o de retorno. En algunos tipos de motores reciprocantes se debe calcular esta tubería para un flujo de hasta 1 L/h por kW generado. Para el caso de los turbogeneradores el cálculo de la tubería dependerá del retorno por sobrepresión (ver Fig. 11-14), ya que cuando el turbogenerador no está operando a su carga nominal habrá más flujo por la tubería de retorno, el fabricante del turbogenerador indica siempre las potencias de las bombas de presión y los diámetros de todas la tuberías del sistema.

Las válvulas (de paso, flotantes, solenoides, etc.) utilizadas en el sistema o para el aislamiento de seguridad de los tanques, de filtros y bombas, deberán ser del tipo especial para combustible diesel, ya que los asientos de la válvulas para otros tipos de fluidos así sean de alta calidad no son adecuados para operar con combustibles con contenido de azufre y posible presencia de Acido Sulfúrico.

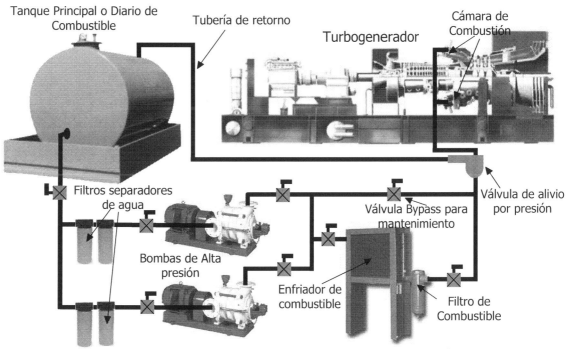

Sistema de Combustible para Turbogenerador
Fig. 11-14

En los filtros y dispositivos de enfriamiento de combustible es conveniente la instalación de válvulas de aislamiento del dispositivo y una válvula de interconexión ("Bypass" por su denominación en inglés), para no tener que inhabilitar temporalmente los sistemas de combustible para el reemplazo de los filtros o reparaciones de emergencia.

Las tuberías deberán estar instaladas debidamente protegidas contra esfuerzos mecánicos que puedan dañarlas y alejadas de fuentes de alta temperatura.

Cuando se utilizan bombas de alta presión en sistemas de combustible de turbogeneradores (ver Fig. No. 11-14) obligatoriamente se deberá contar con un sistema de liberación de presión (válvula) con una tubería de retorno al tanque principal para evitar sobrepresión en las tuberías, filtros u otros dispositivos del sistema. Al igual cuando se utilicen bombas para el sistema de llenado del tanque diario desde el tanque principal subterráneo en centrales eléctricas con motogeneradores, obligatoriamente se deberán tener dispositivos y una tubería de retorno al tanque principal para el caso de que pueda fallar el dispositivo de parada de la bomba (sensor de nivel eléctrico del tanque diario) y así no se produzcan desbordamientos de combustible.

Los filtros utilizados para los sistemas de combustible podrán ser A.- Tipo pasivos (filtros separadores de agua y suciedad y filtros de cartuchos) cuando el flujo de combustible es bajo en centrales eléctricas con grupos electrógeno con motor reciprocante de baja potencia en régimen de operación en espera o emergencia o B.- Dispositivos de filtrajes activos con bombas centrífugas que separan de forma dinámica el agua y las partículas de suciedad del combustible, complementados con filtros de cartucho específicamente usados en sistemas de combustible centrales eléctricas con motogeneradores o turbogeneradores de potencia media y alta en regímenes de operación continua.

Sistemas de Control y Monitoreo

Los sistemas de control de nivel de los tanques de combustible pueden ser del tipo visual, mecánico o electrónico, como se indica a continuación (ver nota): A.- Los del tipo visual están constituidos por una mirilla de material plástico especial adosada al tanque principal o al tanque secundario (diario o de retorno) donde se puede observar el combustible y su nivel dentro del tanque. B.- Los de tipo mecánico operan con un flotante y una guaya de acero inoxidable que indica el nivel sobre una marcación lineal o circular adosada el tanque. C.- El tipo eléctrico o electrónico operan con sensores de nivel electromecánicos (flotantes con interruptores) que muestran en galvanómetros (instrumentos de medición por aguja) o con sensores especiales por alta frecuencia que sensan el nivel del tanque y envían las señales eléctricas a tableros electrónicos de interfase que presentan en pantallas digitales el nivel del tanque o la cantidad de litros de capacidad. Sólo los sistemas eléctricos o electrónicos pueden controlar las bombas para el llenado automático de los tanques.

Nota.- La utilización de un sistema u otro será condicionada por la criticidad e importancia de la central eléctrica, en centrales eléctricas de operación en régimen continuo es conveniente mantener monitoreado electrónicamente los tanques de almacenamiento y el sistema de combustible.

Protección contra Incendios

La Norma COVENIN 2239-1 Capítulo 12, Numeral 12.1 indica que en sistemas de tanques superficiales y/o atmosféricos para combustible, con punto de ebullición mayor a 37,8 °C solo requieren sistema contra incendio cuando su almacenamiento se pueda ver afectado con temperaturas menores a 8 °C sobre su punto de inflamación. Para el caso del combustible Diesel ASTM Grado 2 D (punto de ebullición por encima de 43,3 °C) no requiere de sistema contra incendio, no obstante en tanques mayores de 56.850 litros de capacidad de almacenamiento es conveniente la instalación de un sistema de agua y espuma adecuadamente calculados para el enfriamiento del tanque en caso de un incendio en las cercanías del mismo. Sin embargo, se recomienda que en tanques de menor capacidad a 56.850 litros de capacidad de almacenamiento siempre será mucho más seguro contar con un sistema contra incendio adecuado según lo expresado en las Normas COVENIN 823 y NFPA 30.

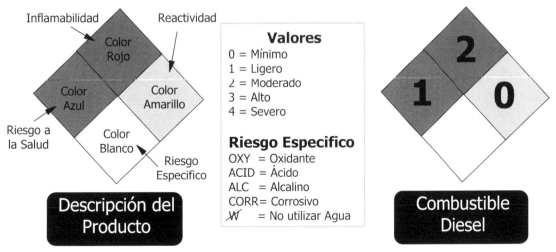

Aviso de Información Internacional de Peligrosidad de los Líquidos

Fig. 11-15

Como se muestra en la Fig. No. 11-15, en todo tanque de almacenamiento de combustible es obligatorio colocar etiquetas de "Información de Peligrosidad". En esta etiquetas en forma de rombo con cuatro espacios y colores, se indican para una fácil y rápida comprensión con dígitos desde 0 (riesgo más bajo) al 4 (riesgo más alto), los niveles de "Inflamabilidad", "Reactividad" y "Peligro para la Salud" de las personas. En el espacio inferior del rombo se expresa algún tipo de información importante.

11.6.- Sistemas de Suministro de los Combustibles Gaseosos

El sistema de suministro de combustible gaseoso (ver nota) a grupos electrógenos en centrales eléctricas, es el conjunto de dispositivos de regulación (presión, compresión, limitación y contención), transportación y protección del gas natural, desde la aducción principal de la red utilitaria de gas (suministrador externo) hasta el punto de conexión al grupo electrógeno (motogenerador o turbogenerador).

Nota.- El gas natural o gas metano (CH_4) es el único combustible gaseoso utilizado industrialmente en la generación de energía eléctrica, aunque en algunos capítulos se hace referencia al gas licuado de petróleo (LPG) su utilización es sólo usado o aplicado sistemas de pequeña capacidad y en grupos electrógenos en régimen de emergencia.

El diseño y construcción de los sistemas de suministro de combustible gaseoso estará condicionado al tipo de motor del grupo electrógeno, ya que si el motor es reciprocante la presión necesaria para su operación es muy baja (ver sección No. 5.7), no obstante si el motor es rotativo requerirá de alta presión de gas para garantizar una operación eficiente (ver sección No. 6.9).

Composición Básica y propiedades del Gas Natural

De acuerdo con los métodos de ensayo de PDVSA GAS según la Norma ISO 6974; ASTM D4810 y ASTM D4888, la composición promedio del gas natural en Venezuela es:

Elemento Químico	Porcentaje
Metano	84,25 % (±2,25)
Etano	8,61 % (±1,09)
Propano	0,62 % (±0,29)
Otros gases	0,37 % (±0,03)
Dióxido de Carbono	6,08 % (±0,89)
Nitrógeno	0,28 % (±0,02)
Ácido Sulfhídrico	10,20 ppm (±3,04)
Agua	3,56 Lb/MMPCNG

Las propiedades físicas (promedios) del gas natural en Venezuela, son: Poder Calorífico 1.032,36 Btu/Nm^3 (ISO 6976), gravedad especifica 0,66 ± 0,01 (ISO 6976), temperatura 78° F ± 11° F, peso molecular 19,26 g/g-mol.

El gas natural es inodoro e incoloro, por lo que para su uso comercial y residencial por medidas de seguridad se le añaden sustancias odorizantes que le confieren un olor característico y así poder detectar una fuga, no obstante el gas natural para uso industrial a alta presión no tiene odorizantes por lo que sus instalaciones deberán ser realizadas con el cumplimiento estricto de las normas al respecto.

Nota.- Algunos valores energéticos del gas natural: 1 pie^3 tiene 1000 Btu/Nm^3; 1 pie^3 tiene 252 Kilocalorías, 1 pie^3 tiene 0,29 Kilovatio/hora; 1 m^3 tiene 35.314 Btu/Nm^3; 1 m^3 tiene 8.899 Kilocalorías y 1 m^3 tiene 10,3 Kilovatio/hora. También indicamos algunas conversiones importantes utilizadas en fluidos como el gas natural: 1 Kilocaloría = 3,97 BTU; 1 Kilovatio/hora = 3.412 BTU; 1 Kilovatio/hora = 860 Kilocalorías; 1 m^3 = 35,3 pies^3; 1 pies^3 = 28,3 litros; 1 Bar = 14,5 PSI = 0,98 Atm (Atmósfera).

Regulaciones y Normas de Sistemas de Combustibles Gaseosos

Dada la inflamabilidad y el poder calórico del gas natural todas la instalaciones para su utilización deberán ser rigurosamente diseñadas y construidas de acuerdo con las regulaciones nacionales e internacionales al respecto (ver nota). A este efecto, todo sistema de suministro de gas natural que opere con una presión igual o menor a 125 PSI deberá ser diseñado e instalado conforme a la Norma COVENIN No. 928 (Normas para Instalación de Sistemas y Tuberías de Gas Natural) y NFPA 54 "Código Nacional de Combustible Gaseoso de USA" (National Fuel Gas Code por su denominación en inglés). Para el caso de sistemas de suministro de gas natural con una presión mayor a 125 PSI (específicamente para instalaciones de turbogeneradores) se regirán por la Norma PDVSA GAS y la Norma ANSI/ASME B31.3 "Tuberías para Plantas Químicas y Refinerías de Petróleo".

Nota.- Todas las empresas suplidoras externas de gas natural condicionan la conexión y contrato de suministro al estricto cumplimiento de estas regulaciones.

Conformación de los Sistemas de Suministro de Gas Natural

Un sistema de suministro de gas natural para grupos electrógenos con motor reciprocante está conformado por: A.- Estación de Regulación y Medición. B.- Tubería de aducción principal. C.- Subestación secundaria de distribución y filtraje y D.- Tubería de aducción secundaria. Para grupos electrógenos con motor rotativo (turbinas) los componentes de un sistema de suministro de gas natural son similares a los de los grupos electrógenos con motor reciprocante, sin embargo si aplicase (ver nota), se incorpora un dispositivo de compresión de gas en el caso de que la baja presión de la aducción externa no permita la operación eficiente de la turbina.

Nota.- Como se indicó en la sección No. 6.9; las turbinas de gas natural requieren de presiones del gas natural, iguales o superiores a las 140 PSI para poder superar la presión interna del aire comprimido en la cámara de combustión.

Estación de Regulación y Medición del Gas Natural

La estación de regulación y medición es un conjunto de dispositivos que regulan y monitorean (miden el flujo) del suministro de gas natural. Por lo general su diseño, ubicación y la disposición de los diferentes dispositivos depende de las regulaciones y exigencias de la empresa suplidora externa del gas natural. Está conformada por dos ramales, un ramal principal conformado por el regulador de presión principal y el medidor de flujo y un ramal secundario conformado por un regulador de presión secundario y una interconexión entre los dos ramales (ver Fig. No. 11-16).

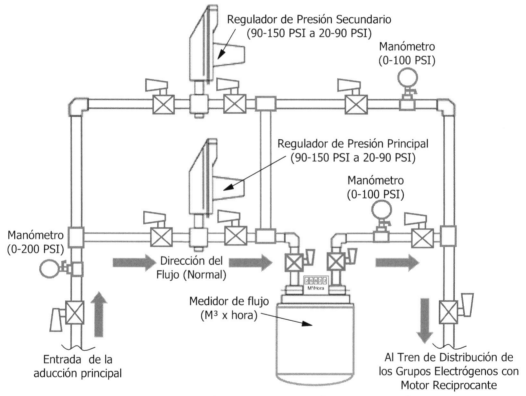

Componentes de una Estación de Regulación y Medición de Gas Natural
Fig. 11-16

Ambos ramales con sus respectivas válvulas de paso, válvulas de seguridad y manómetros. La función principal de la estación de regulación y medición es la de reducir la presión del gas natural de la aducción principal (red utilitaria de distribución del suplidor externo) a la presión de transferencia interna (dentro de edificaciones) o de utilización, esto se logra por la función del regulador de presión que es un dispositivo que tiene un diafragma con un resorte y unos orificios que sin importar el flujo del gas reduce la presión de salida a la presión deseada. Además la estación realiza la medición para efectos del pago del servicio de suministro de gas natural. El flujo de gas pasa por el medidor que indica el consumo en m³/hora o Pies³/hora (según la unidad utilizada para la facturación por el suministro del gas).

La estación de regulación y medición tiene también en el segundo ramal otro regulador de presión secundario que se mantiene aislado (sin operación, con sus válvulas cerradas) para el caso en que el regulador principal falle o haya que realizarle mantenimiento.

Tuberías para aducciones de Gas Natural

Las tuberías de las aducciones del gas natural son los medios de interconexión entre los diferentes dispositivos del sistema de suministro de gas natural, para permitir la llegada del mismo con el flujo requerido y sin pérdidas de presión a los grupos electrógenos. El diámetro de las tuberías deberá estar calculado de acuerdo con el flujo necesario para la operación de los grupos electrógenos operando al 100 % de su carga nominal, al igual se deberá calcular las tubería de aducción principal (desde la red suplidora, pasando por la estación de regulación y medición hasta el tren de distribución) que permita el flujo necesario, sin pérdidas de presión, para la operación de todos los grupos electrógenos a la vez con el 100 % de su carga nominal.

Valores estimados según recomendaciones de los fabricantes

Largo en metros	Diámetro de la tubería Pulg.(mm) y Flujo máximo en m³/hora.					
	1" (25)	1½" (40)	2" (50)	2½" (65)	3" (75)	4" (100)
3	333	1.026	1.975	3.148	5.566	11.352
7	236	725	1.397	2.226	3.936	8.027
10	192	592	1.140	1.818	3.213	6.554
13	167	513	988	1.574	2.783	5.676
16	149	459	883	1.408	2.489	5.077
20	136	419	806	1.285	2.272	4.635
23	126	388	747	1.190	2.104	4.291
26	121	363	698	1.113	1.968	4.014
30	111	342	658	1.049	1.855	3.784
33	102	315	607	968	1.711	3.489
49	82	253	488	777	1.374	2.802
57	76	234	451	719	1.272	2.594
66	70	217	417	665	1.176	2.398

Cuadro del máximo Flujo de Gas Natural en m³/Hora según el diámetro en Pulg.(mm) de tubería de acero Schedule. 40.

Fig. 11-17

La tabla de la Fig. No. 11-17 describe el flujo permitido según la longitud de la aducción, con una pérdida de presión mínima según el diámetro interno en tubería de acero al carbono Schedule 40 (según lo indicado en el capitulo No. 12 de la Norma NFPA 54 "National Fuel Gas Code"). De acuerdo con la Norma Venezolana COVENIN No. 253 y la Norma ANSI A13.1 las tuberías de los sistemas de gas natural deberán estar pintadas de amarillo.

Las recomendaciones más importantes en cuanto a la instalación de tubería de aducción de gas natural son las siguientes:

- Aunque de acuerdo con las Normas NFPA-54 y COVENIN 928 también se pueden utilizar tuberías de plástico especiales y cobre, se recomienda en instalaciones industriales de gas natural para aducción de grupos electrógenos utilizar sólo tubería sin costura de acero al carbono tipo Schedule 40.

- Las tuberías de acero al carbono tipo Schedule 40, se soldarán de forma tal de no dejar poros en la costura (ver nota) y luego, por cada tramo de tubería (15 a 20 m), se recomienda antes de embonar o tapar la tubería, sellar los extremos y hacer pruebas hidrostática o neumáticas con una presión de 1,5 veces la presión de trabajo, por un período de 24 horas seguidas. Si se presentan pérdidas de presión en dicho período se deberá ubicar el sitio de pérdida de presión y rectificar las soldaduras.

- De acuerdo con las Normas NFPA-54 y COVENIN 928 sólo en ámbitos industriales las tuberías de gas natural pueden instalarse a la vista, en los ámbitos comerciales y residenciales se deberá embonar (tapar sin embutir) en mampostería. Las tuberías antes de ser embonadas se pintarán de amarillo.

Nota.- Se recomienda que las uniones sean soldadas y la aplicación de ensayos no destructivos a las soldaduras, como el ensayo de líquido penetrante, esto para determinar la existencia de poros y discontinuidades en las soldaduras que ocasionarían fugas de gas en la sección soldada.

Tren de Distribución y Sistema de Filtraje

Para la interconexión de la llegada de la aducción principal proveniente de la estación de regulación y medición, se deberá hacer un sistema de distribución denominado "Tren de Distribución" (ver Fig. No. 11-18). El tren de distribución está conformado por un cilindro de mayor diámetro que la tubería con varias salidas a los grupos electrógenos, el cual cumple dos funciones básicas, la de servir de sistema de distribución como una cámara con una entrada y varias salidas para conexión ("Manifold" por su denominación en inglés) y la de pulmón de compensación cuando hay la exigencia de bloques instantáneos de carga en los grupos electrógenos y el suministro de gas pueda ser compensado sin una caída drástica o representativa de la presión que afecte la respuesta del o los motores (ver nota). En el tren de distribución también se encuentra una válvula de seguridad por sobrepresión que opera al 130 % de la presión de trabajo, la cual está conectada a una tubería de venteo cuya descarga se deberá subir un metro por sobre la parte más altas de la edificación para evitar acumulación interna de gas natural en caso de la operación de la válvula de seguridad.

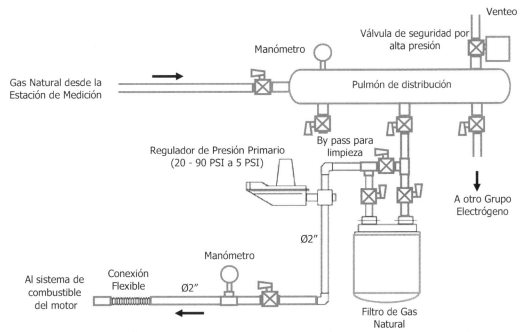

Tren de Distribución y Filtraje de Gas Natural para Motores Reciprocantes
Fig. 11-18

En instalaciones especiales según las regulaciones contra incendio, se deberá instalar en la conexión de la aducción principal al pulmón una válvula general de cierre rápido activada por el sistema de detección y alarma de incendio de la Central Eléctrica.

Nota.- El cálculo de la capacidad volumétrica de gas natural del pulmón de compensación se realizará de acuerdo con el requerimiento instantáneo de flujo de gas natural del motor de mayor capacidad (si aplicase) de la Central Eléctrica para pasar de su operación en vacío a su máxima capacidad nominal (100 % de carga) y luego se multiplicará por el número de grupos electrógenos.

Aunque se considere al gas natural un fluido gaseoso probablemente libre de impurezas en el momento de su extracción, durante su recorrido, desde los pozos pasando por los sistemas de compresión y por las tuberías, se contamina arrastrando sedimentos metálicos, carbón y azufre (ver nota) por lo que es necesario usar filtros especiales de cartucho y en la conexión al grupo electrógeno (con motor reciprocante o turbina) y cerca al punto de unión con la manguera de conexión al grupo electrógeno, se recomienda instalar una trampa de sedimentos (según lo indicado en la sección No. 8.5.7 de la Norma NFPA-54), la cual deberá se limpiada periódicamente (ver Fig. 11-19).

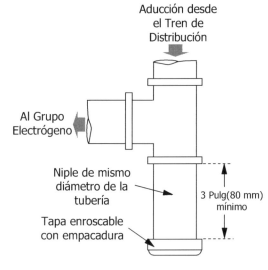
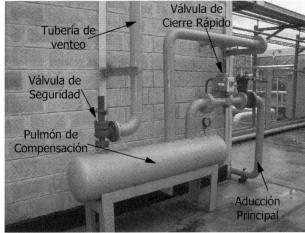

Trampa de Sedimento | Tren de Distribución con Pulmón de Compensación

Dispositivos de los Sistemas de Suministro de Gas Natural
Fig. 11-19

Nota.- Si llegasen a pasar los sedimentos al sistema de combustión del grupo electrógeno pueden causar problemas de obstrucción en los reguladores de presión, en el dosificador y pueden hasta rallar los cilindros, provocando daños irreversibles en los motores.

Dispositivos de compresión del Gas Natural

Como se ha mencionado en el capítulo 6 sección 6.9 la presión del combustible (gas natural) que se inyecta en la cámara de combustión de la turbina deberá ser mayor a la presión del aire comprimido por el compresor para poder alcanzar una relación de mezcla aire-combustible que haga eficiente la explotación de la turbina (en las más eficaces por cada m^3 de gas natural sólo un 35 % se convierte en energía mecánica), se deberá inyectar el gas natural con suficiente presión para que esa relación se logre. Como ejemplo en la Fig. No. 11-20 se indican algunos datos interesantes de presión y flujo de gas natural requeridos por los turbogeneradores de acuerdo a su potencia.

En la mayoría de las instalaciones donde se cuenta con aducciones de gas natural la presión del mismo no es la apropiada para la operación de los turbogeneradores (es baja, relativamente hablando o no es constante), esto debido a que los sitios de extracción y compresión se encuentran muy alejados de los puntos de consumo, por lo que para la operación de los turbogeneradores es necesario comprimir en el sitio el gas natural para aumentar la presión de suministro a la turbina (ver nota). Esto se logra con una "Estación de Compresión de Gas Natural" ("Fuel Gas Booster Station" por su denominación en inglés). Típicamente estos sistemas utilizan un compresor reciprocante (con pistón) movido por un motor eléctrico, aunque hay nuevos diseños que utilizan compresores centrífugos o de tornillo conectados a motores de velocidad variable para mantener la presión de salida constante, sea cual sea la variación de presión en la entrada del compresor.

Nota.- La compresión del gas natural también ayuda a mejorar el Poder Calorífico, ya que el compresor le extrae el agua y otros componentes que reducen el poder calorífico. La mayoría de las turbinas requieren un poder calorífico de entre 950 y 1.150 Btu/Nm^3.

Valores estimados según recomendaciones de los fabricantes

Potencia Eléctrica ▶	1 MVA	5 MVA	10 MVA	25 MVA	40 MVA
Parámetro Operativo ▼					
Eficiencia Eléctrica (%)	21,9%	27,1%	29,0%	34,3%	37,0%
Combustible (MMBtu/h)	15,6	62,9	117,7	248,6	368,8
Combustible (M^3/h)	550,68	2220,37	4154,81	8775,58	13018,64
Presión del Gas (PSI)	95	160	250	340	435
Presión del Gas (Bares)	6,55	11,03	17,24	23,45	30,00

Datos de Flujo y Presión del Gas Natural requeridos por Turbogeneradores
Fig. 11-20

A efectos de realizar un correcto diseño del sistema de combustible gaseoso de una central eléctrica con turbogeneradores es importante mencionar que se puede tener una estación de compresión de gas natural para varios turbogeneradores, aunque la criticidad de la operación de la central eléctrica determinará la necesidad de tener una estación de compresión redundante. No obstante, habrá que recordar que el motor eléctrico tiene un consumo que será proporcional al requerimiento de presión y flujo del turbogenerador y que además deberá tener un sistema de suministro de energía eléctrica auxiliar para el arranque cuando los turbogeneradores de la central eléctrica estén apagados, en la Fig. No. 11-21 indica la potencia aproximada consumida por la estación de compresión (ejemplos). Las estaciones de compresión de gas natural son en su mayoría compactas (todos los componentes montados en una base o skid), cuentan con el compresor, motor eléctrico, sistema de filtraje, pulmón de compensación (tanque volumétrico), válvulas de seguridad, interconexión entrada-salida para mantenimiento (bypass) y medición. Los modelos más utilizados pueden comprimir hasta una presión de 80 Bares (1.160 PSI) con un flujo de entre 500 m^3/h (17.650 pies^3/h) hasta 200.000 m^3/h (7.060.000 pies^3/h) ver Fig No. 11-21.

Las estaciones de compresión necesariamente requieren de sistemas de filtrado del gas natural previo a su entrada, ya que como se ha mencionado en párrafos anteriores el gas natural contiene residuos y sedimentos que pueden también causar daños irreversibles en el compresor y dañar las válvulas. Estos filtros deberán ser calculados de acuerdo con el volumen y presión que requiere el turbogenerador.

Estación compacta de Compresión con compresor de tornillo de 50 kw, marca Xinran® de China

Estación compacta de Compresión con compresor reciprocante de 150 kw, Wenzhou Qiangsheng Petrochemical Machinery Co.,Ltd ® de China

Estaciones de Compresión de Gas Natural tipo Compactas
Fig. 11-21

Nota.- La inflamabilidad del tipo de fluido a comprimir (gas metano) y las presiones que se manejan, hacen que una estación de compresión de gas natural sea de muy alto riesgo y criticidad, al igual de la importancia que tienen para la operación de la central eléctrica, por lo que su diseño, suministro, construcción e instalación deberá ser manejado por profesionales y empresas expertas en la materia, así como con un estricto cumplimiento de las normas de seguridad al respecto.

11.7.- Sistemas de Enfriamiento Remoto de los Grupos Electrógenos

En todos los grupos electrógenos con motor reciprocante, el calor proveniente de la combustión interna es desplazado del bloque del motor (enfriado) por efectos de la transferencia térmica de un líquido refrigerante (ver el capítulo 5, aparte 5.10), al cual se le extrae el calor para luego volver a ser pasados por el bloque (chaquetas) del motor. Los métodos usados para este fin son: A.- Utilizando intercambiadores de calor "Agua-Aire" denominados "Líquido-Aire" y B.- Con intercambiadores de calor "Agua-Agua" denominados "Líquido-Líquido". En el primero el refrigerante "Agua" (ver nota) proveniente del motor se le extrae el calor haciendo pasar por unos serpentines de material de alto porcentaje de transferencia de calor, los cuales son atravesados por una corriente de "Aire" proveniente de un ventilador acoplado directamente al motor del grupo electrógeno, esto para desplazar el calor que se queda en el aire que se expulsa fuera de la sala de instalación del grupo electrógeno. Este dispositivo de intercambio se le denomina "Radiador" (ver el capítulo 5, aparte 5.1.) y es generalmente usado en la mayoría de los grupos electrógenos con motor reciprocante. El radiador puede estar instalado en la misma base, patín o skid del motor o estar en forma remota entre 5 y 10 metros del motor (para no superar las pérdidas por la ficción del refrigerante en la tubería exigida por el fabricante) en los cuales la corriente de aire es movida por un ventilador acoplado a un motor eléctrico alimentado eléctricamente por el mismo grupo electrógeno. En el otro método denominado "Agua-Agua" o "Líquido-Líquido", al refrigerante "Agua" (ver nota) proveniente del motor se le extrae el calor haciendo pasar por unos serpentines de material de alto porcentaje de transferencia de calor, en un dispositivo denominado "Intercambiador de Calor" (ver el capítulo 5, aparte 5.1). En los intercambiadores de calor, a los cuales se hace pasar en una dirección opuesta internamente un refrigerante (agua) al cual se le ha extraído el calor mediante su recirculación producida en una torre de enfriamiento ubicada remotamente a la sala de generación, en la cual por rociado del "Agua" se le hace pasar una corriente de aire para extraerle el calor y volver a hacerla circular al intercambiador de calor del motor por la acción de unas bombas de circulación operadas eléctricamente.

Nota.- La denominación "Agua" no implica su utilización exclusiva como refrigerante, aunque el agua es considerada el refrigerante por excelencia, la exigencia de desplazamiento térmico y punto de congelación (en latitudes donde aplique), además que los materiales de fabricación de los bloques y conductos internos de los modernos motores de combustión interna de alta eficiencia, implican el uso de refrigerantes con mayor grado de transferencia térmica, como el agua destilada mezclada en proporciones iguales con aditivos como glicol etileno, glicol propileno y algunos antioxidantes. Para el caso del uso del agua como refrigerante en torres de enfriamiento se le debe añadir aditivos para evitar su contaminación con residuos en suspensión o algas y mejorar su transferencia térmica.

Conformación del Sistemas de Enfriamiento Remoto de los Grupos Electrógenos

En los sistemas de enfriamiento de los motores reciprocantes de los grupos electrógenos, en los casos donde no se puede disponer de aire fresco en la sala de generación o el desplazamiento del aire caliente proveniente del proceso de enfriamiento no se puede expulsar al exterior de la sala de generación de manera segura o de acuerdo con regulaciones ambientales, se utilizan tres tipos de conformaciones de sistemas de enfriamiento remoto (ver nota 1), A.- Por "Radiador Remoto" con circuito cerrado (ver nota 2) conectado directo al sistema de circulación del motor, B.- Por "Radiador Remoto" conectado al circuito cerrado de enfriamiento del motor con bomba complementaria, o C.- "Torre de Enfriamiento" con circuito abierto, conectado a un intercambiador de calor en el que a su vez circula el refrigerante al motor de grupo electrógeno (el circuito cerrado sólo está entre el motor y el intercambiador).

Nota 1.- Es importante indicar que en proyectos de instalación de radiadores remotos o sistemas con torres de enfriamientos en los nuevos motores turbocargados o sobrealimentados de alto rendimiento, hay que considerar la transferencia de calor Aire-Aire del postenfriador (ver capítulo 5, aparte 5.12), por lo que deberá hacerse el cálculo del sistema de enfriamiento remoto para dos intercambiadores de calor, uno "LÍQUIDO-LÍQUIDO" para enfriamiento de las chaquetas del motor y otro "AIRE-LÍQUIDO" para enfriamiento del aire comprimido proveniente del turbocargador que van a las cámaras de combustión.

Nota 2.- En la utilización del radiador montado en el patín o base del grupo electrógeno, como en el caso del radiador remoto (con o sin bomba complementaria), el sistema de enfriamiento del motor sigue manteniendo su condición de sistema cerrado y el mismo se mantendrá presurizado a una presión promedio entre 15 y 20 PSI.

Sistema de Enfriamiento por Radiador Remoto directo

En este caso el sistema de enfriamiento tiene el radiador instalado remotamente (ver Fig. No. 11-22) y no en el soporte integral del Grupo Electrógeno "patín" o base del motor. Como se indicó en párrafos anteriores, en estos casos el ventilador no es movido por la fuerza mecánica del motor del grupo electrógeno, sino por un motor eléctrico que se suple de la energía eléctrica producida por el generador del Grupo Electrógeno, por lo que nunca se deberá descartar para el cálculo de la potencia eléctrica del sistema la potencia consumida por el motor del ventilador del radiador remoto que es aproximadamente entre un 2 y 4 % de la potencia del grupo electrógeno (ver nota).

Nota.- Las premisas que se indican a continuación son una guía práctica para que el lector tenga referencia de los requerimientos técnicos necesarios para la instalación de los sistemas con dispositivos de enfriamiento remoto del motor del grupo electrógeno. Este tipo de instalación implica una modificación de las condiciones de fábrica del grupo electrógeno, su diseño, cálculo e instalación deberá ser realizado por profesionales y empresas expertas en la materia.

Las premisas más importantes para el diseño, cálculo e instalación del sistema de enfriamiento con radiador remoto son las siguientes:

- Las especificaciones técnicas del radiador remoto, su ventilador y el motor eléctrico, deberán ser suministrados por el fabricante. Es importante indicar que si el motor tiene postenfriador de aire (motores LTA), No se podrá usar radiadores remotos, sino sistemas de enfriamiento por torres de enfriamiento, que permiten mejor rendimiento y facilidad de instalación del intercambiador de calor para el postenfriador.

- En motores tipo "LTA" con sistema de "Postenfriamiento de Baja Temperatura" (ver capítulo No. 5 aparte 5.12), se deberá hacer un doble circuito de radiadores remotos, uno para el sistema de enfriamiento del motor y otro para el sistema de postenfriamiento del aire de turbocargador.

- Los datos técnicos necesarios (estos se encuentran en los manuales del motor del grupo electrógeno) para el cálculo de los sistemas de radiadores remotos y tuberías para el refrigerante (ver nota) y la ruta entre el grupo electrógeno y el radiador remoto son (entre paréntesis se indican la denominaciones en inglés):

    A.- Máximo rango de flujo del refrigerante en las chaquetas del bloque del motor a máxima fricción en L/min o Gal/min (Max. Flow Rate @ Max. Friction Head, Jacket Water Circuit).

    B.- Máximo Rango de flujo de aire a máxima fricción en el postenfriador en L/min o Gal/min (Max. Flow Rate @ Max. Friction Head, Aftercooler Circuit).

    C.- Calor desplazado (rechazado) del circuito de refrigerante en las chaquetas del bloque del motor en BTU/min (MJ/min) (Heat Rejected, Jacket Water Circuit).

    D.- Calor desplazado (rechazado) del circuito del postenfriador en BTU/min (MJ/min) (Heat Rejected, Aftercooler Circuit).

    E.- Máxima pérdida de presión por fricción admitida en las chaquetas del bloque del motor en PSI (kPa) (Max. Friction Head, Jacket Water Circuit).

    F.- Máxima pérdida de presión por fricción admitida en el circuito del postenfriador en PSI (kPa) Max. Friction Head, Aftercooler Circuit,).

    G.- Máxima estática de punta en el circuito de refrigerante en las chaquetas del bloque del motor en Pies (metros) (Max. Static Head, Jacket Water Circuit).

    H.- Máxima estática de punta en el circuito del postenfriador en Pies (metros) (Max. Static Head, Aftercooler Circuit).

    I.- Máxima temperatura en la salida del circuito de refrigerante en las chaquetas del bloque del motor en °F (°C) (Max. Jacket Water Outlet Temp).

    J.- Máxima temperatura en la entrada del circuito del postenfriador en °F (°C) (Max. Aftercooler Circuit Inlet Temp.)

    Nota.- El caudal o flujo del refrigerante debe garantizar que la temperatura de transferencia térmica o temperatura máxima del refrigerante, no exceda los 95 °C (a carga total para aplicaciones en régimen primario de generación) ó 105 °C (a carga total para aplicaciones en régimen de generación de emergencia).

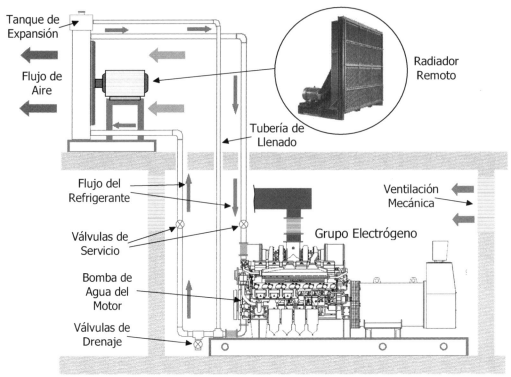

Sistema de Enfriamiento del Motor por Radiador Remoto

Fig. 11-22

- Es necesaria la instalación de un tanque de expansión en la parte más alta del sistema y éste debe tener la capacidad de acumular hasta un 20 % por encima de la capacidad de refrigerante de todo el sistema, para compensar la dilatación o expansión térmica del refrigerante cuando se calienta. Igualmente deberá tener una tapa de liberación de presión (válvula de seguridad) para cuando se exceda la presión interna del sistema (entre 15 y 20 PSI).

- Por lo general los cálculos de pérdida permisibles por fricción en las tuberías (que de acuerdo a las especificaciones de los motores están entre 5 y 15 PSI) utilizando la misma bomba de recirculación de refrigerante del motor, no permiten que el radiador remoto esté alejado a más de 5 metros del motor del grupo electrógeno y a una altura no mayor de 5 metros.

- Los radiadores remotos pueden ser de ventilación vertical como los que vienen montados en el patín o skid del grupo electrógeno o de ventilación horizontal donde el motor está ubicado en la parte inferior del arreglo del radiador remoto y el flujo de aire es ascendente. Es importante indicar que la instalación de un sistema de enfriamiento con radiador remoto no reduce los niveles de contaminación sónica que producen los grupos electrógenos (entre

90 y 110 dBA), ya que el motor y el ventilador del radiador remoto tiene un alto nivel de ruido, al cual habría que hacerle tratamiento de atenuación de ruido específico (si aplicase).

- En la parte más baja del sistema se deben instalar válvulas de drenaje para la limpieza y mantenimiento de las tuberías.

- Las tuberías y accesorios (conexiones, etc.) a utilizar para la instalación de los sistemas de enfriamiento remoto pueden ser de acero galvanizado, tipo Schedule Standard, roscadas o por soldadura.

Sistema de Enfriamiento por Radiador Remoto con Bomba Complementaria

Cuando por la distancia entre el motor y el sitio de instalación del radiador remoto se exceden las pérdidas permitidas por fricción por la bomba interna de recirculación de refrigerante del motor, se debe instalar una bomba complementaria para ayudar a la bomba del motor (ver Fig. No. 11-23) y así vencer las pérdidas por fricción ocasionadas por la resistencia al paso del refrigerante por las tuberías (ver nota). La instalación del sistema se realizará con las siguientes premisas:

- Aunque los cálculos demuestren que se puede utilizar una bomba complementaria para un sistema de enfriamiento remoto que exceda a los 15 metros (distancia entre el motor y el sitio de instalación de radiador), hay que tomar en cuenta que esta bomba complementaria estará ayudando a circular el mismo refrigerante del motor reforzando la bomba interna de recirculación de refrigerante del motor, por lo que su presión no deberá exceder la presión máxima interna permitida dentro del sistema de enfriamiento del motor, ya que pueden romperse los sellos de la bomba de recirculación de refrigerante del motor y otros sellos internos del motor con consecuencias de daños en la operación del motor.

- Hay que recordar que esta bomba complementaria se conectará al sistema de servicios auxiliares alimentados por el mismo generador del grupo electrógeno, por lo que incrementará la carga eléctrica del sistema.

- En paralelo con la bomba complementaria se debe instalar una válvula de interconexión "Bypass" conectada entre la succión y la salida de la bomba. Esta válvula ayuda a ajustar el caudal y presión del sistema para no exceder la presión interna del circuito de refrigerante por efectos de operación de la bomba complementaria. Además ayuda a no paralizar el grupo electrógeno si ocurriese una falla en la misma, ya que al abrir la válvula "Bypass" el flujo el refrigerante impulsado por la bomba interna del motor puede llegar al radiador remoto, no obstante, en este caso habrá que reducir sustancialmente la potencia entregada por el grupo electrógeno para evitar que se exceda la temperatura de trabajo, afectada por la falta de la bomba complementaria.

Nota.- A esta alternativa se deben aplicar todas las demás premisas de la instalación de radiador remoto simple.

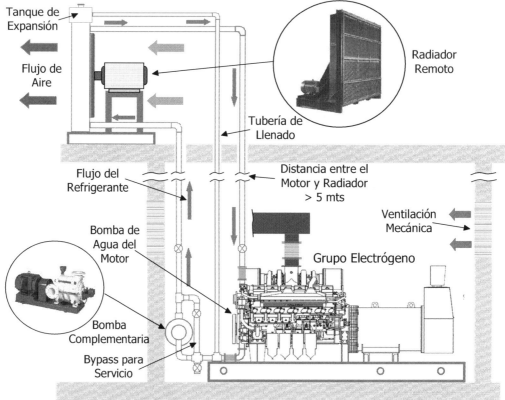

Sistema de Enfriamiento del Motor por Radiador Remoto y
Bomba Complementaria
Fig. 11-23

Sistema de Enfriamiento con Intercambiador de Calor

Cuando la distancia entre el motor y el sitio de instalación de los dispositivos de enfriamiento remoto excede las exigencias máximas de las pérdidas por fricción del circuito de refrigerante de motor (bomba interna de circulación) se debe diseñar un sistema de enfriamiento de doble circuito. Uno entre el circuito interno del motor movido por su bomba interna de refrigerante conectado a un intercambiador de calor instalado en el patín del motor (circuito cerrado) y el otro movido por bombas externas que desplazan el calor del intercambiador instalado en el patín del motor, en otros dispositivos de enfriamiento remotos. Este circuito puede ser cerrado cuando se utiliza un radiador remoto como elemento de enfriamiento del refrigerante o un circuito abierto cuando se utiliza una o varias torres de enfriamiento (Fig. No. 11-24). Los sistemas de enfriamiento remoto con torres de enfriamiento no son apropiados en ubicaciones (latitudes) donde la temperatura puede bajar a los niveles de congelación del agua, para estos casos se deberá utilizar sólo radiadores remotos con circuito cerrado de refrigerantes con aditivos anticongelantes.

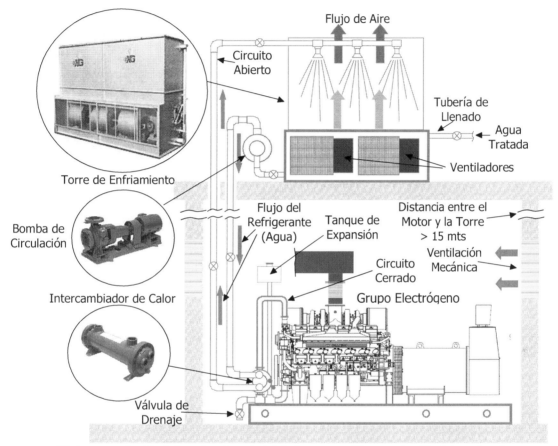

Sistema de Enfriamiento del Motor por Torre de Enfriamiento e Intercambiador de Calor
Fig. 11-24

Es importante indicar que cuando los motores son del tipo "LTA" con sistema de "Postenfriamiento de Baja Temperatura" habrá que disponer separadamente de un intercambiador de calor "Aire-Agua" para el enfriamiento del aire comprimido proveniente de turbocargador, con un circuito de enfriamiento remoto que puede ser el mismo del circuito de enfriamiento de las chaquetas del bloque del motor (radiador remoto o torre de enfriamiento). En este caso se hace pasar la entrada del circuito de refrigerante primero por el intercambiador del calor del postenfriador y luego por el intercambiador de calor de la chaquetas del bloque del motor y el enfriamiento remoto se hace un solo circuito de radiador remoto o torre de enfriamiento (ver Fig. No. 11-25). No obstante, en algunos motores el requerimiento de desplazamiento de calor del circuito del postenfriador es muy diferente al de las chaquetas del bloque del motor por lo que el sistema de enfriamiento remoto deberá ser doble (un circuito remoto para el circuito del postenfriador y otro para las chaquetas del bloque del motor).

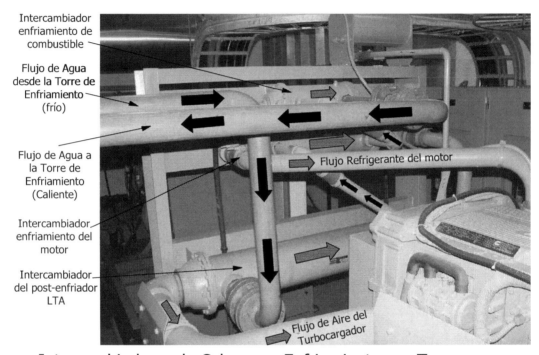

Intercambiadores de Calor para Enfriamiento por Torre
Fig. 11-25

Las premisas más importantes para instalación de los sistemas de enfriamiento con intercambiadores de calor con radiador remoto o torres de enfriamiento son:

- El sistema de circulación (movimiento del refrigerante) por el circuito externo desde los intercambiadores de calor instalados en el motor hasta los dispositivos de enfriamiento remoto deberá ser realizado con bombas centrífugas instaladas en succión positiva (ver nota), tomando el agua en la parte baja de la salida del tanque del radiador remoto o torre de enfriamiento. Se deberán instalar dos bombas (una redundante de la otra) cada una con la capacidad del caudal total del sistema.

    Nota.- Succión positiva significa que la bomba no hace succión del refrigerante a bombear, el mismo llega a la bomba por el efecto de la presión interna en el circuito (radiador remoto) o por gravedad (torre de enfriamiento).

- En los circuitos eléctricos auxiliares de la sala de generación se deberá tener un tablero "Centro de Control de Motores" el cual alimentará los diferentes circuitos y cargas eléctricas, lo que algunos diseñadores y proyectistas definen como el "Sistema Vital" de la sala de generación, como son: motores de las torres de enfriamiento, motores de la bombas de circulación, motores de las bombas de combustibles y motores de los sistemas de ventilación.

- En algunos modelos de motores de combustión de los grupos electrógenos también hay que instalar un tercer intercambiador de calor para enfriar el combustible proveniente de la línea de retorno de los inyectores, el cual, en el circuito de refrigerante externo, sería el tercero conectado en la línea, primero el intercambiador del postenfriador, el segundo el intercambiador de la chaquetas del bloque del motor y el tercero el intercambiador de enfriamiento de combustible. También, cuando se tiene un solo tanque de retorno en aplicaciones de varios Grupos Electrógenos, es recomendable la instalación de un intercambiador de calor (serpentín) dentro de este tanque para el enfriamiento del combustible.

- En el uso de torres de enfriamiento, es necesaria la reposición permanente del nivel de agua, tipo tratada o suavizada (ver nota) utilizada en el circuito abierto de enfriamiento, ya que parte de la misma se evapora en el proceso de transferencia de calor. Es importante indicar que el sistema de refrigeración (radiador, intercambiadores de calor, bomba de agua, termostatos y refrigerante) debe ser mantenido periódicamente para evitar daños o ineficiencia en la operación del motor (ver capítulo No. 13 sobre el mantenimiento).

  Nota.- Agua Suavizada es aquella a la cual se le ha extraído mediante filtración, destilación y/o aditivos químicos los minerales normales del agua corriente, ya que los mismos, en los procesos de transferencia de calor, se incrustan en los intercambiadores de calor y radiadores obstruyéndolos y bajando su eficiencia. Igualmente, sólo se debe utilizar agua suavizada o desmineralizada para preparar las mezclas de refrigerante, cuando aplica el uso de refrigerantes concentrados para preparación y mezcla por lo operadores de mantenimiento de la central eléctrica.

- Por lo general, en el uso de torres de enfriamiento no se requiere de tratamientos de insonorización porque son muy silenciosas (por debajo de los 60 dBA), no obstante y como lo hemos indicado en párrafos anteriores, los radiadores remotos sí requieren de tratamiento de insonorización (si aplicase en la zona de ubicación).

Selección de los diferentes componentes para el "Sistemas de Enfriamiento Remoto de los Grupos Electrógenos"

Los datos más importantes a utilizar de acuerdo con los requerimientos de desplazamiento de calor, caudal y presión exigidos en el manual técnico del motor del Grupo Electrógeno o de los suplidores o fabricantes de intercambiadores de calor, radiadores remotos y/o torres de enfriamiento (de acuerdo a la alternativa a aplicar) y según las recomendaciones del fabricante del motor primario para la selección y especificaciones técnicas de los mismos (que inclusive pueden ser obtenidos de estas consultas para el cálculo de las bombas de circulación complementaria o las externas y de las tuberías) son los siguientes: A.- Flujo o caudal necesario para lograr el desplazamiento de calor requerido en Litros x minuto (L/min) o Galones por minuto (Gal/min) B.- Pérdidas por fricción dentro de estos dispositivos en PSI (kPa) y C.- Presión interna máxima permitida por los dispositivos en PSI (kPa).

Nota.- Los factores de desplazamiento térmico dentro de los dispositivos como intercambiadores de calor, radiadores remotos y/o torres de enfriamiento, se indican con el parámetro de diferencial de temperatura "Δt" (delta "T") que es la relación de la temperatura de entrada siempre mayor (Inlet temperature por su denominación en inglés) y la temperatura de salida después de desplazado el calor por efectos del medio utilizado para ese fin (Oultet temperature por su denominación en inglés). El "Δt" nunca será preciso calcularlo porque el fabricante de los dispositivos de enfriamiento lo asigna de acuerdo con los datos requeridos por el motor. No obstante, en los radiadores remotos y torres de enfriamiento será necesario ajustar los "Δt" de acuerdo con la temperatura del aire del ambiente en la localización donde se instalarán.

Selección de la Bomba para el Sistema de Enfriamiento Remoto de los Grupos Electrógenos

Nota.- El cálculo de las bombas de circulación del refrigerante no es muy complejo, no obstante es aconsejable la intervención de profesionales en la materia, inclusive suministrando los datos indicados abajo los suplidores o fabricantes indican el modelo más adecuado a utilizar.

Los datos necesarios para la selección son: A.- Flujo o caudal necesario para lograr el desplazamiento de calor requerido en Litros x minuto (L/min) o Galones por minuto (Gal/min) (Fluid Flow por su denominación en inglés), B.- La altura o nivel dinámico que se necesita vencer para mantener el caudal requerido en metros o pies, (Dinamic Head por su denominación en inglés) C.- La altura o nivel estático de succión requerido en metros o pies (para el caso de los sistemas de enfriamiento remotos indicado, este dato no será necesario porque la succión siempre es positiva), (Static discharger Head por su denominación en inglés) D.- La presión interna máxima permitida por los dispositivos en PSI (kPa) (ver nota) y E.- Nivel de tensión eléctrica de los sistemas auxiliares de la sala de generación. El diámetro de la tubería de succión y descarga será obtenido del flujo requerido por el sistema.

Nota.- La presión indicada en todos los casos es la denominada presión de medida, expresada en PSIG (Pounds per square inches gauge) o sólo PSI, también tenemos otros dos tipos de presiones que se pueden indicar: la presión absoluta expresada en PSIA y la presión barométrica que se expresa en PSI al nivel del mar.

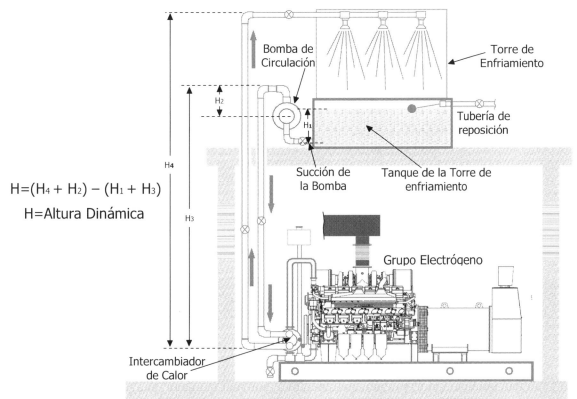

Determinación de la altura dinámica para la selección de la
Bomba de Circulación del Sistema

Fig. 11-26

Selección de los diámetros de las Tuberías para el Sistema de Enfriamiento Remoto de los Grupos Electrógenos

Las tuberías del sistema de circulación del refrigerante deberán estar calculadas de manera que no causen pérdidas por la fricción debido al movimiento interno del refrigerante que afecten el flujo y la velocidad requerida por los dispositivos de desplazamiento o disipación del calor y así poder mantener la temperatura del o los grupos electrógenos dentro de los parámetros normales de operación. Esto se logra dimensionando el diámetro (interno) de la tubería de forma exacta para que no baje la velocidad de transferencia del refrigerante (limitada por máximo diámetro permisible de la tubería) y que no restrinja el flujo de refrigerante (limitada por mínimo diámetro permisible de la tubería sin causar mayores pérdidas por la fricción), que es lo más importante para garantizar la transferencia de calor exacta.

Para efectos de seleccionar y calcular el diámetro de las tuberías, los diseñadores y proyectistas deben disponer de los dos requisitos más importantes del circuito hidráulico del sistema de enfriamiento: por un lado el flujo requerido para lograr la transferencia en los dispositivos de desplazamiento o disipación del calor (en litros por minuto "L/min" o galones por minuto "G/min") y por el otro la máxima pérdida por fricción permisible del circuito hidráulico en PSI. Teniendo esto datos se procede de acuerdo con la longitud de la ruta seleccionada para instalar la tubería, a calcular las pérdidas (ver nota) de los tramos rectos de tubería y de las conexiones requeridas (codos, válvulas de paso, de retorno y trampas de sucio), haciendo escenarios comenzando con diámetros de tubería según la experiencia. En el cálculo se deben sumar todas las pérdidas de los tramos rectos y de las conexiones y luego de totalizada deberá ser menor que la máxima pérdida por fricción permisible del circuito hidráulico, en caso de no ser así, se calculará un nuevo escenario incrementando en 1 pulgada el diámetro de la tubería, hasta lograr que la pérdida por fricción de la tubería sea menor que la máxima pérdida por fricción permisible del circuito hidráulico.

Nota.- Los fabricantes de tuberías, válvulas y conexiones suministran tablas y gráficos fáciles de manejar para la determinación de las pérdidas causadas por la fricción en tramos de longitudes específicas de tubería en varios diámetros y en varios flujos, al igual con los diferentes tipos de válvulas y conexiones.

11.8.- Sistemas de Cogeneración

Nota.- La función principal de una central eléctrica de generación distribuida es la producción neta y eficiente de electricidad, no obstante, a los grupos electrógenos se les puede incluir dispositivos que los hagan aún más eficientes (técnicamente hablando), utilizando el calor disipado a la atmósfera para otros fines, inclusive, el de producir nuevamente energía eléctrica con turbinas de vapor. Sin embargo, la relación costo-valor podrá ser afectada. La siguiente sección tiene el objetivo de mostrar como referencia los diferentes dispositivos de Cogeneración, y su disposición de instalación dentro de la central eléctrica.

La utilización eficiente de los combustibles fósiles, para nuestro caso el diesel y gas natural, ha sido unos de los retos mas grandes que se le ha presentado a los científicos e investigadores en el área de la energía, no sólo para mejorar el rendimiento económico versus el costo de los combustibles, sino inclusive para efectos de reducir o eliminar los porcentajes de contaminación ambiental. Como se ha indicado en párrafos y capítulos anteriores la baja eficiencia térmica de los motores de combustión interna es el principal objetivo a mejorar, ya que tenemos que el promedio, en motogeneradores y turbogeneradores, en la utilización del combustible es que por cada unidad de volumen de combustible (L ó m^3) sólo un promedio de 35 % se convierte en electricidad y el resto se pierde en calor a la atmósfera (ver Fig. No. 11-27).

Para efectos del aprovechamiento de la energía que se pierde o disipa a la atmósfera a través de los radiadores o sistemas de escape (calor de los gases de escape), se ha diseñado una serie de sistemas y dispositivos que recuperan ese calor de las chaquetas del bloque del motor (en motores reciprocantes) o de los sistemas de escape (en motores reciprocantes o turbinas, ver capítulo 6 aparte 6.16) para luego utilizar ese calor en otros procesos como la producción de vapor para generar nuevamente energía eléctrica o en procesos de producción que requieran vapor, calentamiento de agua, producción de calor para el invierno o en sistemas de acondicionamiento de aire (enfriadores por absorción). A estos procesos se les ha llamado Cogeneración. De acuerdo con la Sociedad Americana de Ingenieros de Calefacción, Refrigeración y Acondicionamiento de Aire ("ASHRAE" por sus siglas en inglés), Cogeneración es la secuencia usada en una fuente primaria de energía para producir dos tipos de energía comercialmente utilizables "Electricidad y Calor", con el objetivo de aumentar la eficiencia térmica del combustible utilizado y por consecuencia el rendimiento económico del conjunto. En términos más sencillos, es la utilización de los desechos de calor de los motores primarios utilizados en la generación de energía eléctrica (gases de escape y enfriamiento de chaquetas del motor) para producir calor, vapor y/o agua caliente que son utilizados nuevamente en producción de electricidad, aire acondicionado o calefacción. Las siglas "CHP" se utilizan frecuentemente para expresar cogeneración ("Combinated Heat and Power" por su denominación en inglés).

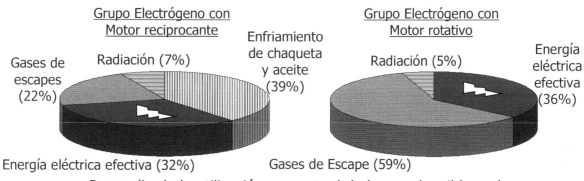

Promedio de la utilización porcentual de los combustible en los Grupos Electrógenos (por litro o m³ de combustible)

Fig. 11-27

Los datos más importantes a recopilar cuando se desea conocer la factibilidad de implantar un sistema de cogeneración en una central eléctrica de régimen continuo (ver nota) son: **A.-** Máximo rango de flujo del refrigerante en las chaquetas del bloque del motor a máxima fricción en L/min o Gal/min (Max. Flow Rate @ Max. Friction Head, Jacket Water Circuit), **B.-** Calor dezplazado (rechazado) del circuito de refrigerante en las chaquetas del bloque del motor en BTU/min (MJ/min) (Heat Rejected, Jacket Water Circuit), C.- Flujo de Gases de Escape en CFM (m³/min) (Exhaust Flow at Rated Load) y D.- Temperatura de los gases de escape °F (°C) (Exhaust Temperature)

Nota.- La implantación de un sistema de cogeneración en una central eléctrica de generación distribuida sólo es factible económicamente hablando, si su régimen de operación es continuo, ya que en los regimenes de operación primarios, recortes de pico o de emergencia, la operación de los grupos electrógenos no es constante en tiempo o en carga (potencia térmica desplazada), por lo que el suministro de la energía térmica para ser utilizado en los dispositivos de cogeneración (enfriadores de absorción, calentadores de agua, productores de vapor) no será eficiente.

Componentes y su disposición en un Sistema de Cogeneración

Con la finalidad de describir los componentes necesarios y su disposición para un sistema de cogeneración utilizando el calor proveniente de Grupos Electrógenos reciprocantes que forzosamente se debe enviar al ambiente, se plantea un escenario hipotético. Para nuestro ejemplo se ha seleccionado para ser alimentado tentativamente (escenario de estudio) por cogeneración un equipo de enfriamiento de agua helada (por absorción) para acondicionamiento de aire ("Chiller" por su denominación en inglés) de 400 toneladas de refrigeración (tn/r) @ - 10 ºC que requiere aproximadamente 350 kW/h (potencia si fuese eléctrico). Ahora como se indicó al comienzo, se desea estudiar la factibilidad de obtener la energía térmica equivalente (ver nota) de una central eléctrica de operación en régimen continuo, con dos grupos electrógenos con motor reciprocante de 2000 kW, a combustible diesel, operando al 70 % de carga constante.

Nota.- Es obvio que para diseñar y calcular un sistema de cogeneración hay que tener claro a qué proceso consumidor de energía térmica (principalmente) existente en la edificación o fábrica conviene (económicamente hablando) suministrarle la energía térmica proveniente de la central eléctrica, además después de seleccionado, se deberá conocer cual es la necesidad de energía térmica en BTU/min. de dicho dispositivo.

Los datos necesarios para nuestro sencillo cálculo comparativo son los siguientes (datos obtenidos de los manuales de los fabricantes):

- Consumo de Energía Calórica del enfriador de agua por absorción de 400 tn/r = 4,56 MMBTU/h (datos promedio de varios fabricantes).

- Calor desplazado (rechazado) de las chaquetas del motor (H_1) de cada grupo electrógeno = 45.000 BTU/min. (promedio de varios fabricantes de motores).

- Calor desplazado (rechazado) del postenfriador del turbocargador (H_2) de cada grupo electrógeno = 30.000 BTU/min. (promedio de varios fabricantes de motores).

- Calor desplazado (rechazado) por el sistema de escape (H_3) de cada grupo electrógeno = 120.000 BTU/min. (promedio de varios fabricantes de motores).

- Porcentaje de carga de los grupos electrógenos = 70 %

- Porcentaje promedio de eficiencia de los diferentes dispositivos de recuperación del calor = 65 % (promedio de varios fabricantes).

La energía térmica (H_T) obtenida de los grupos electrógenos es la siguiente:

$$H_T = ((H_1 + H_2 + H_3) \times 0{,}70) \times 2$$

$$((45.000 \text{ BTU/min} + 30.000 \text{ BTU/min} + 120.000 \text{ BTU/min}) \times 0{,}70) \times 2$$

$$H_T = 273.000 \text{ BTU/min} \times 60 = 8.190.000 \text{ BTU/h } (8{,}19 \text{ MMBTU/h})$$

Calor utilizable por el enfriador de agua por absorción (ver nota) tomando en cuenta la eficiencia de los diferentes dispositivos de recuperación del calor ubicados en la sala de generación de la central eléctrica:

$$H_{T \text{ utilizable}} = 8.190.000 \text{ BTU/h} \times 0{,}65 = 5.323.500 \text{ BTU/h}$$

La energía térmica requerida por el enfriador de agua por absorción es de 4,56 MMBTU/h y la energía térmica recuperada de la central eléctrica (que se puede suministrar) es de 5,32 MMBTU/h lo que indica un coeficiente de desempeño (COP) de 1.16; valor superior al promedio exigido por los fabricantes, por lo que el sistema es factible instalarlo. No obstante, sólo será el análisis económico-financiero el que justifique la inversión a realizarse en el sistema de cogeneración, tomando en cuenta que un enfriador de agua eléctrico (opción inicial), deberá consumir aproximadamente 1.533.000 kW/h anuales de energía eléctrica (a 12 horas diarias de operación) que será a efectos de la generación en la central eléctrica consumo directo de combustible.

Nota.- Enfriador de agua por absorción (Absoption Water Chiller por su denominación en inglés) es un dispositivo de producción (enfriamiento) de agua helada para sistemas de acondicionamiento de aire que opera con un criterio similar al de los enfriadores eléctricos por compresión (con motor eléctrico), el cual hace que un líquido volátil como el bromuro de litio mezclado con agua (combinación más común en estos dispositivos), haciéndolo pasar por una válvula estranguladora impulsando a que se vaporice y al hacerlo absorba calor del agua que circula por la otra sección del enfriador, llevando su temperatura hasta niveles de entre -10 y -15 ºC (el agua utilizada para hacerla circular por el sistema hasta los sitios a acondicionar contiene anticongelantes). La diferencia con los enfriadores eléctricos por compresión es que la fuerza que produce el movimiento del líquido volátil es la producida por intercambio calórico del vapor proveniente de los dispositivos de recuperación de calor de la central eléctrica.

Los dispositivos necesarios para la recuperación de energía térmica en la implantación de un sistema de cogeneración con grupos electrógenos de motor reciprocante son los siguientes: A.- Intercambiador de calor para el calor recuperado (rechazado) de las chaquetas del bloque del motor. B.- Intercambiador de calor para el calor recuperado (rechazado) del postenfriador de aire comprimido del turbocargador. C.- Caldera recuperadora de calor de los gases de escape. En la Fig. No. 11-29 se muestra el recorrido del agua desde el motor por los diferentes sistemas de recuperación.

Es importante indicar que la ubicación de los diferentes dispositivos de recuperación de calor será en disposición a los procesos del motor que requieran desplazamiento de calor de menor temperatura a mayor temperatura, por lo que la circulación del agua pasará primero por el intercambiador de calor para el calor recuperado (rechazado) del postenfriador de aire comprimido del turbocargador donde saldrá con un promedio de 75 °C, luego pasará por el intercambiador de calor para el calor recuperado (rechazado) de las chaquetas del bloque del motor donde saldrá con un promedio de 95 °C, posteriormente pasará por la caldera recuperadora de calor de los gases de escape donde saldrá ya convertida en vapor de agua y tendrá una temperatura de entre 150 y 200 °C a una presión de entre 20 y 40 PSI.

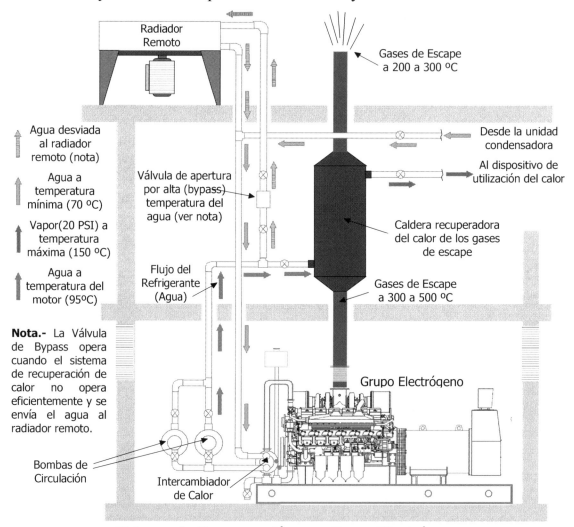

Sistema de Cogeneración con Grupo Electrógeno
de Motor Reciprocante
Fig. 11-28

Desde la caldera recuperadora de calor circulará al dispositivo de utilización de la energía térmica, en este caso el enfriador de agua por absorción, donde por efectos de la absorción del calor bajará su temperatura pasando luego a unos condensadores (dispositivos similares a la torres de enfriamiento aunque de circuito cerrado) donde el vapor se vuelve a convertir en agua a menor temperatura y es enviada nuevamente al sistema de circulación del motor a la temperatura promedio de entre 65 y 70 °C, para comenzar de nuevo el ciclo de enfriamiento del motor y de recuperación de calor. En el sistema es necesario instalar un radiador remoto con la capacidad de 100 % de enfriamiento del grupo electrógeno, ya que si el sistema de utilización de calor (cogeneración) no requiere suficiente calor recuperado del sistema o está inhabilitado por falla o mantenimiento, el grupo electrógeno deberá continuar operando con su sistema de enfriamiento de acuerdo con lo indicado en la Fig. No. 11-24.

Los cálculos, diseño y rutas de las tuberías, válvulas y otros dispositivos del sistema de circulación del agua se realizarán de acuerdo con las premisas indicadas en los párrafos anteriores (ver nota). Las normas de referencia y de obligatorio cumplimiento para efectos de instalación y uso de sistemas de generación y utilización de vapor de agua son: NFPA 8506, Norma de Sistemas de Generador de Vapor por Recuperación de Calor (Standard on Heat Recovery Steam Generator Systems) y NFPA 85, Código de Peligros en Calderas y Sistemas de Combustión (Boiler and Combustion Systems Hazards Code).

Nota.- La criticidad en el manejo del agua a altas temperatura y del vapor hace que los sistemas de cogeneración tengan alto riesgo para la salud de las personas (operarios del sistema) al igual de la importancia que tienen para la operatividad de la central eléctrica y los otros procesos involucrados, por lo que su diseño, suministro, construcción, instalación y mantenimiento deberán ser manejados por profesionales y empresas expertas en la materia, así como con un estricto cumplimiento de las normas de seguridad al respecto.

CAPÍTULO 12

OPERACIÓN DE GRUPOS ELECTRÓGENOS Y CENTRALES ELÉCTRICAS DE GENERACIÓN DISTRIBUIDA

12.- Operación de Grupos Electrógenos y Centrales Eléctricas de Generación Distribuida

La puesta en operación de una Central Eléctrica de Generación Distribuida o de una Central Eléctrica simple (ver nota) con Grupos Electrógenos, sea cual sea la tecnología de sus motores (reciprocantes o rotativos) no sólo implica las pruebas, puesta a punto, ajustes y calibración de los dispositivos de control, monitoreo y protección del o los Grupos Electrógenos, tableros y de los diferentes sistemas asociados, sino la coordinación de las diferentes actividades y recursos involucrados en la generación independiente de la energía eléctrica. Será necesario entonces sistematizarlos de forma tal que cada uno tenga su posición de acuerdo con su importancia en el logro del principal objetivo de una Central Eléctrica "producir energía eléctrica con una alta disponibilidad, de forma segura y económicamente rentable" sea de operación primaria, continua o de respaldo. Para tal efecto, se deberá realizar un esquema para el inicio de la operación en el siguiente orden: A.- Puesta a punto, pruebas, ajustes y calibración de los Grupos Electrógenos, B.- Puesta a punto, pruebas, ajustes y calibración de los sistemas asociados (sistema de combustible, sistema de escape, sistema de enfriamiento, si aplicasen), C.- Pruebas, puesta a punto, ajustes y calibración de los tableros eléctricos de distribución de potencia (incluyendo la calibración y coordinación de las protecciones eléctricas), pruebas de sincronización (si aplicasen), prueba de tableros automáticos de transferencia (si aplicasen) y otros tableros. D.- Pruebas con cargas simuladas (banco de carga), E.- Pruebas con cargas reales, F.- Puesta definitiva en operación y G.- Análisis del desempeño de la Central Eléctrica una vez en operación.

Nota.- Como se ha indicado en capítulos anteriores, todo sistema de suministro local de energía eléctrica diferente al de la red utilitaria con Grupos Electrógenos (generación independiente) deberá siempre considerarse como una Central Eléctrica, así esté conformado sólo por un Grupo Electrógeno de pequeña magnitud (Central Eléctrica simple), ya que la operación coordinada de los diferentes sistemas asociados al Grupo Electrógeno le dan igual complejidad que la de una Central Eléctrica de Generación Distribuida, por lo tanto, todos los protocolos de prueba, puesta a punto y mantenimiento serán los mismos.

12.1.- Puesta a Punto, Pruebas, Ajustes y Calibración de los Grupos Electrógenos, Tableros y Sistemas Operativos Asociados

Nota.- "Puesta a punto" ("Commissioning" por su denominación en inglés) es el conjunto de procedimientos (por lo general indicados por los fabricantes), que se deberán acometer antes del encendido del Grupo Electrógeno y/o sus sistemas asociados por los cuales se confirman que el montaje, instalación y conexión de los diferentes dispositivos externos al Grupo Electrógeno están realizados de acuerdo con lo indicado por el fabricante, en el proyecto respectivo y según las normas de referencia utilizadas. "Pruebas" es el conjunto de procedimientos por los cuales, al poner en operación el Grupo Electrógeno y/o sus sistemas asociados, se confirma el desempeño de su funcionamiento de acuerdo con unos protocolos y dentro de parámetros prefijados. "Ajustes", es el conjunto de acciones orientadas a minimizar los desequilibrios entre los parámetros de óptimo funcionamiento y los parámetros obtenidos cuando se realizan las pruebas de un Grupo Electrógeno y/o sus sistemas asociados. "Calibración" es el conjunto de operaciones mediante las cuales se establece la relación entre los valores de una magnitud medida por un instrumento patrón con el instrumento del Grupo Electrógeno o de los sistemas asociados, cuando se realizan las pruebas, con la finalidad de hacerles los ajustes pertinentes para asegurarse que las lecturas de la instrumentación (sistema de monitoreo) y/o las respuestas de los dispositivos de protección eléctrica, sean los correctos y puedan garantizar un funcionamiento seguro.

- **Grupos Electrógenos con motor reciprocante**

Para la puesta a punto de un Grupo Electrógeno con motor reciprocantes, antes del arranque inicial (ver Fig. No. 12-1 y No. 12-2) se deberán revisar los siguientes puntos:

- Antes de proceder a realizar la puesta a punto, se debe leer cuidadosamente el manual del fabricante en todo cuanto se refiere al arranque y operación inicial (ver nota), se deberá poner especial atención en los puntos reseñados con el símbolo "⚠".

  Nota.- Hasta tanto se finalice la puesta a punto, las baterías del sistema de arranque eléctrico no deberán ser conectadas o la llave principal de aire (para Grupos Electrógenos con arranques neumáticos) deberá estar cerrada.

- Revisar la tensión (tirantez) de las correas del ventilador y alternador, en caso de estar flojas, ajustarlas de acuerdo con lo indicado en el manual del fabricante.

- Limpiar toda la tubería con presión de aire (combustible, refrigerante, espapes), luego revisar y corregir cualquier fuga (si aplicase) en tuberías y/o conexiones del sistema de combustible, desde el tanque principal hasta el tanque diario, desde el tanque diario (tanque de retorno) a la bomba primaria del motor y desde el motor (tubería de retorno) hasta el tanque diario.

- Revisar que el ducto de salida del aire de enfriamiento del motor (salida del radiador) no esté obstruido y el área esté limpia, al igual se deberán revisar las ventilas de entrada del aire de la sala de generación. Para el caso de un sistema de enfriamiento con radiador remoto o torre de enfriamiento, comprobar que todo el sistema está operando correctamente (ver nota).

  Nota.- El sistema de enfriamiento por radiador remoto o torre de enfriamiento, incluyendo sus bombas de circulación (si aplicase), deberá contar con un conmutador de potencia (de acción manual) que permita se pueda direccionar su alimentación eléctrica a la fuente de suministro de la red utilitaria desde el Grupo Electrógeno o barra de generación (si aplicase). Esto para permitir sus pruebas (arranque de los motores, verificación de circulación de aire y agua) y mantenimiento, sin necesidad de la puesta en operación de los Grupos Electrógenos.

- Revisar que todas las tapas y protectores del motor estén en su lugar, suficientemente apretados y ajustados.
- Para el caso de Grupos Electrógenos a gas natural se deben hacer todos los protocolos de seguridad para la puesta a punto de las tuberías de aducción, las válvulas de seguridad y los reguladores de presión, todo de acuerdo con lo indicado en las normas de obligatorio cumplimiento.
- Revisar que el sistema de escape no esté obstruido (ver nota), que la etapa final de disposición de los gases (salida a la atmósfera) esté limpia y que la tapa de lluvia (si aplicase) tenga movimiento suave y esté lubricada. También hay que confirmar que sobre toda la trayectoria de la tubería de escape (desnuda o recubierta con aislante térmico) no habrá ningún tipo de material que pueda incendiarse con las altas temperaturas, así como que no haya ningún tipo de esfuerzo mecánico que tienda a deformar la tubería.

    Nota.- Cuando se realizan las instalaciones de las tuberías y sistemas de escape es recomendable mantener tapados provisionalmente los extremos de las tuberías, de la conexión al motor y de o los silenciadores, ya que muchos animales e insectos tienden a hacer madrigueras, nidos o enjambres dentro de estos espacios y luego, al terminar la tubería no pueden salir, tendiendo a obstruir la tubería cuando se enciende el motor inicialmente.

- Agregar, revisar y/o reponer el nivel de los fluidos operativos del motor: lubricante (ver nota) y refrigerante.

    Nota.- Por lo general, los motores vienen con el lubricante que se agrega para las primeras pruebas operacionales en fábrica, sin embargo, ese lubricante es recomendable reemplazarlo antes de las primeras 50 horas de operación.

- Revisar que sobre el motor y/o el generador no se hayan quedado herramientas o materiales sueltos que puedan caer en el ventilador o generador al encender el motor.
- Revisar que el interruptor principal de salida del generador esté en su posición abierto o apagado ("Open"; "Off"; "O" por su simbología y denominación en inglés).
- Revisar que todas las conexiones de los conductores de potencia del generador y de control estén realizadas correctamente y con la secuencia de fase correcta (L_1; L_2 y L_3).
- Revisar que el conmutador de encendido en el tablero y/o controlador del Grupo Electrógeno esté en posición apagado "Off".
- Una vez concluida toda la revisión, inspeccionar y completar (si aplicase) el nivel de electrolito de las baterías y luego proceder a conectar las baterías y confirmar que la conexión sea la correcta y que los bornes estén bien ajustados.

Nota.- Todas las actividades y tareas realizadas en la puesta a punto deberán ser documentada y su ejecución supervisada por personal que pueda constatar la veracidad de la revisión realizada.

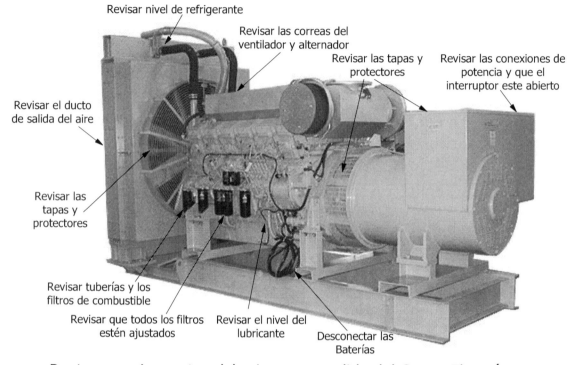

Puntos a revisar antes del primer encendido del Grupo Electrógeno
Fig. 12-1

- Revisar que en la sala de generación se hayan cumplido con todos los requisitos de las normas de seguridad contra incendio, local e internacional, así como las normas de seguridad laboral en cuanto a los sistemas de extinción de incendio (extintores, salida de emergencia, etc.) y la fijación de los letreros y avisos de indicación de seguridad pertinentes.

- Revisar que en la instalación del o los tanques principales de combustible se haya cumplido con los requerimientos de indicación de peligrosidad de acuerdo con las normas pertinentes.

- Revisar que los filtros de combustible en la tubería de aducción principal (entre el tanque principal y el tanque diario), el filtro y/o separador de agua externo al motor, no tengan fugas y estén limpios.

- Revisar que todas las conexiones de los conductores de control del tablero de transferencia automática estén de acuerdo con lo indicado en el proyecto respectivo. También se deberá revisar que las conexiones de los conductores de potencia estén bien realizadas, señalizadas y bien ajustadas. Los ajustes (inicialmente de acuerdo con el proyecto eléctrico) de los parámetros de disparo y respuestas de las protecciones eléctricas y de los réles de disparo de los interruptores de potencia de los Grupos Electrógenos deberán ser confirmados por técnicos especialistas.

Nota.- Una vez se ponga en servicio la Central Eléctrica y/o el Grupo Electrógeno, se deberá hacer un estudio de flujo de carga y coordinación de protecciones para el reajuste de los parámetros de disparo y respuesta de las protecciones eléctricas y de los réles de disparo de los interruptores de potencia de acuerdo con las cargas reales del sistema.

- Para tableros de sincronismo (si aplicase) se deberá revisar que todas las conexiones de los conductores de control estén de acuerdo con lo indicado en el proyecto respectivo. También se deberá revisar que las conexiones de los conductores de potencia estén bien realizadas, señalizadas y bien ajustadas.

- Revisar que los sistemas operativos auxiliares de la Central Eléctrica como: cargador de batería, extractor de aire, iluminación, etc., estén funcionando correctamente.

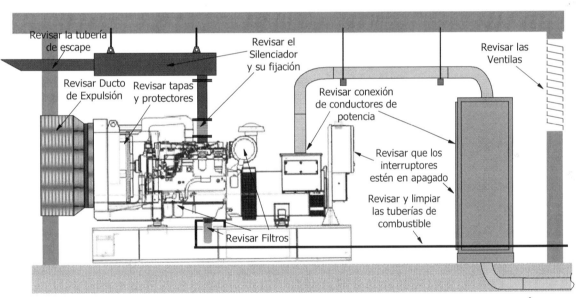

Puntos a revisar para la puesta a punto en la Sala de Generación
Fig. 12-2

- **Grupos Electrógenos con motor rotativo**

Nota.- Aunque el autor y sus colaboradores desean con esta guía brindar un procedimiento confiable para la puesta a punto de turbogeneradores, dado que los motores rotativos operan a tan altas velocidades de rotación, es recomendable que la puesta a punto, las pruebas iniciales y el adiestramiento para la operación sean realizados por un agente técnico autorizado y/o representante de la empresa fabricante y/o reconstructora, según los protocolos pertinentes.

Para la puesta a punto de un Grupo Electrógeno con motor rotativo (turbogenerador) antes del arranque inicial se deberá revisar los mismos puntos que aplica para los Grupos Electrógenos con motor reciprocantes, además de los siguientes puntos (ver Fig. No. 12-3):

- Revisar que todas las conexiones de los diferentes dispositivos (bujías, sensores de temperatura, y sensores de presión) y conductores de la zona caliente estén ajustados, adecuadamente organizados, no estén tocando con áreas de alta temperatura. También se deberá revisar que las protecciones térmicas de la zona caliente estén bien sujetas.

Puntos a revisar antes del primer encendido de La Turbina.
Fig. 12-3

- Revisar que todo el sistema de filtraje de aire esté sin obstrucción y limpio, con todos los prefiltros y filtros bien fijados (ver nota).

    Nota.- Hay que recordar que el flujo de aire que pasa por el sistema de filtros de una turbina es alto y no puede haber elementos sueltos o mal fijados porque pueden causar daños irreversibles a la misma.

- Revisar que los sensores magnéticos ("MPS" Magnetic Pickup Sensor por su denominación en inglés) del sistema de control de velocidad estén bien ajustados y que sus conectores estén apretados.

- Revisar que todas las conexiones de los conductores de control y en el tablero integral de control de la turbina estén bien conectados y organizados adecuadamente (ver sección No. 6.14).

- Revisar que los sensores del sistema de detección de vibración (si aplicase) estén bien ajustados y que sus conectores estén apretados (ver sección No. 6.15).

- Revisar que el nivel de lubricante de la caja de engranaje sea el correcto y que los filtros y el sistema de enfriamiento externo del lubricante no tenga fugas.

- **Tableros eléctricos de distribución de potencia**

Como se indicó en el capítulo No. 8, los tableros de distribución de potencia más comunes de la Central Eléctrica son: A.- El tablero de generación (tablero de salida del Grupo Electrógeno con uno o varios interruptores de acuerdo al número de circuitos que alimente). B.- El tablero de sincronismo en el cual se realiza la interconexión (operación en paralelo) de los Grupos Electrógenos para compartir potencias mayores a sus capacidades y C.- El Tablero Automático de Transferencia (en sistemas de respaldo y/o emergencia) donde se realiza la conmutación de las fuentes de alimentación de la carga para casos de fallas en la red utilitaria (fuente externa de suministro). Todos los tableros de distribución de potencia tienen el mismo protocolo de puesta a punto, el cual habrá que seguir meticulosamente y documentar. A continuación se indican algunas premisas importantes:

- Antes de energizar cualquier tablero eléctrico realice todos los protocolos de seguridad indicados por los fabricantes y en las normas pertinentes.

- Revisar que todas las barras internas, aisladores, conectores y terminales estén bien ajustados y no se encuentren herramientas, materiales o tornillos sobre ellas, los interruptores o ningún dispositivo interno del tablero.

- Revise que la secuencia marcada de los conductores entre el Grupo Electrógeno o los Grupos Electrógenos, los interruptores, seccionadores y/o conmutadores de los tableros sea la correcta.

- Revise que no existan conductores de potencia o conductores de control flojos, desajustados o no ordenados dentro del tablero.

- El conmutador de los tableros de transferencia deberá estar direccionado hacia el suministro de la red utilitaria (línea normal).

12.2.- Pruebas de arranque inicial de los Grupos Electrógenos y de sus sistemas operativos asociados

Antes de comenzar con el arranque inicial del Grupo Electrógeno (motogenerador o turbogenerador), se deberá verificar que todos los sistemas operativos asociados a la Central Eléctrica (si aplicasen) están en correcto funcionamiento y su secuencia operativa es la correcta con respecto al arranque del Grupo Electrógeno (ver nota). En este sentido las pruebas necesarias de los sistemas operativos asociados de acuerdo a su aplicación en la sala de generación son las siguientes:

- Sistema de enfriamiento remoto del motor. Las pruebas de este sistema se circunscriben a confirmar que al encender la(s) bomba(s) de circulación del agua o refrigerante se mantiene la presión y flujo con el cual se diseñó la instalación. A los dispositivos de transferencia e irradiación externa de calor como radiadores remotos o torres de enfriamiento se deberá encender los motores y confirmar que el flujo de aire tiene el sentido correcto (para radiadores remotos de montaje horizontal y torres de enfriamiento, deberá ser desde abajo hacia arriba, y para radiadores remotos de montaje vertical será en sentido de la ubicación del motor hacia el radiador). La función de transferencia de calor (enfriamiento) no se podrá comprobar hasta tanto se encienda el Grupo Electrógeno.

- Sistema de combustible líquido (donde aplique). Las pruebas de este sistema se circunscriben a confirmar que al encender la(s) bomba(s) principal y secundaria de combustible (para turbogeneradores) y/o de trasegado (entre el tanque principal y el tanque diario o de retorno) se mantiene la presión y flujo con el cual se diseñó la instalación.

- Sistema de combustible gaseoso (donde aplique). La prueba de este sistema consiste en verificar que al abrir la válvula principal en la estación de regulación, llegue hasta el solenoide de arranque y seguridad del motor (ver secciones No. 5.7 y 11.6) la presión correcta del gas de acuerdo con el diseño.

- Sistema de lubricación externo (para el caso de turbogeneradores). Las pruebas de este sistema se circunscriben a confirmar que al encender la(s) bomba(s) de lubricante se mantiene la presión y flujo con la cual se diseñó la instalación. Para probar el dispositivo de transferencia de calor (radiador) se deberá encender el motor eléctrico del ventilador y confirmar que el flujo de aire tiene el sentido correcto (será en sentido de la ubicación del motor hacia el radiador). La función de transferencia de calor (enfriamiento) no se podrá comprobar hasta tanto se encienda el Grupo Electrógeno.

- La prueba del sistema de extracción mecánica de aire de la sala de generación, se orientan a realizar el encendido de los ventiladores y extractores y verificar el sentido del flujo de aire. Para los ventiladores será desde el exterior de la sala al interior, para los extractores del interior de la sala al exterior.

Nota.- La secuencia operativa (entrada en función) de los sistemas operativos asociados del Grupo Electrógeno está indicada por el tipo de régimen de operación del sistema de generación. En centrales de generación de régimen de operación primaria o continua los sistemas operativos asociados (si aplicasen) como el sistema de enfriamiento (motor reciprocante) o el sistema de combustible (turbinas) se encienden antes del arranque del Grupo Electrógeno. Para Grupos Electrógenos en régimen de emergencia, los sistemas operativos asociados (si aplicasen) se encienden una vez el Grupo Electrógeno comienza a producir energía eléctrica, por lo que en este caso el diseño debe prever este tipo de secuencia.

- **Arranque inicial de grupos electrógeno con motor reciprocante**

Una vez realizados todos los pasos de la puesta a punto, se continuará con el primer arranque del Grupo Electrógeno. Se debe contemplar que en este primer arranque se confirmará que los parámetros de operación indicados en la hoja de especificación del fabricante sean los correctos, por lo que será imprescindible el uso de instrumentación de prueba adecuada (ver nota) y en lo posible, esta instrumentación estará calibrada por una institución certificadora que pueda garantizar que las mediciones realizadas son confiables y correctas.

Nota.- La instrumentación necesaria para las pruebas es la siguiente: multímetro digital con medición de tensión y frecuencia en los rangos de valores nominales del Grupo Electrógeno, amperímetro de tenaza, secuencímetro, sonómetro y termómetro digital sin contacto (por sensor de irradiación de rayos infrarrojos). En el mercado comercial de instrumentación hay multímetros con amperímetros de tenaza incorporados que pueden llenar el requerimiento, sin necesidad de tener dos instrumentos separados.

Procedimiento recomendado para el arranque inicial

Nota.- El procedimiento que a continuación describimos no pretende sustituir el procedimiento indicado por el fabricante, el cual deberá ser el documento de prioridad para las pruebas y arranque inicial de los Grupos Electrógenos.

- Proceda a colocar en la posición de operación manual el conmutador de modo de operación y pulse el botón de arranque. En algunos sistemas de control de Grupos Electrógenos con sólo colocar el conmutador de modo de operación en la posición de operación manual ya el sistema de arranque será activado, de acuerdo con el funcionamiento de controlador del motor (ver sección No. 5.17).

- Para centrales de generación distribuidas de operación continua, los sistemas de enfriamiento remoto (bombas de circulación y/o radiador remoto o torres de enfriamiento) deberán estar operando con antelación al arranque del motor del Grupo Electrógeno.

- El motor eléctrico de arranque del Grupo Electrógeno se activará (ver secciones No. 5.13 y No. 5.15) y encenderá el motor primario del Grupo Electrógeno, a la velocidad de calentamiento o fuera de trabajo normal ("IDLE" por denominación en inglés) para Grupos Electrógenos de operación continua o a la velocidad nominal de operación para motores de Grupos Electrógenos de respaldo o emergencia.

- Una vez se estabilice la velocidad nominal de operación del Grupo Electrógeno (en motores de Grupos Electrógenos de operación continua luego del calentamiento se deberá llevar a la velocidad de operación), se realizará una medición de tensión y frecuencia de salida, la misma se realizará en los bornes de salida de generador (sólo para generadores de baja tensión y tomando las medidas de seguridad necesarias). Estas mediciones se comparan con las mediciones de tensión y frecuencia del tablero del control de Grupo Electrógeno, las mediciones no deberá tener diferencias de ±5 %, en caso contrario determinar el motivo de dicha diferencia y corregir antes de continuar.

- Luego de confirmada la similitud en la lectura de tensión y frecuencia, en los dos dispositivos de medición (tablero del Grupo Electrógeno e instrumentación de prueba), proceda a verificar si son iguales a las indicadas en la hoja de especificación del generador. En caso de ser necesario proceda a su ajuste en los dispositivos para ese fin ubicados en el control de velocidad del motor (frecuencia) y en el regulador automático de tensión (tensión).

- La prueba que se realizada sin conectar carga al generador se denomina "Prueba en Vacío". Esta prueba se puede prolongar desde unos minutos a una hora (el período sugerido es 1 hora) para determinar que las temperaturas del refrigerante y de los gases de escape, así como la presión del lubricante, están de acuerdo con la hoja de especificaciones de los parámetros de operación del fabricante. Las mediciones de temperatura del refrigerante y la presión de aceite se leerán en la instrumentación del tablero del Grupo Electrógeno y la temperatura del sistema de escape con el termómetro infrarrojo. De ser correctas estas mediciones se pasará al siguiente paso, pero en caso de que las temperaturas sean mayores o la presión del lubricante sea menor a las indicadas en las hojas de especificaciones del fabricante, se debe parar el motor inmediatamente, buscar y corregir la causa del problema según lo indicado en el manual de diagnóstico y corrección de fallas del fabricante.

- Luego se procederá a determinar si la secuencia de fases del generador del Grupo Electrógeno es igual a la secuencia de operación de las cargas o de la red utilitaria (si aplicase), deberá ser siempre L1; L2 y L3; caso contrario corregir de acuerdo con los criterios técnicos utilizados para cambiar la secuencia.

- Una vez determinado que todos los pasos anteriores son correctos, se documentará la prueba y se preparará el Grupo Electrógeno para la prueba con carga y/o la prueba de sincronización (para continuar a la siguientes pruebas no se deberá apagar el motor).

- **Arranque inicial de grupos electrógeno con motor rotativo (turbina)**

    ### Procedimiento recomendado para el arranque inicial

    Nota.- El procedimiento que a continuación describimos no pretende sustituir el procedimiento indicado por el fabricante, el cual deberá ser el documento de prioridad para las pruebas y arranque inicial de los Grupos Electrógenos.

    - Proceda a colocar en la posición de encendido el conmutador de modo de operación y pulse el botón de arranque.

    - Las bombas de combustible, la bomba de circulación del aceite y el motor del radiador de enfriamiento de lubricante deberán estar operando con antelación al arranque del motor del turbogenerador.

    - El motor de arranque eléctrico de la turbina auxiliar (si aplicase), se activará (ver sección No. 6.8), al igual que su válvula de combustible y después de unos segundos, la turbina auxiliar (impulsor neumático, si aplicase) se encenderá impulsando aire a presión en el compresor de la turbina y comenzará a rotar a su velocidad de encendido, donde se abrirán las válvulas de combustible y encenderá la turbina subiendo gradualmente a su velocidad nominal de operación.

    - Una vez se estabilice la velocidad nominal de operación de la turbina del Grupo Electrógeno, se deberá activar (manual o automáticamente, si aplicase) el conmutador de excitación del generador y empezará a generar, luego se realizará una medición de tensión y frecuencia de salida. Esta medición se realizará en los bornes de salida del generador (solo para generadores de baja tensión y tomando las medidas de seguridad necesarias), y se comparará con la medición de tensión y frecuencia del tablero de instrumentación del turbogenerador, las mediciones no deberán tener diferencias de ±5 %, en caso contrario determinar el motivo de dicha diferencia y corregir antes de continuar.

- luego de confirmada la coincidencia en la lectura de tensión y frecuencia, aunque son iguales en los dos dispositivos de medición (tablero de instrumentación del turbogenerador e instrumentación de prueba), proceda a verificar si son iguales a las indicadas en la hoja de especificación del generador. En caso de ser necesario proceda a su ajuste en los dispositivos para ese fin ubicados en el control de velocidad del motor (frecuencia) y en el regulador automático de tensión (tensión).

- La prueba que se realizada sin conectar carga al generador se denomina "Prueba en Vacío". Esta prueba de encendido inicial se extenderá al menos por una hora (o lo indicado por el fabricante) y cada 10 minutos se realizará un seguimiento de las temperatura de la cámaras de combustión y de los gases de escape, estas lecturas de realizarán en el sistema de monitoreo y control del turbogenerador. Se recomienda hacer una medición de la temperatura de los gases de escape en la salida del silenciador con el termómetro infrarrojo y así comparar si la medición del sistema de monitoreo es correcta. Si durante esta prueba se determina que la temperatura de los parámetros indicados arriba es superior a la indicada en la hoja de especificaciones del fabricante se deberá detener la turbina de acuerdo con los procedimientos para ese fin y averiguar la causa de la desviación.

- Luego se procederá a determinar si la secuencia de la energía eléctrica producida por el turbogenerador es igual a la secuencia de operación de las cargas o de la red utilitaria (si aplicase), deberá ser siempre L1; L2 y L3, caso contrario corregir de acuerdo con los criterios técnicos utilizados para cambiar la secuencia.

- Una vez determinado que todos los pasos anteriores son correctos, se documentará la prueba y se preparará el turbogenerador para la prueba con carga y/o la prueba de sincronización (para continuar a la siguientes pruebas no se deberá apagar el motor).

12.3.- Pruebas con carga de los Grupos Electrógenos (Motogeneradores y Turbogeneradores)

La prueba con carga ("Load Test" por su denominación en inglés) de cualquier fuente de suministro de energía eléctrica (para este caso el Grupos Electrógenos) es la verificación de que la capacidad de entrega constante de potencia está dentro de los límites de estabilidad y respuesta de los parámetros de explotación (tensión y frecuencia para la operación individual o potencia activa y potencia reactiva en el caso de operación en paralelo). Como se indicó en el capítulo No. 7, el generador sincrónico entrega dos tipos de potencias, la potencia activa y la potencia reactiva. La potencia activa depende directamente de la conversión de la potencia mecánica del motor en potencia eléctrica y de la velocidad de rotación del campo del generador (Hz y kW). La potencia reactiva depende de la influencia magnética del campo rotor sobre los devanados estatores (V y kVAR). Los dispositivos de control responsables de la estabilidad de estos parámetros para el caso de la frecuencia (Hz) y de la potencia activa (kW) es el control de velocidad (gobernador) del motor (ver secciones No. 5.16 y 6.14) y para el caso de la tensión (V) y de la potencia reactiva (kVAR) es el regulador automático de tensión (ver sección No. 7.9), el cual controla y/o estabiliza la tensión o la potencia reactiva de acuerdo con su tipo de criterio de operación "Astático" o "Estático" respectivamente.

A efectos de tener el conocimiento exacto sobre la influencia de la naturaleza de las cargas eléctricas en las pruebas funcionales de los Grupos Electrógenos, es necesario hacer un breve recordatorio de estos temas:

- **Clasificación de las cargas según su naturaleza**

En los principios del uso y la utilización de la energía eléctrica hay una pregunta básica y obligada de hacer ¿Qué dispositivo fue el primero que se inventó o se ideó, la carga eléctrica que necesitaba una fuente de energía o fue primero el dispositivo productor de energía eléctrica y luego se buscó el dispositivo que necesitara de la misma para su activación?. Los caminos de ambos dispositivos (el productor y el consumidor) no se desarrollaron en paralelo, el uso de la energía mecánica en el ámbito de la producción (artesanal o industrial) o mejoramiento del confort en la vida del hombre entre los siglos X y XVIII ya era conocido, porque se utilizaba la energía producida por los animales (caballos, bueyes, camellos, etc.), por el viento (energía eólica), el agua (energía hídrica) o el vapor (térmica) para mover ejes que transmitían esta energía a molinos, bombas, elevadores de carga, etc. De la misma forma, también la energía luminosa producida por el fuego, posteriormente mejorada en candelabros y lámparas de aceite y gas, muestran la utilización de una fuente de energía que luego dependería directa y únicamente de la energía eléctrica. En cambio, ya desde los comienzos del aprendizaje en la inteligencia y conocimiento del hombre, se conocía de la existencia de la electricidad, se observaba en los fenómenos naturales como relámpagos, rayos y electricidad estática (que aparecía por el roce con el aire frío o templado sobre la superficie de las pieles que se utilizaban como vestidos), no obstante, no fue sino hasta mediados del siglo XVIII cuando su descubrimiento científico y la creación de los métodos para su producción artificial la hizo útil al hombre.

Entonces la respuesta a nuestra pregunta inicial es "El dispositivo de carga fue primero" porque ya se tenían las necesidades de energía mecánica satisfechas, aunque de forma algo compleja e ineficiente, y lo ideal era poder lograr activar un molino sin la existencia del viento, o poder activar la bomba de agua sin tener que movilizar una yunta de caballos. Entonces, de acuerdo con los principios de utilización de la energía eléctrica, algunos descubiertos y otros inventados por los científicos se creó la máquina eléctrica cuyo principio es la conversión de energía en dos sentidos del mecánico a eléctrico (generador eléctrico) y del eléctrico a mecánico (motor eléctrico), al igual que la sustitución de la vela de parafina y lámpara de gas por la lámpara incandescente de Thomas Alva Edison (1847-1931). No obstante se requirió que la utilización de la electricidad tuviese unas reglas específicas de aplicación necesarias a efectos de la explotación segura, confiable y eficiente de los dispositivos de producción entre estos los Grupos Electrógenos, por lo que los principios de conversión de la energía, si es el caso del motor eléctrico, donde la conversión es de eléctrica a mecánica el requerimiento es inicialmente la necesidad de una potencia (potencia reactiva) que produzca la magnetización de los núcleos y se induzcan los campos magnéticos para que luego una segunda potencia (potencia activa) pueda convertirse en energía mecánica y sea utilizada a través del eje del motor. La carga eléctrica que consumen estos dos tipos de potencia (activa y reactiva) son denominadas "Cargas Inductivas" (ver Fig. No. 12-4). Por otra parte también hay cargas eléctricas como las lámparas incandescentes que solo requieren de potencia activa y no requieren de potencia de magnetización, esta potencia activa se convierte en otro tipo de energía diferente a la mecánica como energía luminosa o energía térmica, estas cargas son denominadas "Cargas Resistivas" (ver Fig. No. 12-5).

Nota.- Muchas personas vinculadas a los aspectos técnicos de la energía eléctrica, hacen mención a otro tipo de carga que califican como "Cargas Capacitivas" porque operan bajo el principio de condensador eléctrico de Fadaray. Este tipo, aunque teóricamente consume corriente, no convierte la energía eléctrica, por lo que mal podríamos calificarla de cargas, aunque no se tiene otra denominación válida, es sólo por que su constitución (condensador eléctrico) ayuda a la compensación de las potencias reactivas y más que consumir energía ayuda a su producción.

- **Las cargas inductivas y el factor de potencia eléctrico.**

La relación vectorial entre el consumo de potencia activa (kW-MW) que se convierte en energía mecánica en el motor y el consumo de potencia magnétizante o reactiva (kVAR-MVAR) para poder producir esa energía mecánica se denomina factor de potencia eléctrico de la carga y se determina mediante el cálculo de coseno del ángulo φ (ver Fig. No. 12-5), el cual es el ángulo formado por el vector que representa la potencia activa (kW-MW) con la resultante de la suma vectorial de la potencia activa y la potencia reactiva (kVAR-MVAR) que también representa la potencia aparente (kVA-MVA). De acuerdo con el diseño de los motores eléctricos y de otros dispositivos que requieren de corrientes de magnetización para poder operar se fijan las características o clasificación de las cargas eléctricas. Por lo general, una relación comúnmente utilizada de consumo de corriente magnetizante (reactiva) y corriente activa es la que define el coseno de φ en 0,8 que significa un 100 % de potencia activa (potencia nominal de consumo del motor) y un 75 % de potencia reactiva, como ejemplo un motor de 100 kW de potencia activa con un factor de potencia 0.8 consume 75 kVAR. Un factor de potencia cercano a la unidad "1" significa que se reduce el consumo de potencias reactivas y que si se altera el equilibrio de consumo de corrientes reactivas y el mismo es mayor a la relación óptima de diseño de las cargas inductivas de "0,8" el factor de potencia del sistema eléctrico alimentado por el Grupo Electrógeno no se tienen características normales. Por lo que el mantenimiento de un factor de potencia balanceado entre 0,8 y 0,85 en un sistema eléctrico es la mejor forma de mantener un buen equilibrio en la producción de estas dos potencias en el generador del Grupo Electrógeno.

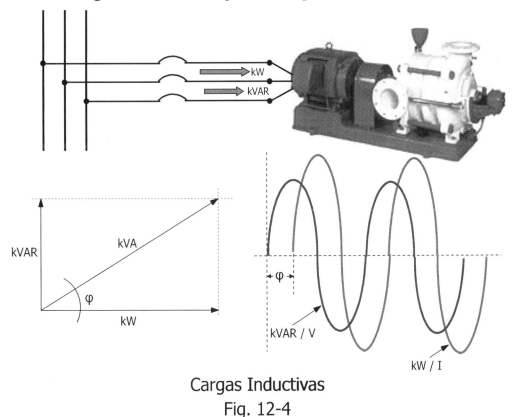

Cargas Inductivas
Fig. 12-4

Igualmente como ejemplo, podemos poner que si el mismo motor de 100 kW no está cargado totalmente y su consumo de potencia activa (conversión de energía eléctrica en energía mecánica) es de sólo 50 kW, no obstante, por su construcción eléctrica continua consumiendo la misma potencia reactiva 75 kVAR por lo que su factor de potencia ya no será de 0,8 ahora es de 0,55 lo que a efectos de los equilibrios en los dispositivos de suministro o producción de energía eléctrica no es favorable. La mayoría de las cargas eléctricas que favorecen el confort y la seguridad del ser humano son aquellas que requieren conversión a energía mecánica, por lo tanto son específicamente inductivas, según experiencias se puede determinar que aproximadamente un 75 % de las cargas eléctricas son inductivas y el resto son resistivas o una combinación de éstas. También se puede mencionar que en la práctica no hay cargas puramente inductivas o cargas puramente resistivas en referencia a los dispositivos de suministro de energía eléctrica, ya que los conductores que transportan la potencia, se comportan como resistencias y como inductancias (recordemos la impedancia, ver capítulo No. 7) y consumen, aunque de forma poco representativa, potencia magnetizante.

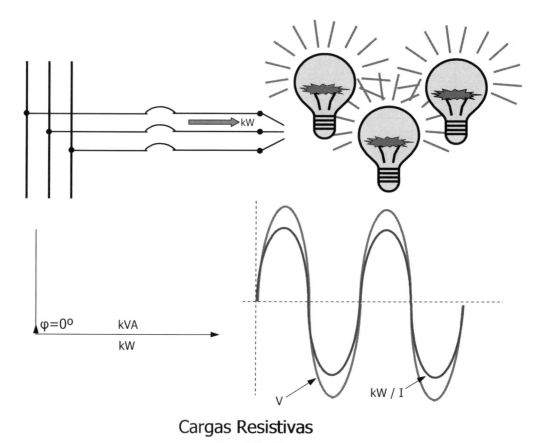

Cargas Resistivas
Fig. 12-5

- **Cálculo del factor de potencia**

El cálculo del factor de potencia partiendo de las lecturas que se tengan de la potencia activa (kW-MW) y reactiva (kVAR-MVAR) es de acuerdo con la siguiente fórmula:

$$\frac{\text{Potencia Reactiva (kVAR-MVAR)}}{\text{Potencia Activa (kW-MW)}} = \text{Tan } \varphi \qquad \text{Arc Tan } \varphi = \varphi$$

$$\text{Coseno } \varphi = \text{Factor de Potencia}$$

- **La Generación Eléctrica según los tipos de la cargas**

El requerimiento de las cargas inductivas de potencia activa y potencia reactiva, implica que el generador deberá suplirlas, como se indicó en el capitulo No. 7, el generador produce potencia activa expresada en kW-MW por la conversión de energía mecánica desde el motor primario. Esta energía mecánica es controlada por la cantidad de combustible y el trabajo (energía cinética) producida por la explosiones en la cámara de combustión de los cilindros o turbinas, la cual es controlada por el control de velocidad que controla a su vez el flujo de combustible. Así también el generador produce potencia reactiva expresada en kVAR-MVAR, la cual es el resultado de la inducción magnética del campo rotor sobre los devanados inducidos (estatores) y se manifiesta con la presencia de la fuerza electromotriz y es controlada por la acción del regulador automático de tensión (AVR) sobre el campo excitador (generadores sin escobillas, si aplicase). Ambos dispositivos periféricos de control del Grupo Electrógeno tienen la responsabilidad del control de la frecuencia y la potencia activa (kW-MW) y de la tensión y la potencia reactiva (kVAR-MVAR).

El parámetro marcador para definir si la corriente (I) o la potencia activa (kW-MW) está en adelanto o atraso en la producción de energía eléctrica en el generador, es la tensión, ya que lo primero que se manifiesta es la fuerza electromotriz que es la diferencia de potencial que aparece en los bornes de salida del generador una vez que el campo principal afecta con su inducción magnética a los devanados inducidos. La corriente aparece posteriormente cuando se cierra el circuito de carga. La producción de potencia reactiva (corrientes magnetizantes) y su relación con respecto a la potencia activa producida en el generador es indicada por un instrumento denominado "Fasímetro" (ver nota) en cual tiene una escala con un punto central indicado con el "1" y cada segmento lateral (izquierdo y derecho) tiene una escala descendente con divisiones en décimos de la unidad (0,9-0,8-0,7-0,6-0,5), los cuales están señalados en adelanto ("lead" por su denominación en inglés) o en atraso ("lag" por su denominación en inglés). El generador está en adelanto cuando está produciendo potencia activa y en atraso cuando esta consumiendo potencia activa, aunque esta última condición no es normal que suceda ya que acarrearía inconvenientes de control en el generador que está recibiendo la potencia reactiva y de carga en los otros generadores y dispositivos de control de la Central Eléctrica, por lo que para evitar que suceda, se instala una protección eléctrica denomina de "Potencia Inversa". A efectos de la lectura del "Fasímetro" en la cargas, al igual tiene una escala con un punto central indicado con el "1" y cada segmento lateral (izquierdo y derecho) tiene una escala descendente con divisiones en décimos de la unidad (0,9-0,8-0,7-0,6-0,5), sin embargo, el término en la instrumentación en el caso de las cargas es Inductivo (si consume potencia reactiva) o capacitivo (si produce o compensa la potencia reactiva). Se tendrá un factor de potencia indicado en la unidad "1" cuando el generador no produzca potencia reactiva o cuando la carga no la consuma (cargas resistivas).

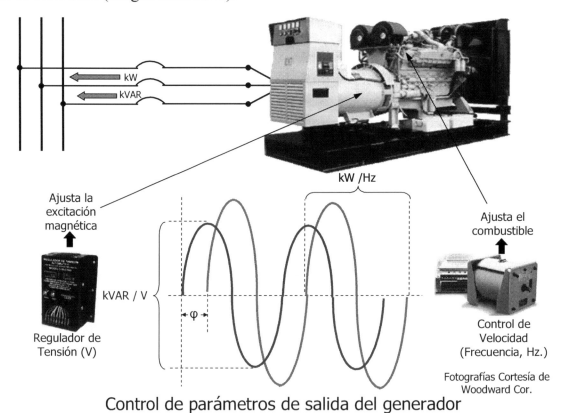

Control de parámetros de salida del generador

Fig. 12-6

Nota.- El término "Fasímetro" es relativamente nuevo en el ámbito de la instrumentación, proviene del instrumento de medición también llamado "Cosenofímetro," "Cofímetro", "Cosímetro" o medidor de coseno del ángulo φ (Fi) entre los fasores de la intensidad o potencia activa y la tensión o potencia reactiva. El instrumento tanto de tablero como portátil, recibe señales de los parámetros de corriente (a través de un transformador de corriente) y tensión (a través de transformadores de potencial) de la salida del generador o del consumo en la llegada a la carga.

- **Prueba con carga de los Grupos Electrógenos**

Una vez que todos los puntos anteriores se han revisado en la puesta a punto, se procede a realizar las pruebas con carga, las mismas pueden ser de dos tipos: A.- Pruebas con cargas simuladas y B.- Pruebas con cargas reales. La prueba con carga simulada se realiza conectando al Grupo Electrógenos un banco de carga (ver nota) donde la potencia del mismo deberá ser al menos el 30 % de la capacidad nominal del Grupo Electrógeno, ya que con menos potencia no se podrá obtener resultados satisfactorios de la prueba. A efectos de realizar la prueba se deberán desconectar los conductores de potencia que conectan el Grupo Electrógeno (en su interruptor de salida) al tablero de distribución de potencia, y conectar los conductores del banco de carga y proceder según los siguientes pasos:

- Cerciórese que el interruptor de salida del Grupo Electrógeno esté abierto.

- Encender el Grupo Electrógeno y esperar que se estabilice en tensión y frecuencia. Revisar que los parámetros estén en los valores de operación nominal, caso contrario ajustar. Cierre el interruptor principal.

- Conecte gradualmente (paso por paso) la carga del banco de carga, en el siguiente orden porcentual: 10 %; 20 %; 30 %; 50 %; 70 % y 80 %. Revise la respuesta de tensión y frecuencia cada vez que conecte una carga, estos parámetros deben permanecer constantes durante toda la maniobra.

- Deje operando el Grupo Electrógeno por 30 minutos mínimo y revise cada 5 minutos la temperatura del motor y la presión de aceite, deberá permanecer dentro de los límites especificados por el fabricante.

- Una vez transcurrido el tiempo de prueba se desconectará la carga gradualmente y apague el banco de carga, dejando operar el Grupo Electrógeno en vacío por un período no menor a 5 minutos, luego apague el Grupo Electrógeno y se documentará la prueba.

Nota.- Banco de carga es un dispositivo de prueba, de operación manual, el cual tiene un arreglo trifásico de resistencias, conectadas en serie y en paralelo que operan en baja tensión y que mediante interruptores la conecta gradualmente en pasos de 5 % y 10 % de su valor total nominal. Las potencias mas conocidas de banco de cargas son 500 kW, 1000 kW, 1500 kW y 2000 kW: Para probar centrales eléctricas o Grupos Electrógenos de potencia mayores se puede hacer combinaciones de dos o más bancos hasta llegar a la potencia mínima de prueba de 30 % de la potencia del Grupo Electrógeno o la Central Eléctrica. Para probar Grupos Electrógenos y centrales eléctricas de media tensión, se puede conectar uno o varios bancos de cargas a través de un transformador.

La prueba con la carga real se realiza con las cargas instaladas en el sistema eléctrico, las cuales alimentarán el sistema de generación. En este sentido se tienen dos opciones, si el sistema es un sistema de generación continua se deberá realizar las maniobras en el tablero de distribución de potencia activando los interruptores de Grupo Electrógeno a probar (ver nota) y el interruptor de alimentación de la o las cargas con las cuales se realizará la prueba. Para un sistema de generación de emergencia, la maniobra se realizará en el tablero de transferencia (automática o manual), transfiriendo la carga para que sea alimentada por el Grupo Electrógeno.

Nota.- Si la Central Eléctrica de régimen continuo tiene más de un Grupo Electrógeno, cada uno deberá ser probado individual e independientemente de acuerdo con lo pautado en el procedimiento abajo descrito.

En sistemas de generación de régimen continuo, cada Grupo Electrógeno de la Central Eléctrica se probará de acuerdo con el siguiente procedimiento:

- Cerciórese que los interruptores de salida del Grupo Electrógeno (ubicado en el tablero de generación y/o tablero de distribución de potencia, si aplicase) y el interruptor de las cargas estén abiertos.

- Encender el Grupo Electrógeno y esperar que se estabilicen en tensión y frecuencia. Revisar que los parámetros estén en los valores de operación nominal, caso contrario ajustar. Cierre el interruptor principal del Grupo Electrógeno (ubicado en el tablero de generación y en el tablero de distribución de potencia).

- Cierre el interruptor de la carga ubicado en el tablero de distribución de potencia, y comience a encender las cargas gradualmente hasta llegar a la potencia máxima individual (especificada en el diseño) de operación del Grupo Electrógeno. Revise la respuesta de tensión y frecuencia cada vez que conecte una carga, estos parámetros deberán permanecer constantes durante toda maniobra.

- Deje operando el Grupo Electrógeno por 30 minutos mínimo y revise cada 5 minutos la temperatura del motor y la presión de aceite, debe permanecer dentro de los límites especificados por el fabricante.

- Si la Central Eléctrica de generación cuenta con más de un Grupo Electrógeno y los mismos operarán en paralelo (interconectados) a través de una barra de generación, al realizar la prueba de carga y cuando se tenga conectada la carga nominal se procederá al ajuste de los límites máximos de los sensores varimétricos (repartición de potencia reactiva, si aplicase este criterio), esto de acuerdo con las instrucciones al respecto en el manual técnico del regulador automático de tensión.

- Una vez transcurrido el tiempo de prueba se desconectarán las cargas gradualmente hasta dejar operando el Grupo Electrógeno en vacío por un período no menor a 5 minutos. Luego apague el Grupo Electrógeno y se documentará la prueba.

- Repita la prueba con cada uno de los Grupos Electrógenos de la Central Eléctrica. Hasta tanto no se prueben todos los grupos individualmente no se procederá a la sincronización y puesta en paralelo de los Grupos Electrógenos.

En sistemas de generación en régimen de emergencia, con uno o más Grupos Electrógenos, cada Grupo Electrógeno de la Central Eléctrica se probará de acuerdo con el siguiente procedimiento:

- Cerciórese que los interruptores de salida del Grupo Electrógeno (ubicado en el tablero de generación y/o tablero de distribución de potencia, si aplicase) y de la carga estén abiertos y el conmutador del tablero de transferencia (automático o manual) esté en su posición de normal (línea externa), con la línea energizada (el sistema de control del tablero, debe indicar que la línea está energizada y normal).

- Encender el Grupo Electrógeno (ver nota) y esperar que se estabilicen en tensión y frecuencia. Revisar que los parámetros estén en los valores de operación nominal, caso contrario ajustar. Cierre el interruptor principal del Grupo Electrógeno (ubicado en el tablero de generación).

- En el tablero de transferencia proceda a transferir manualmente la operación normal a operación de emergencia en los controles especificados para ese fin, de acuerdo con el manual técnico de operación del tablero.

- Cierre el interruptor de la carga ubicado en el tablero de distribución de potencia (aguas abajo del tablero de transferencia), y comience a encender las cargas gradualmente hasta llegar a la potencia máxima (especificada en el diseño) de operación individual del Grupo Electrógeno. Revise la respuesta de tensión y frecuencia cada vez que conecte una carga, estos parámetros deberán permanecer constante durante toda maniobra.

- Deje operando el Grupo Electrógeno por 30 minutos mínimo y revise cada 5 minutos la temperatura del motor y la presión de aceite, ambas deben permanecer dentro de los límites especificados por el fabricante.
- Si la Central Eléctrica de generación de emergencia cuenta con más de un Grupo Electrógeno y los mismos operarán en paralelo (interconectados) a través de una barra de generación, al realizar la prueba de carga y cuando se tenga conectada la carga nominal se procederá al ajuste de los límites máximos de los sensores varimétricos (repartición de potencia reactiva, si aplicase este criterio), esto de acuerdo con las instrucciones al respecto en el manual técnico del regulador automático de tensión.
- Una vez transcurrido el tiempo de prueba se desconectarán las cargas gradualmente hasta dejar operando el Grupo Electrógeno en vacío por un período no menor a 5 minutos. Luego en el tablero de transferencia, proceda a transferir manualmente la operación de emergencia a operación normal en los controles especificados para ese fin de acuerdo con el manual técnico de operación del tablero, una vez realizada la retransferencia, apague el Grupo Electrógeno y se documentará la prueba.
- Repita la prueba con cada uno de los Grupos Electrógenos de la Central Eléctrica. Hasta tanto no se prueben todos los grupos individualmente no se procederá con la sincronización y puesta en paralelo de los Grupos Electrógenos.

- **Pruebas de sincronismo**

Las pruebas de sincronismo incluyen los procedimientos para verificación de los dispositivos de control y la instrumentación para la interconexión en paralelo de los Grupos Electrógenos con la finalidad que los mismos compartan las cargas aplicadas, tanto la potencia activa (kW) como la reactiva (kVAR).

- **El Sincronismo**

Sincronización o sincronismo de generadores es el procedimiento por el cual un generador encendido se prepara para la interconexión con una barra energizada con la finalidad de aumentar la confiabilidad del sistema de generación (ver nota) y compartir su potencia de generación. Para sincronizar un generador a una barra energizada deberá haber coincidencia de frecuencia, tensión y secuencia de fase. Una vez que el generador está sincronizado se cierra el interruptor principal de conexión a la barra y se finaliza el proceso de sincronización para comenzar el proceso de repartición de carga (operación en paralelo).

Nota.- La operación de Grupos Electrógenos en paralelo aumenta la confiabilidad y disponibilidad de una Central Eléctrica, ya que operar varios generadores compartiendo su capacidad de suministro de potencia a valores porcentuales entre el 50 y 70 % (ver aparte sobre pruebas de repartición de potencia activa y reactiva), si por alguna circunstancia uno presenta una falla, los otros están en capacidad de suplir la potencia del generador fallado.

En la actualidad la sincronización de Grupos Electrógenos es parte de los procesos que gestiona su controlador integral (control distribuido) o es realizado por comandos automáticos de un autómata programable (control centralizado) con un sincronizador electrónico discreto que controla (para ambos casos) la velocidad del motor (frecuencia) y la tensión a través de unas interfases conectadas al control de velocidad (gobernador) y al regulador automático de tensión respectivamente. En centrales eléctricas de operación continua o centrales eléctricas de instalaciones críticas como hospitales, clínicas y centro de procesamiento de datos donde se cuenta con centrales eléctricas de emergencia con Grupos Electrógenos operando en paralelo, es necesario (y se expresa como obligatorio en algunas normas) que la operación de sincronización también se pueda hacer manualmente en caso que el sistema automático falle, por lo que la instrumentación y los sistemas de control deberán ser adecuados para ese fin.

A este efecto, la lógica de control deberá contar con los siguientes accesorios para la maniobra manual: A.- Ajuste de Velocidad del motor por el cual se puede acelerar o desacelerar el motor, esto se realiza mediante dos pulsadores o conmutador (+ 0 –) o de un potenciómetro de precisión (multivueltas). B.- Ajuste de Tensión del generador, en el cual se puede incrementar o reducir el nivel de tensión de salida del generador, al igual esto se realiza mediante dos pulsadores o conmutador (+ 0 –) o de un potenciómetro de precisión (multivueltas). C.- Interruptor o conmutador de activación (permisivo) para encender el sistema de sincronización (ver nota). D.- Pulsador para cerrar el interruptor de potencia de maniobra del generador y E.- Pulsador para abrir el interruptor de potencia de maniobra del generador.

Nota.- El interruptor o conmutador de activación permisiva (para operación manual) del sistema de sincronismo deberá ser sólo uno para todo el sistema, ya que el mismo conectará la instrumentación de sincronización por un lado a la barra (referencia) y por el otro al generador a sincronizar y sólo deberá haber un generador a la vez con permisivo para su sincronización manual.

Como se ha indicado para el proceso de sincronización de un generador debe haber coincidencia de fase, de frecuencia y de tensión por lo que la instrumentación deberá ser: A.- Un sincronoscopio que indica el ángulo de fase entre la tensión de la barra y la tensión del generador a sincronizar (ver fig. No. 12-7), B.- Un voltímetro doble que permite la comparación entre la tensión de la barra y la tensión del generador a sincronizar y C.- Frecuencímetro doble que permita la comparación de la frecuencia de la barra y la frecuencia del generador a sincronizar (ver Fig. No. 12-8).

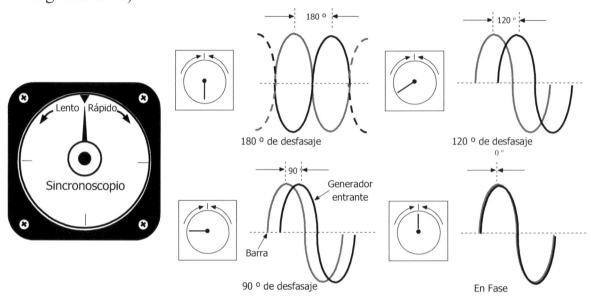

El Sincronoscopio como medidor de ángulo de fase

Fig. 12-7

- **Instalación de la instrumentación**

Dada la importancia de la instrumentación de sincronismo para esa maniobra (tanto en lo automático como en lo manual), para su instalación habrá que tomar previsiones especiales (ver nota) como son: A.- Comparar las lecturas de ángulos de fases del sincronoscopio (una vez conectado como lo indica su manual) con las lecturas de un osciloscopio de doble traza, en la que en la traza "1" se indicará la referencia de barra y en la traza "2" la referencia del generador a sincronizar. B.- Comparar la secuencia de fase de la barra y la del generador, siempre deberá ser la misma (aunque la rotación sea igual) la secuencia será L1-L2-L3., para esto se deberá utilizar un secuencímetro C.- Comparar la lectura de frecuencia de la instrumentación de sincronización (Frecuencímetro doble) con un multímetro o frecuencímetro debidamente calibrado y D.- Comparar la lectura de tensión de la instrumentación de sincronización (voltímetro doble) con un multímetro o voltímetro debidamente calibrado.

Nota.- Al igual que con la instrumentación para la maniobra manual, también se deberán hacer las mismas comparaciones con las lecturas digitales del controlador digital o sincronizador electrónico discreto (si aplicase). Esto se realizará de acuerdo con las instrucciones del fabricante, para lo cual habrá que encender el Grupo Electrógeno, tomando la previsión que no pueda, por ningún motivo, activarse involuntariamente el interruptor de maniobra de conexión a la barra, para lo cual será necesario desconectar los conductores de control. Por la criticidad de estas pruebas siempre deberán ser realizadas por expertos.

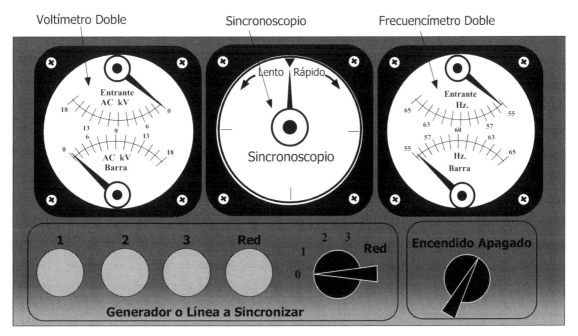

Instrumentación para la sincronización manual
Fig. 12-8

- **Pruebas de Sincronismo**

Para efectuar la pruebas de sincronismo del sistema se deberán realizar dos procedimientos, un procedimiento manual para confirmar que todo, la lógica de control e instrumentación está operando correctamente y luego un procedimiento automático donde se confirmará la operación del controlador integral del Grupo Electrógeno. Ambos procesos de prueba se deberán realizar sin dar oportunidad al interruptor de maniobra a conectarse, por lo que será necesaria la desconexión del sistema de control (bobinas de enganche y disparo y el motor operador) y se deberá conectar una lámpara piloto (adecuada a la tensión de control) en la conexión de la bobina de enganche.

- **Pruebas de sincronismo manual**

A.- Proceder a energizar la barra con cualquiera de las fuentes de suministro de potencia de conexión proyectada en la barra (otro Grupo Electrógeno de operación en paralelo o la red utilitaria). Es importante indicar que para efectos de evitar la sincronización fuera de fase o involuntaria con barras energizadas todo dispositivo de suministro de potencia o energía a una barra deberá contar con una protección de sincronismo (ver sección No. 7.11), el réle de sincronismo tiene un dispositivo sensor que inmediatamente da el permisivo de conexión si la barra no está energizada B.- Una vez energizada la barra, se procede a encender el permisivo de sincronización en el tablero de instrumentación de sincronismo, deberá indicar la tensión y frecuencia de barra. C.- Luego se selecciona el generador a sincronizar y en el tablero de instrumentación de sincronismo, deberá indicar la tensión y frecuencia del generador a sincronizar y el sincronoscopio empezará a moverse. En el caso de que la tensión y la frecuencia no sean iguales a la referencia de la barra, se deberán operar los pulsadores o ajustes para frecuencia y tensión hasta igualar los valores y el sincronoscopio empezará a moverse lentamente. D.- El sincronoscopio se deberá mover lentamente en el sentido de las agujas del reloj, si lo hace en forma contraria se deberá subir un poco la frecuencia del generador entrante hasta que el movimiento sea en ese sentido y muy lento. E.- En el momento que se tenga coincidencia de fase (ángulo 0) entre la barra y el generador entrante se deberá pulsar el botón de cierre del interruptor y la lámpara piloto que simula la bobina del interruptor de maniobra se deberá encender (ver nota). Si es así, el sistema estará probado y se podrá proceder a su sincronización pasando a las pruebas de repartición de carga. F.- El ángulo máximo entre fase y los valores máximos diferenciales de frecuencia y tensión para la sincronización son los descritos en la tabla de acuerdo con lo indicado en la Norma IEEE 1547 (ver Fig. No. 12-9).

Nota.- Como se refiere arriba, todo sistema de lógica de control de cierre del interruptor de maniobra de un generador que puede sincronizarse u operar en paralelo, debe tener un réle de protección para el permisivo de la sincronización (ver aparte No. 7.11). Una vez que se pulsa el botón de cierre del interruptor de maniobra la señal del mismo pasa a través del contacto del réle de protección de sincronización y si realmente las dos fuentes (la barra y el generador entrante) están en coincidencia el réle dará el permisivo que permitirá que la lámpara piloto se encienda.

- **Pruebas de sincronismo automático**

A.- Proceder a energizar la barra con cualquiera de las fuentes de suministro de potencia de conexión proyectada en la barra (otro Grupo Electrógeno de operación en paralelo o la red utilitaria), al igual que con la prueba manual. B.- Proceder a encender el controlador automático y por consecuencia, se encenderá el Grupo Electrógeno, una vez estabilizado el motor, procederá a buscar la coincidencia con la barra ajustando la frecuencia y la tensión (ver nota). C.- El controlador del Grupo Electrógeno comenzará el proceso automático de sincronización reduciendo el ángulo de coincidencia y enviando la señal a la bobina de cierre del interruptor de maniobra del Grupo Electrógeno y la lámpara piloto que simula la bobina del interruptor de maniobra se deberá encender, procediendo de igual forma al procedimiento manual. Si es así, el sistema estará probado y se podrá proceder a su sincronización pasando a las pruebas de repartición de carga. D.- El ángulo máximo entre fase y los valores máximos diferenciales de frecuencia y tensión para la sincronización son los descritos en la tabla de acuerdo con lo indicado en la Norma IEEE 1547 (ver Fig. No. 12-9).

Nota.- Previamente a las diferentes pruebas de operación automática del controlador integral del Grupo Electrógeno el mismo deberá ser ajustado internamente con los parámetros de operación del sistema y límites (para las protecciones tanto del motor como las eléctricas) de acuerdo con lo indicado en el manual del fabricante. Esta actividad deberá hacerse por personal especializado y calificado con certificación del fabricante del Grupo Electrógeno o del controlador integral.

Potencia del Grupo Electrógeno o Recurso Distribuido	Diferencia de Frecuencia (Δ F, Hz)	Diferencia de Tensión (Δ V, %)	Diferencia de ángulo ($\Delta\varphi$, Grados)
0-500 kVA	0,3	10	20
>500-1500 kVA	0,2	5	15
>1500-10000 kVA	0,1	3	10

Limites para la sincronización según la Norma IEEE 1547
Fig. 12-9

- **Pruebas de repartición de la potencia activa (kW) y reactiva (KVAR)**

Como se ha explicado en capítulos anteriores, en la generación de corriente alterna la entrega de potencia activa (kW/MW) depende directamente de la conversión de energía mecánica y por consecuencia del suministro (inyección) de combustible a la cámara de combustión (ver secciones No. 5.6; 5.7; 5.16 y 6.9) donde la responsabilidad de su administración es del Control de Velocidad (Gobernador) y la entrega de potencia reactiva (kVAR/MVAR) depende de la magnitud del flujo de excitación magnética del campo rotor sobre los devanados inducidos (estatores) donde el regulador automático de tensión tiene el control (ver sección No. 7.9).

De acuerdo con lo explicado en el capítulo sobre el Generador, sección No. 7.3, cuando al generador se le aplica una carga eléctrica, el rotor tiende a ser frenado por efecto del campo magnético opuesto inducido desde el estator por la corriente que circula por sus devanados (Efecto de Lenz), por lo que para mantener la frecuencia (Hz) estable y/o compensando la entrega de potencia activa (kW/MW), el control de velocidad monitorea la pérdida de velocidad por el frenado del rotor y compensa la entrada de combustible haciendo que el motor aumente su torque de fuerza no permitiendo que la tendencia a frenarse continúe (ver nota). Al igual, la desviación (ángulo de deslizamiento) entre los polos magnéticos del rotor y del inducido hacen que parte del campo magnético excitador se desvíe fuera del polo y que la tensión disminuya y el regulador automático de tensión compense inyectando mas corriente al campo rotor, aumentando la excitación magnética y haciendo estable la tensión y/o compensando la entrega de potencia reactiva desde el generador a la cargas.

Nota.- En todos los casos, cuando el generador opera en régimen estable (entrega de potencia constante), el rotor es obligado a volver a la velocidad de sincronismo por la acción del "par sincronizante". Cuando el generador es sometido a régimen transitorio (entrega o libera bloques de potencia no constantes) si el par sincronizante no es compensado dentro de sus límites por el gobernador y el AVR (por falla o porque llegó a su de potencia máxima), la tendencia es a salirse del sincronismo (magnético) perdiendo frecuencia y tensión, haciendo que en la barra si no hay otro generador que compense la entrega de potencia activa (que mantienen la frecuencia de barra constante) o la potencia reactiva (que mantiene la tensión de barra constante) la tensión y la frecuencia de barra variarán de sus valores constantes.

Cuando un Grupo Electrógeno se sincroniza y opera en régimen paralelo con una barra de generación en la cual están conectados otros generadores u otra fuente (transformador), suministrando potencia a las cargas, el Grupo Electrógeno entrante deberá compartir proporcionalmente la entrega de potencia (activa y reactiva) con los otros generadores (ver nota) esto para llenar los requerimientos de las cargas. Por consecuencia la frecuencia y la tensión se mantendrán constantes en la barra de generación, y de acuerdo con el funcionamiento compensatorio del control de velocidad y/o del regulador automático de tensión sólo varían (incrementan o reducen) la entrega de potencia activa (kW/MW) y potencia reactiva (kVAR/MVAR) en el generador del Grupo Electrógeno.

Nota.- De la misma forma en que el generador entrante comparte su potencia de generación, lo hacen los otros generadores que están suministrándola a la barra.

- **Métodos para la repartición de la potencia activa y reactiva**

Hay dos métodos o criterios para la repartición de la entrega de potencia cuando un generador opera en régimen paralelo con una barra donde otros generadores también están entregando potencia a las cargas. Uno de ellos es el método de caída o inclinación ("Droop" por su denominación en inglés), donde el generador opera de forma individual compartiendo su carga por el criterio de límite máximo de entrega, esto significa que el generador entrega las potencias activas y reactivas máximas prefijadas y cuando llega a su límite, monitoreado por el control de velocidad (intenta frenarse y baja un poco la velocidad), así como por el regulador de tensión (que monitorea el factor de potencia o la entrega de potencia reactiva enviando una señal al detector de error interno cuando está en el límite), y cuando se activa este escenario se produce tanto en la velocidad como en la excitación de los campos una "Caída" o "Agachado" de hasta el 3 % de su velocidad y de su excitación del campo, haciendo que los otros generadores tomen la cargas cedidas y luego el generador entrante se vuelve a recuperar hasta tanto se repita el escenario, por lo que entre este generador y el sistema se presenta un pequeño intercambio de potencias que no altera la estabilidad del sistema, denominado en el argot técnico "Corrientes Cruzadas", lo cual es totalmente normal en sistemas con este tipo de criterio de operación (ver Fig. No. 12-10).

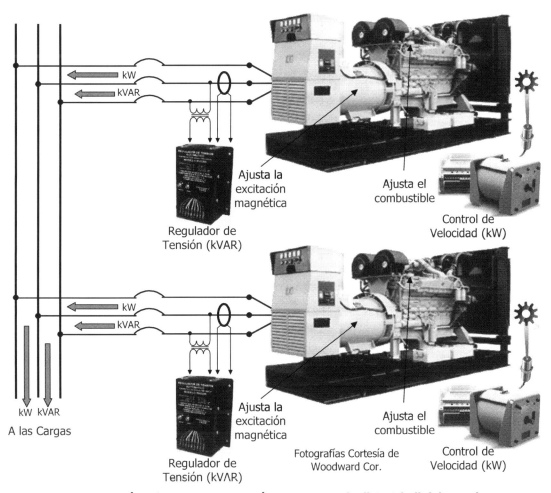

Repartición de cargas según criterio de "Caida" (droop)
Fig. 12-10

El otro método de repartición de potencia es el denominado por "Isocronía" o igualdad de velocidad y excitación de los campos, donde todos los generadores que entregan potencia a las cargas tienen instalados controladores integrales repartidores de carga (los cuales también son sincronizadores automáticos) que monitorean la salida de potencia (activas y reactivas) del generador con transformadores de corriente y potencial. Estos controladores integrales procesan internamente y se comunican con el control de velocidad y el regulador de tensión (para hacer los ajustes pertinentes) y también se comunican con los controladores integrales de los otros generadores (vía modbus u otros protocolos de comunicación, ver nota) para informarles la potencia que está entregando y para que todos uniformicen la velocidad y excitación, para poder estar en el criterio de isocronía, supliendo todos proporcionalmente (cada Grupo Electrógeno en paralelo), la misma potencia (ver Fig. No. 12-11).

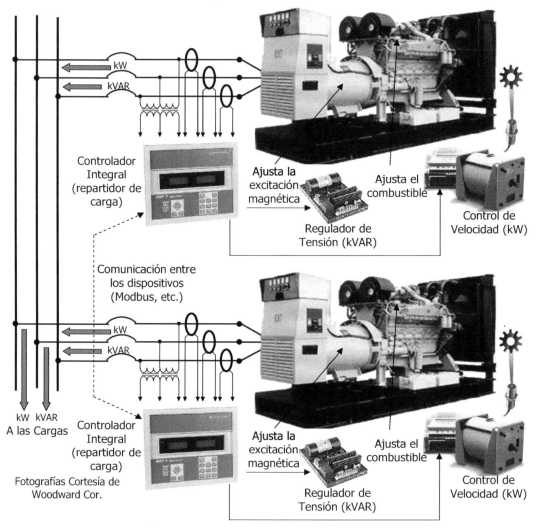

Repartición de cargas según criterio de "Isocronía"

Fig. 12-11

Nota. – Modbus® es un protocolo de comunicaciones entre dispositivos de automatización basado en la arquitectura "maestro-esclavo" o "cliente-servidor", diseñado para la comunicación remota entre autómatas programables, es muy utilizado por todos los fabricantes porque es un protocolo público, su implementación es fácil y requiere poco desarrollo y no tiene restricciones de uso en todas las marcas de autómatas programables y dispositivos de automatismo.

12.4.- Operación de Grupos Electrógenos en Régimen de Respaldo

Como se indicó en las secciones No. 3.3 y 4.7; los regímenes de operación de las centrales eléctricas y Grupos Electrógenos se clasifican principalmente en aplicación de respaldo y de continuidad, donde en las aplicaciones de respaldo se tienen dos clasificaciones: A.- Aplicación de Respaldo de Emergencia, en el cual la Central Eléctrica y/o los Grupos Electrógenos operan temporalmente para el sostenimiento de las facilidades de vida de las personas y resguardo de bienes. Estos sistemas son los utilizados en caso de fallas de la red utilitaria en hospitales, clínicas y edificaciones para ayudar a la conservación de la vida de personas (salas de operación, rutas de evacuación, etc.) o para el resguardo de bienes dando seguridad e iluminación, y B.- Aplicación de Respaldo Operativo en el cual la Central Eléctrica y/o los Grupos Electrógenos operan de manera temporal para el sostenimiento de la operatividad de las empresas como sistemas de producción, financieros, comunicación, etc., y no se produzcan pérdidas económicas y/o se puedan sostener los servicios en caso de fallas de la red utilitaria. La arquitectura de diseño e instalación es similar en ambos casos (ver Fig. No. 12-13) y según los requerimientos de las normas al respecto en el diseño siempre habrá que respetar la instalación de una barra de generación (para el funcionamiento de más de un generador en paralelo) y la instalación de tableros automáticos de transferencia.

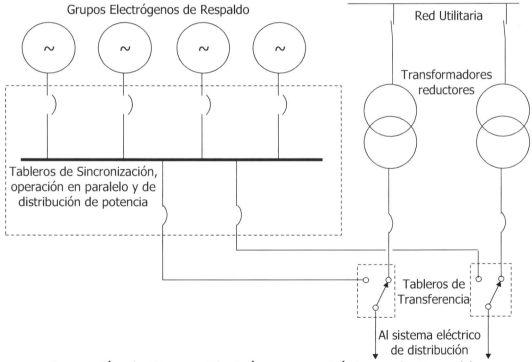

Operación de Grupos Electrógenos en Régimen de Respaldo
Fig. 12-12

La instalación de los sistemas de respaldo de emergencia es de obligatorio cumplimiento por requerimientos locales e internacionales y está regulada de acuerdo con lo estipulado en las Normas COVENIN y FONDONORMA (en Venezuela) y NFPA (internacionalmente). No obstante, para efectos de la aplicación de los sistemas de respaldo operativo, habrá que analizar la factibilidad financiera de realizar su inversión para conocer si las pérdidas por las paradas de la producción o de los sistemas de comunicación (por ejemplo) pueden justificar la construcción de una Central Eléctrica para aplicación como respaldo operativo. A ese efecto, a continuación se describe una forma simple de realizar un estudio preliminar de factibilidad de un sistema de respaldo operativo o conocer cuanto costaría una energía eléctrica de alta confiabilidad, como ejemplo se asigna el estudio de una Central Eléctrica de respaldo de 6 MVA (6.000 kVA) con cuatro Grupos Electrógenos (1.500 kVA c/u) con motor reciprocante a combustible líquido (diesel):

Los parámetros que se utilizan para el cálculo son: A.- La demanda eléctrica del suscriptor de la red utilitaria B.- El costo de la inversión a realizar en la construcción de la Central Eléctrica, C.- El costo del mantenimiento anual de la misma, D.- El costo de la tarifa eléctrica de la red utilitaria, E.- La vida útil (antes de reconstrucción) asignada por los fabricantes de la Central Eléctrica y F.- Costo del Combustible:

A.- La demanda eléctrica del suscriptor................ 5.000 kW

B.- El costo de la inversión (ver tabla en Fig. No. 1.4) 1.625.000 US $

C.- El costo mantenimiento anual (Fig. No. 1.4)........ 10.000 US $(*1)

D.- Costo de la tarifa eléctrica (kW/h).................... 0,05 US $(*2)

E.- Vida útil de los equipos antes de reconstrucción...86.400 Horas (*3)

F.- Costo de combustible consumido por kW/h uso...   0,18 US $ (*4)

Notas.-

1.- Se estima el costo de mantenimiento en la operación en régimen de emergencia de no más de 200 horas anuales (Norma ISO 8528-1) a la potencia de 5.000 kW a un costo medio de acuerdo con la tabla de la Fig. No. 1.4 de 0,01 US $ el kW generado.

2.- Se establece la tarifa eléctrica promedio entre los diferentes países de América Latina en 5 centavos de US $ o 50 mills de US $ (mills es igual a una milésima).

3.- De acuerdo con los fabricantes la vida útil de un Grupo Electrógeno de régimen de emergencia operando no más de 200 horas al año (Norma ISO 8528-1) es de 10 años antes de reconstrucción y/o actualización tecnológica, lo que significa 8.640 horas año del sistema de respaldo disponible y a la espera de una falla en la red utilitaria.

4.- Precio calculado de acuerdo con precio internacional de diesel a mayo 2009, con un consumo de 0,3 litros por kW/h generado (según especificaciones de fábrica).

Cálculo

Costo del kW/h de alta confiabilidad = Tarifa eléctrica + **C1** + **C2** + **C3**

Donde:

C1 = Costo de inversión por kW/h del sistema de respaldo es:

$$C1 = \frac{\text{Costo del sistema de respaldo en US \$}}{\text{Demanda eléctrica x Vida útil en horas}} = \frac{1.650.000}{5.000 \times 86.400}$$

C1 = 0,003 US $; al amortizar los capitales sería de 0,01 US $ x kW/h

C2 = Costo del mantenimiento por kW/h generado de 0,01 US $

Nota.- Costo de mantenimiento calculado de acuerdo con una operación de 200 horas anuales a generación total de 5000 kW.

C3 = Costo del combustible consumido (5.000 kW) en un año (200 horas de uso) por la disponibilidad en los 10 años de vida útil entre la demanda eléctrica (5000 kW) por las horas disponibles (86.400 horas).

C3 = 0,18 US $ x 5.000 kW x 200 horas x 10 años = 1.800.000 / 43.2000.000 = 0,004 US $ x kW/h

Por lo que:

Costo kW/h de alta confiabilidad = 0,05 + 0,01 + 0,01 + 0,004 = 0,074

Costo de un kW/h de alta confiabilidad es = 0,074 US $

Se concluye que el costo de un kW/h de alta confiabilidad por la instalación de un sistema de respaldo (para nuestro ejemplo) es 48 % mayor a la tarifa normal del suplidor comercial del servicio eléctrico.

Nota.- La amortización de los capitales se calculan de acuerdo con técnicas financieras aceptables, según el interés anual a tasas internacionales y restando al capital la depreciación anual de los activos, que para nuestro caso es de 10 % anual por ser la vida útil de 10 años. Es importante aclarar que en todo caso las pérdidas causadas por la falta del sistema de respaldo en redes utilitarias de baja confiabilidad, puede hacer que el costo del kW/h de alta confiabilidad baje y la amortización de los capitales sea a mucho menor período que el mostrado en nuestro ejemplo.

12.5.- Operación de Grupos Electrógenos en Régimen de Recorte de Picos

Así como también se indicó en la sección No. 4.7, una Central Eléctrica de respaldo de emergencia o respaldo operativo se puede operar como suplidor de excesos de demanda puntuales del suscritor en países donde los costos de la energía eléctrica lo hacen factible. Cuando el suscritor industrial o comercial tiene procesos productivos o especiales que aumentan la demanda de energía eléctrica de forma puntual y por pocas horas al día, la semana o el mes, por ese exceso de demanda deben obligatoriamente contratar la demanda total (consumo normal + pico de demanda puntuales), lo que aumenta el monto de la facturación por electricidad. A este efecto, es importante indicar que el factor económico-financiero más importante para hacer factible la utilización de una Central Eléctrica en régimen de recorte de picos, es que los costos de la demanda contratada (ver nota) cobrados por la empresa concesionaria de la red utilitaria (suplidora de energía eléctrica externa) sean suficientemente altos para que se justifiquen los gastos extraordinarios que originará la operación en régimen primario (forma más continua de operar) de la Central Eléctrica.

Nota.- Las empresas concesionarias de la red utilitaria (suplidoras externas de electricidad) en la facturación a los suscritores industriales y comerciales, les aplican dos tipos de tarifas, una por la cantidad de energía consumida designada en kW/h denominada en el argot "Consumo" y la otra que es el derecho que le dan al suscritor de tener la cantidad máxima de potencia disponible (solicitada por el suscritor) todo el tiempo, es denominada "Demanda" y es designada en KVA o MVA (cuando está vinculada en su medición al factor de potencia) o en KW o MW cuando el alto consumo de reactivos o bajo factor de potencia (consumo muy desfavorable para la suplidora externa) se aplica aparte como una penalización en la factura. Por lo general, el costo de la demanda es representativamente mucho más alto y en algunos países puede llegar a ser mayor del 1000 % del costo del kW/h. La proyección de las demandas contratadas por los suscritores le dan a las empresas suplidoras de electricidad un índice por el cual ellas planifican su crecimiento, desarrollo e instalación o ampliación de las subestaciones y nuevas líneas de transmisión y distribución para poder suplirlas.

Las premisas más importantes para hacer que un sistema de generación de emergencia puede servir como sistema de recorte de picos ("Peak Shaving" por su denominación en inglés) son las siguientes:

- Que su utilización al operar como generación de recorte de picos no altere la garantía o soporte técnico de los Grupos Electrógenos, ya que al sobrepasar las 200 ó 500 horas (máximo para sistemas en régimen de emergencia) según la Norma ISO 8528-1 cambiará el régimen de aplicación de los Grupos Electrógenos de emergencia a primario y entonces habrá que variar el régimen de aplicación de carga a 80 % (máximo) de su valor de placa y la periodicidad de los mantenimientos preventivos aumentará.

- Que la inversión en la compra e instalación de los Grupos Electrógenos, sus sistemas asociados y tableros eléctricos sea sólo amortizada por la necesidad de la aplicación en emergencia, la cual siempre será prioritaria sobre la utilización en recorte de picos de demanda. Si se aplica la factibilidad de la inversión o parte de ella al funcionamiento de la Central Eléctrica al régimen de utilización en recorte de pico de demanda, el retorno de capital producido por el ahorro del recorte en la demanda contratada a la empresa suplidora externa (por experiencia) no será favorable a los períodos esperados por los inversionistas.

- Que la empresa concesionaria de la red utilitaria (suplidora de energía eléctrica externa) permita la reducción (nueva contratación) de la demanda contratada.

- Que se tenga capacidad extra de almacenaje de combustible o disponibilidad de suministro, que no comprometa la autonomía del sistema cuando opera en régimen de respaldo de emergencia o respaldo operativo.

Una vez analizado el cálculo de los costos de operación y mantenimiento (ver nota) de la Central Eléctrica y la aplicación de las premisas anteriores se decidirá a favor de la aplicación de una operación en régimen de recortes de pico, sólo si se demuestra que los costos por la energía eléctrica contratada son mayores al ahorro obtenido, incluyendo la reducción de la demanda eléctrica en la facturación de la empresa suplidora externa, lo que permitirá obtener un superávit (beneficio) por la aplicación de este tipo de régimen de operación.

Nota.- También los costos de operación y mantenimiento aumentarán significativamente con la mayor operación y el cambio a régimen a primario de los Grupos Electrógenos, así como la creación de una partida (financiera) para la reconstrucción temprana ("Overhaul" por su denominación en inglés) de los Grupos Electrógenos

12.6.- Operación de Grupos Electrógenos en Régimen Continuo

Cuando se requiere de energía eléctrica de forma continua porque no existe red utilitaria (suplidor externo), o sus líneas de distribución están muy lejanas, o porque los costos o confiabilidad y/o calidad de la energía eléctrica suplida por la empresa concesionaria de la red utilitaria (suplidora de energía eléctrica externa) hagan que su utilización no tenga factibilidad para la operación segura y constante de un sistema consumidor de alta criticidad, en especial en los sectores industriales o comerciales, se debe instalar una Central Eléctrica de operación continua (ver nota), también denomina "Generación Independiente" ("IPP" o "Independent Power Production" por sus siglas y denominación en inglés).

Nota.- No se deben confundir los términos de "Central Eléctrica de Generación Distribuida" y "Central Eléctrica de Operación Continua", ya que el primero es el concepto por el cual se denomina cualquier central de generación que produce energía muy cerca de donde se consume (como término antagónico a "Generación Centralizada" que es la que se realiza en grandes complejos de producción de electricidad y se transmite hasta los centros de consumo) y el segundo determina el régimen de utilización, por lo que una Central Eléctrica de Generación Distribuida puede ser diseñada para régimen de emergencia, régimen de recorte de picos o régimen de operación continua.

Las centrales eléctricas de generación continua están diseñadas para producir el suministro de energía eléctrica constante a la cargas bases del sistema eléctrico, por lo que los requerimientos de diseño, operación y mantenimiento deben ser considerablemente exigentes (ver secciones No. 3.3 y 4.7).

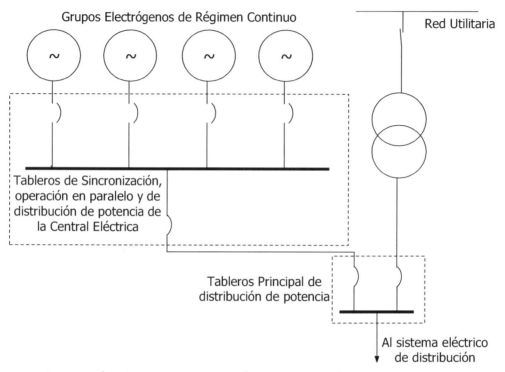

Operación de Grupos Electrógenos en Régimen de Continuo
Fig. 12-13

La mayoría de las legislaciones internacionales al respecto obligan a los propietarios de centrales eléctricas de operación continua (generación independiente) a tener una interconexión con la red utilitaria para que la misma pueda ser utilizada en caso de contingencia de las redes públicas. Otras legislaciones permiten que la energía excedente (no utilizada por el propietario o usuario de la misma) de estas centrales eléctricas pueda ser vendida a la red pública, al igual que también permiten la operación en paralelo permanente o parcial para suplir la demanda total del propietario en momentos que requiera exceso de la misma (ver Fig. No. 12-13).

Las principales premisas para el diseño, instalación, operación y mantenimiento de una Central Eléctrica de operación continua son las siguientes:

- Para su diseño conceptual y factibilidad financiera debe garantizarse su operación al menos del 50 % del tiempo y sobre el 60 % de su capacidad nominal de entrega de potencia.

- Que los Grupos Electrógenos seleccionados para su operación sean de características y requerimientos para operación continua preferiblemente motogeneradores de 1.200 o 900 RPM, o turbogeneradores en regímenes de operación pesado o semipesado.

- Que el suministro de combustible sea de alta disponibilidad y confiabilidad, dando preferencia al gas natural. Sin embargo, se puede utilizar el diesel en este tipo de aplicación, no obstante, se debe garantizar una frecuencia de suministro adecuada con la capacidad de consumo del combustible, al igual se debe garantizar un sistema de almacenamiento que permita tener suficiente reserva para casos en que falle temporalmente el sistema de suministro.

- La Central Eléctrica deberá tener capacidad de admitir contingencias de hasta dos Grupos Electrógenos (N-2) con salida no forzadas (fallas) o forzadas (paradas por mantenimiento) sin arriesgar la capacidad total de suministro de energía eléctrica al sistema de consumo.

- Los suplidores de las tecnologías de generación (Grupos Electrógenos), sistemas asociados y sistemas de automatismo deberán garantizar el soporte técnico permanente al propietario de la Central Eléctrica, así como el adiestramiento del personal técnico operador y de mantenimiento.

- La organización gerencial y administrativa de la Central Eléctrica deberá estar separada de cualquier otro proceso del propietario de la misma y tendrá tres áreas bien definidas (ver Fig. No. 12-14): A.- Conservación (referida al mantenimiento), B.- Operación (responsable de la operación permanente de la función suplir energía eléctrica) y C.- Calidad (que garantizará la confiabilidad y seguridad del suministro).

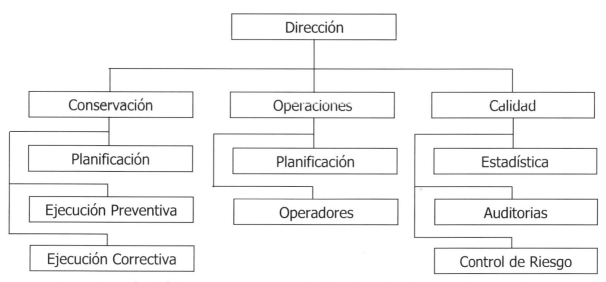

Organización Básica de una Central Eléctrica de Generación Continua
Fig. 12-14

- **Costos del kW/h producido en una Central Eléctrica de régimen continuo**

A efectos de indicar una forma sencilla y fácil de calcular (no se exponen cálculos financieros complejos) a continuación describimos un ejemplo de aplicación para una Central Eléctrica de Generación continua que suplirá electricidad a un complejo industrial con un consumo promedio de 13.000 kW/h las 24 horas al día los 365 días del año. La Central Eléctrica está conformada por cuatro Grupos Electrógenos con motor rotativo de 5.000 kW (turbogeneradores) a gas natural operando en ciclo simple con una vida útil antes de reconstrucción mayor de 40.000 horas.

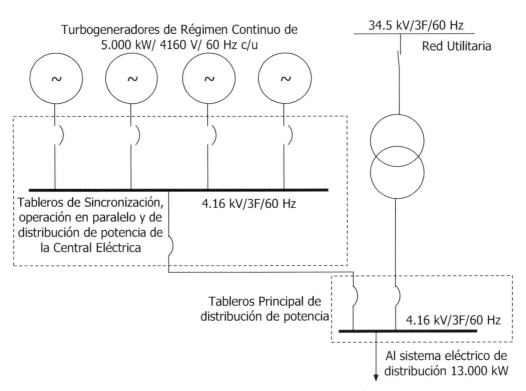

Ejemplo de Central Eléctrica de operación en Régimen de Continuo
Fig. 12-15

Los parámetros que se utilizan para el cálculo son: A.- La demanda eléctrica promedio del sistema eléctrico a suplir B.- El costo de la inversión a realizar en la construcción de la Central Eléctrica de acuerdo con la demanda promedio, C.- El costo del mantenimiento anual de la misma, D.- Costo del combustible gaseoso (gas natural), E.- La vida útil (antes de reconstrucción) asignada por los fabricantes de la Central Eléctrica y sus diferentes dispositivos y F.- Costo de la partida de reconstrucción dentro de la vida útil asignada por el fabricante.

A.- La demanda eléctrica promedio………………… 13.000 kW

B.- El costo de la inversión (ver Fig. No. 1.4)…..…… US $ 14.000.000

C.- El costo mantenimiento anual y operación..…… US $ 898.560 (*1)

D.- Costo del Gas Natural (Gas Metano) … US $ 4.5 x MM BTU(*2)

E.- Vida útil de los equipos antes de reconstrucción…40.000 Horas (*3)

F.- Costo de partida de reconstrucción……………..US $ 2.400.000 (*4)

Otros datos de importancia:

G.- Consumo de combustible (turbogenerador)…10.830 BTU kWh (5*)

H.- Producción de energía anual……………….. 112.320.000 kW/h(1*)

Notas.-

1.- Se estima el costo de mantenimiento y operación en régimen continuo basado en el límite superior de partida de mantenimiento de turbogeneradores de la tabla de la Fig. No. 1-4; en US $ 0,008 el kW/h generado, estimando la producción anual según una demanda de 13.000 kW/h por 8.640 horas, igual a 112.320.000 kW/h, el mantenimiento incluye: consumibles (filtros, lubricantes, etc), personal técnico (operadores permanentes) y mantenimiento predíctivo de la zona caliente cada 5000 horas.

2.- Se estima el costo promedio del gas natural en consumo interno en varios países de América Latina en US $ 4.5 x millón de BTU.

3.- La vida útil estimada de un turbogenerador de gas natural operando a 15.000 RPM es de 40.000 horas realizando los mantenimientos adecuados y oportunos, así como el mantenimiento predíctivo de la zona caliente cada 5.000 horas, el cual está incluido en la partida de mantenimiento (ver nota 1).

4.- Se estima el costo de la partida de reconstrucción en un 20 % del costo de los turbogeneradores de US $ 3.000.000,00 c/u basado en el precio de un nuevo turbogenerador Solar® Taurus 60®, 5.670 kWe, 4.16 kV, 60 Hz, para un precio de reconstrucción de US $ 600.000 c/u, total US $ 2.400.000,00

5.- Consumo de 10.830 BTU kW/h de gas natural, documentado de las especificaciones del turbogenerador Solar® Taurus 60®, 5.670 kWe, 4.16 kV, 60 Hz (Solar® y Taurus® son marcas registradas de Caterpillar Corp).

Cálculo

Costo del kW/h generado = C1 + C2 + C3

Donde

C1 = Costo de utilización del capital invertido "Capital" (ver nota) en la vida útil de 40.000 horas (4,5 años) después de reconstrucción (uso de la partida de reconstrucción "F"; menos el valor de rescate (venta de los turbogeneradores de US $ 1.800.000,00 c/u "V$_{rescate}$" para el reemplazo por unos nuevos), entre el número de kW/h que han producido en los 4,5 años de uso.

Nota.- Intereses internacional calculados a Tasa Libor + 2,5 % (igual a 7,5 %) en los 4,5 años, sobre el capital sin amortización para un total de US $ 4.750.000,00

$C1$ = Capital + Intereses + F − Vrescate / kW/h (anuales) x 4,5 años

$$C1 = \frac{US\$\ 14.000.000 + US\$\ 4.750.000 + US\$\ 2.400.000 - US\$\ 7.200.000}{112.320.000\ kW/h \times 4,5\ años}$$

$C1$ = 0,027 US $ x kW/h

$C2$ = Costo de combustible consumido por kW/h

$C2$ = 1.000.000 BTU / 10830 BTU x kW/h = 92,3 kW/h x 1 MM BTU.

$C2$ = Costo del Gas Natural US $ 4,5 / 92,3 kW/h = US $ 0,081 kW/h

$C2$ = 0,048 US x kW/h

$C3$ = Costos de operación y mantenimiento por kW/h generado

$C3$ = US $ 898.560 / 112.320.000 kW/h

$C3$ = 0,008 US $ x kW/h

Costo del kW/h generado = C1 + C2 + C3

Costo del kW/h generado = US $ 0,027 + US $ 0,048 + US $ 0,008

Costo del kW/h generado = US $ 0,083 (83 mills de US $)

Conclusiones:

Como se puede observar, el costo del combustible es la partida más significativa en el cálculo del costo de la energía eléctrica generada, por esa razón es que el mejoramiento de la eficiencia térmica utilizando ciclos combinados de turbogeneradores es la propuesta más acorde con estos proyectos, ya que se puede reducir el costo de la energía eléctrica generada hasta en un 30 %.

CAPÍTULO 13

MANTENIMIENTO Y CONSERVACIÓN DE LOS GRUPOS ELECTRÓGENOS Y LAS CENTRALES ELÉCTRICAS DE GENERACIÓN DISTRIBUIDA

13.- Mantenimiento y Conservación de los Grupos Electrógenos y las Centrales Eléctricas de Generación Distribuida.

13.1.- Glosario de términos específicos de los Mantenimientos

- **Mantenimiento**

Es el conjunto de actividades de planificación, ejecución y auditoria que se realizan para garantizar el mayor porcentaje de disponibilidad y fiabilidad de un Grupo Electrógeno y de sus sistemas operativos asociados. Muchos técnicos operadores, administradores y propietarios de Grupos Electrógenos y/o centrales eléctricas lo consideran un proceso complementario de la operación, no obstante una vez puestos los sistemas en funcionamiento, el mantenimiento es el principal proceso para asegurar su disponibilidad y continuidad operativa.

- **Disponibilidad**

Es el porcentaje del tiempo que un Grupo Electrógeno, un sistema operativo asociado y/o una Central Eléctrica son capaces de realizar sin paradas (forzadas o no) las funciones para las cuales fueron diseñados e instaladas. La disponibilidad se puede pronosticar con alto grado de veracidad de acuerdo con los axiomas de las probabilidades (ver nota 1), por lo que en un sistema de suministro de energía eléctrica como en una Central Eléctrica, conociendo los factores que pueden afectar su estado y condiciones de operatividad, las fallas anteriores que han sucedido, los períodos en que han sucedido y el tiempo de respuesta en que se ha corregido, y con la utilización de métodos estadísticos (ver nota 2) se puede determinar probabilísticamente su disponibilidad. Este análisis y cálculo en el caso de las centrales eléctricas y/o sistemas de producción y/o suministro de electricidad se denomina "Porcentaje de Disponibilidad Operativa" "PDO".

Nota 1.- Los axiomas de las probabilidades indican que si un evento (actividad(es) o acción(es) que suceden dentro de una muestra de espacio de tiempo) sucede más de una vez con frecuencias relativas, su análisis nos permitirá ponderar nuevas posibilidades de ocurrencias.

Nota 2.- Los métodos más conocidos para determinar el análisis estadístico de disponibilidad operativa en mantenimiento, son el método de AMDEC (Análisis de modo de fallo, efectos y criticidades) y el método de HAZOP ("Hazard and Operability Studies" por su denominación en inglés), los cuales con análisis inductivos y cualitativos permiten revisar el conjunto de dispositivos de un sistema, donde se definen: Fallas sucedidas y fallas potenciales a suceder, causas, consecuencias sobre la operatividad del sistema y las recomendaciones para evitar o limitar las consecuencias de los resultados desfavorables.

- **Confiabilidad**

Se puede definir como la probabilidad de que un sistema de suministro de energía eléctrica como Grupo Electrógeno y/o Central Eléctrica realizará la función para el cual fue instalado y/o construido sin fallas por un período de tiempo especificado y bajo las condiciones de diseño. A juicio del autor "Confiabilidad" de un sistema es un dato estadístico, ya que sólo se puede obtener de la probabilística (si se desea conocer a futuro) o de los antecedentes (si se desea confirmar el comportamiento pasado de un sistema o dispositivo).

- **Operatividad**

Capacidad que tiene un sistema, equipo o dispositivo para realizar la función para la cual fue diseñado y construido. Según los diccionarios es cualidad de lo operativo. La operatividad es un término ambivalente, ya que puede ser subjetivo, un Grupo Electrógeno, está o no está operativo porque puede o no puede cumplir su función de generar energía eléctrica, pero también puede utilizarse objetivamente ya que una Central Eléctrica puede tener una operatividad de un 80 % porque cuatro de sus cinco Grupos Electrógenos están operativos.

- **Mantenibilidad**

Es la relación de las acciones y/o actividades que se realizan para el mantenimiento y conservación de un sistema y/o dispositivo y los datos de fallas y paradas por la acción misma del mantenimiento. En la mantenibilidad se relacionan los tiempos de respuesta y de las acciones del mantenimiento con la finalidad de determinar la corrección y/o implantación de nuevas acciones para reducir o eliminar los porcentajes de ocurrencia de fallas.

- **Fiabilidad**

Es la probabilidad de que un sistema o un dispositivo puedan cumplir con las funciones para la que fue diseñado, bajo las condiciones del diseño y dentro del período de tiempo del diseño (vida útil). El término "Fiabilidad" tiende a confundirse con "Confiabilidad", sin embargo la diferencia entre ellos es que fiabilidad es un término subjetivo, se puede indicar que un dispositivo es fiable o no, no obstante la confiabilidad es un término objetivo, se puede indicar que un dispositivo es confiable en un porcentaje determinado.

- **Capacidad**

En cualquier dispositivo o material es la relación de tolerancia que tiene un sistema o dispositivo para contener o resistir su operación o funcionamiento comparada con aquella para la cual fue diseñado con las condiciones óptimas.

- **Desempeño**

"Performance" por su denominación en inglés, es la capacidad subjetiva que tiene un sistema o dispositivo de desarrollar una función determinada comparada con aquella para la cual fue diseñado o designado. En algunos casos se confunde con el término "Capacidad" pero éste es un término objetivo y se califica por expresiones numéricas, en cambio Desempeño es un término subjetivo. Se puede indicar que un dispositivo es de alto desempeño porque cumple con todas las funciones para la cual fue diseñado. Es importante indicar que no puede haber calificación de desempeño sin antes haber aplicación, el sistema o dispositivo deberá estar operando o debe haberse demostrado con ensayos su desempeño en una aplicación. Desempeño también es sinónimo de funcionamiento.

- **Mantenimiento Preventivo**

Son todas aquellas actividades que se realizan de forma planificada y con antelación para la conservación y preservación de la continuidad operativa de un sistema, equipo o dispositivo. Es importante indicar que el mantenimiento preventivo sólo aplica si el equipo está operativo y en uso constante dentro del régimen de operación del diseño. El mantenimiento preventivo se clasifica en: A.- Periódico y B.- Predictivo.

- **Mantenimiento Preventivo Periódico**

Son todas aquellas tareas y actividades indicadas por los diseñadores y/o fabricantes de los equipos, dispositivos y/o centrales eléctricas que se realizan de forma frecuente y habitual que sólo ameritan la salida forzada de los mismos por pequeños períodos de tiempo y que tienen como finalidad la revisión y el ajuste (si aplicase) de las desviaciones que de forma normal y por la operación puede suceder en los materiales, mecanismos, conexiones y partes de un equipo o dispositivo y que de no hacerlo puede degenerarlo y producir una falla. También pertenecen a las actividades de mantenimiento preventivo periódico el reemplazo o recambio de lubricantes, refrigerantes y de los filtros (de lubricación, aire y combustible).

- **Mantenimiento Preventivo Predictivo**

Son todas aquellas tareas y actividades indicadas por los diseñadores y/o fabricantes de los equipos, dispositivos y/o centrales eléctricas que se ejecutan después de realizar inspecciones y estudios especializados (que forman parte del mantenimiento preventivo periódico) como pruebas no destructivas, observaciones con boroscopio (ver nota), análisis de aceite, análisis de desgaste de partículas, termografías, análisis de vibraciones y medición de temperaturas en los equipos y dispositivos y que determinan alertas tempranas de desgastes y que permite con antelación tomar las previsiones de reconstrucción de un dispositivo, máquina o equipo previniendo un posible colapso de los materiales y por consecuencia no produciendo pérdidas económicas y/o altas perturbaciones en la operatividad de un sistema, como una Central Eléctrica.

Nota.- Boroscopio es un instrumento técnico que permite la observación interna de maquinaria como turbinas y motores reciprocantes sin tener que abrirlos o desarmarlos. Todos los equipos que requieren revisiones periódicas internas tienen orificios especiales para realizar la boroscopía (observación no invasiva interna la cual no afecta la operatividad del equipo porque sólo interrumpe su funcionamiento por muy poco tiempo), inclusive permite hacer las observaciones en caliente inmediatamente después de ser apagados los equipos. Los antiguos boroscopios tienen una lente en la punta y por medio de una fibra óptica transmiten la imagen a un visor en el otro extremo donde observa el técnico, además cuenta con una pequeña lámpara para la iluminación de interior a observar. Los modernos baroscopios cuentan con una micro-cámara de video y una lámpara de alta luminiscencia y se puede hacer grabaciones de las inspecciones, así como permiten su conexión a computadoras que inclusive ayudan a evaluar los materiales observados.

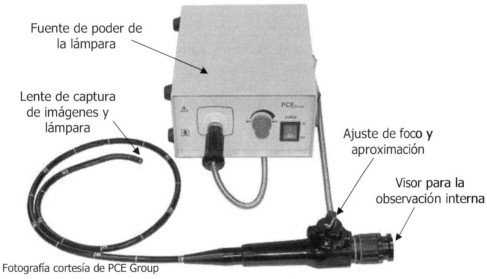

Boroscopio para observación interna de maquinarias
Fig. 13-1

- **Reconstrucción**

"Overhaul" por su denominación en inglés, que se traduce como "Comenzar desde Cero" son todas aquellas actividades planificadas (programación, procura, ejecución y pruebas) para devolver a un equipo, maquinaria o dispositivo a condiciones similares a las originales de operación y funcionamiento y consiste en el reemplazo de partes y piezas que con el funcionamiento normal se desgastan dentro de su vida útil o por daños fortuitos que han causando consecuencias mayores que ameritan una intervención e inhabilitación superior en el equipo, maquinaria o dispositivo. En el ámbito de mantenimiento predictivo o correctivo de Grupos Electrógenos y centrales eléctricas las reconstrucciones se clasifican por el nivel de intervención de los equipos, como "Reconstrucción Menor" ("Top Overhaul" o "Minor Overhaul" por su denominación en inglés), cuando se interviene y reconstruye sólo una parte del equipo y "Reconstrucción Mayor" ("Major Overhaul" por su denominación en inglés) cuando se interviene y reconstruye todo el equipo.

- **Mejoramiento**

También denominado "Reacondicionamiento", son todas aquellas actividades de mantenimiento que tienen como objetivo aumentar el desempeño y calidad de funcionamiento de un equipo, maquinaria o dispositivo. En el ámbito de los Grupos Electrógenos y centrales eléctricas es la actividad que está circunscrita más que todo a la actualización tecnológica de los equipos periféricos de control, monitoreo y protección (es denominada en inglés "Retrofit") o en algunas ocasiones al aumento de potencia al incluir nuevos dispositivos de inyección o mezcla de combustible (por ejemplo).

- **Reposición**

Es la renovación parcial o total de un equipo, maquinaria o dispositivo ya existente a consecuencia de su desgaste normal o daño, con o sin cambio de la capacidad y/o calidad del mismo.

- **Restauración**

Es la acción que tiene por objetivo reparar y recuperar elementos para volverlos a su estado o estimación original de funcionamiento sin causar mejoramiento de su desempeño o calidad de funcionamiento. La restauración en el ámbito del mantenimiento de Grupos Electrógenos y centrales eléctricas tiene que ver con la apariencia física externa de los equipos como pintura, organización y/o reemplazo de los conductores de control y potencia y/o reemplazo o reparación de bases, soportes, protectores y tapas deterioradas.

- **Consumibles**

Son todas aquellas partes, piezas y fluidos que con el funcionamiento normal de los Grupos Electrógenos y centrales eléctricas se desgastan o pierden sus características normales de función, por lo cual hay que reponerlos o reemplazarlos periódicamente dentro de los programas de mantenimiento preventivo periódico. Entre estos están los lubricantes, los refrigerantes y los filtros (de lubricantes, aire y combustible).

- **Mantenimiento Correctivo**

Es la acción o actividad puntual que se ejecuta por la aparición de una falla en un sistema, dispositivo o maquinaria, debido a desgastes o pérdida de resistencia por agotamiento prematuro de los materiales (ver nota) u otros factores externos en componentes y/o dispositivos, que por esta razón lo inhabilita o reduce su disponibilidad.

Nota.- Se puede suponer que un sistema, dispositivo o maquinaria al cual se le realice rigurosamente todos sus programas de mantenimiento preventivo (periódicos y predictivos) no se le presentarán paros o inhabilitaciones por desgastes o pérdida de resistencia por agotamiento prematuro de los materiales de sus partes, piezas o dispositivos, no obstante como se indica hay factores y/o condiciones externas que causan sobrecargas o cambian las circunstancias de operación causando fallas.

- **Falla**

En el ámbito del mantenimiento una falla es una incidencia desfavorable en los materiales, partes, piezas o elementos que inhabilita un sistema, equipo o dispositivo.

- **Salida no Forzada**

Es la parada o salida de servicio fortuita de un sistema, equipo o dispositivo producida por una falla o maniobra inadecuada de los operadores.

- **Salida Forzada**

Es la parada o salida de servicio planificada de un sistema, equipo o dispositivo para efectos de mantenimiento preventivo o correctivo.

- **Inspección**

Es la exploración o examen de las condiciones físicas de un sistema, equipo o dispositivo con la finalidad de determinar si su diseño, especificaciones, montaje e instalación cumplen con su diseño, proyecto de ingeniería o características ofrecidas de acuerdo con el juicio profesional del inspector (persona que realiza la inspección).

- **Auditoría**

Es un proceso sistemático y planificado de recopilación de información y evidencia sobre un proceso, con la finalidad de evaluarlo y analizarlo para determinar si cumple con criterios y/o normas preestablecidas. El proceso tiene como resultado un documento o informe sobre la aprobación o reprobación del estado del proceso con respecto al criterio y/o normas utilizadas como fundamento para realizar la auditoría. Es importante indicar que una auditoría solo se realiza en comparación con los criterios preestablecidos en documentos y normas de referencia al proceso auditado, que el mismo deberá siempre ser realizado por personal independiente al proceso mismo y que no se realizará una auditoría de un equipo o maquinaria sino sobre su funcionamiento, aplicación y/o instalación.

- **Protocolo**

Es el conjunto de normas y procedimientos para la recopilación e interpretación de datos que sirven para cumplir una función determinada. En el ámbito del mantenimiento y específicamente en Grupos Electrógenos y centrales eléctricas, éstos pueden servir para supervisar y controlar los procesos de mantenimiento, para la realización de auditorías o para el control de la operación. Los protocolos pueden ser escritos (cuando se recopilan y escriben físicamente de acuerdo con un procedimiento en formularios para que otros lo interpreten y utilicen) o electrónicos (cuando se recopilan y transmiten por medio de dispositivos electrónicos, entre los diferentes dispositivos de control, monitoreo o información). Los protocolos tienen como característica importante que deben ser siempre interpretados por los diferentes participantes en el proceso de comunicación (humanos o máquinas). El lenguaje, la escritura, el Modbus® (ver nota) son ejemplos de protocolos.

Nota. – Modbus® es un protocolo de comunicaciones entre dispositivos de automatización basado en la arquitectura "maestro-esclavo" o "cliente-servidor", diseñado para la comunicación remota entre autómatas programables, es muy utilizado por todos los fabricantes porque es un protocolo público, su implementación es fácil y requiere poco desarrollo y no tiene restricciones de uso en todas las marcas de autómatas programables y dispositivos de automatismo.

- **Formulario**

Es un documento o plantilla física, diseñado de forma sistemática y planificada con preguntas, descripciones y espacios o campos en blanco con la finalidad de que un operador técnico rellene los datos obtenidos de una inspección, proceso de mantenimiento u observación y/o monitoreo de la operación de Grupos Electrógenos y/o centrales eléctricas para efectos de que posteriormente sean interpretados y tomar acciones preventivas o correctivas y/o guardar evidencias de la realización de los mismos.

13.2.- La Teoría del Mantenimiento

En una Central Eléctrica (ver nota) como en cualquier sistema de producción, el proceso de mantenimiento como se ha indicado en párrafos anteriores nunca deberá ser una actividad complementaria, se tiene la obligación de reconocerlo conjuntamente con el proceso de operación como los dos procesos principales del sistema de producción en este caso, de energía eléctrica, y como proceso de conservación para garantizar la continuidad operativa. Inclusive, muchos expertos lo consideran aún más importante que la operación como tal y otros vinculan los dos de tal forma que se convierten en un solo proceso, "operar y garantizar la operatividad (mantenimiento)".

Nota.- Se recuerda que se considera una Central Eléctrica toda instalación que pueda producir energía eléctrica de forma temporal o continua, con uno o mas Grupos Electrógenos sea cual sea su potencia de generación.

La necesidad de la realización obligatoria y de forma estricta de los procesos de mantenimiento en el ámbito de Grupos Electrógenos y centrales eléctricas deriva del concepto de la "Dinámica" que es todo aquello relativo a la "Energía" que produce "Movimiento" o del "Movimiento" que produce

"Energía". A efectos de nuestra aplicación, los Grupos Electrógenos sean reciprocantes o rotativos, así como el generador eléctrico son máquinas y por consecuencia están en movimiento permanente para cumplir su función, en referencia a nuestros casos, rotativo (turbina, generador) o alternativo (motor reciprocante), lo que le da preponderantemente mas importancia a su criterio de "Dinámico", sobre su criterio de "Eléctrico".

Como se indicó en el aparte 1.1 de la introducción, el uso de la conversión de energía química-mecánica (en el motor de combustión interna) y mecánica-eléctrica (en el generador eléctrico) aún continuará marcando el destino de la generación de la electricidad por varias décadas, y esto no es más que la indicación de que continuaremos en la producción dinámica de la electricidad. Por consiguiente, deberá ser más minuciosa la aplicación del mantenimiento de sus partes y piezas en movimiento con la finalidad de evitar el desgaste prematuro de las mismas, en contraste de aquella que pensamos será el futuro de la electricidad como es la producción estática representada por la novedosa "Celdas de Combustible" o la aún mucho más novedosa "Fusión del Hidrógeno", por lo que en la importancia de la planificación e implantación de los programas de mantenimiento se fundamenta la vida útil y aplicación de las tecnologías de la producción dinámica de la electricidad.

- **Los objetivos del mantenimiento**

    No se debe perder nunca la perspectiva de los verdaderos objetivos del mantenimiento, ya que se tienden a confundir con los objetivos de la aplicación o funcionamiento del sistema, definir claramente estos objetivos tendrá como consecuencia una buena implementación y alta eficiencia en su implantación. Los principales objetivos macros del mantenimiento son:

    Garantizar la operatividad y/o disponibilidad de un sistema

    Optimización de la disponibilidad operativa de los equipos.

    Mayor eficiencia en los costos operativos de la aplicación.

    Incremento de la vida útil de los equipos.

    No obstante lograr estos objetivos es consecuencia de alcanzar con la planificación apropiada, selección de los recursos humanos adecuados y una ejecución sistemática y ajustada de los requerimientos técnicos de los equipos y de esta manera se consiga lograr los objetivos puntuales de los programas de mantenimiento, como son:

    Evitar y/o reducir la incidencia de fallas en los equipos.

    Disminuir la gravedad de las mismas en caso de suceder.

Evitar accidentes personales.

Dar evidencia para el cálculo de la disponibilidad operativa.

- **La incidencia de Fallas en los equipos**

Todo equipo dinámico tiende a tener en su vida útil dos ciclos de mayor incidencia de fallas, los cuales deberán ser contemplados por la planificación del mantenimiento para poder lograr la rápida solución de las mismas. Estos dos ciclos de fallas se denominan "Fallas Tempranas o Infantiles" que suceden en el arranque o en los primeros períodos de operación de los equipos. Estas fallas se analizan y solucionan porque tienen como causa problemas de instalación y/o adecuación de los materiales. Luego se pasa por un período largo de operación con un porcentaje bajo de fallas, lo cual es consecuencia de los adecuados programas de mantenimiento y en caso de perturbarse esto se mejora con una implantación mas rigurosa de dichos programas o su adecuación en caso de un cambio en la aplicación o el régimen de uso de los equipos. Por último tenemos el ciclo de fallas por desgaste en el cual su incidencia marca la pauta para la aplicación de los programas de mantenimiento predictivo. La aplicación de lo indicado anteriormente está expresado en la llamada "Curva de la Tina o Bañera" por su similitud con la forma de este accesorio de baño (ver Fig. No. 13-2).

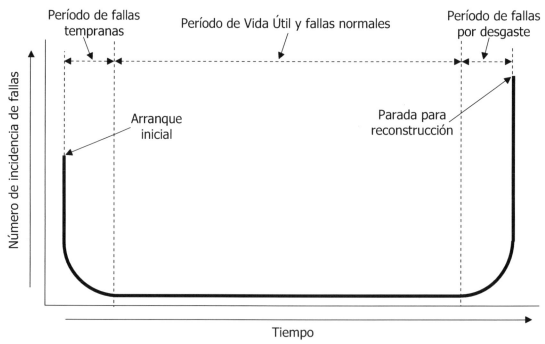

Curva de la Bañera para indicar la incidencia del mantenimiento

Fig. 13-2

Una buena implantación del montaje e instalación de los equipos de acuerdo con los requerimientos de las normas y fabricantes, así como la aplicación veraz de los procedimientos de auditoría de las mismas, la implantación de un programa adecuado de mantenimiento preventivo y la implementación oportuna de los programas de mantenimiento predictivos, hacen que esta curva sea mucho mas perpendicular en sus extremos, lo que indica el cumplimiento óptimo de los objetivos del mantenimiento. Al igual se recomienda el estudio de indicadores (ver la sección de "Indicadores más importantes del Mantenimiento" al final de este capítulo) para la implantación de estadísticas que puedan constatar la validez de los programas de mantenimiento.

- **La planificación del mantenimiento**

En el ámbito de la producción de la energía eléctrica y en especial en centrales eléctricas de generación distribuida o de aplicaciones especiales (de emergencia o recorte de picos), la planificación de los mantenimientos de los Grupos Electrógenos y sus sistemas asociados deberá precisarse de acuerdo con la aplicación. Si la Central Eléctrica es de aplicación en régimen continuo el programa de mantenimiento deberá ser diseñado centrándose en garantizar el mayor porcentaje de operatividad de la Central Eléctrica, (ver nota 1). No obstante, en el caso de centrales eléctricas de régimen de emergencia el programa de mantenimiento deberá ser diseñado centrándose en garantizar la mayor disponibilidad, lógicamente sin descuidar la operatividad de los diferentes componentes de la Central Eléctrica. Esto se debe a que en una Central Eléctrica o en Grupos Electrógenos de operación continua o de régimen primario (según lo indicado en la Norma ISO 8528-1) el programa de mantenimiento deberá ser adecuado a una rutina de funcionamiento constante de los Grupos Electrógenos donde cualquier falla será manifestada por la salida no forzada de un Grupo Electrógeno de la barra (ver nota 2), por lo que en este caso el programa de mantenimiento, además de realizar las actividades inherentes a los mantenimientos preventivos indicados por los fabricantes según la aplicación, debe tener un programa de contingencia para realizar a la brevedad posible los mantenimientos correctivos tomando en cuenta que los recursos humanos, técnicos y los repuestos deben estar disponibles de inmediato. Para efectos de las centrales eléctricas de régimen de emergencia como su operatividad sólo se demuestra cuando falla el sistema principal de suministro o la red utilitaria, ya que pueden arrancar en forma automática o manual, se deberá confirmar los programas de mantenimiento preventivo mediante pruebas periódicas obligatorias (Ver nota 3) para garantizar que su disponibilidad está dentro de los parámetros esperados. Sin embargo, según la criticidad (centro de datos, comunicación, financiero, control de transporte aéreo, control de transporte subterráneo, etc.), es mayor la necesidad de garantizar la disponibilidad de operativa de la Central Eléctrica en caso de una salida forzada o no forzada del servicio eléctrico externo, por lo que se deberán realizar pruebas con mayor frecuencia simulando los escenarios de contingencia necesarios para poder garantizar la mayor disponibilidad posible. Es importante indicar que las normas al respecto y recomendaciones de los expertos sugieren que las pruebas se realicen simulando un corte real desde el interruptor de entrada de la red utilitaria o el sistema principal de suministro eléctrico.

Nota 1.- Si garantizamos la operatividad, por consecuencia se garantiza la disponibilidad, sin embargo, otros factores de disponibilidad deberán ser analizados como son: suministro de combustible, suministro de los consumibles para los mantenimientos, disponibilidad de los recursos humanos y técnicos para los análisis periódicos obligatorios (vibración, calidad del lubricante, calidad del combustible, etc.).

Nota 2.- El diseño de una Central Eléctrica de régimen continuo debe contar con que la salida forzada (parada por mantenimiento) o no forzada (parada por falla) de un Grupo Electrógeno no deberá provocar una contingencia grave en el suministro de energía eléctrica a las cargas, ya que deberá ser diseñada para operar al 100 % de su capacidad al menos con un Grupo Electrógeno fuera de servicio (contingencia N-1).

Nota 3.- La Norma NFPA 110 obliga a realizar al menos una prueba mensual de 30 minutos con un mínimo de 30 % de la carga para centrales eléctricas y/o Grupos Electrógenos de los cuales dependen la salud o vida de la personas.

Para conocer la programación de las actividades de mantenimiento de acuerdo con el tipo de régimen de operación de la Central Eléctrica o Grupo Electrógeno ver los apartes 13.4 y 13.5.

- **Organización de un sistema de mantenimiento**

En el ámbito de las centrales eléctricas y Grupos Electrógenos, para la organización de un sistema de mantenimiento se tendrá en cuenta los siguientes factores: A.- La magnitud (capacidad de generación), B.- Su criticidad y C.- Régimen de operación, por lo que si la Central Eléctrica es de régimen continuo será necesario que la organización básica cumpla con el organigrama de la Fig. No. 12-14, en el cual el área de conservación (mantenimiento) tendrá un responsable, al cual reportan tres áreas muy bien definidas: "Planificación" encargada de realizar la programación de los mantenimientos de acuerdo con el tipo y aplicación de cada uno de los equipos (Grupos Electrógenos y sus sistemas operativos asociados), así como hacer los seguimientos, procura de los consumibles y repuestos. El área de "Ejecución Preventiva" encargada de la implantación de los programas de mantenimiento preventivo, por lo general en centrales eléctricas de operación continua conformada por personal especializado y entrenado por los fabricantes de los Grupos

Electrógenos y el área de "Ejecución Correctiva" encargada de la solución de fallas, que para efectos de muchas Centrales Eléctricas de operación continua sólo se limita a un equipo de recurso humano experto en áreas eléctricas o generales y para la reparaciones de áreas más especializadas se contrate empresas o personal técnico externo debidamente autorizados y calificados por el fabricante de los Grupos Electrógenos. Para la ejecución de mantenimientos predictivos (reconstrucción programada) la ejecución deberá ser siempre realizada por empresas externas debidamente autorizadas y calificadas por el fabricante de los Grupos Electrógenos.

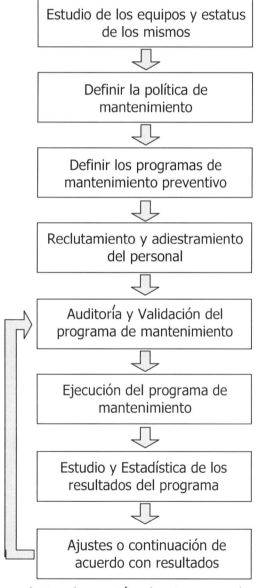

Metodología para la implantación de sistemas de mantenimiento de Centrales Eléctricas y/o Grupos Electrógenos

Fig. 13-3

Para centrales eléctricas o Grupos Electrógenos de respaldo o emergencia de pequeño tamaño (hasta 3.000 kVA) se sugiere que el sistema de mantenimiento sea administrado y coordinado por un representante del propietario, sin embargo, su ejecución preventiva o correctiva deberá ser realizada por empresas externas debidamente autorizadas y calificadas por el fabricante de los Grupos Electrógenos. Para centrales eléctricas o Grupos Electrógenos de respaldo o emergencia de mediano o gran magnitud (desde 3.000 a 10.000 kVA) se sugiere que el sistema de mantenimiento sea administrado y coordinado por un representante del propietario y la ejecución preventiva realizada por cuadrillas de personal técnico debidamente entrenado del propietario, aunque la auditoría y la ejecución del mantenimiento correctivo siempre será realizada por empresas externas debidamente autorizadas y calificadas por el fabricante de los Grupos Electrógenos.

Para la metodología de la implantación del sistema de mantenimiento eficiente y acorde con la magnitud (capacidad de generación), su criticidad y el régimen de operación de una Central Eléctrica y/o Grupos Electrógenos, se sugiere utilizar la metodología indicada en la Fig. No. 13-3.

Seguridad en la implementación del mantenimiento

A continuación se describen las premisas de seguridad más importantes al ejecutar los programas de mantenimiento preventivo y correctivo de centrales eléctricas y Grupos Electrógenos:

- El personal de mantenimiento deberá ser entrenado en prácticas de seguridad (Norma NFPA 101) y tener adiestramiento especializado del fabricante y/o diseñador del sistema.

- Mantener el o los Grupos Electrógenos y la sala de generación limpia, ordenada y libre de obstrucciones. No ubicar herramientas o instrumentación de prueba sobre los Grupos Electrógenos.

- Mantener un extintor de incendio adecuado (tipo ABC) en la sala de generación y cerca de los Grupos Electrógenos.

- No usar ropa suelta (batas, corbatas, etc.) o joyas cerca de partes en movimiento o equipo eléctrico. La ropa suelta puede ser atrapada por piezas en movimiento y las joyas pueden hacer cortocircuito si se trabaja en equipo eléctrico.

- Si se deben hacer ajustes o revisiones en el Grupo Electrógeno, asegúrese que el conmutador de operación esté en la posición de apagado y desconectadas las baterías para evitar un arranque accidental del mismo.

- Nunca encender los Grupos Electrógenos sin las conexiones del sistema de escape o sin el silenciador.

- No llenar o reponer combustible en los tanques diarios o de sub-base de los Grupos Electrógenos mientras están en funcionamiento. No fumar mientras se permanezca en la sala de generación o cerca de los Grupos Electrógenos, así los mismos estén apagados.

- Antes de intervenir tableros de transferencia, de distribución o sincronización se deberá asegurar que no están energizados. Si por circunstancias de la criticidad de las cargas es necesario intervenir los tableros energizados se deberá contar con ropa, accesorios, herramientas e instrumentación para intervención de equipos energizados. Nunca se deberá intervenir tableros de media tensión energizados.

- Coloque indicaciones de precaución y advertencia en los interruptores y conmutadores de encendido y control de los Grupos Electrógenos para indicar que están desactivados para realizar mantenimientos y/o reparaciones, esto para evitar que sean activados sin autorización.

Símbolos de advertencia, lo indicado cuando aparece deberá ser leído e interpretado con mucha cautela, ya que sugiere la posibilidad de lesiones personales de no cumplirse con la advertencia.

Símbolos de precaución y peligro, lo indicado cuando aparece deberá ser leído e interpretado con mucha cautela, ya que sugiere la posibilidad de peligro o daños irreversibles al equipo.

Leyendas de Seguridad utilizadas en Manuales de Mantenimiento
Fig. 13-4

13.3.- Mantenimiento de Grupos Electrógenos

Nota.- Las instrucciones y sugerencias indicadas a continuación en cuanto a los procedimientos y protocolos de mantenimiento no pretenden reemplazar las indicaciones y/o manuales de los fabricantes, diseñadores y proyectistas de Grupos Electrógenos y centrales eléctricas al respecto, se desea ofrecer una guía primaria para el uso y aplicación eficiente de dichos documentos.

Como punto importante de reseñar y antes de comenzar a preparar y/o ejecutar cualquier programa y/o plan de mantenimiento se deberán tener todos los documentos y manuales técnicos del fabricante de los Grupos Electrógenos, así como los documentos técnicos, planos y memorias descriptivas del proyecto y de la integración de los diferentes dispositivos y sistemas que conforman la Central Eléctrica.

- **Mantenimiento de Grupos Electrógenos con motor reciprocante**

  Mantenimiento preventivo (periódico y predictivo)

  El mantenimiento preventivo de Grupos Electrógenos con motor reciprocante se realizará de acuerdo con el régimen de operación (ver nota) y por lo explicado en párrafos anteriores a efectos de mantener una alta disponibilidad los Grupos Electrógenos de emergencia o respaldo (Standby por su denominación en inglés) deberán someterse a protocolos de pruebas en extremos rigurosos, aúnque el programa de mantenimiento no lo sea, pero para los Grupos Electrógenos de operación en régimen continuo el solo sostenimiento de la operatividad hace mucho más riguroso el programa mantenimiento preventivo pero menos rigurosos los protocolos de pruebas ya que por su régimen continuo la comprobación de su funcionamiento es prácticamente automática. La tabla descrita en la Fig. No. 13-6 muestra el programa de mantenimiento preventivo (periódico y predictivo) que muchos fabricantes recomiendan para sus Grupos Electrógenos con motor reciprocante.

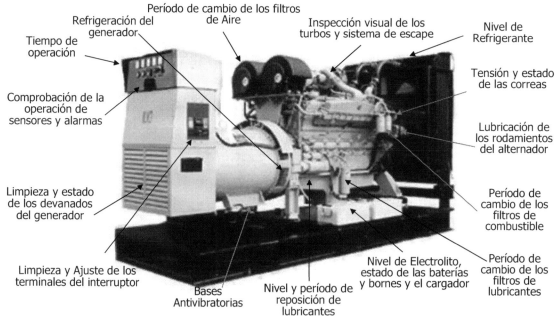

Puntos Especiales de Mantenimiento Preventivo Periódico
En Grupos Electrógenos con Motor Reciprocante

Fig. 13-5

Nota.- La diferencia entre el mantenimiento preventivo para régimen continuo o de respaldo sólo marca la periodicidad con la cual se realizan los cambios de consumibles y los análisis y/o estudios para determinar mantenimientos predictivos.

A	B	C	D	E	F	Actividad o Maniobra
√						Revisar el nivel del refrigerante
√						Revisar el indicador del servicio del flitro de aire
√						Revisar el nivel del lubricante
√						Drenar agua y sedimentos del tanque principal y diario
√						Drenar agua y sedimentos del filtro externo de combustible
√						Revisar el nivel del electrolito de la batería
√						Revisar y/o ajustar tapas, protectores, mangueras, etc
	√					Reemplazar el lubricantes y sus filtros
		√				Realizar análisis a una muestra de aceite antes del reemplazo (5)
		√				Reemplazar los filtros de Combustible
		√				Revisar y/o reemplazar las correas del ventilador y alternador
		√				Verificar posible vibración en el amortiguador del cigüeñal (1)
		√				Revisar, limpiar y verificar el sistema de puesta a tierra
		√				Revisar y/o limpiar externamente el radiador o intercambiador
			√			Reemplazar las baterías de arranque del motor (2)
			√			Revisión y calibración de los inyectores y bomba de inyección (3)
			√			Revisión de la operación de sistemas operativos y de seguridad
			√			Reemplazar el líquido refrigerante del motor y radiador (2)
				√		Revisión y/o mantenimiento de la bomba de refrigerante
				√		Revisión, ajuste y/o mantenimiento de los turbocargadores
				√		Revisión y/o mantenimiento del alternador
				√		Revisión y/o mantenimiento del motor de arranque
				√		Revisión y limpieza del generador (revisión de aislamiento)
					√	Revisión y/o reemplazo de los rodamientos del generador
					√	Revisión y/o reemplazo de la bomba primaria de combustible
					√	Descarbonización y revisión superior del motor (4)
					√	Revisión de compresión y potencia para determinar reconstrucción

A.- Diariamente, **B**.- Cada 250 horas, **C**.- Cada 500 horas, **D**.- Cada 1.000 horas
E.- Cada 2.500 horas, **F**.- Cada 5.000 horas.
(1) Denominado "Damper", (2) O una vez al año, (3) Bomba de Inyección si aplicase
(4) Mantenimiento superior de la culata (top overhaul) (5) Verificar partículas metálicas

Programa de Mantenimiento Preventivo y Predictivo
Fig. 13-6

El programa de mantenimiento anterior (Fig. No. 13-6) se ajusta más a Grupos Electrógenos de operación en régimen continuo con motores de 1.800; 1.200 o 900 RPM, a combustible líquido (para combustible gaseoso ver en los manuales técnicos lo referente a la revisión del sistema de ignición y al dosificador de combustible). Si el mismo se implementara en Grupos Electrógenos de régimen de emergencia o respaldo (no más de 500 horas anuales de uso) aplicaría para la posición A.- Semanalmente, para la posición B.- 250 horas o 6 meses lo que suceda primero y para la posición C.- 500 horas o 12 meses lo que suceda primero, las demás posiciones se cumplirían igual de acuerdo con las horas de uso del Grupo Electrógeno.

Mantenimiento correctivo

Premisas importantes para el diagnóstico y corrección de fallas de Grupos Electrógenos y/o centrales eléctricas.

- Tener a mano antes de comenzar el diagnóstico la información técnica completa (los manuales del fabricante, proyectos, planos, etc.). El uso de herramientas e instrumentación adecuada y un claro conocimiento del funcionamiento del equipo fallado son los requisitos mas importantes para lograr una puesta en funcionamiento segura, expedita y confiable.

- Sin excepción, antes de comenzar el proceso de diagnóstico, habrá que cumplir las instrucciones de seguridad del manual del fabricante, no cumplir con esta norma puede ocasionar accidentes personales o causar daños irreversibles en el equipo fallado.

- Si no se conoce claramente el equipo fallado, lo más conveniente para lograr su puesta en funcionamiento sin retrasos y con seguridad es buscar asesoramiento de personal especializado en el mismo.

- Una vez corregida la falla, se deberán realizar todos los protocolos de prueba de arranque inicial del equipo.

Procedimientos Básicos:

- Realizar las pruebas con el equipo en condiciones estáticas (detenido).

  Si es en el motor, identificar el tipo de falla: A.- Falla de arranque, B.- Falla de operación en vacío o C.- Falla de operación con carga.

  Luego seleccionar los recursos necesarios: A.- Selección de especialistas adecuados, B.- Manuales técnicos e instrucciones, C.- Herramientas e instrumentación, D.- Revisar la procura y/o suministro de los posibles repuestos y E.- Organización y limpieza de las áreas donde se va a realizar la reparación.

Posteriormente preparar procedimientos de diagnóstico: A.- Revisar medidas de seguridad, B.- Revisar los dispositivos vinculados, C.- Revisión visual de los diferentes dispositivos operativos del motor y D.- Preparar la revisión dinámica (pruebas de encendido y el encendido).

Si es en el generador, identificar el tipo de falla: A.- Falla al operar en vacío, B.- Falla al operar con carga o C.- Falla al intentar sincronizarse.

Luego seleccionar los recursos necesarios: A.- Selección de especialistas adecuados, B.- Manuales técnicos e instrucciones, C.- Herramientas e instrumentación, D.- Revisar la procura y/o suministro de los posibles repuestos y E.- Organización y limpieza de las áreas donde se va a realizar la reparación.

Posteriormente preparar procedimientos de diagnóstico: A.- Revisar medidas de seguridad, B.- Revisión y prueba estática en laboratorio de los dispositivos vinculados, C.- Revisión visual de los diferentes dispositivos del generador, D.- Prueba de los parámetros estáticos (como aislamiento, resistencia de los devanados, etc.) y E.- Preparar la revisión dinámica (prueba de operación y/o sincronización).

- Realizar las pruebas con el equipo en condiciones dinámicas (encendido).

Para el motor y al igual para el generador, una vez encendido: A.- Revisar la operación de todos los dispositivos vinculados, B.- Determinar condiciones de operación, C.- Comparar con las condiciones normales y D.- De haber discrepancias en la operación de algunos de los dispositivos tomar la decisión de reemplazo o reparación del dispositivo.

Una vez reparada la falla y con el Grupo Electrógeno en correcto funcionamiento, se realizan: A.- Las pruebas en vacío (según los protocolos del fabricante), B.- Las pruebas con carga (según los protocolos del fabricante) y C.- Se revisan y certifican los documentos de los protocolos por el operador de mantenimiento y un representante del propietario del Grupo Electrógeno.

En la Fig. No. 13-7 se muestra un procedimiento guía y básico para el diagnóstico y corrección de fallas (troubleshooting por su denominación en inglés) en Grupos Electrógenos con motor reciprocante que puede aplicarse para la mayoría de las marcas, tipo y capacidades, aunque siempre es más conveniente guiarse por la tabla de diagnóstico y corrección de fallas del manual del fabricante.

Motor Primario (Reciprocante)		
Diagnóstico u observación	Posible Causa	Acción a tomar
No actúa el motor de arranque	Baterías defectuosas	Reemplazar las baterías
	Cables o Bornes defectuosos	Reparar o Reemplazar
	Motor de arranque defectuoso	Reparar o Reemplazar
	Sistema de control defectuoso	Revisar cableado
		Reemplazar control
Actúa el motor de arranque pero el motor primario no enciende.	Falla en sistema de combustible	Revisar nivel combustible o presión de gas
		Revisar bomba primaria (2)
		Revisar bomba de inyección (1)(2)
		Revisar Inyectores (2)
		Revisar solenoide de apertura
		Revisar sistema de ignición (3)
		Revisar cableado de control
	Falla en el control de velocidad	Revisar actuador y control de velocidad
		Revisar el sensor de velocidad (MPS)
	Falla en el módulo de control del motor (1)	Hacer diagnóstico con computador (1)
		Revisar cableado del modulo
	Falla interna del motor	Revisar compresión en el cilindro
		Revisar secuencia de tiempo de motor
El motor primario enciende pero no alcanza la velocidad nominal de operación y/o bota mucho humo, o pierde velocidad (frecuencia) cuando se pone carga al generador.	Falla en el control de velocidad	Revisar actuador y control de velocidad
		Revisar el sensor de velocidad (MPS)
	Falla en sistema de combustible	Revisar presión de gas (3)
		Revisar filtros de combustible (3)
		Revisar Inyectores (2)
El motor primario enciende y alcanza la velocidad nominal de operación pero bota mucho humo.	Falla de inyección de combustible	Revisar Inyectores (2)
	Falla en turbocargadores	Revisar y/o reparar turbocargadores
	Filtros de aire tapados	Reemplazar
Generador		
Motor primario está encendido a su velocidad nominal de operación pero no hay tensión de salida en generador	Falta de tensión de remanencia (4)	Revisar y/o reponer tensión de remanencia
	Falla en el regulador de tensión	Revisar cableado y conexión de AVR
		Reemplazar el AVR
	Falla en el generador	Hacer prueba de aislamiento de generador
		Revisar generador excitador
		Revisar diodera rotatoria
		Revisar campo principal
		Revisar devanados del estator
Motor primario enciende, generador tiene tensión de salida, pero cuando se conecta la carga pierde la frecuencia y la tensión	Falla en el control de velocidad	Revisar actuador y control de velocidad
		Revisar el sensor de velocidad (MPS)
	Falla en el regulador de tensión	Revisar cableado y conexión de AVR
		Reemplazar el AVR

(1) Si aplicase; (2) No aplica para motores de gas; (3) No aplica para motores diesel; (4) Generadores sin ARET o PMG

Procedimiento básico para el diagnóstico y corrección de fallas en Grupos Electrógenos con motor reciprocante
Fig. 13-7

- **Mantenimiento de Grupos Electrógenos con turbinas**

El mantenimiento de turbogeneradores en especial del motor rotativo (turbina) es en extremo importante ya que por su alta velocidad de rotación y las grandes temperaturas desarrolladas en su interior hacen que cualquier desviación no contemplada en su diseño que sobrepase los límites, además de causar la inhabilitación del equipo por largos períodos y altos costos de reparación, puede amenazar la seguridad de personas y bienes que estén en sus cercanías. Para efectos de los mantenimientos preventivos (periódicos y predictivos) es prioritario respetar lo períodos de vida útil de las turbinas de acuerdo con los condicionamientos del fabricante.

En los turbogeneradores la vida útil de funcionamiento aplicada no se registra en horas cronológicas consecutivas como es en los motogeneradores (Grupos Electrógenos con motor reciprocante), para el caso de las turbinas el sistema de control (computadora de operación), calcula las "Horas Equivalentes de Operación" ("Equivalent Operating Hours" "EOH" por su denominación y siglas en inglés) de acuerdo con las horas de funcionamiento, con la carga aplicada y número de arranques. Esto es debido a que en una turbina la aplicación de más carga (dentro de su rango de capacidad) implica mayor temperatura y por ende mayor desgaste, al igual que por el efecto de la contracción y dilatación de los materiales con los arranques y paradas también se producen desgastes que se registran como más horas de funcionamiento (para algunos fabricantes un arranque y una parada se registra como 20 horas de funcionamiento a carga nominal).

El mantenimiento de turbogeneradores siempre habrá que contemplarlo específicamente en la aplicación de régimen continuo o primario, ya que es muy poca la utilización de turbogeneradores en régimen de emergencia o respaldo y si lo son, los Grupos Electrógenos son de baja potencia. No obstante, en muchos sistemas interconectados se prevé la instalación de centrales de generación distribuida con turbogeneradores con aplicaciones como centrales de reserva o respaldo, en estas, los turbogeneradores no se mantienen apagados, sino se mantienen en operación pero a baja carga (mínima permitida).

Un programa de mantenimiento adecuado a los turbogeneradores debe prever su funcionamiento anual entre 5.000 a 8.500 horas (operación continua), en este último caso se prevén al menos unas 260 horas (del total de horas anuales) para los servicios de mantenimiento preventivo y predictivo (ver tabla en la Fig. No. 13-10).

Nota.- Es importante indicar que en la operación continua de turbogeneradores los programas de mantenimiento preventivos (predictivos-periódicos) son vitales, ya que de no realizarse se pueden producir fallas que inclusive pueden tener costos mayores a los costos de una reconstrucción mayor programada.

- **Mantenimiento preventivo**

Por las razones indicadas en los párrafos anteriores se interpreta que el mantenimiento preventivo de Grupos Electrógenos con turbina es muy diferente al mantenimiento preventivo de Grupos Electrógenos con motor reciprocante, porque los arranques y paradas continuas o los regímenes de aplicación de carga no afectan los períodos de implementación de los programas preventivos en estos últimos. En cambio en el caso de las turbinas de combustión interna de operación continua no aplican los programas de mantenimiento periódico diarios o semanales, ya que no se puede interrumpir su operación en períodos cortos (diarios, semanales o mensuales), por lo que el mantenimiento preventivo es mucho más predictivo que periódico, ya que depende mucho de los estudios y análisis que se le realicen en los períodos indicados por los fabricantes. Podemos indicar que un período normal de implantación de un programa de mantenimiento predictivo para un turbogenerador está entre cada 4.000 a 10.000 Horas Equivalentes de Operación (según el tamaño y fabricante de la turbina), estos están fundamentados en boroscopias (ver nota), análisis de vibración (ver nota), análisis de lubricantes, termografías, etc., aúnque diariamente y semanalmente se deberán hacer algunas rutinas como: reponer lubricantes (en plena operación), revisar filtros de aire e interpretar datos de los sistemas de monitoreo que dan avisos tempranos de desviaciones en los parámetros de funcionamiento que determinan una posible falla a futuro.

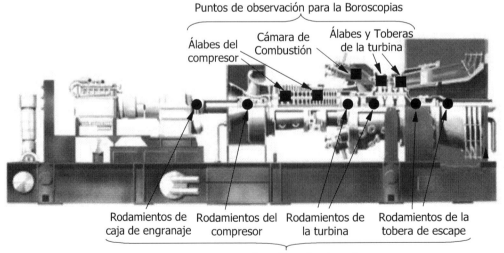

Estudios predictivos en los turbogeneradores
Fig. 13-8

Nota.- Sobre y alrededor de la carcasa de la turbina hay una serie de orificios con sellos especiales para la realización de las boroscopias, lo que permite introducir el lente del boroscopio y observar el interior, esta actividad deberá realizarse muy minuciosamente, álabe por álabe y tobera por tobera, ya que habrá que buscar fisuras o rajaduras que en caso de romperse pueden causar daños de incalculables costos de reparación. También se deben revisar internamente las cámaras de combustión.

- **Mantenimiento del sistema de lubricación de la turbina**

A juicio del autor, uno de los puntos más importantes que se debe tener en cuenta en el mantenimiento preventivo de la turbina en un turbogenerador, es su sistema de lubricación (ver aparte 6.7), ya que por la velocidad de rotación (se recuerda que la misma esta entre 9.000 y 36.000 RPM) los cojinetes (rodamientos) operan en forma extrema. La presión del lubricante y la extracción del calor del mismo (la lubricación también tiene el objetivo de refrigerar los cojinetes y los engranajes de la caja reductora) conjuntamente con la conservación de las cualidades del lubricante, son los factores prioritarios en la vida operativa de los cojinetes de la turbina. Una falla en el sistema de lubricación debe inhabilitar (parar) inmediatamente el funcionamiento de la turbina (aunque en turbinas de mediana potencia en adelante y según su criticidad el sistema es redundante), ya que si los cojinetes operan por unos segundos sin el suficiente lubricante pueden colapsar y causar con una simple desviación en el eje, que con la velocidad de rotación y la masa del rodete, prácticamente la pérdida total de la turbina porque rompería la carcasa, dañaría los álabes y toberas, inclusive puede llegar a doblar el rodete.

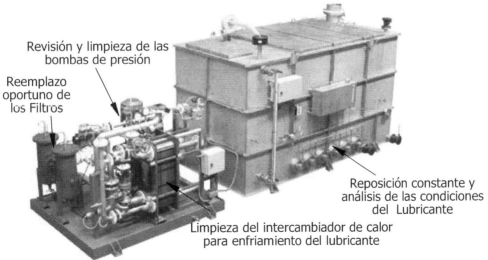

Fotografía cortesía del Grupo Técnico Rivi, España

Puntos importantes de revisar en el sistema de lubricación

Fig. 13-9

A	B	C	D	E	F	Actividad o Maniobra
√						Monitoreo de parámetros de desempeño (1)
√						Inspección visual del turbogenerador y los sistemas asociados
√						Revisar y reponer nivel del lubricante (turbina y caja de engranajes)
√						Revisar los sensores de los filtros de aire (confirmar funcionamiento)
√						Revisar las tuberías y tanque de combustible (3)
√						Revisar tuberías y estaciones de gas natural (3)
	√					Interpretación de los parámetros de desempeño (2)
	√					Prueba por simulación de los sistemas de seguridad de operación
	√					Revisión, Calibración y Limpieza de inyectores de combustibles
	√					Reemplazo de los filtros o prefiltros de aire (3)
	√					Reemplazo de los filtros de lubricantes y análisis de lubricante (3)
	√					Inspección de bujías y sistema de ignición
		√				Revisión de la caja de reducción de velocidad
		√				Limpieza y revisión del generador (medición de aislamientos)
		√				Revisión y/o reemplazo de los rodamientos del generador
		√				Pruebas eléctricas generales del sistema de potencia y control
		√				Pruebas reales de los sistemas de seguridad de operación
		√				Termografías de zona caliente y escapes
			√			Boroscopía (ver Fig. No. 13-8)
			√			Análisis de Vibración (ver Fig. No. 13-8)
			√			Reemplazos y ajustes en sistema de ignición (zona caliente)
			√			Reemplazo de inyectores de combustibles (3)
			√			Revisión y ajustes de la bombas de combustible (3)
			√			Revisión y ajustes del compresor de gas (3)
				√		Reconstrucción de la zona caliente (reconstrucción menor)
					√	Reemplazo o Reconstrucción mayor de la turbina
					√	Reemplazo o Reconstrucción mayor de la caja de engranajes
					√	Actualización tecnológica de los sistemas de control y protección

A.- Cada 250 horas (EOH), **B.**- Cada 1.000 horas (EOH), **C.**- Cada 2.500 horas (EOH), **D.**- 4.000-10.000 horas (EOH) **E.**- 20.000 horas (EOH), **F.**- 40.000-60.000 horas (EOH).
(1) Temperaturas internas, presión de aceite, grado de combustión, etc.
(2) Interpretación con programa especiales para ese fin, (3) Si aplicase

Programa de Mantenimiento Preventivo y Predictivo de Turbogeneradores
Fig. 13-10

Nota.- Dependiendo del diseño utilizado por los fabricantes, así como a la criticidad de la aplicación, la fijación de las inspecciones y/o revisiones de los puntos indicados en la columna "D" serán con mayor periodicidad (más cercanos a cada 4.000 horas EOH).

- **Mantenimiento correctivo**

De realizarse correctamente los mantenimientos preventivos (periódicos y predictivos) no deberán aparecer en la operación de los turbogeneradores fallas representativas que puedan inhabilitar de forma grave el equipo. Se ha comprobado que en la mayoría de los casos las fallas presentadas en los turbogeneradores son de los sistemas auxiliares (sistemas de control, enfriamiento, arranque, etc.) o de combustible (bombas, estaciones de gas, filtros, etc.) y no en la turbina internamente. No obstante, se puede considerar que de ocurrir una falla interna en la turbina por desgaste y rotura en el rodete, álabes o rodamientos, la velocidad de la turbina y el tiempo de apagado de la misma (por la inercia del rodete) harían que la magnitud de los daños sea muy cuantiosa. Como lo hemos indicado anteriormente sobrepasen a los costos de una reconstrucción mayor porque se destruyen partes que no se reemplazan en las reconstrucciones mayores y en estos casos habrá que reponerlas desde nuevas.

Al igual que en los Grupos Electrógenos con motor reciprocante las premisas importantes para el diagnóstico y corrección de fallas de turbogeneradores son:

- Tener a mano antes de comenzar el diagnóstico la información técnica completa (los manuales del fabricante, proyectos, planos, etc.). El uso de herramientas e instrumentación adecuada y un claro conocimiento del funcionamiento del equipo fallado son los requisitos mas importantes para lograr una puesta en funcionamiento segura, expedita y confiable.

- Sin excepción, antes de comenzar el proceso de diagnóstico, habrá que cumplir las instrucciones de seguridad del manual del fabricante, no cumplir con esta norma puede ocasionar accidentes personales o causar daños irreversibles en el equipo fallado.

- Si no se conoce claramente el equipo fallado, lo más conveniente para lograr su puesta en funcionamiento sin retrasos y sin inseguridad es buscar asesoramiento de personal especializado en el mismo.

- Una vez corregida la falla, se deberán realizar todos los protocolos de prueba de arranque inicial del equipo.

Procedimientos Básicos:

- Realizar las pruebas con el equipo en condiciones estáticas (detenido).

Si es en el motor, identificar el tipo de falla: A.- Falla de arranque, B.- Falla de operación en vacío o C.- Falla de operación con carga.

Luego seleccionar los recursos necesarios: A.- Selección de especialistas adecuado, B.- Manuales técnicos e instrucciones, C.- Herramientas e instrumentación, D.- Revisar la procura y/o suministro de los posibles repuestos y E.- Organización y limpieza de las áreas donde se va a realizar la reparación.

Posteriormente preparar procedimientos de diagnóstico: A.- Revisar medidas de seguridad, B.- Revisar los dispositivos vinculados, C.- Revisión visual de los diferentes dispositivos operativos del motor y D.- Preparar la revisión dinámica (prueba de encendido o encendido).

Si es en el generador, identificar el tipo de falla: A.- Falla al operar en vacío, B.- Falla al operar con carga o C.- Falla al intentar sincronizarse.

Luego seleccionar los recursos necesarios: A.- Selección del especialista adecuado, B.- Manuales técnicos e instrucciones, C.- Herramientas e instrumentación, D.- Revisar la procura y/o suministro de los posibles repuestos y E.- Organización y limpieza de las áreas donde se va a realizar la reparación.

Posteriormente preparar procedimientos de diagnóstico: A.- Revisar medidas de seguridad, B.- Revisión y prueba estática en laboratorio de los dispositivos vinculados, C.- Revisión visual de los diferentes dispositivos del generador, D.- Prueba de los parámetros estáticos (como aislamiento, resistencia de los devanados, etc.) y E.- Preparar la revisión dinámica (prueba de operación y/o sincronización).

- Realizar las pruebas con el equipo en condiciones dinámicas (encendido).

  Para el motor y al igual para el generador, una vez encendido: A.- Revisar la operación de todos los dispositivos vinculados, B.- Determinar condiciones de operación, C.- Comparar con las condiciones normales y D.- De haber discrepancias en la operación de algunos de los dispositivos tomar la decisión de reemplazo o reparación del dispositivo.

  Una vez reparada la falla y con el Grupo Electrógeno en correcto funcionamiento, se realizan: A.- Las pruebas en vacío (según los protocolos del fabricante), B.- Las pruebas con carga (según los protocolos del fabricante) y C.- Se revisan y certifican los documentos de los protocolos por el operador de mantenimiento y un representante del propietario del Grupo Electrógeno.

13.4.- Disponibilidad Operativa

La determinación de la disponibilidad operativa de una Central Eléctrica o Grupo Electrógeno dependerá de su tipo de aplicación. Como se ha mencionado en párrafos anteriores la determinación de la disponibilidad operativa de una aplicación continua siempre será muy diferente a la de una aplicación de respaldo, aunque en ambas dependerán en gran parte de sus programas de mantenimiento preventivo. En el caso de la primera (aplicación continua) la operatividad de la misma es notoria y sería como si se estuviese haciendo una prueba permanente, en la cual se pueden hacer correcciones sobre la marcha (ver nota), en cambio para el caso de la central de respaldo, la cual sólo operará cuando se tenga una falla de la red utilitaria (la cual puede pasar meses sin suceder) habrá que asegurar no solo los programas de mantenimiento preventivo y las pruebas programadas obligatorias según las normas, sino estudiar otros factores como el diseño, el estado de la tecnología de los equipos, disponibilidad y calidad del combustible, diseños, instalación y estado de los sistemas operativos asociados, entre otros, que de una manera u otra afectan que la respuesta de operatividad de la Central Eléctrica pueda verse afectada.

Nota.- La disponibilidad operativa de un Grupo Electrógeno o Central Eléctrica de operación continua se determina con cálculos y procedimientos muy conocidos, donde los factores de cálculo son los porcentajes de paradas por fallas, tiempos de solución de la fallas y períodos entre fallas.

El interés de cualquier propietario, institución o empresa es conocer en que porcentaje puede confiar la salud de sus pacientes (clínicas y hospitales), sus negocios, procesos de producción (industrias y comercios), procesos financieros o procesos de comunicación (por nombrar algunos ejemplos) a una Central Eléctrica o Grupo Electrógeno que está apagado esperando una falla del suplidor de electricidad para funcionar automáticamente. Por cuanto ese factor de confianza habrá que darle una expresión numérica a manera de porcentaje de probabilística por cuanto será necesario realizar un análisis cuantitativo (ver nota) de cada uno de los factores que puede afectar que en el momento de suceder una falla en el suplidor de electricidad la operatividad de su central de emergencia será del 100 % o sea arrancará en el tiempo previsto, suplirá todas las cargas eléctricas del diseño y con la autonomía calculada.

Nota.- El término Porcentaje de Disponibilidad Operativa "PDO" es relativamente nuevo y se aplica específicamente a sistemas complejos donde varios factores se conjugan para brindar la confiabilidad del 100 % de su operación. Cuando se emplea para determinar el grado de probable respuesta de una Central Eléctrica o Grupo Electrógeno de respaldo, se cuantifica en cuanto a que los mismos se han diseñado para que respondan a una falla del suplidor de electricidad en cualquiera de las 8.760 horas de un año, por lo que si el análisis de los diferentes factores que lo afectan determina que se tiene un 98 % de disponibilidad operativa (como ejemplo) habrá que tomar en cuenta que el sistema de respaldo de energía eléctrica puede tener la probabilidad de fallar en su encendido, suministro de potencia a las cargas eléctricas o autonomía en 175 horas en el año. Es importante indicar que diseñar y construir un sistema con disponibilidad operativa de 100 % ameritaría la redundancia de equipos y sistemas que de acuerdo con la criticidad de las cargas es muy factible, ya que económicamente hablando, sin referir la salud o vida de una persona que no tendría ningún precio de comparación, las pérdidas económicas por una falla en el suministro del servicio de electricidad en muchas ocasiones sobrepasa el costo de dicha redundancia.

Aunque no se desea profundizar mucho en los diferentes factores que afectan la disponibilidad operativa de una Central Eléctrica o Grupo Electrógeno de aplicación de respaldo o emergencia, debido a que existen muchos factores específicos del diseño que hacen que el estudio para determinarlo sea exclusivo para cada caso (ver nota), a continuación indicamos los factores más importantes a estudiar, entre los cuales tenemos:

- Diseño general de la Central Eléctrica
- Programa de mantenimiento preventivo
- Respuesta al mantenimiento correctivo
- Cumplimiento de normas obligatorias y de referencia
- Calidad de las instalaciones eléctricas y mecánicas
- Calidad y disponibilidad del combustible
- Estatus de los sistemas operativos asociados
- Tecnología de los dispositivos periféricos asociados

Nota.- En el mercado nacional e internacional hay empresas especializadas en el ámbito de la generación eléctrica de respaldo que cuentan con protocolos y programas técnicos para realizar el análisis y cálculo del porcentaje de disponibilidad operativa de manera muy exacta.

13.5.- Actualización Tecnológica de Grupos Electrógenos

La robustez en el diseño y construcción de los motores y generadores de los Grupos Electrógenos que hace que su vida útil para aplicaciones de respaldo se pudiese estimar como perpetua (de entre 16 y 20 años) tomando en cuenta su utilización a no más de 500 horas año (Norma ISO 8528-1) y que para aplicaciones en régimen continuo, dentro de lapsos de reconstrucción (reconstrucciones mayores) y contando un número máximo tres (3) reconstrucciones recomendadas por los fabricantes, la vida útil antes del descarte total (desincorporación) de un Grupo Electrógeno cronológicamente hablando parecería extraordinariamente larga, como 25.000 (75.000) a 40.000 (120.000) horas (8.5 a 13.5 años) para Grupos Electrógenos con motor reciprocante y 40.000 (120.000) a 100.000 (300.000) horas (8.5 a 34 años) para Grupos Electrógenos con motor rotativo y que hace considerar que un

Grupo Electrógeno mantenido adecuada y oportunamente podría tener una vida útil bastante larga.

Esto podría significar que se puede pensar en tener un Grupo Electrógeno por largos períodos de tiempo con solo las reconstrucciones y el reemplazo de las partes y piezas indicadas por el fabricante que por lo general son parte ulteriores del motor (reciprocante o rotativo) que es el componente que sufre mayor desgaste por el funcionamiento del Grupo Electrógeno. Pero operativamente hay varios dispositivos periféricos del motor y el generador que para optimizar la eficiencia, la seguridad y el monitoreo (supervisión) de la operación y que sin la necesidad de llegar a la reconstrucción se pueden reemplazar, ya que los adelantos tecnológicos (en períodos cortos de tiempos) en esas disciplinas (eficiencia, seguridad y monitoreo) han sido muy significativos y que hacen que su aplicación en los Grupos Electrógenos con aplicaciones de control, protecciones y monitoreo tecnológicamente obsoletas optimicen su desempeño, disponibilidad y por consecuencia su confiabilidad. Estos reemplazos se denominan "Actualización Tecnológica" ("Retrofit" por su denominación en inglés).

La actualización tecnológica (Retrofit) es considerada una reconstrucción menor y los dispositivos periféricos que más se reemplazan bajo este criterio son:

- **El Control de Velocidad**

    El control de velocidad (gobernador) es el equipo periférico de control más importante que tienen los motores primarios (reciprocante o rotativo) de los Grupos Electrógenos (ver secciones No. 5.16 y No. 6.14), ya que como se ha mencionado en párrafos anteriores es el responsable de mantener constante la velocidad de rotación (sea cual sea la carga) y de compartir la potencia activa (kW/MW) cuando opera en paralelo con otros Grupos Electrógenos o interconectado con otras centrales eléctrica. Inclusive en los modernos sistemas centralizados de control (ECM) el control de velocidad es prácticamente el centro de ejecución de procesos operativos del motor al cual están interconectados todos los demás procesos del controlador como son la seguridad operacional del motor, el control de la contaminación, etc.

    Muchos expertos opinan que con la modernización de los sistemas de control en procesos industriales, explotación petrolera, hornos siderúrgicos, entre otros, así como en la optimización del confort de las personas en grandes complejos comerciales y de oficinas, se ha exigido que los sistemas de suministro de electricidad tengan que dar mejores respuestas en cuanto a la calidad de la energía (estabilidad de la frecuencia y tensión), por lo que es prácticamente obligatorio que los dispositivos de producción de energía eléctrica sean mucho mas eficientes en las respuestas a las variaciones y al compartir las cargas. Los antiguos sistemas de control de velocidad (con sensores y dispositivos de procesos mecánicos e hidráulicos) tenían unas respuestas que para su tiempo eran acordes con el comportamiento de las cargas, no obstante en el presente pudiesen hacer que otros dispositivos modernos de control y protección de las estructuras eléctricas tanto de la producción de energía como en el control de las cargas, no sean compatibles y se presenten inestabilidades y/o actuación de las protecciones eléctricas.

El reemplazo de los antiguos controles de velocidad de tecnología mecánica o hidráulica por dispositivos de control electrónico con actuadores de tecnología eléctrica o electro-hidráulica es uno de los procesos de reconstrucción o actualización tecnológica (retrofit) que más se realizan a los motores de los Grupos Electrógenos. Inclusive hay en el mercado internacional grandes empresas especializadas solamente en el área de reconstrucción y reemplazo de los controles de velocidad que ofrecen amplias gamas de productos y aplicaciones para motores reciprocantes y turbinas a combustible líquido y gas, al igual que en sistemas de generación de combustión externa como turbinas de vapor.

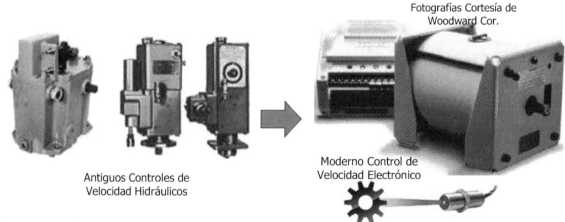

Comparación entre dos sistemas de Control de Velocidad de Motores Primarios

Fig. 13-11

Para el caso de turbogeneradores el reemplazo implica la instalación de los sensores de velocidad MPS (dos o tres), la unidad central de proceso (controlador electrónico) y de un actuador que de acuerdo con la fuerza que se necesite para regular el paso de combustible a las cámaras de combustión, podrá ser eléctrico o electro-hidráulico. En este último caso se requiere de un sistema de suministro de presión hidráulica para operar y según la criticidad de la operación del sistema de generación todos los dispositivos indicados anteriormente podrán ser redundantes. Para motores reciprocantes la instalación sólo implica la instalación de un sensor magnético, tarjeta de control electrónico y un actuador eléctrico (ver Fig. No. 13-11). Para el reemplazo de un sistema de control de velocidad el dato más importante requerido por los fabricantes de esos dispositivos es el torque o fuerza requerida por el actuador para operar sobre la válvula o dispositivo que regula el paso de combustible al motor.

- **La Excitatriz Estática**

Al igual que lo indicado para el control de la velocidad, la producción y control de la corriente directa (DC) que requieren los campos rotores de grandes generadores AC con escobillas es necesario actualizarlos tecnológicamente para asegurar una respuesta acorde con la compensación de la velocidad en los regímenes transitorios, así como en los procesos de repartir las potencias reactivas (kVAR/MVAR), además de garantizar su mantenibilidad, ya que los antiguos sistemas de excitación dinámica (dínamos de producción de corriente continua) por su tipo de construcción y diseño tienen una vida útil corta y de alta dedicación en cuanto a los procesos de mantenimiento.

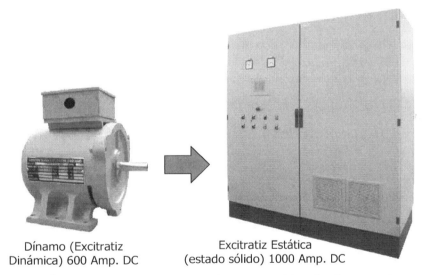

Dínamo (Excitatriz Dinámica) 600 Amp. DC   Excitatriz Estática (estado sólido) 1000 Amp. DC

Comparación entre dos sistemas de excitación de Generadores AC

Fig. 13-12

Los modernos sistemas de control de excitación (ver sección No. 7.10), son denominados "Excitatrices Estáticas" por su condición de estado sólido sin elementos dinámicos y están conformados por una fuente de poder (rectificador controlado), una unidad central de control electrónico, una unidad de protecciones eléctricas y un disyuntor de campo.

Para el reemplazo de una excitatriz dinámica por un sistema estático de control de excitación se requieren los siguientes datos: A.- Corriente de excitación (máxima y promedio) con las condiciones existentes del generador (considerar desviación de datos de placa), B.- Tensión de excitación (a máxima carga y en vacío) con las condiciones existentes del generador (considerar desviación de datos de placa), C.- Tensión de trabajo del generador (siempre se requerirá del transformador de aislamiento, reductor y amortiguador, ver nota), entrada de potencia, D.- Tensión de entrada sensora y si se requiere de transformadores de potencial, E.- Condición de explotación del generador (régimen aislado o en paralelo), F.- Tipo de transformador de corriente en caso de régimen paralelo, G.- Tipo de operación del generador (carga base o toma de picos), H.- Tipo de protecciones eléctricas requeridas (cortocircuito, sobrecorriente, pérdida de campo, baja o sobre tensión, etc.), I.- Tipo de control requerido, si se desea operación remota, monitoreo integral u otra función especial.

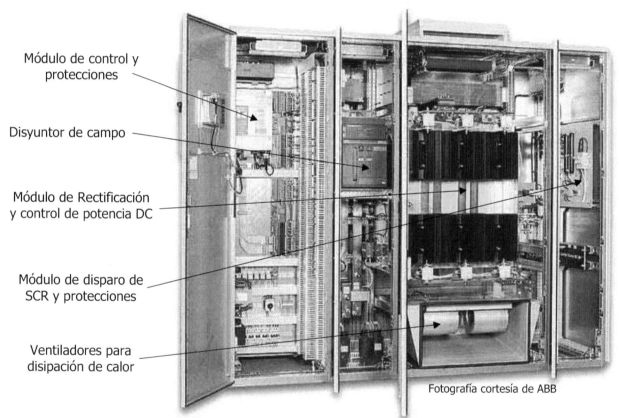

Dispositivos internos de una moderna Excitratiz Estática
Fig. 13-13

Nota.- En las excitratices estáticas por la condición de fuente de poder con rectificadores controlados (SCR), el transformador reductor requerido deberá ser tipo amortiguador con alta impedancia para ayudar a mejorar la respuesta de salida de bloques de carga DC al campo cuando el generador esta en régimen transitorio.

- **Control y Supervisión de la Operación del Motor**

Otro dispositivo que se reemplaza en los procesos de actualización tecnológica de los Grupos Electrógenos es el sistema de control de la operación y supervisión del motor, el cual en el pasado era diseñado y construido con dispositivos discretos electromecánicos y electrónicos con componentes antiguos como los transistores. En la actualidad en los diseños de controladores de los motores se utiliza el criterio de la integración de todos los procesos como son: control integral (arranque, control de velocidad, inyección de combustible), supervisión de los parámetros de operación (alarmas, paradas de emergencia) y monitoreo local y remoto, además los controladores integrales más especializados tienen controles para evitar o reducir las emisiones contaminantes provenientes de la combustión en los motores.

Para el reemplazo de los antiguos controladores de operación del motor habrá que realizar el diseño del cableado, ya que será siempre necesario reemplazar también el arnés de los cables de control, igualmente será necesario el reemplazo de los sensores, así como la instalación de nuevos sensores especiales, esto específicamente en el caso de los controles de las emisiones contaminantes.

- **Protecciones Eléctricas**

Para las protecciones eléctricas como se ha indicado en la sección No. 7.11, los nuevos modelos integrales (multifunción) han desplazado el uso de dispositivos discretos (uno por cada tipo de protección). A efectos de la actualización tecnológica de Grupos Electrógenos, sólo se recomienda que al actualizar el sistema de control de velocidad o control de excitación se deberá incluir la actualización de los dispositivos de protección eléctrica, ya que en la operación del Grupo Electrógeno al mejorar la respuesta de toma o compartimiento de cargas, se pueden presentar estados transitorios no deseados que de no ser detectados con la misma velocidad de respuesta que los nuevos controles (velocidad o excitación) pueden presentar conflictos con los dispositivos discretos de protección (de vieja tecnología) que pueden causar una desconexión (interrupción de la generación) o salida de paralelo del Grupo Electrógeno sin motivo técnico que justificara la actuación de la protección eléctrica.

13.6.- Documentación e Indicadores para el Mantenimiento

- **Documentación del Mantenimiento**

Uno de los puntos más importantes de los procesos de mantenimiento es poder tener de forma clara y bien descriptiva todos los detalles y/o antecedentes históricos de las actividades de su ejecución una vez realizados y del comportamiento del Grupo Electrógeno y/o Central Eléctrica una vez ocurridos, y que permitan hacer los seguimientos necesarios para determinar diferentes escenarios de procedimiento futuro, así como la probabilidad de suceso de nuevas fallas similares a algunas de las sucedidas y anticipar las actividades de prevención para que no sucedan. En la medida que la operación del Grupo Electrógeno o la Central Eléctrica sea importante o crítica para el sistema de suministro de energía eléctrica al cual están conectados, se hace obligatorio el análisis periódico de los datos obtenidos de los mantenimientos preventivos y correctivos, por lo que la data descrita en los formularios del proceso de mantenimiento deberá ser clara y objetiva, se sugieren los siguientes campos específicos de recopilación:

A.- Datos y Descripción del sistema y/o Grupo Electrógeno, que permitan identificarlo sin ninguna posibilidad de confusión con otro.

B.- Descripción total de las actividades de mantenimiento preventivo realizado, como reemplazo de consumibles (lubricantes, filtros, etc.) incluyendo los datos y estado del consumible reemplazado y al igual que del nuevo a colocar. También será necesaria una descripción detallada de todas las actividades realizadas con la lista de chequeos y rutinas necesarias indicadas por los fabricantes.

C.- Observación y comentarios del técnico ejecutante en cuanto a las actividades realizadas y sugerencias sobre como optimizarlas y hacerlas más eficientes (si aplicase).

D.- Para el caso de mantenimientos correctivos se deberá describir claramente el tipo de falla, el criterio de diagnóstico utilizado, antecedentes de fallas similares en el mismo equipo, descripción de los equipos e instrumentación de diagnóstico utilizados, análisis de los motivos que causaron la falla, el plan de solución, los repuestos (partes y piezas) a reemplazar, las observaciones y sugerencias para prever que no vuelva a suceder.

E.- En caso de aplicación de normas obligatorias, de referencia o de documentación hacer las menciones específicas recomendadas en las normas.

F.- La suscripción de los responsables involucrados en la actividad de planificación, ejecución y análisis de los datos, así como del representante del propietario del equipo (para contrataciones específicas de mantenimiento) o del responsable de la operación del o los Grupos Electrógenos y/o Central Eléctrica (para el caso de una organización de producción de electricidad).

• Indicadores más importantes del Mantenimiento

Los resultados del mantenimiento realizado a una Central Eléctrica, sus Grupos Electrógenos y sus sistemas operativos asociados conforme a los procedimientos no sólo se medirán de forma subjetiva al percibir su buen funcionamiento e indicar de forma coloquial "estos equipos fallan poco", sino que será necesario implementar, sea cual sea la complejidad del sistema de generación, una serie de indicadores que nos muestren de manera objetiva el comportamiento de los equipos y por consecuencia el resultado de los programas de mantenimiento aplicado. Los indicadores más usados se calculan bajo el criterio de monitoreo de la efectividad que evalúa si las acciones y procedimientos acometidos para realizar el mantenimiento son efectivas en cuanto al comportamiento de los equipos que conforman la Central Eléctrica (Grupos Electrógenos, sistemas operativos asociados e instalaciones), además permiten medir la calidad en la implementación de los programas de mantenimiento y su planificación. Los indicadores utilizados con mayor frecuencia, para el caso de Centrales Eléctricas de generación continua son: A.- Tiempo promedio para fallas, B.- Tiempo promedio para reparar, C.- Utilización, D.- Confiabilidad (estos cuatro relacionados directamente) y E.- Disponibilidad y para el caso de Centrales Eléctricas de generación de respaldo el indicador más importante es el Porcentaje de Disponibilidad Operativa "PDO" (ver sección No. 13.4).

Nota.- El cálculo de tiempo promedio para fallas (TPPF) y el tiempo promedio para reparar (TPPR) se aplican para el cálculo de los indicadores de Utilización y Confiabilidad, considerados de la mayor importancia, ya que refieren a la capacidad y eficiencia que tiene la Central Eléctrica y los Grupos Electrógenos para cumplir sus funciones con las condiciones más favorable de mantenimiento.

• Tiempo promedio para fallas

También denominado "Tiempo promedio entre fallas" Se refiere al período de tiempo en que puede operar los Grupos Electrógenos y/o cada unos de los equipos que conforman los sistemas asociados de la Central Eléctrica a su capacidad nominal y sin interrupciones por fallas, se expresa con las siglas "TPPF" y se calcula:

$$TPPF = \frac{\text{Horas de operación sin fallar}}{\text{Número de fallas ocurridas}}$$

Este indicador sólo podrá ser calculado si apareciesen fallas en los equipos, por lo que en el caso que en el período de tiempo de estudio, los equipos no presentan fallas este indicador no aplica. El tiempo promedio para fallas (TPPF) determina la periodicidad de los eventos de falla de un equipo, un promedio de varios TPPF podría indicar la posibilidad de que pueda volver a fallar en un período similar, ayudando a preparar estrategias, procedimientos y planes para evitarlos.

- **Tiempo promedio para reparar**

Indica el período de tiempo promedio que utilizan los operadores de mantenimiento correctivo en reparar una falla y volver a poner disponible la Central Eléctrica, Grupos Electrógenos o sistemas operativos asociados. Por lo general se contabiliza desde el momento en que el sistema se detiene por la avería hasta tanto vuelve a estar operativo y disponible con el 100 % de las condiciones normales. Se expresa con las siglas "TPPR" y se calcula:

$$TPPR = \frac{\text{Horas de fallas (tiempo detenido por fallas)}}{\text{Número de fallas ocurridas}}$$

- **Utilización**

Es el factor determina por el tiempo de operación normal (sin fallas) de la Central Eléctrica, Grupos Electrógenos o sistemas operativos asociados durante un período prefijado de tiempo. Es un indicador porcentual y es útil para calcular la eficiencia de la operación de la producción de energía eléctrica. Se expresa con la sigla "U" y se calcula:

$$U = \frac{\text{Horas operadas sin fallas}}{\text{Número de horas del período prefijado}} \times 100$$

Nota.- Como indicador porcentual su valor óptimo es lógicamente lo más cercano al 100 %, se estima que el promedio de varios períodos puede indicar tendencias de aumento o disminución de la eficiencia de la operación analizada.

- **Confiabilidad**

Indica la capacidad de que una Central Eléctrica, Grupos Electrógenos o sistemas operativos asociados pueda realizar las funciones para las cuales fueron proyectados, calculados o diseñados durante un período prefijado de tiempo y con el suministro de los recursos necesarios, adecuados y de forma oportuna. Igualmente a la Utilización es un indicador porcentual y es útil para calcular la confianza en el funcionamiento de los equipos en la operación de la producción de energía eléctrica. Se expresa con la sigla "C" y los factores importantes para su cálculo son el tiempo promedio para fallas (TPPF) y el tiempo promedio para reparar (TPPR), ya que se considera que la confianza en el funcionamiento de los equipos es inversa a la probabilidad de ocurrencia de fallas y la salida de su operación normal, se calcula:

$$C = \frac{TPPF}{TPPF + TPPR} \times 100$$

Nota.- Como indicador porcentual su valor óptimo es lógicamente lo más cercano al 100 %.

- **Disponibilidad**

Se refiere al porcentaje probabilístico de que los Grupos Electrógenos y/o cada unos de los equipos que conforman los sistemas asociados de la Central Eléctrica puedan cumplir con la función para la cual fueron proyectados sin fallar en un período de tiempo determinado para este cálculo (mensual, anual, etc.).

Para el cálculo de la disponibilidad sobre una base de probabilidades se han desarrollado varios procedimientos bajo simulación y modelos matemáticos, el procedimiento mayormente reseñado por profesionales en el área y en texto técnicos es el seguimiento del monitoreo por condiciones, donde se relacionan como las fallas de los componentes que afectan a las fallas del sistema, lo que aplicado a nuestro caso, como las fallas de los Grupos Electrógenos y/o sus sistemas operativos asociados, afectan el cumplimiento de la función de la Central Eléctrica. Inclusive hay empresas como Comelecinca Power Sistems, C.A. de Venezuela que han desarrollado sus propios procedimientos automatizados para el cálculo de la confiabilidad operativas con resultados muy cercanos a la realidad, los cuales dependen de más de veinte factores diferentes y de su estudio y análisis se obtiene un valor promedio por el cual se fija la probabilidad. A nuestra consideración la confiabilidad es el indicador de mantenimiento más complejo de calcular para una Central Eléctrica, los Grupos Electrógenos y sus sistemas operativos asociados, por lo que recomendamos que su cálculo y estudio sea realizado por expertos experimentados en la materia.

REFERENCIAS BIBLIOGRAFICAS

Referencias Bibliográficas

- Norma FONDONORMA 200-2004, Código Eléctrico Nacional, Venezuela.
- Norma COVENIN 734-2004, Código Nacional de Seguridad en Instalaciones Eléctricas de Suministro de Energía Eléctrica, Venezuela.
- Norma COVENIN 2800-98, Tableros Eléctricos de Media y Baja Tensión. Instalación y Puesta en Servicio, Venezuela.
- Norma FONDONORMA 3898-06, Calidad de Energía Eléctrica. Fluctuaciones Rápidas de Tensión, Venezuela.
- Norma COVENIN 2239-91, Materiales Inflamables y Combustibles. Almacenamiento y Manipulación, Venezuela.
- Norma COVENIN 2058-83, Motores de Combustión Interna. Definiciones Generales, Venezuela.
- Norma COVENIN 928-78, Instalaciones de Sistemas de Tubería para Suministro de Gas Natural, Venezuela.
- Norma COVENIN 253-1999, Codificación para Tuberías que Conduzcan Fluidos, Venezuela.
- Norma COVENIN 1671-88, Fuentes Estacionarias. Determinación del Ruido.
- NFPA 110-2005 Standard for emergency and Standby Power Systems USA.
- NFPA 37 Standard for Installation and Use of Stationary Combustion Engines and Gas Turbines, USA
- NFPA 70 Standard, National Electric Code, USA.
- NFPA 54 Standard, National Fuel Gas Code, USA
- NFPA 30 Standard, Código de Líquidos Inflamables y Combustibles, USA.
- NEMA 250 Standard for Electrical Use Enclosures, USA.
- NEMA MG-1-2003 Standard, Motores y Generadores, Funcionamiento y Aplicaciones, USA.
- NEMA MG-2-2001 Standard, Normas de Seguridad y Guía de Selección, Instalación y Uso de Motores y Generadores Eléctricos, USA.

- IEEE Std 446-1995, IEEE Recommended Practice for Emergency and Standby Power Systems for Industrial and Commercial Applications, USA.
- IEEE Std C37-101-1993, IEEE Guide for Generator Ground Protection, USA.
- IEEE Std 142-1991, IEEE Recommended Practice for Grounding of Industrial and Comercial Power Systems, USA.
- IEEE Std 242-2001, IEEE Recommended practice for Protection and Coodination of Industrial Power Systems, USA.
- IEEE Std 1100-1999, IEEE Recommended Practice for Powering and Grounding Electronic Equipment, USA.
- IEEE Std 1547-2003, Standard for Interconnecting Distributed Resources with Electric Power Systems, USA.
- ISO 8528 Standard (part 1 to 12), Motores Reciprocantes de Combustión Interna, Switzerland.
- ISO 3977 Standard (part 1 to 9), Turbinas de Gas Natural, Switzerland.
- ISO 10494 Standard, Turbinas de Gas Natural y Arreglos con Turbinas de Gas Natural, Métodos de Inspección, Switzerland.
- ISO 2314 Standard, Turbinas de Gas Natural, Ciclo Simple y Combinado, Pruebas de Aprobación, Switzerland.
- IEC 60034-22 Standard, Rotating Electrical Machine Part. 22 AC Generators for Reciprocating Internal Combustion Engine, London, UK.
- IEC 60034-3 Standard, Rotating Electrical Machine Part 3: Specific Requirements for Synchronous Generators Driven by Steam Turbines or Combustion Gas Turbines, London, UK.
- IEC 60364-5-55 Standard, Electrical Installations of Building" Part 5-55 Additional Requirements for Installations Where Are Generating Set Application, London, UK.
- IEC 88528-11 Standard, Reciprocating Internal Combustion Engine Driven Alternating Current Generating Sets - Part 11: Rotary Uninterruptible Power Systems - Performance Requirements and Test Methods, London, UK.

Referencias Bibliográficas

- ANSI-BSI BS 4999 PART 140 Standard, General Requirements for Rotating Electrical Machines Part 140: Voltage Regulation and Parallel Operation of A.C. Synchronous Generators, USA.

- ANSI-CNIS GB/T 7409.3-97 Standard, Excitation System for Synchronous Electrical Machines-Technical Requirements of Excitation System for Large and Medium Synchronous Generators, USA.

- ANSI-IEEE 421 Standard, Criteria and Definitions for Excitation Systems for Synchronous Machines, USA

- ANSI-IEEE 421A Standard, Guide for Identification, Testing and Evaluation of the Dynamic Performance of Excitation Control Systems, USA.

- ASTM D975-09, Standard Specification for Diesel Fuel Oils, USA

- Exhaust System Guide, Cummins Fleetguard Company, USA. Edición 2007.

- Petróleo y Gas Natural, Richard S Graus, Enciclopedia de Salud y Seguridad en el Trabajo, 1997.

- FluidTherm Engineering, W. Gene Steward.

- Enciclopedia de la Técnica y la Mecánica, Ediciones Nauta

- WWW.GEOCITIES.COM

- WWW.HUMBOLT.EDU

- WWW.CONSTRUTIPS.COM

- Cogeneration Handbook (Form 7030) Dresser-Waukesha.

- Fuentes de Energía (Serie 6/7) Mileaf. Editorial Limusa.

- Libro Práctico de los Generadores, Enrique Harper, Editorial Limusa

- Manuales Técnicos de Controladores Woodward (Series ECGP).

- Notas de Aplicación Serie EXBJ30 de Basler Electric.

- ASHRAE, American Society of Heating, Refrigerating and Air-Conditioning Engineers, Fundamentals Volume (S.I. edition.). Atlanta: 2001.

- Sistemas de apoyo a la operación de centrales térmicas, Luís Zarauza Quirós, Jefe de Investigación y Nuevas Tecnologías de Unión FENOSA, Sevilla, España

- Freeman, Alan, "Gas Turbine Advance Maintenance, Planning," Paper Presented at Frontiers of Power, conference, Oklahoma State University, October 1987.

- Jarvis, G., "Maintenance of Industrial Gas Turbines,"GE Gas Turbine State of the Art Engineering, Seminar, Paper SOA-24-72, June 1972.

- Patterson, J. R., "Heavy-Duty Gas Turbine, Maintenance Practices," GE Gas Turbine Reference, Library, GER-2498, June 1977.

- Moore, W. J., Patterson, J.R, and Reeves, E.F., "Heavy-Duty Gas Turbine Maintenance Planning and, Scheduling," GE Gas Turbine Reference Library, GER-2498; June 1977, GER 2498A, June 1979.

- Carlstrom, L. A., et al., "The Operation and Maintenance of General Electric Gas Turbines," General Electric, Publication, GER-3148; December 1978.

- Knorr, R. H., and Reeves, E. F., "Heavy-Duty Gas Turbine Maintenance Practices," GE Gas Turbine Reference Library, GER-3412; October 1983; GER-3412A, September 1984; and GER-3412B, December 1985.

- Gasolina y Diesel de Bajo Azufre, La Clave para Disminuir las Emisiones Vehiculares, Versión final en Español, 21 de mayo de 2003, Katherine O. Blumberg, Michael P. Walsh y Charlotte Pera

- El Material Particulado (Extractos de la 7a. Conferencia ETH en Combustión Generadora de Nanopartículas, Zurich Agosto 2003) Tecnología Automotriz Limpia S.A, Carol Urzúa, Web: www.talsa.cl

- Christen, J. E., 1977. "Central Cooling - Absorptive Chillers," Oak Ridge National Laboratory, Oak Ridge TN.

- Grimaldi-Simonds, La Seguridad Industrial, Su Administración, Alfaomoga, México, 1985.

- D Keith Denton, Seguridad Industrial, Mc Graw-Hill, México, 1984.

- Technology Characterization Gas Turbines, Environmental Protection Agency, División Washington, DC. 2008

- Productos de Petróleo, Aceite Combustible Diesel, Reglamento Técnico Centroamericano, Resolución 187-2006, Guatemala.

- Calibración de Equipos de Medida, Jordi Riu, Ricard Boqué, Alicia Maroto, F. Xavier Rius, Universitat Rovira, Tarragona, España 1999.

Referencias Bibliográficas

- Centrales Térmicas, Luis Zarauza Quiroz, Dpto de Investigaciones y Nuevas Tecnologías de Unión FENOSA, Sevilla, España.

- Standard Plant Operators´ Manual, Stephen Michael Elonka, McGraw-Hill Book Company, 1980.

- Heat Transfer Handbook, APV, Desing and Application of Paraflow Plate Heat Exchangers, APV Canada. 1996.

- Cogeneración de Calor y Electricidad, Lluis Jutglar i Banyeras, Barcelona, España, Ediciones CEAC, 1996.

- Cálculo y Diseño de Instalaciones de Gas, A.L. Miranda Barreras y R. Oliver Pujol, Ediciones CEAC, 1994.

- Instalaciones y Montajes Electromecánicos, Gilberto Enríquez Harper, Limusa Noriega Editores, México, 2004.

- Cogeneration Handbook, Waukesha Power Systems, USA, 1986.

- Centrales Eléctricas, E. Santo Potess, Colombia, Editorial Gustavo Gili S.A., Barcelona, 1971.

- Centrales Eléctricas, Enciclopedia CEAC de Electricidad, Dr. José Ramírez Vázquez, Ediciones CEAC, Barcelona, España, 1977.

- Máquinas Eléctricas y Transformadores, Irving L. Kosow, Pentrice-Hall Hispanoamericana, S.A., 1972.

- Análisis de Sistemas de Potencia, John J. Grainger y William D. Stevenson Jr. McCRAW-HILL, 1996.

ÍNDICE ALFABÉTICO

Índice Alfabético

A

Absoption Water Chiller, 375
AC Time Overcurrent Relay, 225
Acero estructural, 293
Ácido sulfúrico, 337
Acometida, 297
    eléctrica, 23, 258
    subterránea, 264
Acometidas
    aéreas, 263
    eléctricas de potencia, 263
    en bancadas, 264
    superficiales, 264
Activación permisiva, 401
Actuadores neumáticos, 116
Actualización tecnológica de grupos electrógenos, 446
Adiestramiento, 415
Agencia de protección del ambiental de USA, 335
Agotamiento prematuro, 425
Agua suavizada, 106, 369
Aislador eléctrico, 241
Aisladores de soporte, 264
    de suspensión, 264
Ajuste, 380
    de tensión, 401
    de velocidad, 401
Álabe, 130
Albañilería, 294
Almacenamiento del combustible, 344
Alternador, 114
Altura
    dinámica, 370
    estática, 370
American National Standards Institute, 47
Amortización del capital invertido, 411
Ampacidad, 260
Ampere, André Marie, 182
Amperios/hora, 114
Análisis
    de aceite, 422
    de lubricantes, 440
    de vibración, 440
    de vibraciones, 422
    periódicos obligatorios, 430

Ángulo de deslizamiento, 406
Anillos del pistón, 83
ANSI, 41
ANSI-BSI BS 4999, 47
ANSI-CNIS GB/T 7409.3-97, 47
ANSI-IEEE 421, 47
ANSI-IEEE 421A, 47
Antepecho, 297
Aplicaciones
    de los recursos distribuidos, 30
    especiales, 53
Árbol de levas, 84
Áreas de la central de generación, 300
AREP, 198
Armadura, 171
Armónicos eléctricos, 27, 190
Arranque
    de las turbinas por generador, 145
    de las turbinas por impulsor neumático, 141
    de las turbinas por motor eléctrico externo, 141
    del sistema de combustible gaseoso, 386
    del sistema de combustible líquido, 386
    del sistema de enfriamiento remoto del motor, 386
    del sistema de extracción mecánica de aire, 386
    del sistema de lubricación externo, 386
    en negro, 111
    inicial de los grupos electrógenos, 385
    inicial de los sistemas operativos asociados, 385
    inicial de motogeneradores, 387
    inicial de turbogeneradores, 388
Atenuador disipativo absorbente, 314
Auditoría, 425
Autómatas programables, 409
Automatic Voltage Regulador, 175
Autotransformadores, 261
Auxiliary Wiring Regulation Excitation Principle, 198
AVR, 175

AWG, 265
Axiomas de las probabilidades, 420

B

Bancadas, 260
Banco de carga, 397
Bandeja portacable, 270
Barra, 240
    de generación, 406, 409
Barras
    Copperweld, 279
    de cobre, 240
    de interconexión eléctrica, 25
Bases antivibratorias, 299
Batería, 24, 112
Baterías
    estacionarias, 113
    vehiculares, 113
Biela, 83
Bloque del motor, 84
Bobina de encendido, 85, 102
Bomba
    complementaria, 365
    de combustible, 87
    de inyección, 85
    de lubricante, 87
    de refrigerante, 87
    hidráulica, 325
    interna de circulación, 366
    primaria de combustible, 94
Boroscopias, 440
Boroscopio, 423
Brayton, George, 134
Brush generator end, 175
Brushless generator end, 175
Bujía, 84
Bunker, 72
Butano, 72

C

Cabilla o barra metálica de refuerzo, 296
Cabina del grupo electrógeno, 22
Cabinas de intemperie para grupos electrógenos, 310
Caída de presión interna, 320

Caja
    de empalme, 268
    de engranajes, 131
    de engranajes para las turbinas, 152
Cajas de engranajes
    helicoidales, 153
    planetarias o epicíclicas, 154
Cálculo
    de corriente de cortocircuito, 246
    de la disponibilidad operativa, 445
    de la restricción, 330
    del costo de generación, 410
    del factor de potencia, 395
Cálculos básicos de la sala de generación, 298
Caldera recuperadora de calor, 376
Calibración, 380
Calibre de los conductores eléctricos, 265
Calidad de servicio, 27
Cámara de combustión, 83, 130, 338
    de las turbinas, 149
    tipo Anular, 150
    tipo Tubo-Anular, 151
    tipo Tubular, 150
Camisa del cilindro, 84
Campo o devanado inductor, 174
Canal para conductor, 264
Canales portacables, 260
Canalización, 260
    subterránea, 271
    superficial, 270
Canalizaciones para las acometidas eléctricas, 270
Canopia, 310
Canopias, 22
Capacidad, 421
    de autodescarga, 113
    de generación, 432
    resistente, 294
Carcasa del Generador, 174
Carga base, 30
Cargador
    automático de batería, 24
    de baterías, 112, 289
Cargas
    capacitivas, 392
    inductivas, 392

Índice Alfabético

Cargas
    resistivas, 392
Celda eléctrica, 240
Celdas de combustible, 15
Celosía, 295
Cemento Portland, 295
Centistokes, 343
Central eléctrica, 18
    de generación distribuida, 28, 413
    de operación continua, 413
    simple, 379
Centrales eléctricas
    a la intemperie, 303
    bajo techo o dentro de edificaciones, 305
    de base, 34
    de emergencia, 34
    de generación distribuida, 15
    de recorte de picos o de punta, 34
    de reserva, 34
    en centro de datos e informática, 53
Centrales térmicas, 65
Centro
    de control de motores (CCM), 252
    de fuerza y distribución (CFD), 252
Centros de distribución de potencia (CDP), 251
Cercha, 294
Cerramientos, 297
Chimeneas, 328
CHP, 164, 372
Ciclo de admisión, 87
    de Brayton, 133
    de compresión, 88
    de escape, 88
    de explosión, 88
    termodinámico, 129
Ciclo
    combinado de turbinas, 163
    de operación, 82
Cigüeñal, 83
Cilindro, 82
Circuito
    hidráulico, 372
    magnético, 170
Clasificación
    de acuerdo a la aplicación, 74

Clasificación
    de las cargas, 391
    de las protecciones eléctricas, 219
    de las turbinas, 135
    de los generadores sincrónicos, 191
    de los grupos electrógenos, 65
    de los lubricantes, 107
    de los tableros de las centrales eléctricas, 244
    de los tableros eléctricos según el ambiente, 245
    de los tipos de puesta tierra, 279
CODELECTRA, 39
Código de líquidos inflamables
    y combustibles, 324
    eléctrico nacional, 258
Coeficiente de empalamiento, 186
Cogeneración, 163, 372
Cojinete, 131
Columna, 294
Combinated Heat and Power, 164, 372
Combustible, 322, 342
    dual, 73
Combustibles
    gaseosos, 72, 353
    líquidos livianos, 71
    líquidos pesados, 71
Combustión externa, 15
Combustor, 149, 339
Common Rail, 93
Cómo diseñar el sistema de insonorización, 313
Como funciona una protección eléctrica, 217
Comparación entre los motores reciprocantes y rotativos, 68
Compartimiento de cargas en las turbinas, 160
Componentes
    de los sistemas de escape, 329
    de un sistema de cogeneración, 374
    de un sistema de puesta a tierra, 279
Composición básica y propiedades del gas natural, 352
Compresor, 129
    de aire, 291
Concreto, 295

Condensador eléctrico, 392
Conductividad, 259
Conductor
    eléctrico, 174, 259
    monopolar apantallado, 266
    XLPE-PVC, 266
Conductores
    de los SPAT, 281
    para acometidas eléctricas, 265
Conexión
    tipo Delta, 200
    tipo Estrella, 200
    del AVR tipo SHUNT, 211
    de generadores con 12 hilos, 199
    de generadores con 6 hilos, 199
    flexible, 322
    isla, 34
Conexiones de las bobinas de los generadores, 199
Confiabilidad, 420, 454
    del suministro eléctrico, 27
Conmutador
    de transferencia, 22
    tetrapolar, 243
    tripolar, 243
Conservación de centrales eléctricas, 420
Constante de aceleración, 186
Consumibles, 424
Consumo, 412
    eléctrico, 28
    normal, 411
Contaminación ambiental, 59
Contingencia N-1, 430
Contrapresión de escape, 327
Control
    de la contaminación del ambiente, 336
    de la contaminación generada por ruido, 311
    de parámetros operativos de las turbinas, 158
    de velocidad, 19, 117
    estequiométrico, 337
    y protección del ambiente, 335
Controlador
    automático de transferencia, 22
    central de proceso del motor, 95

Controlador–supervisor de funcionamiento del motor, 20
Controles de velocidad hidráulicos, 119
Convertidores catalíticos, 337, 340
Cool down time, 110
Coordinación de protecciones, 245
Copa terminal, 268
Corrección de fallas de motogeneradores, 436
Corriente
    alterna, 176
    alterna polifásica, 181
    alterna trifásica, 181
    de cortocircuito, 245
    de excitación, 450
    eléctrica, 25
Corrientes
    cruzadas, 406
    de Foucault, 171
Coseno del ángulo φ, 393
Cosenofímetro, 396
Costo
    de combustible, 410
    de la inversión en los equipos, 416
    de mantenimiento, 411
    del combustible gaseoso, 416
    del mantenimiento anual, 416
Costos del kW/h producido en régimen continuo, 416
COVENIN, 39
COVENIN 2058-83, 41
COVENIN 2239-91, 40
COVENIN 2800-98, 40
COVENIN 734-2004, 40
Criterios
    de operación de los grupos electrógenos, 34
    para su implantación, diseño e instalación, 31
CSA, 41
Culata o cámara del motor, 84
Curva de la tina o bañera, 428

D

Decreto No. 638, 335

Demanda, 412
    contratada, 411
    eléctrica, 28, 416
Descarga y puesta en sitio de
    los componentes, 57
Desempeño, 422
Desplazamiento de calor, 103
Devanado, 171
    concentrado, 190
    distribuido, 190
    inducido, 171
    inductor, 171
Diagnóstico y corrección de fallas, 437
Diagrama unifilar, 240
Diámetros de las tuberías, 371
Diesel, 72, 323, 342
Diferencial, 228
Differential Protective Relay, 228
Difusor, 130
Dilatación
    de la tubería por la temperatura, 332
    de la tuberías, 326
    de las tuberías y silenciadores, 327
    en sentido axial, 332
Dinamo, 194
Dique de contención, 345
Directional Power Relay, 226
Disco de diodos, 175, 196
Diseño y cálculo de las instalaciones, 51
Disponibilidad, 420, 455
    operativa, 445
Disposición física de los grupos
    electrógenos, 303
Dispositivos
    catalítico ionizante, 338
    de carga, 392
    de compresión del gas natural, 358
    del grupo electrógeno, 65
    internos de la excitatriz estática, 213
Distancia de los centros de distribución
    de potencia, 58
Distribución, 28
Disyuntor de campo, 215
Disyuntores, 234
Documentación del mantenimiento, 451

Dosificador
    de gas, 85
    en motores de combustible gaseoso, 97
Droop, 406
Ducto, 297
    de barras, 261

E

ECM, 93
Edificaciones especificas para las salas de
    generación, 316
Efecto de Joules, 272
Ejecución
    correctiva, 431
    preventiva, 430
El generador eléctrico, 170
El interruptor de salida de potencia del
    generador, 233
El motor
    reciprocante o alternativo, 82
    rotativo, 129
Electrodos, 279
Electro-ducto, 260
    de barras, 268
Elevación y puesta en sitio
    con grúa, 63
    con montacargas, 63
Empalmes de los SPAT, 281
Encofrado, 297
Energía
    mareomotriz, 30
    undimotriz, 30
Enfriador de agua por absorción, 375
Enfriamiento
    del aire para mejorar la eficiencia
    de las turbinas, 157
    del combustible, 97, 369
    por intercambiador de calor, 366
    posterior, 367
Engine Control Module, 93
Enlace equipotencial, 283
Environmental Protection Agency EPA, 312
EOH, 439

Índice Alfabético

EPG, 120
EPSS, 301
Equivalent Operating Hours, 439
Escobillas, 174
Estabilidad, 187
Estación
    de compresión de gas natural, 358
    de regulación y medición del gas natural, 354
Estequiometría, 93
Estribo, 297
Estructura, 293
Excitatrices estáticas, 450
    para generadores con escobillas, 212
Excitatriz estática, 194
Extractores de aire, 290

F

Factibilidad de un sistema de respaldo, 410
Factor
    de corrección, 267
    de potencia, 26
    de potencia eléctrico, 393
    de seguridad, 293
Factores
    de desplazamiento térmico, 370
    para el diseño de una central eléctrica, 52
    para la clasificación de los tableros eléctricos, 244
    para la ubicación de la central eléctrica, 56
Falla, 425
    a tierra del estator o campo, 229
    asimétrica, 248
    en el sistema de lubricación, 441
    por cortocircuito, 245
    simétrica, 248
    temprana, 428
Faraday, Michael, 181
Fasímetro, 396
FCEM, 173
FEM, 172
Fiabilidad, 421

Filtros
    de aire para las turbinas, 151
    de combustible, 94
    de Material Particulado (DPF), 340
    por Oxidación Catalítica (DOC), 340
    separadores de agua, 350
Flanche, 321
    de unión del generador, 175
Flujo
    de aire para el enfriamiento, 105
    magnético, 172
    magnético opuesto, 185
Flujos de dispersión, 189
FONDONORMA, 39
FONDONORMA 200-2004, 40
FONDONORMA 3898-06, 40
Formulario, 426
Fosa, 298
Frecuencia
    de salida de un generador, 184
    eléctrica, 25
Frecuencímetro doble, 402
Frequency Relay, 231
Fuel Gas Booster Station, 358
Fuel Oil No. 2, 72, 323, 342
Fuel Oil No. 6, 72
Fuerza
    contra-electromotriz, 173
    electromotriz, 172
Fusibles para protección de sobrecarga o cortocircuito, 256
Fusión nuclear, 15

G

Gabinete, 240
    de protección, 23
Gas
    butano, 323
    licuado, 323, 352
    metano, 73, 352
    natural, 73, 323, 352
    propano, 323
Gases de escape, 320
Gasoil, 323, 342

Generación, 28
    centralizada, 413
    de régimen continuo, 398
    distribuida, 17, 413

Generación
    eléctrica según los tipos de la cargas, 395
    en régimen de emergencia, 399
    independiente, 17

Generador
    asincrónico, 176, 190
    con escobillas, 194
    de inducción, 190
    de rotor cilíndrico, 193
    eléctrico, 20, 170
    eléctrico con escobillas, 20, 174
    eléctrico sin escobillas, 21, 175
    excitador, 196
    sin escobillas, 196
    sincrónico, 178, 184

Generadores
    con escobillas, 194
    de operación horizontal, 193
    de operación vertical, 193
    de rodamiento doble, 194
    de rodamiento simple, 194
    sin escobillas, 194

Glicol etileno, 361
Glicol propileno, 361
Glosario de términos
    de las instalaciones eléctricas, 258
    específicos de los motores rotativos, 129
    específicos del generador, 170
    específicos del motor reciprocante, 82
    específicos del tablero eléctrico, 239

Gobernador, 117
Ground (Earth) Detector Relay, 229
Grúas, 63
Grupo electrógeno, 18
Grupos electrógenos
    de gran magnitud, 432
    de mediana magnitud, 432
    de operación continua, 76

Grupos electrógenos
    de operación primaria, 76
    de pequeña magnitud, 432
    de respaldo, 75

H

Hidrotratamiento, 337
Horas equivalentes de operación, 439
HUEI, 93

I

IDLE, 387
IEC, 41
IEC 60034-22, 45
IEC 60034-3, 45
IEC 60364-5-55, 45
IEC 88528-11, 45
IEEE, 41
IEEE Std 1100-1999, 44
IEEE Std 142-1991, 44
IEEE Std 1547-2003, 44
IEEE Std 242-2001, 44
IEEE Std 446-1995, 44
IEEE Std C37-101-1993, 44
Iluminación, 262, 289
    y tomas de fuerza, 289
Impedancia, 250
Incidencia de fallas, 428
Independent Power Production, 402
Indicadores para el Mantenimiento, 453
Inducido, 173
Infraestructura, 293
Ingeniería
    básica, 51
    de detalle, 51
Insonorización, 302
Instalación
    de relés de protección de un generador AC, 232
    eléctrica, 23
Instalaciones eléctricas, 258
    menores, 285
Instantaneous Overcurrent or Rate of Rise, Relay, 226
Instituciones de normalización en Venezuela, 39

Índice Alfabético

Institute of Electrical and Electronics Engineers, 43
Instrumentación, 387
    analógica, 243
    digital, 243
    para la maniobra manual, 402
Intercambiador de calor, 86
International Electrotechnical Comisión, 45
International Organization for Standardization, 45
Interruptor, 242
    termomagnético, 21,175
Interruptores
    de maniobra, 234
    de protección, 234
Inyección
    de neblina de agua, 339
    directa, 92
Inyector, 85
Inyector-Bomba, 92
IPP, 413
Irradiación de calor en las salas de generación, 328
ISO, 41
ISO 10494, 45
ISO 2314, 45
ISO 3977, 45
ISO 8528, 45
Isocronía, 408

J

Joule James Prescott, 273
Junta
    de dilatación, 332
    de expansión, 322

K

Kcmil, 265

L

Lámpara incandescente, 392
La orientación de la central eléctrica, 302
Laplace, Pierre Simón, 206
La Transformada de Laplace, 206
Lenz, Heinrich Friedrich Emil, 185
Letreros de indicación, 382
Ley
    de Faraday, 172
    de la Inducción Electromagnética, 172
    de la Termodinámica, 129
    de Lenz, 173, 185
    de Ohm, 249
    Orgánica del Ambiente, 335
Leyendas de seguridad para el manual de mantenimiento, 433
Lightning arrester, 286
Límites para la sincronización, 405
Líquido refrigerante, 103
Load Test, 390
Losa, 296
    de piso, 296
    de techo, 296
Loss of Excitation Relay, 230
LPG, 72
LPG Liquid Petroleum Gas, 323
Lubricantes, 106

M

Macrogrilla, 29
Magnetismo, 170
Magnetización, 392
Major Overhaul, 424
Malla de tierra, 280
Mantenibilidad, 421
Mantenimiento, 420
    correctivo, 424
    correctivo de motogeneradores, 436
    correctivo de turbogeneradores, 442
    de centrales eléctricas, 420
    de grupos electrógenos, 420
    de motogeneradores, 434
    de turbogeneradores, 439

Mantenimiento
    del sistema de lubricación de la turbina, 441

Indicadores para el, 453
preventivo de motogeneradores, 434
preventivo de turbogeneradores, 440
preventivo pedrictivo, 422
preventivo periódico, 422
Manual del fabricante, 380
Máquina eléctrica, 392
Marcas
de referencia de generadores eléctricos, 236
de referencia de motores reciprocantes, 125
de referencias de turbinas, 166
Maximum Allowable Back Pressure, 327
Maxwell, James C., 181
MCM, 265
Medidas de seguridad para los operadores, 328
Mejoramiento, 424
Memoria descriptiva, 60
Método
de AMDEC, 420
de caída o inclinación, 406
de HAZOP, 420
Metodología para el mantenimiento, 431
Métodos para la repartición de la potencia activa y reactiva, 406
Microgrilla, 29
Microturbina, 164
Minor Overhaul, 424
Modbus, 409
Monitoreo
de la vibración de las turbinas, 161
térmico de los devanados, 230
Montacargas, 63
Motogenerador, 18, 66
Motor
de combustión interna, 19
primario, 66
reciprocante, 66
reciprocante de combustible gaseoso, 88

Motor
reciprocante de combustibles líquidos del, 87
reciprocante o alternativo, 19
rotativo, 67
rotativo o turbina, 19
Motores
de cuatro ciclos, 88
de dos ciclos, 88
electrónicos, 120
estequiométricos, 120, 338
tipo LTA, 362
MPS Magnetic Pickup Sensor, 119
Muro estructural, 297

N

National Electrics Manufacturer Association, 43
National Fire Protection Association, 41
Neblina de agua, 338
NEMA, 41
NEMA 250, 43
NEMA MG-1-2003, 43
NEMA MG-2-2001, 43
NFPA 110, 42
NFPA 30, 43
NFPA 37, 42
NFPA 54, 42
NFPA 70, 42
NFPA, 41
Nivel
dinámico, 370
estático, 370
Norma
ANSI A13.1, 355
COVENIN 2239-1, 351
COVENIN No. 253, 355
COVENIN No. 928, 353
IEEE 1547, 404
NFPA 54, 356
TIA/EIA-942, 54
Normas
COVENIN, 40
FONDONORMA, 40
Obligatorias, 39
Núcleo magnético, 170

Núcleos
    diamagnéticos, 185
    paramagnéticos, 171

O

Objetivos del mantenimiento, 426
Obra civil, 293
Operación
    continua, 56
    de centrales eléctricas, 379
    de grupos electrógenos, 379
    de grupos electrógenos de recorte de picos, 411
    de grupos electrógenos en paralelo, 401
    de grupos electrógenos en régimen continuo, 413
    de grupos electrógenos en régimen de respaldo, 409
    en criterio astático, 391
    en criterio estático, 391
    en paralelo, 391
    interconectada, 34
    primaria, 56
Operatividad, 421
Organismos de normalización y certificación internacionales, 41
Organización
    de un sistema de mantenimiento, 430
    gerencial y administrativa de la central eléctrica, 415
Orsted, Hans Christian, 181
Overhaul, 423
Overvoltage Relay, 229
Óxidos nitrosos (NOx), 95, 326
Óxidos sulfurosos (SOx), 95, 326

P

Pad Mounted, 274
Paquetización, 177
Paradas forzadas, 420
Parámetros de disparo, 382
Pararrayos, 285
Par sincronizante, 406
PDO, 420, 446
Peak Shaving, 412
Pérdida
    de excitación, 230
    de sincronismo, 188
    permisible por fricción, 364
Performance, 422
Permanent Magnetic Generator, 197
Pico de demanda puntual, 411
Pistón, 83
Planificación del mantenimiento, 429
Plantas Eléctricas, 15
PMG, 197
Poder
    del diesel, 99
    del gas natural, 99
    calorífico, 68, 323
Policloruro de vinilo, 266
Polos magnéticos, 176
Porcentaje de disponibilidad operativa, 420, 446
Pórtico, 295
Post-enfriamiento de baja temperatura "LTA", 110
Potencia
    aparente, 26, 393
    eléctrica, 26
    inversa, 226, 396
    magnetizante, 392
    reactiva, 26
    real o activa, 26
Premisas
    importantes para el diseño y cálculo de las instalaciones, 52
    para el diagnóstico de fallas, 436
Presión de aceite, 121
Pressure Drop Coefficient, 320
Principio de Faraday, 15
Principio de funcionamiento
    del generador, 176
    del monitor de vibración, 162
    del motor reciprocante, 87
    del motor rotativo, 132
Procedimientos
    del mantenimiento correctivo, 436
    recomendados para el arranque inicial, 387

Programa de mantenimiento preventivo
    de motogeneradores, 435
    de turbogeneradores, 442
Programación del mantenimiento, 430
Propano, 72
Protección contra Incendios, 351
Protecciones eléctricas, 217
Protocolo, 425
    Modbus, 409
Proyecto de la central eléctrica, 59
Prueba, 379
    con cargas de los grupos
    electrógenos, 397
    en vacío de motogeneradores, 388
    en vacío de turbogeneradores, 390
Pruebas
    con carga de los grupos
    electrógenos, 390
    con cargas simuladas, 397
    con carga real, 398
    de repartición de la potencia activa
    y reactiva, 405
    de sincronismo, 400, 403
    de sincronismo automático, 404
    de sincronismo manual, 403
    no destructivas, 422
PSI, 94
Puente rectificador controlado, 215
Puesta a punto, 379
    de grupos electrógenos, 380
    de motogeneradores, 383
    del tablero de automático de
    transferencia, 385
    del tablero de generación, 385
    del tablero de sincronismo, 385
    de tableros eléctricos de potencia,
    385
    de turbogeneradores, 383
Puesta a tierra
    accidental, 279
    intencional, 279
Puesta
    en operación de grupos
    electrógenos, 379
    en servicio de la central eléctrica,
    383
Pulgadas de mercurio, 321

Punto
    de fuerza, 262
    de Inflamación, 323
Pupitres de control y monitoreo, 255

R

Radiador, 86
    remoto, 361
Rain Cap, 333
RASDA, 336
Recomendaciones sobre lubricantes, 107
Reconstrucción, 423
    mayor, 424
    menor, 424
Recorte de picos, 412
Rectificadores controlados (SCR), 451
Recuperador de calor, 376
Recursos distribuidos, 29
Red utilitaria, 24, 412
Reemplazo
    de la excitatriz estática, 449
    de las protecciones eléctricas, 451
    del control de la operación del
    motor, 451
    del control de velocidad, 447
Régimen
    continuo, 35
    de respaldo, 36
    estable, 186
    primario, 35
    transitorio, 186
Regla de la mano izquierda, 172
Regulaciones
    locales e internacionales sobre
    ruidos molestos, 311
    obligatorias y normas de
    referencia, 39
Regulador
    automático de tensión, (AVR),
    21, 175, 203
    de tensión por caída, 208
    tipo astático, 207
    tipo estático, 208
Relación
    de compresión, 129

estequiométrica, 93
Relación
    vectorial de la potencias eléctricas, 392
Relé
    multifunción, 231
    de frecuencia, 231
Relés de protección eléctrica para generadores, 216
Reluctancia, 171
    magnética, 120
Repartición de potencia activa y reactiva, 401
Reposición, 424
Requerimientos para la selección de los grupos electrógenos, 77
Resistencia de las estructuras, 56
Resistividad, 259
    del suelo, 283
Respaldo
    de emergencia, 17, 53, 409
    operativo, 17, 53, 409
Restauración, 424
Restricción máxima permitida por los motores, 327
Retrofit, 424, 447
Rodamiento, 174
Rodete, 131
Rotor
    de Jaula de Ardilla, 191
    de polos salientes, 193
    devanado, 191
Ruta y ubicación de las tuberías y silenciadores, 328

S

Sala de generación, 298
Salas y recintos de la central de generación, 293
Salida
    forzada, 425
    no forzada, 425
    no forzada del servicio eléctrico, 27
Seccionador, 242
Secuencia operativa, 385
Seguidor de señal, 215
Seguridad en la implementación del mantenimiento, 432
Selección
    de la bomba, 370
    de sistemas de enfriamiento remoto, 369
Sensor velocidad magnético, 119
Sensores varimétricos, 398
Separador de agua, 94
Servosistemas, 205
Silenciador, 321
Sincronismo, 400
    o acoplamiento magnético, 178
Sincronizador electrónico, 401
Sincronizadores automáticos, 408
Sincronoscopio, 402
Sistema de arranque, 88
    de las turbinas, 141
    eléctrico, 111
    neumático, 115
Sistema de combustible, 23, 324
    de las turbinas, 145
    dual (líquido-gaseoso), 99
    gaseoso de las turbinas, 147
    líquido de las turbinas, 146
Sistema
    de combustión, 88
    de distribución para ignición, 102
    de enfriamiento, 88
    de enfriamiento del motor, 102
    de enfriamiento para las turbinas, 155
    de escape, 320
    de escape de los gases de la combustión, 20, 325
    de ignición, 88
    de ignición en motores de combustible gaseoso, 101
    de insonorización, 311
    de inyección de combustible, 92
    de inyección directa, 94
    de inyector-bomba, 95
    de lubricación, 88
    de lubricación de las turbinas, 140
    de puesta a tierra, 24, 274
    de puesta a tierra de protección, 279
    de puesta a tierra de servicio, 279

Sistema
    de refrigeración o enfriamiento
    del motor, 20
    de suministro de gas natural,
    353
    Eléctrico Central (SEC), 29
    Eléctrico Local (SEL), 29
    UBS, 289
    vital, 369

Sistemas
    de alarma de incendio, 288
    de cogeneración, 372
    de control y monitoreo, 350
    de enfriamiento remoto, 361
    de enfriamientos operativos para
    las turbinas, 155
    de escape para motores
    reciprocantes, 329
    de escape para turbogeneradores,
    334
    de extinción de incendio, 288
    de lubricación, 106
    operativos asociados, 320
    operativos de las turbinas, 140
    operativos del motor reciprocante,
    91

Sobrealimentador, 109

Sobrecorriente
    instantánea (Cortocircuito), 226
    retardada, 225

Sobre tensión, 229
Sobrevelocidad, 122
Sonómetro, 310
Sound attenuated enclosures, 310
SPAT, 274

Subestaciones
    compactas, 274
    de intemperie, 274
    de uso interior, 274
    eléctricas de transformación, 272

Succión positiva, 368

Suministro
    de combustible, 57
    de combustible líquido, 342
    de los combustibles
    gaseosos, 352

Superestructura, 293

Supervisión de parámetros operativos de
    las turbinas, 158
Supervisor de parámetros operativos, 121
Synchronism-Check Relay, 227

T

Tablero
    de distribución de potencia, 23
    de generación, 252
    de sincronización, 23
    de transferencia automática, 21
    eléctrico, 239

Tableros
    de alumbrado y circuitos
    auxiliares (TA), 255
    de celdas de seccionamiento MT
    (CSEC), 256
    de control (CAC), 255
    de operación en paralelo, 251
    de sincronización, 251
    de transferencia (TT), 253
    de transferencia de operación
    automática, 253
    de transferencia de operación
    manual, 253
    eléctricos de baja tensión, 239
    eléctricos de media tensión, 239
    eléctricos de potencia, 239

Tanque
    de expansión, 364
    de retorno, 347
    de sub-base, 347
    diario, 94, 347
    diario o de retorno, 324
    principal, 324
    secundario, 347

Tanques atmosféricos, 344
    principales, 344

Tanquilla, 268
Tapa de lluvia, 333
Telecommunications Industry
    Association, 54
Telecommunications Infrastructure
    Standard for Data Centres, 53
Temperatura del motor, 121

Tensión de excitación, 450
    de remanencia, 211
    eléctrica, 25
Teoría
    de funcionamiento del regulador de tensión, 204
    del mantenimiento, 426
Terminología y glosario general, 17
Termografías, 422, 440
Termostato, 86
Termostatos, 104
Tesla, Nikola, 181
Thermal Detector Relay, 230
Tiempo
    de despeje, 247
    de retransferencia, 254
    de transferencia, 254
Tiempo promedio para fallas, 453
Tiempo promedio para reparar, 454
Tier 1 (Grupo 1), 54
Tier 2 (Grupo 2), 54
Tier 3 (Grupo 3), 54
Tier 4 (Grupo 4), 54
Tipificación de los grupos electrógenos, 65
Tipos de aplicación, 52
Tobera, 131
Tomacorriente, 262
Tomacorrientes
    de fuerza, 289
    de servicios, 289
    para servicios, 291
Top Overhaul, 424
Torque o momento de fuerza, 82
Torre de enfriamiento, 325, 361
TPPF, 453
TPPR, 454
Trampa
    de sedimentos, 357
    de sucio, 325
Transciente eléctrico, 27
Transcientes inductivos, 249
Transformador, 261
    de corriente, 233
    de potencial, 233
Transformadores
    aisladores, 261
    de pedestal, 274
Transición
    abierta, 254
    cerrada, 255
Transmisión, 28
Transporte, 62
    y movilización de los equipos, 62
Tren de distribución de gas natural, 356
Trinchera para conductor, 264
Troubleshooting, 437
Tubería
    de aducción de combustible, 325
    de escape, 320
    embonada, 264
    embutida, 264
Tuberías, 347
    de retorno, 324
    para aducciones de gas natural, 355
Turbina, 129
    regenerativa, 137
Turbinas
    aeroderivadas, 138
    axiales, 137
    de acción, 135
    de ciclo abierto, 137
    de ciclo cerrado, 137
    de eje doble, 139
    de eje simple, 139
    de reacción, 135
    industriales, 137
    mixtas, 137
    radiales, 137
Turbocargador, 108
Turbogenerador, 18, 67

U

Ubicación de la sala de generación, 300
UBS, 233
UL, 41
Uninterruptible battery system, 289
Utilización de turbogeneradores, 75

V

Valores energéticos del gas natural, 353
Válvula
- de admisión, 84
- de escape, 84
- de interconexión, 349

Válvulas
- de flotantes, 348
- de paso, 348
- solenoides, 348

Velocidad
- de fuga, 186
- de rotación, 25, 121
- de sincronismo, 185

Ventilación
- horizontal, 364
- vertical, 364

Verificación de sincronismo, 227
Vida útil, 410
Viga, 294
Voltímetro doble, 402

W

Weatherproof enclosures, 310

Z

Zona caliente, 131

Made in the USA
Columbia, SC
04 April 2024

33710973R00265